21 世纪高职高专机电系列技能型规划教材·机械制造类

机械制造技术

主　编　徐　勇
副主编　游震洲　胡文艺
主　审　周连佺

北京大学出版社
PEKING UNIVERSITY PRESS

内 容 简 介

本书是根据国家示范性高等职业院校的教育教学改革精神，在总结工学结合人才培养经验和专业教学经验的基础上编写而成的。本书包括金属切削加工基础、金属切削加工方法和设备、机械加工工艺规程设计、典型零件的机械加工工艺、机械加工质量及其控制、机器的装配工艺和机床夹具设计基础7个项目，每个项目下面分解为若干任务，安排有适量的教学案例，以项目驱动、任务引领的形式开展教学，淡化理论，强调应用，旨在培养学生严谨的专业素质和职业素养。

本书既可作为高等职业院校机械类和近机类专业的教材，也可作为应用型本科院校、成人教育及中等职业教育相应课程的教材，还可作为机械行业工程技术人员的参考书和自学用书。

图书在版编目(CIP)数据

机械制造技术/徐勇主编. —北京：北京大学出版社，2016.5
(21世纪高职高专机电系列技能型规划教材·机械制造类)
ISBN 978-7-301-27082-0

Ⅰ.①机… Ⅱ.①徐… Ⅲ.①机械制造工艺—高等职业教育—教材 Ⅳ.①TH16

中国版本图书馆CIP数据核字(2016)第084044号

书　　名　机械制造技术
Jixie Zhizao Jishu
著作责任者　徐　勇　主编
策划编辑　童君鑫
责任编辑　黄红珍
标准书号　ISBN 978-7-301-27082-0
出版发行　北京大学出版社
地　　址　北京市海淀区成府路205号　100871
网　　址　http://www.pup.cn　新浪微博：@北京大学出版社
电子邮箱　编辑部 pup6@pup.cn　总编室 zpup@pup.cn
电　　话　邮购部 010-62752015　发行部 010-62750672　编辑部 010-62750667
印 刷 者　北京虎彩文化传播有限公司
经 销 者　新华书店
787毫米×1092毫米　16开本　22.5印张　520千字
2016年5月第1版　2024年1月第4次印刷
定　　价　58.00元

前　言

为了适应高等职业教育教学改革和机械类专业应用型人才的培养需要，根据教育部机械类高职专业的人才培养目标和业务要求，编者在总结近几年来国家示范性高职院校教育教学改革和工学结合人才培养经验及实践经验的基础上编写了本书。

本书改革力度大，对传统的“金属切削原理与刀具”“金属切削机床”“机械制造工艺学”和“机床夹具设计”等课程的内容进行了有机的融合和整理；在内容编排和体系构成上进行了较大的调整，遵循了学生对机械制造技术的认知规律；在内容取舍和深度把握上，在继承原有教材的基础上，力求精练，淡化理论，强调应用，注重培养运用基本理论知识解决实际问题的能力。

本书具有实践性、模块化和案例化强等特点，并及时跟踪先进制造技术，力求理论联系实际，尽量通过较多的案例分析和图表运用以达到提高教学效果和教学质量的目的，并便于读者理解和掌握。

本书分为金属切削加工基础、金属切削加工方法和设备、机械加工工艺规程设计、典型零件的机械加工工艺、机械加工质量及其控制、机器的装配工艺和机床夹具设计基础 7 个项目，每个项目下面分解为若干任务，安排有大量的教学案例供课堂教学，并配套编写了相应的习题集，方便学生课后练习。全书采用最新国家标准。

本书由温州职业技术学院徐勇副教授担任主编，游震洲副教授和胡文艺高级工程师担任副主编，具体编写分工：项目 1、项目 2、项目 5 和项目 7 由徐勇编写，项目 3 和项目 4 由游震洲编写，绪论和项目 6 由胡文艺编写，与本书配套的习题集由徐勇编写。全书由江苏师范大学机电学院周连佺教授担任主审。

本书可作为高等职业院校机械类和近机类专业的教材，也可作为应用型本科院校、成人教育相应课程的教材，以及机械行业工程技术人员的参考书和自学用书。本书建议教学时数为 60～90 学时，各院校和专业可根据具体情况对教学时数进行调整。

由于编者水平有限，书中难免存在疏漏和欠妥之处，恳请广大读者给予批评指正。

编　者

2016 年 1 月

目　　录

绪论 …………………………………………… 1

项目1　金属切削加工基础 ………………… 6

任务1.1　金属切削刀具基础 …………… 7
任务1.2　刀具的结构和几何角度 ……… 11
任务1.3　切屑的形成过程 ……………… 16
任务1.4　切削过程中的物理现象 ……… 19
任务1.5　切削条件的选择 ……………… 28

项目2　金属切削加工方法和设备 ……… 37

任务2.1　金属切削机床基础知识 ……… 38
任务2.2　车削加工 ………………………… 47
任务2.3　铣削加工 ………………………… 67
任务2.4　钻削和镗削加工 ………………… 82
任务2.5　磨削加工 ………………………… 93
任务2.6　刨削、插削和拉削加工 ……… 98
任务2.7　齿轮加工 ……………………… 102

项目3　机械加工工艺规程设计 ……… 115

任务3.1　机械加工工艺规程的基本概念 ……………………… 116
任务3.2　工件的安装、基准和定位 … 122
任务3.3　工艺路线的拟定 ……………… 127
任务3.4　加工余量、工序尺寸及其公差 ………………………… 131
任务3.5　工艺尺寸链 …………………… 135
任务3.6　工艺过程的生产率和经济性 ……………………… 141

项目4　典型零件的机械加工工艺 …… 147

任务4.1　轴类零件的加工工艺 ……… 148
任务4.2　套类零件的加工工艺 ……… 153
任务4.3　箱体零件的加工工艺 ……… 157
任务4.4　齿轮零件的加工工艺 ……… 165
任务4.5　连杆零件的加工工艺 ……… 170

项目5　机械加工质量及其控制 ……… 178

任务5.1　机械加工精度概述 ………… 179
任务5.2　工艺系统的几何误差 ……… 180
任务5.3　工艺系统的受力变形 ……… 185
任务5.4　工艺系统的热变形和内应力 ……………………… 190
任务5.5　加工误差的统计分析 ……… 194
任务5.6　保证和提高加工精度的措施 ……………………… 202
任务5.7　机械加工表面质量 ………… 203

项目6　机器的装配工艺 ……………… 210

任务6.1　机器装配概述 ……………… 211
任务6.2　装配尺寸链 ………………… 213
任务6.3　保证装配精度的方法 ……… 214
任务6.4　装配工艺规程的制订 ……… 224

项目7　机床夹具设计基础 …………… 227

任务7.1　机床夹具概述 ……………… 228
任务7.2　工件在夹具中的定位 ……… 229
任务7.3　定位误差的分析与计算 …… 241
任务7.4　工件在夹具中的夹紧 ……… 250
任务7.5　夹具在机床上的定位和其他装置 ………………… 260
任务7.6　机床专用夹具设计方法 …… 268
任务7.7　钻床夹具设计 ……………… 270
任务7.8　铣床夹具设计 ……………… 276
任务7.9　车床夹具设计 ……………… 279
任务7.10　镗床夹具设计 ……………… 280
任务7.11　其他机床夹具设计 ……… 282

参考文献 …………………………………… 286

绪　　论

教学目标

- 了解制造业的发展及作用和地位；
- 了解我国制造业面临的机遇和挑战；
- 掌握本课程的内容、特点和学习方法。

1. 机械制造业在国民经济中的地位

制造业是国民经济的支柱产业，也是反映国家科技水平和综合实力的重要标志。据统计，20 世纪 90 年代工业化国家制造业创造的财富占国民经济总产值的 22.15%。在工业化国家中，约有 1/4 的人口从事制造业，在非制造业部门中，又有约半数人员的工作性质与制造业密切相关。

机械制造业是制造业的重要组成部分，是国民经济的装备部。国民经济各部门的生产水平和经济效益在很大程度上取决于机械制造业所提供装备的技术性能、质量和可靠性。同时，国民经济的发展速度，很大程度上也取决于机械制造业的技术水平和发展速度。纵观世界各国，任何一个经济发达的国家无不具有强大的机械制造业，许多国家的经济腾飞，机械制造业功不可没，日本就是最具有代表性的国家。第二次世界大战后，日本对机械制造业的发展给予全面支持，并抓住机械制造的关键技术——精密工程和制造系统自动化技术，使日本在战后短短 30 年里，一跃成为世界经济大国。与此相反，美国政府自 20 世纪 50 年代以后，曾在相当长的一段时间内忽视了制造技术的发展，结果导致美国经济严重衰退，竞争力明显下降，在汽车、家电等行业被日本超越。直到 20 世纪 80 年代，美国政府在进行深刻反省之后，先后制定并实施了一系列振兴美国制造业的计划，效果十分显著。1994 年，美国汽车产量重新超过日本，并重新占领了欧美市场。

在各种加工方法中，金属切削加工在机械制造业中所占比例最大，切削加工技术的发展水平直接影响着制造业的发达程度，更是一个国家综合国力的标志。金属切削机床是加工机器零件的主要设备，是加工机器的机器，又称为“工作母机”或“工具机”。目前机械制造中所用工具机中的 80%～90%仍为金属切削机床，机械制造业中 40%～60%的工作量由机床完成，因此金属切削机床是机械加工中的主要设备。刀具是金属切削加工的执行者，没有刀具，切削就无法进行。“工欲善其事，必先利其器”说明刀具在机械制造中的重要地位。

2. 机械制造业的发展

人类的文明与制造业密切相关。早在新石器时代，人类开始制作石器作为劳动工具，制造处于一种萌芽状态。到了青铜器和铁器时代，人们开始采矿、冶炼和铸锻工具，并开始制作农业机械设备，以满足自然经济的需要。此时，采用的均是作坊式的以手工劳动为主的生产方式。

18 世纪中叶，英国的 James Watt 发明了蒸汽机。1755 年 J. Wilkinson 研制成加工蒸汽机气缸的镗床。1818 年，美国的 Eli Whitney 发明了铣床。1865 年前后，各式车床、镗床、插齿机床和螺纹机床相继出现。这个阶段是机械技术和蒸汽技术的结合阶段，引发了第一次工业革命，机械制造业开始使用机械加工机床。

19 世纪中叶，电磁场理论的建立为发电机和电动机的产生奠定了基础，电气化时代来临。以电力作为动力源，使机械结构和生产效率发生了重大的变化。制造业电气化的时代由此揭开序幕。

19 世纪末到 20 世纪初，内燃机的发明引发了制造业的又一次革命，制造业进入了以汽车制造为代表的批量生产时代。流水线生产的出现和泰勒科学管理理论的产生，标志机械制造业进入大批量生产时代。

20 世纪 60 年代，随着市场竞争的加剧，传统的自动化生产方式只能在大批量条件下

实现，难以满足市场多变的需求，多品种小批量日益成为制造业的主流生产方式。与此同时，电子计算机和集成电路的出现，使制造业产生了一次新的飞跃。这个时期诞生的制造装备和技术主要有数控机床(NC)、计算机辅助设计(CAD)和计算机辅助制造(CAM)等。

20 世纪 80 年代以来，信息产业的崛起和通信技术的发展加速了市场全球化的进程，市场竞争日趋激烈。在机械制造领域提出了许多新的制造理论和生产模式，如计算机集成制造(CIM)、精良生产(LP)、快速原型制造(RPM)、并行工程(CE)、敏捷制造(AM)等。

进入 21 世纪，机械制造业向着自动化、柔性化、集成化、智能化和清洁化的方向发展。现代机械制造技术的发展趋势是制造技术与材料科学、电子科学、信息科学、生命科学、管理科学等学科的交叉和有机融合，以及机械制造技术的可持续发展。

我国是世界上文化科学发展较早的国家之一，我国机械制造具有悠久的历史。在公元前的青铜器时代已经出现了金属切削的萌芽，当时的青铜刀、锯、锉等就很类似现代的金属切削刀具。春秋中晚期时，工程技术著作《考工记》中记载了木工、金工等多种专业技术知识，书中指出“材美工巧”是制成良器的必要条件。从出土文物及文献记载可以推测，在唐代已经有了原始车床。公元 1668 年，明代出现了畜力带动的铣磨机(图 0.1)和脚踏刃磨机(图 0.2)，已经能够加工直径为 2m 的天文仪器铜环，其精度和表面粗糙度均达到相当高的水平。

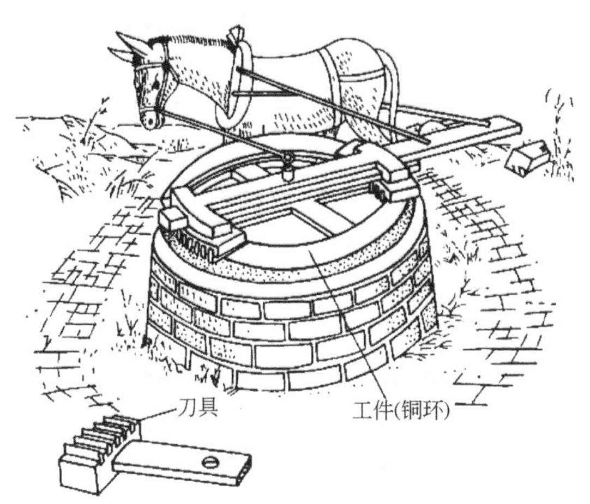

图 0.1　1668 年的畜力铣磨机

图 0.2　1668 年的脚踏刃磨机

随着农业和手工业的发展，我国最先使用各种机械作为生产工具。公元前 2000 年左右，我国制成了纺织机械；公元 260 年左右，我们的祖先创造了木质齿轮，并制成了利用水力驱动的谷物加工机械；在明代创造了和现在铣削类似的机械加工方法。但从资本主义生产方式在欧洲大陆开始发展的 14 世纪，一直到 1949 年中华人民共和国成立的漫长岁月里，由于封建主义的压迫和帝国主义的侵略，我国的机械制造工业长期处于停滞状态。

中华人民共和国成立以来，我国的机械制造业取得了长足的发展，建立了符合国情的、独立的、门类齐全的工业体系，机床制造业、汽车工业、航空航天工业等技术含量较高的机械制造业得到了快速发展，取得了举世瞩目的成就。

3. 我国机械制造业面临的机遇和挑战

近年来，我国机械制造业充分利用国内外两方面的资金和技术，进行了较大规模的技术改造，制造技术、产品质量和水平及经济效益都有很大的提高，为推动国民经济的发展起到了重要作用。

20世纪以来，信息技术、生物技术、新材料技术、能源与环境技术、航空航天技术和海洋开发技术六大科学技术的迅猛发展与广泛应用，引领了世界范围内传统制造业的大发展，引起了整个制造业的巨大变革，与此同时，经济全球化趋势不断加强，各个领域的技术交流、经贸交流日益扩大。世界上发生的这些进步、变革与发展，使当代制造业的生态环境、产业结构与发展模式等都发生了深刻变化。科学发展观对制造业提出了新的要求，我国制造业正面临着新的发展机遇与挑战。

我国目前正处于工业化的中期，到21世纪中叶，中国将持续不断地推进工业化和城市化进程，制造业将始终占据相当稳定的份额和重要地位，中国成为制造业基地的条件和比较优势已经显现。我国制造业的规模已居世界前列，一批产品在国际市场上占有重要地位，并已经初步形成门类齐全的产业体系，具有较强的技术支撑和工业配套能力；以长江三角洲及珠江三角洲地区为代表的、各具特色的制造业集中地初具规模；一大批具有较强技术实力、制造能力和竞争能力的大型企业正在茁壮成长，这为建成制造业强国奠定了坚实的基础；随着我国城市化进程的加快、人民生活水平和消费能力的持续提高，形成了巨大的潜在需求，为制造业发展提供了不竭的动力；世界性结构调整和产业转移给我国制造业发展也带来重大机遇，世界性结构调整和产业转移是国内结构调整和产业升级的重大机遇，积极地、有选择地承接发达国家的产业转移，壮大制造业的规模，有利于提升我国制造业的水平，扩大制造业出口的份额与价值，把我国的比较优势转化为竞争优势，从而加速我国的工业化进程，使中国真正成为制造强国。

但与工业发达的国家相比，我国机械制造业的水平还存在阶段性的差距，主要表现在：总体技术水平低、自主创新能力不强，我国制造业原创性技术创新成果少，缺乏二次开发能力，关键技术受制于人，难以掌握国际竞争中的主动权。由此造成中国制造业低附加值产品生产能力过剩，而市场急需的高技术含量产品还不能满足需求；产业集中度低，缺少有竞争力的大企业集团和知名品牌；机制不活、管理能力较弱，劳动生产率不高，我国制造企业大多未建立现代科学管理体系，忽视技术、人与组织之间的综合集成；资源短缺、生态环境严峻、就业压力大；先进制造业国家在科技领先的同时仍高度重视制造业的发展，先进国家制造业的不断发展对我国制造业是严峻的挑战。

当今制造业世界格局正在发生重大变化，世界经济重心开始向亚洲转移，制造业的产业结构和生产模式正在发生深刻变革，所有这些又给我们带来了难得的机遇。挑战和机遇并存，我们应正视现实，面对挑战，抓住机遇，励精图治，奋发图强，力争在不太长的时间内赶上世界先进水平。

4. 课程的内容、特点和学习方法

机械制造技术是机械类专业的主干专业基础课程。通过本课程的学习，使学生掌握金属切削过程的基本规律，能够运用金属切削原理解决机械加工中的实际问题；掌握常用金属切削加工的设备及其工艺特点，能够合理选择加工方法、机床和刀具；掌握机械加工工艺和装配工艺的知识，具备编制零件机械加工工艺规程和设计专用夹具的能力；掌握机械加工精度和表面质量的理论和知识，具备分析和解决现场实际问题的能力。

课程的特点概括如下：

(1) 综合性。机械制造技术是一门综合性很强的课程，综合应用了机械制图、互换性和测量技术、金属材料和热处理及机械原理、机械设计等多门课程的知识。在学习过程中，应紧密联系和运用以往所学的基础知识。

(2) 实践性。本课程具有很强的实践性。为便于学生掌握本课程的基本内容，教材力求理论联系实际，运用典型案例进行分析，以加深学生对教材内容的理解。课程学习之前，应安排一定时间的生产实习，在课程学习之后，安排一次课程设计。以“掌握概念、强化应用、培养技能”为重点，力图做到“理论联系实际、加强实践、突出应用”。

(3) 工程性。由于机械制造技术具有很强的综合性和实践性，因此研究本课程的内容，需要结合工程背景去理解，不能照搬课程中的理论和公式。

在课程的学习方法上应根据个人情况而定。在学习过程中，主要通过书中的案例来掌握重点和难点内容，然后通过实践项目的训练加深对课程内容的理解和掌握。

项目1

金属切削加工基础

知识目标

- 掌握切削运动、切削用量和切削层参数的概念；
- 掌握刀具切削部分的构造和刀具角度的定义；
- 掌握积屑瘤的形成原因及对切削过程的影响；
- 掌握切削力的产生和分解及影响切削力的因素；
- 掌握切削热和切削温度的形成及其影响因素；
- 掌握刀具的磨损形式及产生原因和控制措施；
- 掌握金属切削理论及其在生产中的实际应用。

能力目标

- 切削用量要素的选择和计算能力；
- 合理选择刀具材料和角度的能力；
- 切削力和切削功率的计算能力；
- 改善和控制材料切削加工性的能力；
- 合理选择和使用切削液的能力。

教学重点

- 切削运动，切削用量及其计算；
- 刀具材料，刀具的标注角度；
- 切削力和切削功率的计算；
- 金属切削理论在生产中的应用。

任务 1.1　金属切削刀具基础

1.1.1　切削运动与工件表面

用金属切削刀具从工件上切除多余的金属，从而获得在形状、尺寸精度及表面质量上都合乎预定要求的加工称为金属切削加工。在切削加工过程中，切削运动是工件与刀具之间的相对运动，由金属切削机床来完成。各种切削运动都是由一些简单的直线运动和旋转运动组合而成的，切削运动(图 1.1)按其作用可分为主运动和进给运动两种。

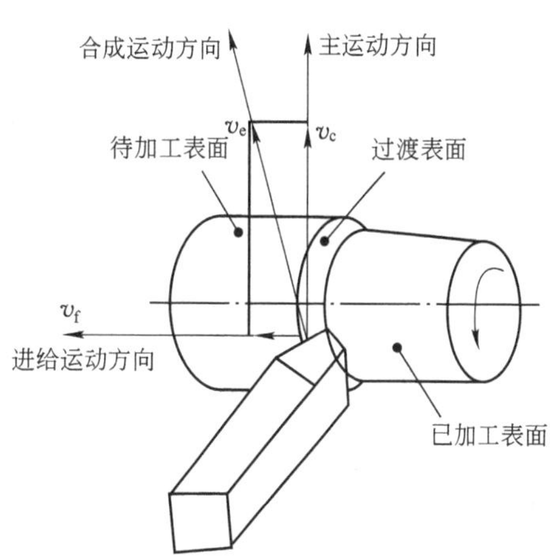

图 1.1　切削运动与工件表面

1. 主运动

主运动是使工件与刀具产生相对运动以进行切削的基本运动。主运动的速度最高，消耗的功率最大，在切削运动中，只有一个主运动。它可以由工件完成，也可以由刀具完成；可以是旋转运动，也可以是直线运动，如车削外圆时工件的旋转运动、刨削时刨刀的直线往复运动等。主运动的速度称为切削速度，用 v_c表示。

2. 进给运动

不断地把切削层投入切削的运动称为进给运动。进给运动一般速度较低，消耗的功率较少，可由一个或多个运动组成；它可以是连续的，也可以是间断的。进给速度用 v_f 表示。

在主运动和进给运动同时进行的情况下，刀具切削刃上某一点相对于工件的运动称为合成切削运动，可用合成速度 v_e来表示。

3. 工件的表面

工件的表面(图 1.1)分为以下几种：

待加工表面：工件上即将被切除的表面。

已加工表面：工件上经刀具切削后形成的新表面。

过渡表面：工件上正在被切削刃切削的表面。

1.1.2　切削用量与切削层参数

1. 切削用量要素

(1) 切削速度 v_c。切削刃相对于工件的主运动速度。计算切削速度时，应选取切削刃上速度最高的点进行计算。主运动为旋转运动时，切削速度公式为

$$v_c=\frac{\pi dn}{1000} \tag{1-1}$$

式中：d 为工件或刀具的最大直径(mm)；n 为工件或刀具的转速(r/s，r/min)；v_c为工

件或刀具的切削速度(m/s，m/min)。

(2) 进给量 f。工件或刀具每回转一周(或往复运动一次)，两者沿进给方向上的相对位移量，单位为 mm/r 或 mm/st。对于多齿的刀具，用每齿进给量 f_z(mm/z)表示。进给运动的速度称为进给速度，以 v_f表示，单位为 mm/s 或 mm/min。

$$v_f = fn = f_z zn \tag{1-2}$$

(3) 背吃刀量 a_p。待加工表面和已加工表面之间的垂直距离。车外圆时

$$a_p = \frac{d_w - d_m}{2} \tag{1-3}$$

式中：d_w、d_m分别为工件待加工表面和已加工表面的直径(mm)。

2. 切削层参数

切削层是指工件上正在被切削刃切削的一层金属。切削层参数是在与主运动方向垂直的平面内度量的截面尺寸参数，包括切削层公称厚度、切削层公称宽度和切削层公称横截面积，如图 1.2 所示。

(1) 切削层公称厚度 h_D。垂直于过渡表面度量的切削层尺寸，简称切削厚度。

$$h_D = f\sin\kappa_r \tag{1-4}$$

式中：κ_r为主偏角。

(2) 切削层公称宽度 b_D。沿过渡表面度量的切削层尺寸，简称切削宽度。

$$b_D = a_p/\sin\kappa_r \tag{1-5}$$

(3) 切削层公称横截面积 A_D。在切削层参数平面内度量的横截面面积。

$$A_D = h_D b_D = a_p f \tag{1-6}$$

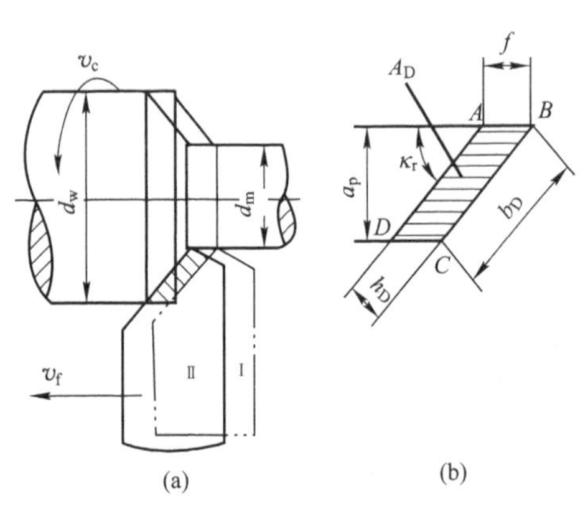

图 1.2　切削用量和切削层参数

1.1.3　铣削用量

铣削速度、进给量、背吃刀量和侧吃刀量称为铣削用量四要素(图 1.3)。

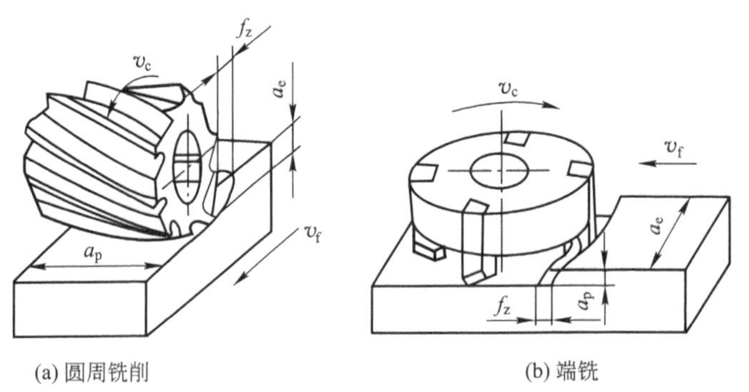

图 1.3　铣削用量要素

(1) 铣削速度 v_c。切削刃上选定点相对工件的线速度，单位为 m/min。铣削速度与铣刀转速之间的关系为

$$v_c=\frac{\pi dn}{1000}$$

式中：d 为铣刀直径(mm)；n 为铣刀转速(r/min)。

(2) 进给量。

每齿进给量 f_z：铣刀每转过一个刀齿相对工件在进给方向上的距离，单位为mm/z。

每转进给量 f：铣刀每旋转一转相对工件在进给方向上的距离，单位为mm/r。

进给速度 v_f：工件在进给方向上，每分钟相对铣刀所移动的距离，单位为mm/min。

$$v_f=fn=f_z zn$$

(3) 背吃刀量 a_p：在平行于铣刀轴线方向测得的被切削层尺寸。

(4) 侧吃刀量 a_e：在垂直于铣刀轴线方向测得的被切削层尺寸。

常用铣刀的背吃刀量和侧吃刀量如图1.4所示。

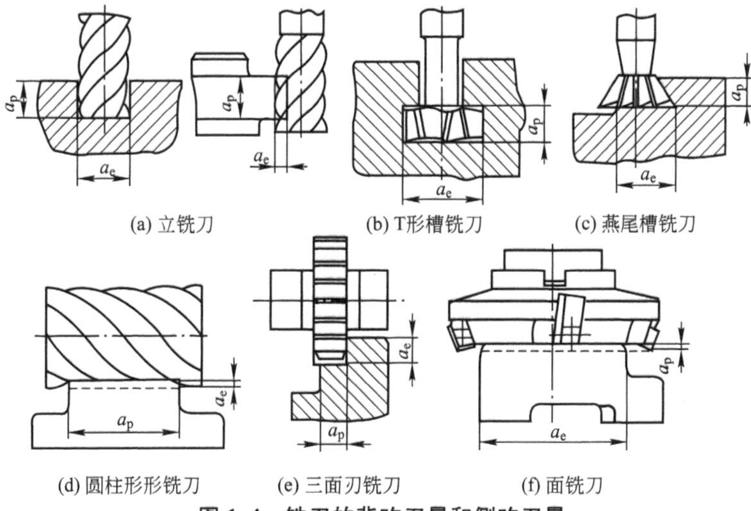

图1.4　铣刀的背吃刀量和侧吃刀量

【案例1-1】 在铣床上加工平面，已知端铣刀直径为80mm，铣削速度为20m/min，则主轴转速应调整到多少？

解：根据公式，可得

$$n=\frac{1000v_c}{\pi d}=\frac{1000\times 20}{80\pi}\approx 79(\text{r/min})$$

查铣床主轴转速铭牌，选转速为75r/min。

【案例1-2】 用直径 $d=20$mm、齿数 $z=3$ 的立铣刀进行铣削加工，已知 $f_z=0.04$mm/z，$v_c=20$m/min，求铣床的转速 n 和进给速度 v_f。

解：根据题中条件和公式，可得

$$n=\frac{1000v_c}{\pi d}=\frac{1000\times 20}{20\pi}\approx 318\ (\text{r/min})$$

查铣床铭牌，取转速值为300r/min。

根据进给速度公式

$$v_f = fn = f_z zn = 0.04 \times 3 \times 300 = 36\ (\text{mm/min})$$

查铣床铭牌，可取进给速度为 37.5 mm/min。

1.1.4 钻削用量和钻削层参数

1. 钻削用量要素

钻削用量要素见表 1-1。

表 1-1 钻削用量要素

钻削用量要素	公式
背吃刀量 a_p/mm	$a_p = d/2$
钻削速度 v/(m/min)	$v = \pi dn/1000$
进给速度 v_f/(mm/min)	$v_f = fn$
每刃进给量 f_z/(mm/z)	$f_z = f/2$

2. 钻削层参数

钻削层参数见表 1-2。

表 1-2 钻削层参数

钻削层参数	公式
钻削厚度/mm	$h_D = f\sin\phi/2$
钻削宽度/mm	$b_D = d/(2\sin\phi)$
每刃钻削层公称面积/mm^2	$A_D = df/4$
材料切除率/(mm^3/min)	$Q = \pi d^2 fn/4$

钻削用量与钻削层参数如图 1.5 所示。

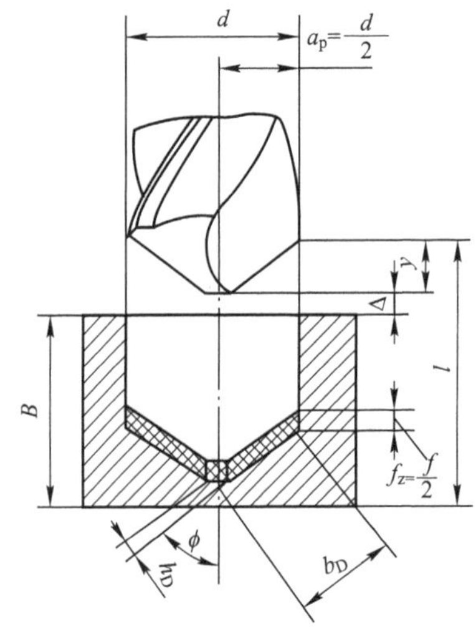

图 1.5 钻削用量与钻削层参数

【案例1-3】 使用高速钢钻头在厚度为50mm的铸铁件上钻一个ϕ20mm的通孔。已知：$v=0.45\text{m/s}$，$v_f=174\text{mm/min}$，计算钻床主轴转速n和进给量f。

解：根据公式$v=\frac{\pi dn}{1000}$，得

$$n=\frac{1000v}{\pi d}=\frac{1000\times 0.45}{3.14\times 20}\approx 7.17(\text{r/s})$$

又根据公式

$$v_f=fn$$

得

$$f=v_f/n=(174/60)/7.17=0.40(\text{mm/r})$$

任务1.2　刀具的结构和几何角度

1.2.1　刀具切削部分的组成

切削刀具的种类很多，形状各异，但它们切削部分的几何形状与几何参数具有共同的特征：切削部分的基本形状为楔形。车刀是典型的切削刀具代表，其他刀具可以视为由车刀演变或组合而成，多刃刀具的每个刀齿都相当于一把车刀。

刀具上承担切削工作的部分称为刀具的切削部分，它由六个基本结构要素组成(图1.6)。

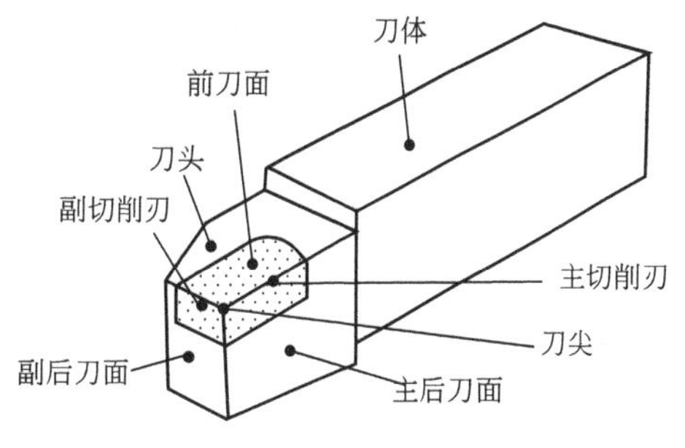

图1.6　外圆车刀的切削部分

前刀面：刀具上切屑沿其流出的表面。

主后刀面：刀具上与工件过渡表面相对的表面。

副后刀面：刀具上与工件已加工表面相对的表面。

主切削刃：前刀面与主后刀面的交线，承担主要的切削任务。

副切削刃：前刀面与副后刀面的交线，配合主切削刃完成切削工作。

刀尖：连接主切削刃和副切削刃的一段刀刃，它可以是一段小的圆弧或直线。

1.2.2　刀具标注角度的参考平面

刀具要从工件上切除金属，必须具有一定的切削角度。切削角度决定了刀具切削部分各表面之间的相对位置。要确定和测量刀具角度，必须引入三个相互垂直的参考平面组成刀具标准角度的参考系(图1.7)。参考系中各平面定义如下。

基面p_r：通过主切削刃上某一点并与该点切削速度方向垂直的平面。

切削平面p_s：通过主切削刃上某一点，与主切削刃相切并垂直于基面的平面。

正交平面p_o：通过主切削刃上某一点，同时垂直于基面和切削平面的平面。

基面、切削平面和正交平面共同组成标注刀具角度的正交平面参考系。除此之外，常用的标注刀具角度的参考系还有法平面参考系、背平面参考系和假定工作平面参考系。

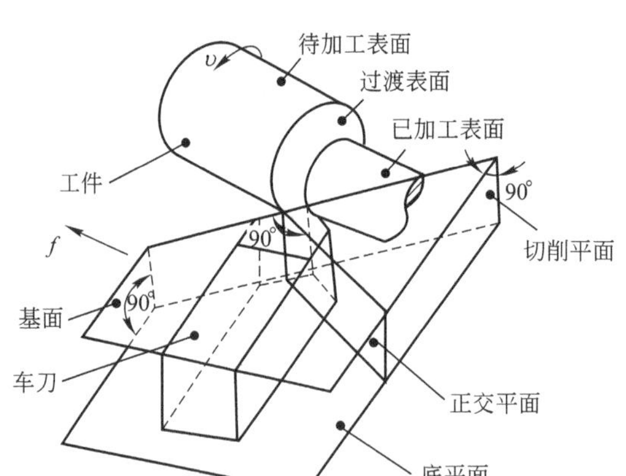

图 1.7　车刀标注角度的参考系

1.2.3　刀具的标注角度

刀具的标注角度(图 1.8)是在刀具设计图中标注的，用于刀具制造、刃磨和测量的角度。刀具的主要标注角度有以下六个，分别定义如下。

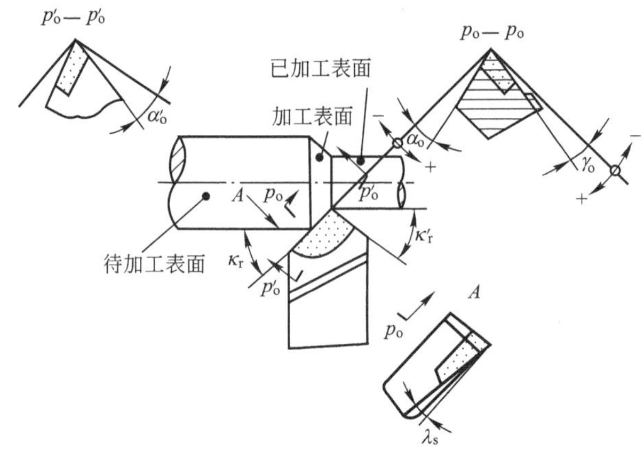

图 1.8　车刀在正交平面内的标注角度

前角 γ_o：在正交平面内测量的前刀面和基面的夹角。前角表示前面的倾斜程度，有正、负之分，正、负规定如图 1.8 所示。

后角 α_o：在正交平面内测量的主后刀面和切削平面的夹角，一般为正值。

主偏角 κ_r：在基面内测量的主切削刃在基面上的投影与进给运动方向的夹角。

副偏角 κ_r'：在基面内测量的副切削刃在基面上的投影与进给运动反方向的夹角。

刃倾角 λ_s：在切削平面内测量的主切削刃和基面间的夹角。刃倾角有正、负之分，正、负规定如图 1.8 所示。

副后角 α_o'：副后刀面与切削平面间的夹角。它确定了副后刀面的空间位置。

车刀的上述六个角度是相互独立的，它们的大小会直接影响切削过程，其余角度均是派生的。各角度的推荐值可查阅相关手册。

1.2.4　刀具材料的性能

刀具切削性能的优劣取决于刀具材料、切削部分几何形状和刀具的结构。刀具材料的选择对刀具寿命、加工质量和生产效率影响极大，刀具材料应满足以下基本要求：

(1) 高硬度和高耐磨性。刀具材料的硬度必须高于工件材料的硬度，常温下刀具材料的硬度一般在60HRC以上。耐磨性是指材料抵抗磨损的能力，一般情况下，刀具材料的硬度越高、耐磨性越好。

(2) 足够的强度和韧性。刀具材料要承受切削时的振动，不产生崩刃和冲击，必须具有足够的强度和韧性。

(3) 高的耐热性。刀具材料在高温作用下应具有足够的硬度、耐磨性和强韧性。

(4) 良好的工艺性。刀具材料应具有良好的锻造性能、热处理性能和切削加工性能等，以便于刀具的制造和刃磨。

(5) 良好的经济性。经济性是评价刀具材料切削性能的重要指标。

刀具材料的性能要求有些是相互制约的，在实际工作中应根据具体的切削对象和条件选择合适的刀具材料。

1.2.5　典型的刀具材料

1. 常用刀具材料

1) 碳素工具钢

碳素工具钢是含碳量较高的优质钢，如T10A。碳素工具钢淬火后具有较高的硬度，价格低廉，但耐热性差，当温度高于200℃时即失去原有的硬度，并且淬火时容易变形和开裂，只能用于制作一般温度下工作的工量具和模具等，如冲头、锯条、丝锥、量规、锉刀等。

2) 合金工具钢

合金工具钢是在碳素工具钢中加入少量的Cr、W、Mn、Si等合金元素形成的刀具材料，如9SiCr等。与碳素工具钢相比，合金工具钢的热处理变形减小，耐热性有所提高，常用于制造低速刀具，如锉刀、锯条和铰刀等。

3) 高速钢

高速钢是含有较多合金元素的高合金工具钢，如W18Cr4V等。高速钢又称锋钢或风钢，耐热性较好，在600℃仍能正常切削，许用切削速度为30～50m/min，是碳素钢的5～6倍。高速钢的强度、韧性、工艺性都很好，广泛应用于制造中速切削及形状复杂的刀具，如麻花钻、铣刀、拉刀和齿轮刀具。常用高速钢牌号及应用范围见表1-3。

表1-3　常用高速钢牌号及应用范围

种类	牌号	常温硬度 HRC	抗弯强度/GPa	冲击韧度/(MJ/m^2)	高温硬度 HRC(600℃)	主要性能和应用范围
普通型高速钢	W18Cr4V (W18)	63～66	3.0～3.4	0.18～0.32	48.5	综合性能好，用于制造精加工刀具和复杂刀具，如钻头、成形车刀、拉刀和齿轮刀具等

（续）

种类	牌号	常温硬度 HRC	抗弯强度/GPa	冲击韧度/(MJ/m²)	高温硬度 HRC(600℃)	主要性能和应用范围
普通型高速钢	W6Mo5Cr4V2 (M2)	63～66	3.5～4.0	0.30～0.40	47～48	强度和韧性高于W18，热塑性好，用于制造热成形刀具及承受冲击的刀具
高性能高速钢	W2Mo9Cr4VCo8 (M42)	67～69	2.7～3.8	0.23～0.30	55	硬度高，可磨性好，用于制造复杂刀具等，但价格贵
	W6Mo5Cr4V2Al (501)	67～69	2.9～3.9	0.23～0.30	55	用于制造复杂刀具，切削难加工材料

4）硬质合金

硬质合金是以高硬度、高熔点的金属碳化物为基体，添加 Co、Ni 等黏结剂，在高温条件下烧结而成的粉末冶金制品。硬质合金的硬度、耐磨性、耐热性都很高，切削速度远高于高速钢，能切削淬火钢等硬材料。但硬质合金抗弯强度低、脆性大，抗振动和冲击性能较差。硬质合金被广泛用于制作各种刀具，如车刀、端铣刀、深孔钻等。

我国的硬质合金主要有以下几种：

(1) 钨钴类硬质合金(YG 类)。由 WC 和 Co 组成。这类合金的韧性好，适用于加工铸铁、青铜等脆性材料。常用牌号有 YG3、YG6、YG8 等，其中数字表示 Co 的质量分数。Co 的质量分数增加，硬度和耐磨性下降，抗弯强度和韧性增加。

(2) 钨钛钴类硬质合金(YT 类)。由 WC、TiC 和 Co 组成。这类合金主要用于加工钢料。常用牌号有 YT5、YT15、YT30 等，其中数字表示 TiC 的质量分数。TiC 的质量分数增加，硬度和耐磨性增加，抗弯强度和韧性下降。

(3) 通用硬质合金(YW 类)。在 WC、TiC、Co 的基础上加入 TaC、NbC 组成的硬质合金。常用牌号有 YW1、YW2。这类合金既能加工铸铁和有色金属，又可以加工钢料，还可以加工高温合金和不锈钢等难加工材料，故又称万能硬质合金。表 1－4 列出了几种常用硬质合金的牌号、性能及适用范围。

表 1－4　常用硬质合金的牌号、性能及应用范围

类型	牌号	硬度 HRA	抗弯强度/GPa	耐磨性能	耐冲击性	耐热性能	可加工材料	加工性质	相当的 ISO 牌号
YG 类	YG3	91	1.08	降低	提高	降低	铸铁，有色金属	连续切削时的精加工和半精加工	K05
	YG6X	91	1.37				铸铁，耐热合金	精加工和半精加工	K10
	YG6	89.5	1.42				铸铁，有色金属	连续切削粗加工，间断切削半精加工	K20
	YG8	89	1.47				铸铁，有色金属	间断切削粗加工	K30

（续）

类型	牌号	硬度 HRA	抗弯强度/GPa	耐磨性能	耐冲击性	耐热性能	可加工材料	加工性质	相当的ISO牌号
YT类	YT5	89.5	1.37	提高	降低	提高	钢	粗加工	P30
	YT14	89.5	1.25				钢	间断切削半精加工	P20
	YT15	91	1.13				钢	连续切削粗加工，间断切削半精加工	P10
YW类	YW1	92	1.28		较好	较好	难加工钢材	精加工和半精加工	M10
	YW2	91	1.47		好		难加工钢材	半精加工和粗加工	M20

国际标准化组织(ISO)把切削用硬质合金分为三类：P类、K类和M类。P类相当于我国的YT类，K类相当于我国的YG类，M类相当于我国的YW类硬质合金。

2. 其他刀具材料

1）陶瓷

用于制作刀具的陶瓷材料主要有两类：氧化铝基陶瓷和氮化硅基陶瓷。陶瓷材料比硬质合金具有更高的硬度和耐热性，摩擦系数小，抗黏结性和抗磨损能力强，被广泛用于高速切削加工中。其主要缺点是脆性大，耐冲击性差，抗弯强度低。

2）立方氮化硼(CBN)

立方氮化硼是由六方氮化硼在高温高压下加入催化剂转变而成的，硬度仅次于金刚石。立方氮化硼耐高温，热稳定性好，高温下不与铁族金属发生反应。CBN刀具既能加工淬硬钢和冷硬铸铁，又能加工高温合金、硬质合金和其他难加工材料。

3）人造金刚石

人造金刚石是通过合金触媒的作用，在高温高压下由石墨转化而成的，是目前已知最硬物质，可用于加工硬质合金、陶瓷、高硅铝合金等高硬度、高耐磨材料。金刚石刀具不宜加工铁族元素，因为金刚石中的碳原子和铁族元素的亲和力大，刀具寿命低。

【案例1-4】 填写下列关于刀具材料性能的表格(表1-5)。

表1-5　刀具材料性能

特点	T10A（碳素工具钢）	W18Cr4V（高速钢）	9SiCr（合金工具钢）	（硬质合金）	
				YG8	YT15
常温硬度					
高温硬度					
性能和用途					

任务1.3 切屑的形成过程

1.3.1 切屑的形成过程和变形区

1. 切屑的形成过程

金属的切削变形过程就是切屑的形成过程。图1.9(a)所示为在低速直角自由切削工件侧面时，用显微镜观察到的切削层金属变形的情况。图1.9(b)和图1.9(c)中虚线示出了滑移线和流线。流线表明被切削金属中的某一点在切削过程中流动的轨迹。切屑的形成过程实质是工件材料受到刀具前面的推挤后产生塑性变形，最后沿斜面剪切滑移形成的。

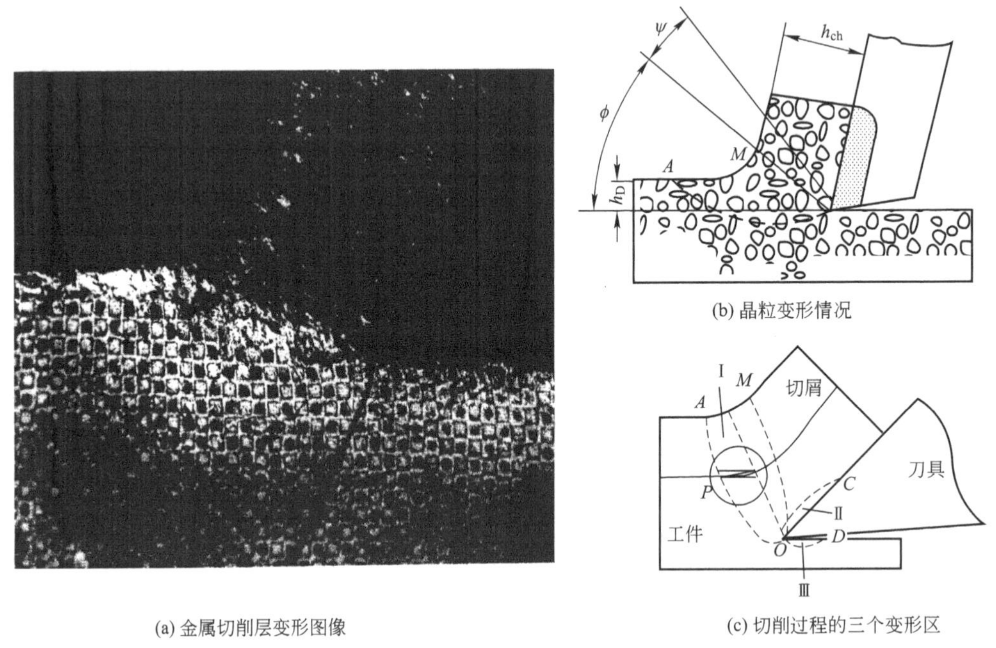

(a) 金属切削层变形图像　　(b) 晶粒变形情况　　(c) 切削过程的三个变形区

图1.9　切屑的形成过程

2. 变形区及其特征

切削过程中，切削层金属的变形大致可分为三个变形区［图1.9(c)］。

第Ⅰ变形区：特征是沿滑移线的剪切变形，以及随之产生的加工硬化。

第Ⅱ变形区：特征是切屑排出时受到前刀面的挤压和摩擦，靠近前刀面的金属纤维化，方向和前刀面基本平行。

第Ⅲ变形区：特征是已加工表面受到切削刃和后刀面的挤压和摩擦，造成表层金属纤维化和加工硬化。

1.3.2 切削变形程度

1. 剪切角

在第Ⅰ变形区内，剪切面与切削速度方向之间的夹角称为剪切角［图1.9(b)］，用ϕ

表示。剪切角与切削变形有密切关系，可以用剪切角来衡量切削变形的程度。剪切角增大，切削变形减小，对改善切削过程有利。

2. 变形系数(图 1.10)

厚度变形系数：切屑厚度 h_{ch}与切削层厚度 h_D之比。

长度变形系数：切削层长度 L_D与切屑长度 L_{ch}之比。

由于切削层变成切屑后，宽度变化很小，根据体积不变原理，厚度变形系数和长度变形系数相等，统一用 Δh 表示变形系数。

变形系数是大于 1 的系数，它直观地反映了切屑的变形程度，变形系数越大，变形越大。变形系数与剪切角有关，剪切角增大，变形系数减小，切削变形减小。变形系数宜于测量，是切削变形程度的比较简单的表示方法，在实际生产中得到广泛应用。

3. 相对滑移

金属切削过程中的塑性变形集中在第Ⅰ变形区，而且主要形式是剪切滑移，因此可用剪应变 ε 来表示切削过程的变形程度。在图 1.11 中，平行四边形 $OHNM$ 发生剪切变形后变成平行四边形 $OGPM$，其相对滑移

$$\varepsilon=\frac{\Delta s}{\Delta y}=\frac{NP}{MK}=\frac{NK+KP}{MK}=\cot\phi+\tan(\phi-\gamma_o)=\frac{\cos\gamma_o}{\sin\phi\cdot\cos(\phi-\gamma_o)} \quad (1-7)$$

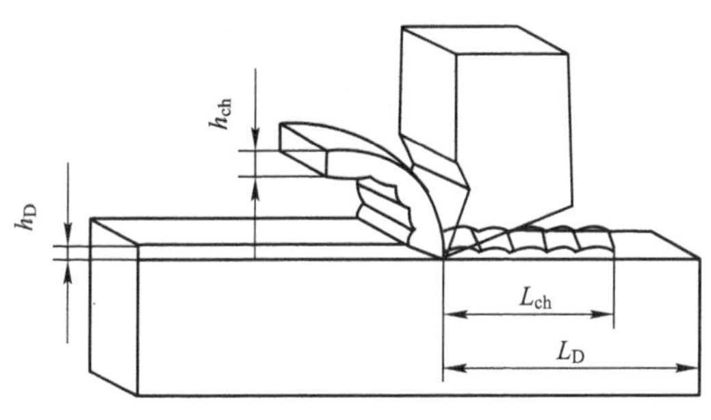

图 1.10 变形系数的计算

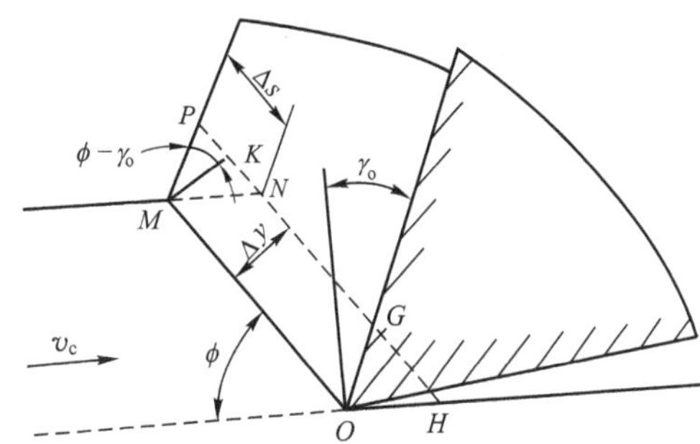

图 1.11 相对滑移系数

1.3.3 积屑瘤的形成

1. 积屑瘤的形成及原因

在切削速度不高而又能形成连续切屑的情况下，加工一般钢料或铝合金等塑性材料时，常在刀具前刀面处粘着一块剖面呈三角状的硬块。它的硬度很高，通常是工件材料的 2～3 倍，在稳定的状态下，能够代替刀具进行切削。这块粘附在刀具前刀面上的金属称为积屑瘤或刀瘤(图 1.12)。

积屑瘤的产生及成长与工件材料性质、切削区温度分布和压力有关。塑性材料的加工硬化倾向越强，越容易产生积屑瘤。切削区的温度和压力过高或过低，都不易产生积屑瘤。在背吃刀量和进给量一定的条件下，积屑瘤高度与切削速度有密切关系，如图 1.13 所示。

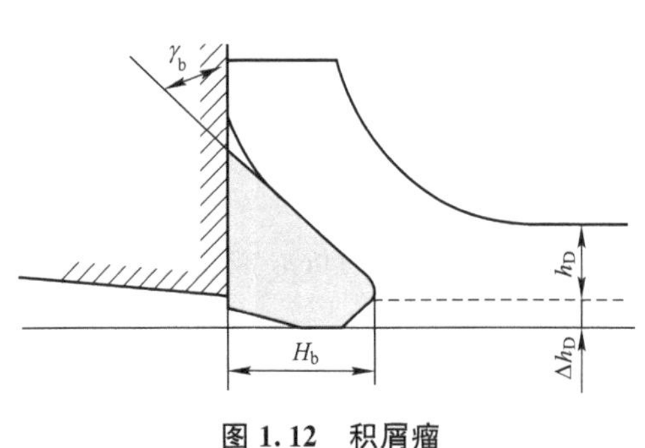

图 1.12 积屑瘤

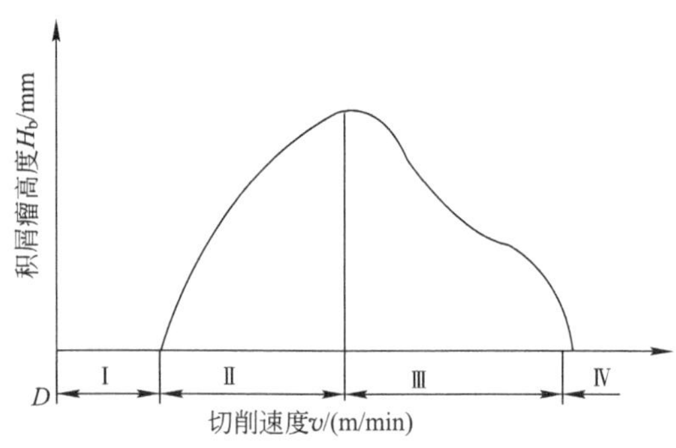

图 1.13 积屑瘤高度与切削速度的关系

2. 积屑瘤对切削过程的影响

积屑瘤对切削过程的影响体现在以下几方面：

(1) 增大刀具的前角。积屑瘤有使刀具实际前角增大的作用，减小切削力。

(2) 改变切削厚度。切削厚度随着积屑瘤高度的变化不断地增大、减小，切削厚度的变化会引起切削力的波动。

(3) 增大加工表面粗糙度。积屑瘤高度不断变化，形状不规则，这些都会导致加工表面粗糙度增加，降低加工表面质量。

(4) 影响刀具的使用寿命。积屑瘤可代替刀刃切削，有利于减小刀具磨损，提高刀具的使用寿命；但有时也可能把刀具前刀面上的颗粒拖走，降低刀具的使用寿命。

3. 防止产生积屑瘤的措施

防止产生积屑瘤的具体措施如下：

(1) 正确选择切削速度，避开产生积屑瘤的区域。

(2) 使用润滑性能良好的切削液，减小刀具与切屑之间的摩擦。

(3) 增大刀具的前角，减小刀具前刀面和切屑之间的压力。

(4) 适当提高工件材料的硬度，减小加工硬化倾向。

1.3.4 切屑的类型及控制

1. 切屑的类型

由于工件材料不同，切削条件各异，切削过程中形成的切屑形状是多样的。切屑的形状主要分为带状、节状、粒状和崩碎四种类型(图 1.14)。

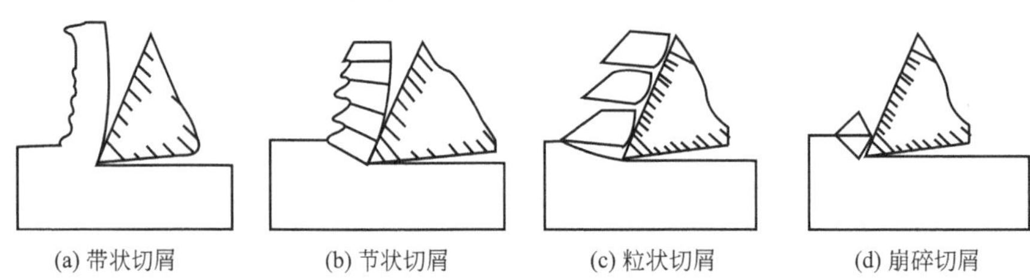
(a) 带状切屑　(b) 节状切屑　(c) 粒状切屑　(d) 崩碎切屑

图 1.14 切屑类型

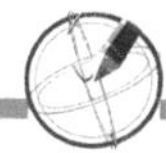

2. 切屑的控制

切屑控制(又称切屑处理或断屑)是指在切削加工中采取适当的措施来控制切屑的卷曲、流出与折断，使其形成良好的屑形。从切屑控制的角度出发，国际标准化组织制定了切屑分类标准(图1.15)。在实际生产中，通常采用断屑槽、改变刀具角度和调整切削用量等手段对切屑进行控制。

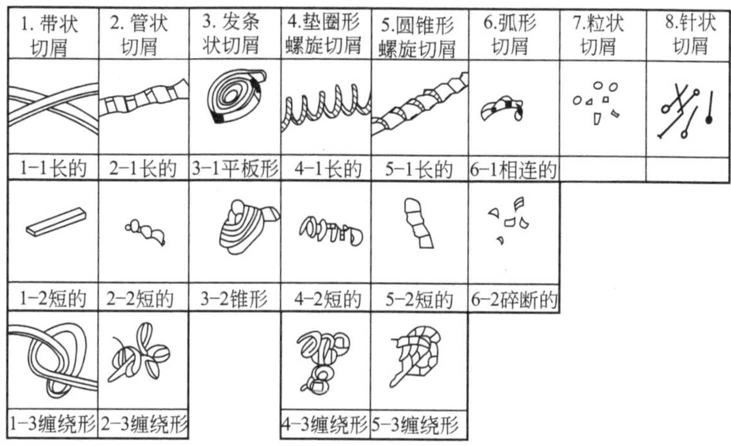

图1.15　国际标准化组织的切屑分类法 ISO 3685：1977(E)

3. 影响切削变形的因素

影响切削变形的因素有工件材料、刀具几何参数和切削用量。

(1) 工件材料。实验表明，工件材料强度和硬度越高，变形系数越小。

(2) 刀具几何参数。刀具几何参数中影响最大的是前角。前角越大，变形系数越小。

(3) 切削用量。在无积屑瘤的速度范围内，切削速度越大，变形系数越小。在有积屑瘤的速度范围内，切削速度是通过实际工作前角来影响变形系数的。进给量主要通过摩擦系数来影响切削变形，进给量增大，变形系数减小。背吃刀量对变形系数基本无影响。

任务1.4　切削过程中的物理现象

1.4.1　切削力和切削功率

分析和计算切削力，是计算功率消耗，进行机床、刀具和夹具设计，制定合理切削用量，优化刀具几何参数的重要依据。

1. 切削力的来源

切削力来源于以下两个方面：

(1) 切屑形成过程中弹性变形和塑性变形所产生的抗力。

(2) 刀具和切屑及工件表面之间的摩擦阻力。

2. 切削合力与分力

切削合力 F 的大小和方向是变化的，不易测量。为测量和应用方便，通常将切削合力

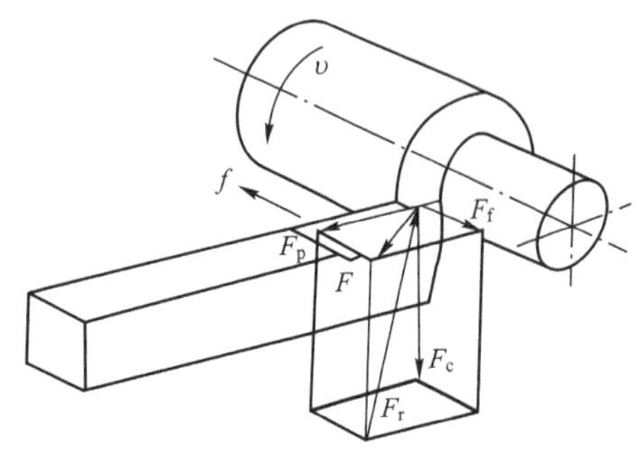

图 1.16　切削合力与分力

F 在空间直角坐标系中分解为三个相互垂直的分力(图 1.16)，即切削力 F_c、进给力 F_f 和背向力 F_p。

$$F=\sqrt{F_c^2+F_f^2+F_p^2} \tag{1-8}$$

F_c：切削力或切向力，它的方向是与过渡表面相切并与基面垂直。F_c是计算车刀强度、设计机床零件、确定机床功率必需的。

F_f：进给力或轴向力，它的方向是在基面内与工件轴线平行并且与进给方向相反。F_f是设计机床进给机构和校核其强度的主要参数。

F_p：背向力或径向力，它的方向是在基面内并与工件轴线垂直。F_p用来确定工件挠度、计算机床零件和刀具的强度。它是使工件在切削过程中产生振动的主要作用力。

3. 切削力的计算公式

由于实际切削过程非常复杂，影响因素较多，因此在生产实际中，切削力的大小一般采用经验公式计算。常用的经验公式分为两类：一类是指数公式，另一类是按单位切削力进行计算的公式。

1）计算切削力的指数公式

$$\begin{aligned} F_c &= C_{F_c} a_p^{x_{F_c}} f^{y_{F_c}} v^{n_{F_c}} K_{F_c} \\ F_f &= C_{F_f} a_p^{x_{F_f}} f^{y_{F_f}} v^{n_{F_f}} K_{F_f} \\ F_p &= C_{F_p} a_p^{x_{F_p}} f^{y_{F_p}} v^{n_{F_p}} K_{F_p} \end{aligned} \tag{1-9}$$

式中：C_{F_c}、C_{F_f}、C_{F_p}是由被加工材料性质和切削条件决定的系数；x、y、n 是切削用量三要素对应的指数；K_{F_c}、K_{F_f}、K_{F_p}是各切削分力的修正系数，上述各种系数和指数均可在机械加工工艺手册中查到。表 1-6 列出了车削力指数公式中的系数和指数。

表 1-6　车削力指数公式中的系数和指数

加工材料	刀具材料	加工形式	公式中的系数及指数											
			切削力 F_c				背向力 F_p				进给力 F_f			
			C_{F_c}	x_{F_c}	y_{F_c}	n_{F_c}	C_{F_p}	x_{F_p}	y_{F_p}	n_{F_p}	C_{F_f}	x_{F_f}	y_{F_f}	n_{F_f}
结构钢及铸钢 650MPa	硬质合金	外圆纵车、横车及镗孔	2795	1.0	0.75	-0.15	1940	0.9	0.6	-0.3	2880	1.0	0.5	-0.4
		切槽及切断	3600	0.72	0.8	0	1390	0.73	0.67	0	—	—	—	—
	高速钢	外圆纵车、横车及镗孔	1770	1.0	0.75	0	1100	0.9	0.75	0	590	1.2	0.65	0
		切槽及切断	2160	1.0	1.0	0	—	—	—	—	—	—	—	—
		成形车削	1855	1.0	0.75	0	—	—	—	—	—	—	—	—
不锈钢 1Cr18Ni9Ti 141HB5	硬质合金	外圆纵车、横车及镗孔	2000	1.0	0.75	0	—	—	—	—	—	—	—	—

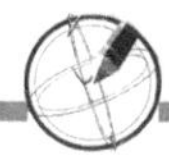

（续）

（续）

加工材料	刀具材料	加工形式	公式中的系数及指数											
			切削力 F_c				背向力 F_p				进给力 F_f			
			C_{Fc}	x_{Fc}	y_{Fc}	n_{Fc}	C_{Fp}	x_{Fp}	y_{Fp}	n_{Fp}	C_{Ff}	x_{Ff}	y_{Ff}	n_{Ff}
灰铸铁 190HBS	硬质合金	外圆纵车、横车及镗孔	900	1.0	0.75	0	530	0.9	0.75	0	450	1.0	0.4	0
	高速钢	外圆纵车、横车及镗孔	1120	1.0	0.75	0	1165	0.9	0.75	0	500	1.2	0.65	0
		切槽及切断	1550	1.0	1.0	0	—	—	—	—	—	—	—	
可锻铸铁 150HBS	硬质合金	外圆纵车、横车及镗孔	795	1.0	0.75	0	420	0.9	0.75	0	375	1.0	0.4	0
	高速钢	外圆纵车、横车及镗孔	980	1.0	0.75	0	865	0.9	0.75	0	390	1.2	0.65	0
		切槽及切断	1375	1.0	1.0	0	—	—	—	—	—	—	—	—
中等硬度不均质铜合金 120HBS	高速钢	外圆纵车、横车及镗孔	540	1.0	0.66	0	—	—	—	—	—	—	—	—
		切槽及切断	735	1.0	1.0	0	—	—	—	—	—	—	—	—
铝及铝硅合金	高速钢	外圆纵车、横车及镗孔	390	1.0	0.75	0	—	—	—	—	—	—	—	—
		切槽及切断	490	1.0	1.0	0	—	—	—	—	—	—	—	—

2）按单位切削力计算切削力的公式

单位切削力 k_c是指单位切削面积上的切削力。

$$k_c=\frac{F_c}{A_D}=\frac{F_c}{a_p f} \tag{1-10}$$

如果已知单位切削力，则可由式(1-10)计算切削力 F_c。由此可见，利用单位切削力是计算切削力的一种简便的方法。表1-7是硬质合金车刀车削时的单位切削力值。

表1-7　硬质合金车刀车削时的单位切削力

工件材料				单位切削力/(N/mm²)	实验条件			
名称	牌号	制造、热处理状态	硬度HB		刀具几何参数			切削用量范围
钢	45钢	热轧或正火	187	1962	$\gamma_o=15°$ $\kappa_r=75°$ $\lambda_s=0°$	前刀面带卷屑槽	$b_{r1}=0$	$v=1.5\sim1.75$m/s (90～105m/min) $a_p=1\sim5$mm $f=0.1\sim0.5$mm/r
		调质(淬火及高温回火)	229	2305			$b_{r1}=0.1\sim0.15$mm $\gamma_{o1}=-20°$	
		淬硬(淬火及低温回火)	44(HRC)	2649				
	40Cr	热轧或正火	212	1962			$b_{r1}=0$	
		调质(淬火及高温回火)	285	2306			$b_{r1}=0.1\sim0.15$mm $\gamma_{o1}=-20°$	

（续）

工件材料				单位切削力/(N/mm²)	实验条件		
名称	牌号	制造、热处理状态	硬度HB		刀具几何参数		切削用量范围
灰铸铁	HT200	退火	170	1118	$\gamma_o=15°$ $k_r=75°$ $\lambda_s=0°$	$b_{r1}=0$ 平前刀面，无卷屑槽	$v=1.17\sim1.42$m/s ($70\sim85$m/min) $a_p=2\sim10$mm $f=0.1\sim0.5$mm/r

4. 切削功率

消耗在切削过程中的功率称为切削功率，用 P_c(kW)表示。因沿 F_p方向没有位移不消耗功率，所以切削功率为 F_c、F_f所消耗功率之和即

$$P_c=\left(F_c v_c+\frac{F_f n_w f}{1000}\right)\times10^{-3} \tag{1-11}$$

式中：F_c为切削力(N)；v_c为切削速度(m/s)；F_f为进给力(N)；n_w为工件转速(r/s)；f为进给量(mm/r)。

由于式(1-11)中第二项进给功率远小于第一项，因此可忽略不计，则切削功率可表示为

$$P_c=F_c v_c\times10^{-3} \tag{1-12}$$

在求得切削功率后，还可以计算出机床的电动机功率 P_E。机床的电动机功率 P_E为

$$P_E\geqslant P_c/\eta_m \tag{1-13}$$

式中：η_m为机床传动效率，一般取 0.75～0.85。

5. 影响切削力的因素

1）工件材料的影响

工件材料的物理力学性能、加工硬化程度、化学成分、热处理状态等都对切削力大小产生影响。工件材料的强度和硬度越高，切削力越大；冲击韧性和塑性越大，切削力越大；加工硬化程度越高，切削力越大。

2）刀具几何参数的影响

前角对切削力影响最大。加工塑性金属时，前角增大，切削力降低；加工脆性材料时，由于切削变形很小，前角对切削力的影响不明显。主偏角对切削力影响较小。刃倾角在一定范围内对切削力没有什么影响，但对进给力和背向力影响较大。

3）切削用量的影响

(1) 切削速度的影响。切削塑性材料时，在无积屑瘤的速度范围内，切削速度增加，切削力减小。在产生积屑瘤的情况下，积屑瘤高度增大，切削力下降；反之，切削力上升。切削铸铁等脆性金属时，切削速度对切削力无显著影响。

(2) 背吃刀量和进给量的影响。背吃刀量和进给量增大，都会使切削力增大，但影响程度不同。a_p增大，F_c成正比增大；f 增大，F_c增大，但与 f 不成正比。

4）刀具材料的影响

因为刀具材料与工件材料间的摩擦系数影响摩擦力的大小，所以会直接影响切削力的

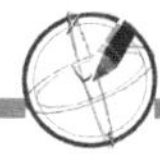

大小。一般按 CBN 刀具、陶瓷刀具、涂层刀具、硬质合金刀具、高速钢刀具的顺序，切削力依次增大。

5）刀具磨损的影响

刀具后刀面磨损增大时，切削力增大。

6）切削液的影响

使用润滑作用强的切削液能使切削力减小，使用以冷却为主的切削液对切削力影响不大。

【案例 1-5】 在车床上粗车 ϕ68mm×420mm 的圆柱面。已知条件：工件材料为 45 钢，$\sigma_b=637$MPa，刀具材料牌号为 YT15；刀具切削部分的几何参数 $\gamma_o=15°$，$\alpha_o=8°$，$\alpha_o'=6°$，$\lambda_s=0°$，$\kappa_r=60°$，$\kappa_r'=10°$，刀尖圆弧半径 $r_\varepsilon=0.5$mm；切削用量要素：$a_p=3$mm，$f=0.56$mm/r，$v_c=106.8$m/min。求切削分力和切削功率。

解： 根据切削力指数公式表，查得相应的系数和指数为

$$C_{F_c}=2795,\ x_{F_c}=1.0,\ y_{F_c}=0.75,\ n_{F_c}=-0.15$$

$$C_{F_p}=1940,\ x_{F_p}=0.9,\ y_{F_p}=0.6,\ n_{F_p}=-0.3$$

$$C_{F_f}=2880,\ x_{F_f}=1.0,\ y_{F_f}=0.5,\ n_{F_f}=-0.4$$

加工条件中的刀具前角和主偏角与实验条件不符，根据切削用量简明手册查得其相应的修正系数如下。其他加工条件与实验条件相同，取修正系数为 1。

$$k_{\gamma_o F_c}=0.95,\ k_{\gamma_o F_p}=0.85,\ k_{\gamma_o F_f}=0.85$$

$$k_{\kappa_r F_c}=0.94,\ k_{\kappa_r F_p}=0.77,\ k_{\kappa_r F_f}=1.11$$

将所查得的系数和指数代入切削力指数公式，可以求出：

$$F_c=C_{F_c}a_p^{x_{F_c}}f^{y_{F_c}}v^{n_{F_c}}K_{F_c}=2795\times3^{1.0}\times0.56^{0.75}\times106.8^{-0.15}\times0.95\times0.94=2406(\text{N})$$

$$F_f=C_{F_f}a_p^{x_{F_f}}f^{y_{F_f}}v^{n_{F_f}}K_{F_f}=2880\times3^{1.0}\times0.56^{0.5}\times106.8^{-0.4}\times0.85\times1.11=942(\text{N})$$

$$F_p=C_{F_p}a_p^{x_{F_p}}f^{y_{F_p}}v^{n_{F_p}}K_{F_p}=1940\times3^{0.9}\times0.56^{0.6}\times106.8^{-0.3}\times0.85\times0.77=594(\text{N})$$

根据切削功率的计算公式，求得切削功率为

$$P_c=2406\times(106.8/60)\times10^{-3}=4.3(\text{kW})$$

1.4.2 切削热和切削温度

1. 切削热的产生与传导

切削热来源于两个方面：一是切削层金属产生弹、塑性变形所消耗的能量；二是切屑与刀具前刀面、工件与刀具后刀面间产生的摩擦热。切削过程中的三个变形区就是三个发热区域。

切削热由切屑、工件、刀具及周围的介质向外传导（图 1.17）。影响散热的主要因素是工件和刀具材料的导热系数及周围介质。工件和刀具材料的导热系数高，切削区温度降低；采用性能良好的切削液能有效地降低切削区的温度。

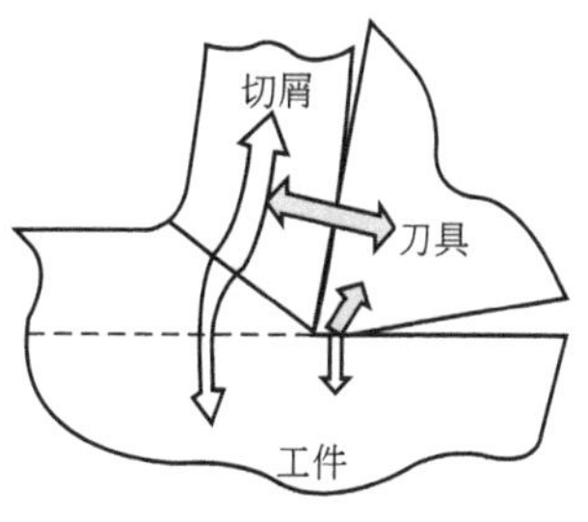

图 1.17 切削热的产生和传导

2. 切削温度的分布

切削温度场是指工件、切屑和刀具上的温度分布。它对研究刀具的磨损规律、工件材料的性能变化和加工表面质量意义重大。图 1.18 为切削钢料时正交平面内的温度场，由此可归纳出切削温度的分布规律：

(1) 剪切区内沿剪切面方向上各点温度几乎相同，垂直于剪切面上的温度梯度很大。

(2) 刀具前、后刀面上的最高温度都不在切削刃上，而是在离切削刃有一定距离的地方。

(3) 靠近刀具前刀面的切屑底层上温度梯度大，距离刀具前刀面 0.1～0.2mm 温度就可能下降一半。

(4) 刀面的接触长度较小，工件加工表面上温度的升降是在极短的时间内完成的。

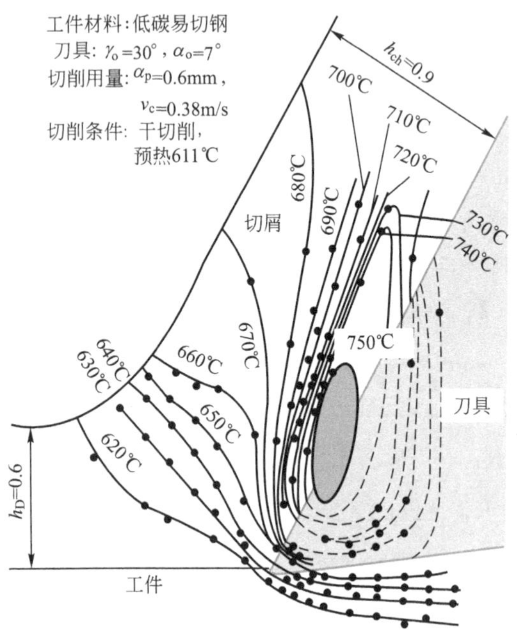

图 1.18　切削钢料时正交平面内的温度场

3. 影响切削温度的主要因素

1) 切削用量的影响

切削温度的经验公式为

$$\theta = C_\theta v_c^{z_\theta} f^{y_\theta} a_p^{x_\theta} \tag{1-14}$$

式中：θ 为刀屑接触区平均温度(℃)；C_θ为切削温度系数；z_θ、y_θ、x_θ分别为切削用量三要素对应的指数。

切削温度的系数和指数可查切削用量手册。

在切削用量三要素中，切削速度对切削温度影响最大，进给量对切削温度的影响比切削速度的影响小，背吃刀量对切削温度的影响很小。

2) 刀具几何参数的影响

刀具前角和主偏角对切削温度影响较大。前角增大，切削温度降低，但前角过大，对

切削温度的影响减小。主偏角减小将使切削刃工作长度增加，散热条件改善，因而切削温度降低。

3）工件材料的影响

工件材料的强度、硬度提高，切削温度升高；工件材料的导热系数越大，切削温度下降越快。

4）刀具磨损的影响

刀具磨损增加，切削温度升高；磨损量达到一定值后，对切削温度影响加剧；切削速度越高，刀具磨损对切削温度的影响就越显著。

5）切削液的影响

浇注切削液对降低切削温度、减少刀具磨损和提高已加工表面质量有明显的效果。

【案例1-6】 比较车削加工和钻削加工的传热途径。

解： 车削时，切屑带走50%～86%切削热，车刀传出40%～10%，工件传出9%～3%，周围介质传出1%。钻削时，切屑带走28%切削热，刀具传出14.5%，工件传出52.5%，周围介质传出5%。

1.4.3　刀具的磨损

1. 刀具的磨损形态

刀具的磨损发生在与切屑和工件接触的刀具的前刀面和后刀面上，如图1.19所示。

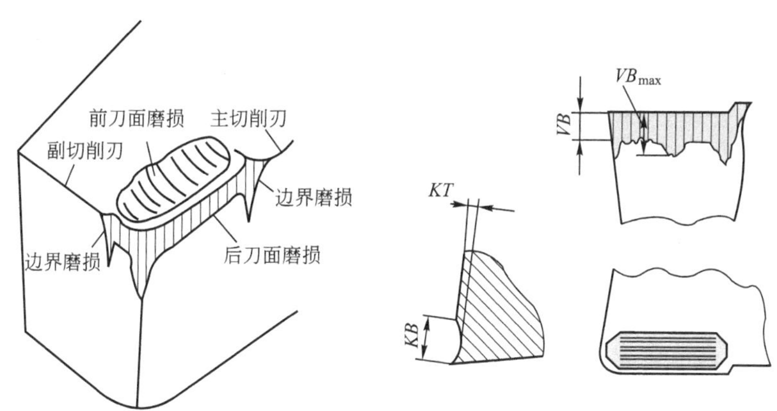

图1.19　刀具的磨损形态和测量位置

（1）前刀面磨损。切削塑性材料时，如果刀具材料的耐热和耐磨性较差，而切削速度和切削厚度较大，则在刀具前刀面上形成月牙洼磨损。前刀面月牙洼磨损值以其最大深度KT表示。

（2）后刀面磨损。刀具后刀面与工件表面的接触压力很大，存在弹、塑性变形。后刀面靠近切削刃部位会逐渐地被磨成后角为零的小棱面，这种磨损形式称为后刀面磨损。切削铸铁和以较小的切削厚度、较低的切削速度切削塑性材料时会产生后刀面磨损。后刀面磨损带往往不均匀，在后刀面磨损带的中间位置，其平均宽度以VB表示，最大宽度以VB_{max}表示。

(3) 边界磨损。切削钢料时，常在主切削刃靠近工件外皮处和副切削刃靠近刀尖处的刀具后刀面上磨出较深的沟纹，称为边界磨损。边界磨损是由于工件在边界处的加工硬化层、硬质点和刀具在边界处的较大应力梯度和温度梯度造成的。

2. 刀具磨损的原因

刀具磨损的原因有以下几方面。

(1) 磨料磨损。工件材料中的杂质、材料基体组织中的碳化物、氮化物、氧化物等硬质点在刀具表面刻划出沟纹而形成的机械磨损。磨料磨损在任何情况下都存在，是低速刀具磨损的主要原因。

(2) 粘结磨损。粘结是指刀具与工件材料接触达到原子间距离时所产生的现象，又称为冷焊。在切削过程中，由于刀具与工件材料的摩擦面上具备高温高压和新鲜表面的条件，极易发生粘结。在中、高切削速度下，切削温度 600～700℃时，粘结磨损最严重。

(3) 扩散磨损。在切削过程中，由于高温高压作用，刀具与工件表面接触，刀具材料和工件材料中的化学元素相互扩散，改变了刀具和工件材料的化学成分，削弱了刀具材料的性能，加速了磨损过程。切削速度越高，刀具的扩散磨损越严重。

(4) 化学磨损。在一定温度下，刀具材料与某些周围介质起化学作用，在刀具表面形成一层硬度较低的化合物被切屑带走，加速刀具磨损。化学磨损主要发生于较高的切削速度条件下。

3. 刀具磨损过程和磨钝标准

刀具磨损实验结果表明，刀具磨损过程分为图 1.20 所示的三个阶段。

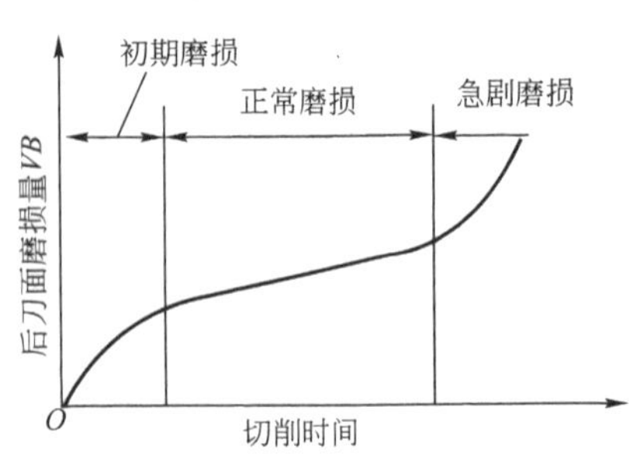

图 1.20　刀具的磨损过程

(1) 初期磨损阶段。这个阶段磨损速度较快，磨损量的大小与刀具刃磨质量直接相关，研磨过的刀具的初期磨损量较小。

(2) 正常磨损阶段。这个阶段磨损比较缓慢均匀，后刀面磨损量随切削时间延长而近似地成比例增加，正常切削时，这个阶段时间较长。

(3) 急剧磨损阶段。当刀具的磨损带增加到一定限度后，切削力与切削温度均迅速增大，磨损速度急剧增加。生产中为了合理使用刀具，保证加工质量，应该在发生急剧磨损之前及时换刀。

4. 刀具的磨钝标准

刀具磨损到一定限度就不能继续使用，这个磨损限度称为磨钝标准。在实际生产中，常根据切削中发生的一些现象(如火花、振动、噪声等)来判断刀具是否已经磨钝。在评定刀具材料的切削性能和试验研究时，以刀具表面的磨损量作为衡量刀具的磨钝标准。ISO 统一规定以 1/2 背吃刀量处刀具后刀面上测量的磨损带宽度 VB 作为刀具的磨钝标准。

制定刀具的磨钝标准既要考虑充分发挥刀具的切削能力，又要考虑保证工件的加工质量。精加工时，磨钝标准取小值；粗加工时，磨钝标准取大值；工艺系统刚性差时，磨钝标准取小值；切削难加工材料时，磨钝标准取较小值。磨钝标准的具体数值可参考相关手册。

5. 刀具的破损

在切削加工中，刀具没有经过正常磨损阶段而在很短时间内突然损坏的情况，称为刀具的破损。刀具的破损形式分为脆性破损和塑性破损。

(1) 脆性破损：主要包括崩刃、碎断、剥落和裂纹破损等几种形式。

(2) 塑性破损：刀具表面材料因发生塑性流动而丧失切削能力的现象。抗塑性破损能力取决于刀具材料的硬度和耐热性。

可采取以下措施防止刀具破损：合理选择刀具材料，合理选择刀具几何参数，保证刀具的刃磨质量，合理选择切削用量，工艺系统应有较好的刚性。

1.4.4　刀具的寿命

1. 刀具寿命和刀具总寿命

一把新刀或重新刃磨过的刀具从开始使用直到达到磨钝标准所经历的实际切削时间，称为刀具寿命。从第一次投入使用直至完全报废时所经历的实际切削时间，称为刀具总寿命。对于不重磨刀具，刀具总寿命等于刀具寿命；对于重磨刀具，刀具总寿命等于刀具寿命乘以刃磨次数。应当明确，刀具寿命和刀具总寿命是两个不同的概念。

2. 刀具寿命的经验公式

试验结果表明，切削速度是影响刀具寿命的最主要因素。提高切削速度，刀具寿命降低，对刀具磨损影响最大。固定其他切削条件，在常用的切削速度范围内，取不同的切削速度进行刀具磨损试验，得到图 1.21 所示的一组磨损曲线，处理后得到重要的刀具寿命方程式($T-v$ 关系式)，即泰勒(F. W. Taylor)公式：

$$vT^{m}=C \tag{1-15}$$

式中：v 为切削速度(m/min)；T 为刀具寿命(min)；m 为表示 v 对 T 影响程度的指数；C 为系数，与刀具工件材料和切削条件有关。

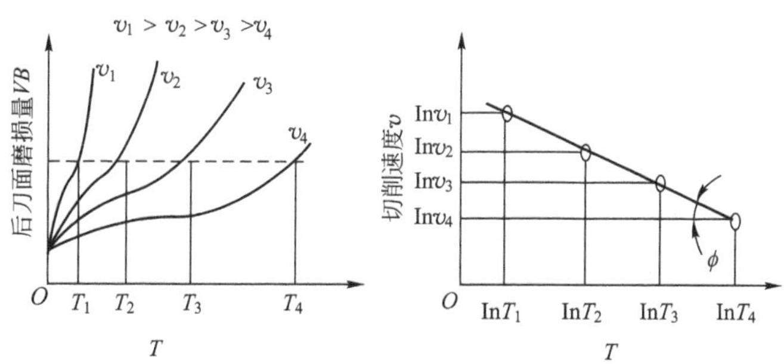

图 1.21　切削速度对刀具寿命的影响曲线

同样按照求 $T-v$ 关系式的方法，固定其他切削条件，分别改变进给量和背吃刀量，求得 $T-f$ 和 $T-a_{p}$的关系式：

$$fT^{m1}=C_{1}，a_{p}T^{m2}=C_{2} \tag{1-16}$$

综合整理后，得刀具寿命的实验公式

$$T=\frac{C_T}{v^{1/m}f^{1/m_1}a_p^{1/m_2}} \tag{1-17}$$

令 $x=1/m$，$y=1/m_1$，$z=1/m_2$，则有

$$T=\frac{C_T}{v^x f^y a_p^z} \tag{1-18}$$

式中：C_T为与工件、刀具材料和其他切削条件有关的系数。

用硬质合金车刀车削 $\sigma_b=0.75$GPa 的碳钢，在进给量 $f>0.75$mm/r 时，切削用量和刀具寿命之间的关系式为

$$T=\frac{C_T}{v^5 f^{2.25} a_p^{0.75}}$$

由上式可见，切削速度对刀具寿命影响最大，进给量次之，背吃刀量最小。这与它们对切削温度的影响顺序一致，说明切削温度对刀具寿命有重要影响。在保证刀具寿命的前提下，为提高生产率，应首先选取大的背吃刀量，其次选取较大的进给量，最后计算或根据手册选择合适的切削速度。

3. 刀具寿命的制定

刀具寿命的制定应满足以下几方面要求：

(1) 刀具结构复杂、制造和刃磨费用高时，刀具寿命规定得高些。

(2) 多刀车床上的车刀，组合机床上的钻头、丝锥和铣刀，自动线上的刀具，因为调整复杂，刀具寿命应规定得高些。

(3) 某工序的生产成为生产线上的瓶颈时，刀具寿命应规定得低些；某工序单位时间的生产成本较高时，刀具寿命应规定得低些。

(4) 精加工大型工件时，刀具寿命应规定高些。

任务 1.5　切削条件的选择

1.5.1　工件材料的切削加工性

1. 工件材料切削加工性的衡量指标

工件材料的切削加工性是指在一定的切削条件下，对工件材料进行切削加工的难易程度。衡量材料切削加工性的指标很多，可归纳为如下几种情况：

1) 以刀具使用寿命衡量切削加工性

在相同的切削条件下加工不同材料时，刀具使用寿命长，工件材料的切削加工性好。

2) 以工件材料允许的切削速度来衡量切削加工性

在刀具使用寿命相同的条件下，切削某种材料允许的切削速度高，切削加工性好；反之，切削加工性差。在切削普通金属材料时，常用刀具使用寿命达到 60min 时允许的切削速度高低来比较材料加工性的好坏，记作 v_{60}。

生产中常用相对切削加工性 K_r作为衡量指标，即以切削正火状态 45 钢的 v_{60} 作为基准，写作$(v_{60})_j$，而把其他被切削材料的 v_{60}与之相比，这个比值 K_r称为该材料的相对加工性，即

$$K_r = v_{60}/(v_{60})_j$$

根据 K_r 的值，可将常用材料的相对加工性分为八级，见表 1-8。当 $K_r>1$ 时，材料比 45 钢容易切削；当 $K_r<1$ 时，材料比 45 钢难切削。

表 1-8 材料切削加工性等级

加工性等级	工件材料分类		相对切削加工性 K_r	代表性材料
1	很容易切削的材料	一般有色金属	>3.0	铜铅合金、铝镁合金、铝铜合金
2	容易切削的材料	易切削钢	2.5～3.0	退火 15Cr、自动机钢
3		较易切削钢	1.6～2.5	正火 30 钢
4	普通材料	一般钢和铸铁	1.0～1.6	45 钢、灰铸铁
5		稍难切削的材料	0.65～1.0	2Cr13 调质、85 钢
6	难切削材料	较难切削的材料	0.5～0.65	45Cr 调质、65Mn 调质
7		难切削的材料	0.15～0.5	50CrV 调质、1Cr18Ni9Ti
8		很难切削的材料	<0.15	部分钛合金、铸造镍基高温合金

3）以切削力和切削温度衡量切削加工性

在相同的切削条件下，凡是使切削力增大、切削温度升高的工件材料，其切削加工性就差；反之，其切削加工性就好。在粗加工或机床动力不足时，常以此指标来评定材料的切削加工性。

4）以加工表面质量衡量切削加工性

若易获得好的加工表面质量，则切削加工性好，精加工时常用此指标。

5）以断屑性能衡量切削加工性

在相同切削条件下，凡切屑易于控制或断屑性能良好的材料，其切削加工性能好；反之，切削加工性差。自动机床、组合机床和自动化程度较高的生产线上常用此指标。

2. 影响工件材料切削加工性的因素

一般情况下，材料的硬度和强度高，切削力大，切削温度高，切削加工性变差；材料的塑性和韧性好，材料切削加工性也变差。材料的导热系数越大，由切屑带走和由工件传导出的热量就越多，越有利于降低切削区温度，切削加工性变好。

材料的化学成分是通过影响材料的物理力学性能而影响切削加工性的。

成分相同的材料，金相组织不同，其切削加工性也不同。金相组织的形状和大小也影响切削加工性。

3. 改善工件材料切削加工性的途径

在不影响材料使用性能的前提下，可在钢中适当添加一种或几种可以明显改进材料切削加工性的化学元素，如 S、Pb、Ga、P 等，以获得易切削钢。

生产中常对工件材料进行预先热处理，通过改变工件材料的硬度和塑性等来改善切削加工性。例如，低碳钢经正火处理或冷拔处理，使塑性减少，硬度略有提高，从而改善切削加工性；中碳钢常采用退火处理，以降低硬度来改善切削加工性；高碳钢通过球化退火使硬度降低，从而改善切削加工性。

1.5.2 刀具几何参数的选择

1. 前角的选择

前角是刀具上的重要几何参数之一，主要解决切削刃强度与锋利性的矛盾。工件材料的强度和硬度高，前角取小值；反之取大值。粗加工时，为保证切削刃强度，前角取小值；精加工时，为提高表面质量，前角取大值。加工塑性材料时宜取较大前角，加工脆性材料时宜取较小前角。刀具材料韧性好时宜取较大前角；反之应取较小前角。工艺系统刚性差时，应取较大前角。

2. 后角的选择

后角的主要作用是减小刀具后刀面与工件已加工表面之间的摩擦，因此后角不能为零度或负值，一般在6°～12°选取。精加工时，后角取大值；粗加工时，后角取小值。工件材料强度和硬度高时，后角取小值，以增强切削刃的强度；反之，后角取大值。工艺系统刚性差时，后角取小值。对于尺寸精度要求较高的刀具，后角取小值，以增加刀具的重磨次数。

3. 主偏角和副偏角的选择

减小主、副偏角，可以减小已加工表面粗糙度值，同时提高刀尖强度，改善散热条件，提高刀具寿命。主偏角的取值还影响各切削分力的大小和比例分配。

工件材料强度和硬度高时，宜取较小主偏角以提高刀具寿命；工艺系统刚性差时，宜取较大主偏角，反之取较小主偏角以提高刀具寿命。主偏角一般在30°～90°选取。

工件材料强度和硬度高及刀具进行断续切削时，宜取较小副偏角。精加工时取较小的副偏角，以减小表面粗糙度值。副偏角一般为正值。

4. 刃倾角的选择

改变刃倾角可以改变切屑的流向，达到控制排屑方向的目的(图1.22)。负刃倾角车刀刀头强度好，散热条件好，工艺系统刚性差时，不宜采用负的刃倾角。增大刃倾角绝对值，刀具切削刃实际钝圆半径减小，切削刃锋利，可以减小刀具受到的冲击。刃倾角不为零时，切削过程比较平稳；刃倾角大于零时，切屑流向待加工表面；刃倾角小于零时，切屑流向已加工表面，破坏已加工表面质量。

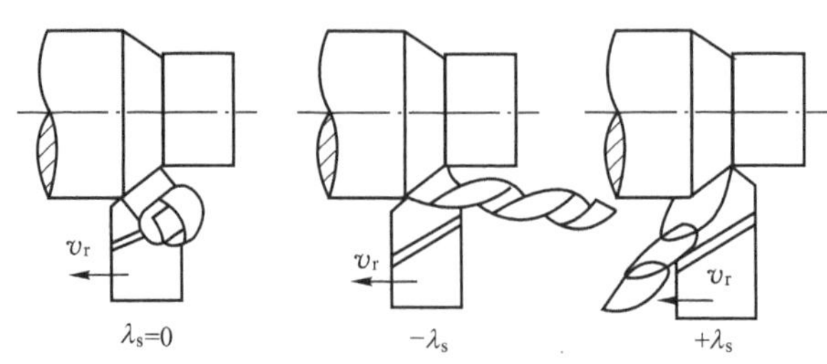

图1.22 刃倾角对切屑流向的影响

1.5.3　切削用量的选择

切削用量的选择就是确定具体工序的背吃刀量、进给量和切削速度。切削用量的选择是否合理，直接影响生产效率、加工成本、加工精度和表面质量。合理的切削用量是指在保证加工质量的条件下，获得高生产率和低生产成本的切削用量。

1. 切削用量的选用原则

1）粗加工时切削用量的选择原则

粗加工时以提高生产效率和保证刀具的使用寿命为主，选择切削用量时，应首先选取尽可能大的背吃刀量，其次在机床动力和刚度允许的情况下，选用较大的进给量，最后根据公式计算或查表确定合理的切削速度。粗加工的切削速度一般选取中等或更低的数值。

2）精加工时切削用量的选择原则

精加工时切削用量的选择首先要保证加工精度和表面质量，同时兼顾刀具的使用寿命和生产效率。精加工时往往采取逐渐减小背吃刀量的方法来提高加工精度，进给量的大小主要根据表面粗糙度的要求选取。选择切削速度要避开产生积屑瘤的区域。一般情况下，精加工常选用较小的背吃刀量、进给量和较高的切削速度，这样既可以保证加工质量，又可以提高生产效率。

2. 切削用量要素的选用

1）背吃刀量的选用

背吃刀量 a_p应根据加工性质和加工余量确定。粗加工时，在保留精加工余量的前提下，尽可能一次走刀切除全部余量，以减少走刀次数。在中等功率的机床上，粗车时 a_p可达 8～10mm；半精车时，a_p可取 0.5～2mm；精车时，a_p可取 0.1～0.4mm。

在加工余量过大、工艺系统刚度不足或刀具强度不够等情况下，应分成两次或多次走刀。采用两次走刀时，第一次走刀的 a_p取大些，可占全部余量的 2/3～3/4；第二次走刀的 a_p取小些，可占全部余量的 1/4～1/3，以获得较小的表面粗糙度及较高的加工精度。

切削表层有硬皮的铸锻件或不锈钢等冷硬倾向较严重的材料时，应使 a_p超过硬皮或冷硬层深度，以免刀具过快磨损。

2）进给量的选用

a_p选定之后，应尽量选择较大的进给量。进给量的合理选择应保证机床、刀具不因切削力太大而损坏，切削力所引起的工件挠度不超出工件精度允许的数值，表面粗糙度值不致太大。粗加工时，进给量的选用主要受切削力的限制；半精加工和精加工时，进给量的选用主要受表面粗糙度和加工精度的限制。

实际生产中，经常采用查表法确定进给量。粗加工时，根据工件材料、车刀刀杆尺寸、工件直径及已确定的背吃刀量等条件，由切削用量手册查得进给量 f 的数值(表 1－9)。半精加工和精加工时，主要根据加工表面粗糙度要求选择进给量(表 1－10)。

表 1－9　硬质合金车刀粗车外圆及端面的进给量

工件材料	车刀刀杆尺寸 $B\times H$/mm×mm	工件直径/mm	背吃刀量 a_p/mm				
			≤3	>3～5	>5～8	>8～12	>12
			进给量 f/(mm/r)				
碳素结构钢、合金结构钢、耐热钢	16×25	20	0.3～0.4	—	—	—	—
		40	0.4～0.5	0.3～0.4	—	—	—
		60	0.5～0.7	0.4～0.6	0.3～0.5	—	—
		100	0.6～0.9	0.5～0.7	0.5～0.6	0.4～0.5	—
		400	0.8～1.2	0.7～1.0	0.6～0.8	0.5～0.6	—
	20×30 25×25	20	0.3～0.4	—	—	—	—
		40	0.4～0.5	0.3～0.4	—	—	—
		60	0.6～0.7	0.5～0.7	0.4～0.6	—	—
		100	0.8～1.0	0.7～0.9	0.5～0.7	0.4～0.7	—
		600	1.2～1.4	1.0～1.2	0.8～1.0	0.6～0.9	0.4～0.6
	25×40	60	0.6～0.9	0.5～0.8	0.4～0.7	—	—
		100	0.8～1.2	0.7～1.1	0.6～0.9	0.5～0.8	—
		1000	1.2～1.5	1.1～1.5	0.9～1.2	0.8～1.0	0.7～0.8
	30×45 40×60	500	1.1～1.4	1.1～1.4	1.0～1.2	0.8～1.2	0.7～1.1
		2500	1.3～2.0	1.3～1.8	1.2～1.6	1.1～1.5	1.0～1.5
铸铁及铜合金	16×25	40	0.4～0.5	—	—	—	—
		60	0.6～0.8	0.5～0.8	0.4～0.6	—	—
		100	0.8～1.2	0.7～1.0	0.6～0.8	0.5～0.7	—
		400	1.0～1.4	1.0～1.2	0.8～1.0	0.6～0.8	—
	20×30 25×25	40	0.4～0.5	—	—	—	—
		60	0.6～0.9	0.5～0.8	0.4～0.7	—	—
		100	0.9～1.3	0.8～1.2	0.7～1.0	0.5～0.8	—
		600	1.2～1.8	1.2～1.6	1.0～1.3	0.9～1.1	0.7～0.9
	25×40	60	0.6～0.8	0.5～0.8	0.4～0.7	—	—
		100	1.0～1.4	0.9～1.2	0.8～1.0	0.6～0.9	—
		1000	1.5～2.0	1.2～1.8	1.0～1.4	1.0～1.2	0.8～1.0
	30×45　40×60 30×45　40×60	500	1.4～1.8	1.2～1.6	1.0～1.4	1.0～1.3	0.9～1.2
		2500	1.6～2.4	1.6～2.0	1.4～1.8	1.3～1.7	1.2～1.7

注：1. 加工断续表面和有冲击的工件时，表内的进给量应乘以系数 0.75～0.85；在无外皮加工时，表内的进给量应乘以系数 1.1。
2. 加工耐热钢及合金时，进给量不大于 1.0mm/r。
3. 加工淬硬钢时，进给量应减小。当材料硬度为 44～56HRC 时，表内进给量应乘以系数 0.8；当材料硬度为 57～62HRC 时，表内进给量应乘以系数 0.5。
4. 可转位刀片允许的最大进给量不应超过其刀尖圆弧半径数值的 80%。

表 1-10　按表面粗糙度选择进给量的参考值

工件材料	表面粗糙度 $Ra/\mu m$	切削速度/(m/min)	刀尖圆弧半径/mm		
			0.5	1.0	2.0
			进给量 f/(mm/r)		
铸铁 青铜 铝合金	10～5	不限	0.25～0.40	0.40～0.50	0.50～0.60
	5～2.5		0.15～0.25	0.25～0.40	0.40～0.60
	2.5～1.25		0.10～0.15	0.15～0.20	0.20～0.35
碳钢 合金钢	10～5	<50	0.30～0.50	0.45～0.60	0.55～0.70
		>50	0.40～0.55	0.55～0.65	0.65～0.70
	5～2.5	<50	0.18～0.25	0.25～0.30	0.30～0.40
		>50	0.25～0.30	0.30～0.35	0.35～0.50
	2.5～1.25	<50	0.10	0.11～0.15	0.15～0.22
		50～100	0.11～0.16	0.16～0.25	0.25～0.35
		>100	0.16～0.20	0.20～0.25	0.25～0.35

3）切削速度的选用

当背吃刀量 a_p 与进给量 f 选定后，可以根据公式计算或手册查表确定切削速度 v_c。表 1-11列出了车削加工切削速度的参考值。

表 1-11　车削加工的切削速度参考值

加工材料		硬度 HBS	背吃刀量 a_p/mm	高速钢刀具		硬质合金刀具						陶瓷(超硬材料)刀具		
						未涂层				涂层				
				v/(m/min)	f/(mm/r)	v/(m/min)		f/(mm/r)	材料	v/(m/min)	f/(mm/r)	v/(m/min)	f/(mm/r)	说　明
						焊接式	可转位							
易切碳钢	低碳	100～200	1	55～90	0.18～0.2	185～240	220～275	0.18	YT15	320～410	0.18	550～700	0.13	切削条件较好时，可用冷压 Al_2O_3 陶瓷；切削条件较差时，宜用 Al_2O_3 + TiC 热压混合陶瓷
			4	41～70	0.40	135～185	160～215	0.50	YT14	215～275	0.40	425～580	0.25	
			8	34～55	0.50	110～145	130～170	0.75	YT5	170～220	0.50	335～490	0.40	
	中碳	175～225	1	52	0.2	165	200	0.18	YT15	305	0.18	520	0.13	
			4	40	0.40	125	150	0.50	YT14	200	0.40	395	0.25	
			8	30	0.50	100	120	0.75	YT5	160	0.50	305	0.40	
碳钢	低碳	125～225	1	43～46	0.18	140～150	170～195	0.18	YT15	260～290	0.18	520～580	0.13	
			4	34～38	0.40	115～125	135～150	0.50	YT14	170～190	0.40	365～425	0.25	
			8	27～30	0.50	88～100	105～120	0.75	YT5	135～150	0.50	275～365	0.40	
	中碳	175～275	1	34～40	0.18	115～130	150～160	0.18	YT15	220～240	0.18	460～520	0.13	
			4	23～30	0.40	90～100	115～125	0.50	YT14	145～160	0.40	290～350	0.25	
			8	20～26	0.50	70～78	90～100	0.75	YT5	115～125	0.50	200～260	0.40	
	高碳	175～275	1	30～37	0.18	115～130	140～155	0.18	YT15	215～230	0.18	460～520	0.13	
			4	24～27	0.40	88～95	105～120	0.50	YT14	145～150	0.40	275～335	0.25	
			8	18～21	0.50	69～76	84～95	0.75	YT5	115～120	0.50	185～245	0.40	

（续）

加工材料		硬度HBS	背吃刀量 a_p/mm	高速钢刀具		硬质合金刀具						陶瓷(超硬材料)刀具		
				v/(m/min)	f/(mm/r)	未涂层			材料	涂层		v/(m/min)	f/(mm/r)	说明
						v/(m/min) 焊接式	v/(m/min) 可转位	f/(mm/r)		v/(m/min)	f/(mm/r)			
合金钢	低碳	125～225	1	41～46	0.18	135～150	170～185	0.18	YT15	220～235	0.18	520～580	0.13	
			4	32～37	0.40	105～120	135～145	0.50	YT14	175～190	0.40	365～395	0.25	
			8	24～27	0.50	84～95	105～115	0.75	YT5	135～145	0.50	275～335	0.40	
	中碳	175～275	1	34～41	0.18	105～115	130～150	0.18	YT15	175～200	0.18	460～520	0.13	
			4	26～32	0.40	85～90	105～120	0.40～0.50	YT14	135～160	0.40	280～360	0.25	
			8	20～24	0.50	67～73	82～95	0.50～0.75	YT5	105～120	0.50	220～265	0.40	
	高碳	175～275	1	30～37	0.18	105～115	135～145	0.18	YT15	175～190	0.18	460～520	0.13	
			4	24～27	0.40	84～90	105～115	0.50	YT14	135～150	0.40	275～335	0.25	
			8	18～21	0.50	66～72	82～90	0.75	YT5	105～120	0.50	215～245	0.40	
高强度钢		225～350	1	20～26	0.18	90～105	115～135	0.18	YT15	150～185	0.18	380～440	0.13	>300HBS 时宜用 W12Cr4V5Co5 及 W2MoCr4VCo8
			4	15～20	0.40	69～84	90～105	0.40	YT14	120～135	0.40	205～265	0.25	
			8	12～15	0.50	53～66	69～84	0.50	YT5	90～105	0.50	145～205	0.40	

【案例1-7】 在CA6140车床上车削外圆，已知条件：工件的毛坯尺寸为ϕ68mm，加工长度为420mm；加工后工件的尺寸要求为$\phi 60_{-0.1}^{\ 0}$mm，表面粗糙度为$Ra3.2\mu$m；工件材料为45钢(σ_b=637MPa)；采用焊接式硬质合金车刀YT15，刀杆截面尺寸为16mm×25mm。刀具切削部分几何参数为$\gamma_o=10°$，$\alpha_o=6°$，$\lambda_s=0°$，$\kappa_r=45°$，$\kappa_r'=10°$，$\gamma_{o1}=-10°$，$b_{\gamma1}=0.2$mm，$r_\varepsilon=0.5$mm。试为该工序确定切削用量(CA6140车床纵向进给机构允许的最大作用力为3500N)。

解：为达到工序的加工要求，本工序安排粗车和半精车两次走刀，粗车将外圆从ϕ68mm车至ϕ62mm，半精车将外圆从ϕ62mm车至$\phi 60_{-0.1}^{\ 0}$mm。

1）确定粗车的切削用量

(1) 背吃刀量：

$$a_p=\frac{d_w-d_m}{2}=\frac{68-62}{2}=3(\text{mm})$$

(2) 进给量。根据已知条件，从表1-8中查得f=0.5～0.7mm/r，根据CA6140的技术参数，实际取f=0.56mm/r。

(3) 切削速度。切削速度可以根据公式计算，也可以查表确定。根据表1-10查得v_c=100m/min。由切削速度的公式，推导出机床的主轴转速为

$$n=\frac{1000v}{\pi d}=\frac{1000\times 100}{3.14\times 68}=468(\text{r/min})$$

根据CA6140车床的主轴转速数列，取n=500r/min。实际切削速度为

$$v_c=\frac{\pi dn}{1000}=\frac{3.14\times 68\times 500}{1000}=106.8(\text{m/min})$$

2）校核机床功率

根据切削力和切削功率的计算案例，计算出的切削功率为 $P_c=4.3\text{kW}$。由机床的说明书得知，CA6140 的电机功率为 $P_E=7.5\text{kW}$，取机床传动效率为 $\eta_m=0.8$，则有

$$P_c/\eta_m=4.3/0.8=5.38<P_E$$

校核结果说明机床功率是足够的。

3）校核机床进给机构的强度

由切削力和切削功率的计算案例，得知：$F_c=2406\text{N}$，$F_p=594\text{N}$，$F_f=942\text{N}$。考虑机床导轨和溜板之间由 F_c 和 F_p 产生的摩擦力，取摩擦系数为 $\mu_s=0.1$，则机床进给机构承受的力为

$$F_{jg}=F_f+\mu_s(F_c+F_p)=942+0.1\times(2406+594)=1242(\text{N})<3500\text{N}$$

校核结果表明机床进给机构的强度是足够的。

4）确定半精车的切削用量

(1) 背吃刀量：

$$a_p=\frac{d_w-d_m}{2}=\frac{62-60}{2}=1(\text{mm})$$

(2) 进给量。根据表面质量要求，查表 1-9 得 $f=0.25\sim0.30\text{mm/r}$，根据 CA6140 车床进给量数列取 $f=0.26\text{mm/r}$。

(3) 切削速度。查表 1-10 得 $v_c=130\text{m/min}$。由切削速度的公式，推导出机床的主轴转速为

$$n=\frac{1000v}{\pi d}=\frac{1000\times130}{3.14\times62}=668(\text{r/min})$$

根据 CA6140 车床的主轴转速数列，取 $n=710\text{r/min}$。实际切削速度为

$$v_c=\frac{\pi dn}{1000}=\frac{3.14\times62\times710}{1000}=138(\text{m/min})$$

在通常条件下，半精车可不校核机床功率和进给机构的强度。

1.5.4　切削液的选择

1. 切削液的作用

(1) 冷却作用。切削液可把切削过程产生的热量最大限度地带走，从而降低切削区温度，减少工件和刀具的热变形，保持刀具硬度，提高加工精度和刀具使用寿命。

(2) 润滑作用。切削液可减小刀具前刀面与切屑、后刀面与已加工表面间的摩擦，从而减小切削力和功率消耗，降低刀具与工件摩擦部位的表面温度和刀具磨损，改善工件材料的切削加工性能。

(3) 清洗作用。在金属切削过程中，要求切削液有良好的清洗作用，以去除生成的切屑、磨屑及铁粉、油污和砂粒，减少刀具和砂轮的磨损，防止划伤工件已加工表面和机床导轨面。

(4) 防锈作用。切削液应具备一定的防锈性能，以减小周围介质对机床、刀具、工件的腐蚀。在气候潮湿地区，这一性能尤为重要。

2. 切削液的种类

(1) 水溶液。水溶液是以水为主要成分并加入防锈剂的切削液，主要起冷却、清洗等作用，广泛应用于粗加工和磨削工序中。

(2) 乳化液。乳化液是由95%～98%的水加入适量的乳化油形成的乳白色或半透明的切削液，具有良好的冷却性能。按乳化油的含量不同，可配制成不同浓度的乳化液。

(3) 切削油。切削油的主要成分是矿物油，特殊情况下采用动植物油和复合油，这类切削液的润滑性能较好。

3. 切削液的选用

合理选用切削液，可以有效地减小切削过程中的摩擦，改善散热条件，降低切削力、切削温度和刀具磨损，提高刀具寿命和切削效率，保证已加工表面质量和降低产品的加工成本。随着难加工材料的广泛应用，除合理选择刀具材料、刀具几何参数、切削用量等切削条件外，合理选用切削液也尤为重要。

水溶液的冷却效果最好，极压切削液的润滑效果最好。一般的切削液在200℃左右就失去润滑能力，但在切削液中添加极压添加剂(如氯化石蜡、四氯化碳、硫代磷酸盐、二烷基二硫、代磷酸锌)后，就成为润滑性能良好的极压切削液，可以在600～1000℃高温和1470～1960MPa高压条件下起润滑作用。所以含硫、氯、磷等极压添加剂的乳化液和切削油，特别适合于难切削材料加工过程的冷却与润滑。

项目2

金属切削加工方法和设备

知识目标

- 掌握机床的分类方法和型号编制；
- 掌握工件表面的形成方法和机床的运动；
- 掌握机床的传动联系和传动原理图；
- 掌握机床的传动系统图及其计算；
- 掌握车削加工的工艺特征及应用范围；
- 掌握铣削加工的工艺特征及应用范围；
- 掌握钻削加工的工艺特征及应用范围；
- 掌握镗削加工的工艺特征及应用范围。

能力目标

- 机床传动系统分析和计算能力；
- 常用机床典型结构的分析能力；
- 合理选择机床配件及刀具的能力。

教学重点

- 机床的型号编制和传动原理，机床的传动系统分析；
- 常用机床的结构分析，常用机床的附件及刀具选用；
- 万能分度头及其分度方法，齿轮传动的挂轮计算。

任务 2.1　金属切削机床基础知识

金属切削机床是用金属切削的方法将金属毛坯加工成机器零件的机器。因为它是制造机器的机器，所以又称为工具机或工作母机，通常简称为机床。

2.1.1　机床的分类

机床的分类方法很多，最基本的是按照机床的加工方法和所用刀具及其用途进行分类。

根据国家制定的机床型号编制方法 GB/T 15375—2008，将机床分为 11 大类：车床、钻床、镗床、磨床、齿轮加工机床、螺纹加工机床、铣床、刨插床、拉床、锯床和其他机床。在每一类机床中，又按工艺特点、布局形式和结构特性分为若干组，每一组又分为若干系列。

除此之外，还可以根据机床的万能程度、加工精度、尺寸质量及自动化程度等方法进行分类。随着机床的发展，其分类方法也将不断发展，如镗铣加工中心集中了镗、铣和钻多种机床的功能，某些加工中心的主轴集中了立式和卧式加工中心的功能等。

2.1.2　机床的型号编制

金属切削机床的型号是根据 GB/T 15375—2008《金属切削机床　型号编制方法》编制的。国家标准规定，机床的型号由汉语拼音字母和数字按一定规律组合而成，它适用于新设计的各类通用及专用金属切削机床、自动线，不包括组合机床和特种加工机床。

1. 通用机床型号

通用机床的型号由基本部分和辅助部分组成，中间用“/”(读作“之”)隔开。其中基本部分需统一管理，辅助部分纳入型号与否由企业自定。型号构成如图 2.1 所示。

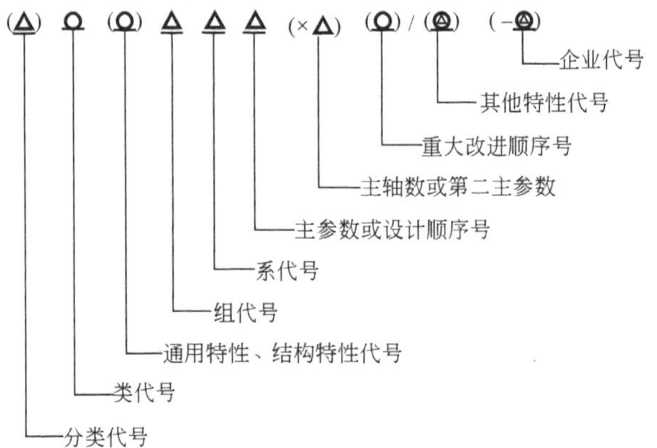

图 2.1　机床的型号

1）机床的类别代号

机床的类别代号用大写的汉语拼音字母表示，按其相对应的汉字字意读音。例如，铣床的类别代号为“X”，读作“铣”。必要时，每一类又可分为若干分类，分类代号用数字表示，放在类代号之前，第一分类不予表示。例如，磨床类又分为 M、2M、3M 三个分类。机床的类别代号见表 2-1。

表 2-1　机床的类别代号

类别	车床	钻床	镗床	磨床			齿轮加工机床	螺纹加工机床	铣床	刨床插床	拉床	锯床	其他机床
代号	C	Z	T	M	2M	3M	Y	S	X	B	L	G	Q
读音	车	钻	镗	磨	二磨	三磨	牙	丝	铣	刨	拉	割	其

2）机床的特性代号

当某种类型机床除有普通型外，还有表 2-2 所示的某种通用特性时，则在类代号之后加上相应的通用特性代号，例如，“CK”表示数控车床。如果同时具有两种通用特性，则可按重要程度排列，用两个代号表示，例如，“MBG”表示半自动高精度磨床。通用特性代号位于类代号之后，用大写汉语拼音字母表示。

表 2-2　机床的通用特性代号

通用特性	高精度	精密	自动	半自动	数控	加工中心（自动换刀）	仿形	轻型	加重型	简式或经济型	柔性加工单元	数显	高速
代号	G	M	Z	B	K	H	F	Q	C	J	R	X	S
读音	高	密	自	半	控	换	仿	轻	重	简	柔	显	速

对于主参数相同，而结构和性能不同的机床，在型号中用结构特性区分。结构特性代号在型号中无统一含义，它只是在同类型机床中起区分结构、性能的作用。当机床具有通用特性代号时，结构特性代号位于通用特性代号之后，用大写汉语拼音字母表示。例如，“CA6140”中的“A”和“CY6140”中的“Y”均为结构特性代号，可理解为在结构上有别于“C6140”。为了避免混淆，通用特性代号已用的字母和“I”“O”都不能作为结构特性代号使用。当单个字母不够用时，可将两个字母组合起来使用，如 AD、AE 等，或 DA、EA 等。

3）机床的组、系代号

机床的组、系代号用两位阿拉伯数字表示，前一位表示组别，后一位表示系别。每类机床按其结构性能及使用范围分为 10 组，在同一组机床中，又按主参数相同、主要结构及布局形式相同分为 10 个系，分别用数字 0～9 表示。

4）机床主参数、设计顺序号和第二主参数

机床主参数是表示一种机床规格大小的尺寸参数。在机床型号中，用阿拉伯数字给出主参数的折算值，位于机床组、系代号之后。折算系数一般是 1/10 或 1/100，也有少数是 1。例如，CA6140 型卧式机床中主参数的折算值为 40(折算系数是 1/10)，其主参数表示在床身导轨面上能车削工件的最大回转直径为400mm。对于某些通用机床，当无法用一个主参数表示时，则用设计顺序号来表示。第二主参数是对主参数的补充，如最大工件长度、最大跨距、工作台工作面长度等，第二主参数一般不予给出。各类主要机床的主参数及折算系数见表2-3。

表2-3 各类主要机床的主参数及折算系数

机床	主参数名称	折算系数
卧式车床	床身上最大回转直径	1/10
立式车床	最大车削直径	1/100
摇臂钻床	最大钻孔直径	1/1
卧式镗床	镗轴直径	1/10
坐标镗床	工作台面宽度	1/10
外圆磨床	最大磨削直径	1/10
内圆磨床	最大磨削孔径	1/10
矩台平面磨床	工作台面宽度	1/10
齿轮加工机床	最大工件直径	1/10
龙门铣床	工作台面宽度	1/100
升降台铣床	工作台面宽度	1/10
龙门刨床	最大刨削宽度	1/100
插床及牛头刨床	最大插削及刨削长度	1/10
拉床	额定拉力(吨)	1/1

5）机床的最大改进顺序号

当机床的性能及结构有重大改进，并按新产品重新设计、试制和鉴定时，在原机床型号尾部加重大改进顺序号，按汉语拼音字母A、B、C…的字母顺序选用。

6）其他特性代号

其他特性代号用以反映各类机床的特性，如对于数控机床可用以反映不同的数控系统；对于一般机床可用以反映同一型号机床的变型等。其他特性代号可用汉语拼音字母或阿拉伯数字或二者的组合来表示。

7）企业代号

企业代号与其他特性代号表示方法相同，位于机床型号尾部，用“-”与其他特性代号分开，读作“至”。若机床型号中无其他特性代号，仅有企业代号时，则不加“-”，企业代号直接写在“/”后面。

【案例2-1】 介绍MG1432A机床型号的字母和数字的含义。

解： MG1432A表示高精度万能外圆磨床，最大磨削直径为320mm，经过第一次重大改进。

2. 专用机床型号

专用机床型号一般由设计单位代号和设计顺序号组成，如图 2.2 所示。设计单位代号同通用机床型号中的企业代号，设计顺序号按各单位设计制造专用机床的先后顺序排列，由 001 开始，位于设计单位代号之后，用“-”隔开。例如，B1-015 表示北京第一机床厂设计制造的第 15 种专用机床。

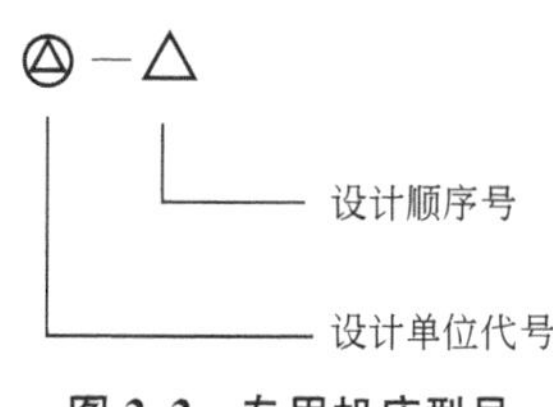

图 2.2　专用机床型号

2.1.3　零件表面的成形方法

1. 零件表面的形状

机床在切削加工过程中，利用刀具和工件按一定规律作相对运动，通过刀具切除毛坯上多余的金属，从而得到所要求的零件表面形状。图 2.3 所示为机器零件上常见的各种表面。

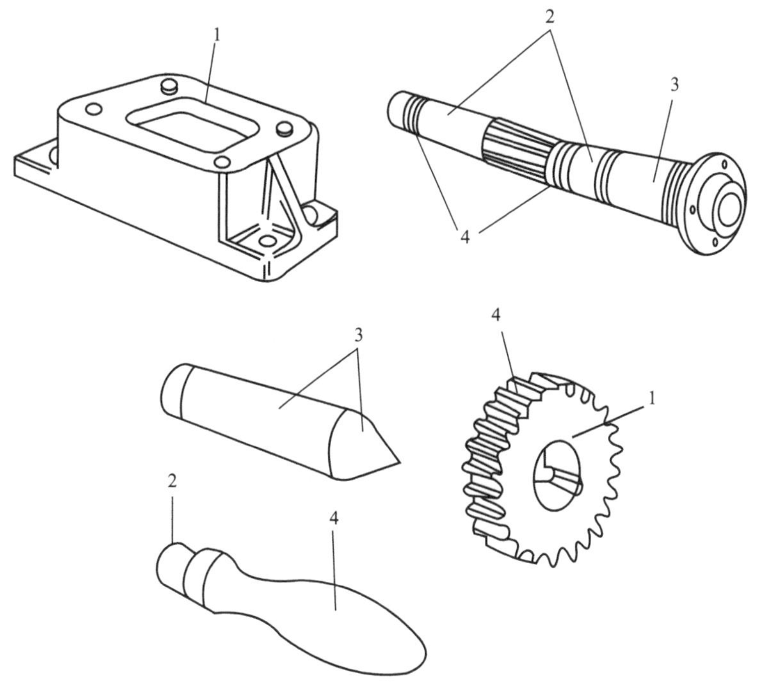

图 2.3　机械零件的常见表面

1—平面；2—圆柱面；3—圆锥面；4—成形表面

机械零件的任何表面都可以看作一条线(称为母线)沿另一条线(称为导线)运动的轨迹。如图 2.4 所示，平面是由一条直线(母线)沿另一条直线(导线)运动而形成的；圆柱面和圆锥面是由一条直线(母线)沿着一个圆(导线)运动而形成的；普通螺纹的螺旋面是由“∧”形线(母线)沿螺旋线(导线)运动而形成的；直齿圆柱齿轮的渐开线齿廓表面是渐开线(母线)沿直线(导线)运动而形成的；等等。

母线和导线统称为发生线，切削加工中发生线是由刀具的切削刃与工件间的相对运动得到的。一般情况下，由切削刃本身或与工件相对运动配合形成一条发生线(一般是母

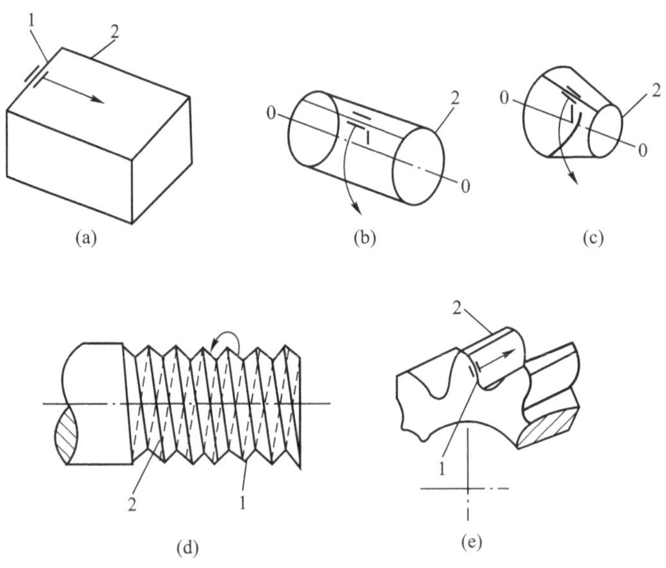

图 2.4　零件表面的成形

1—母线；2—导线

线)，而另一条发生线完全是由刀具和工件之间的相对运动得到的。这里，刀具和工件之间的相对运动均由机床提供。

2. 零件表面的成形方法

零件表面的成形方法有以下四种。

(1) 轨迹法。它是利用刀具作一定规律的轨迹运动对工件进行加工的方法。切削刃与被加工表面为点接触，发生线为接触点的轨迹线。在图 2.5(a)中，母线 A_1(直线)和导线 A_2 两条，曲线均由刨刀的轨迹运动形成。采用轨迹法形成发生线需要一个独立的成形运动。

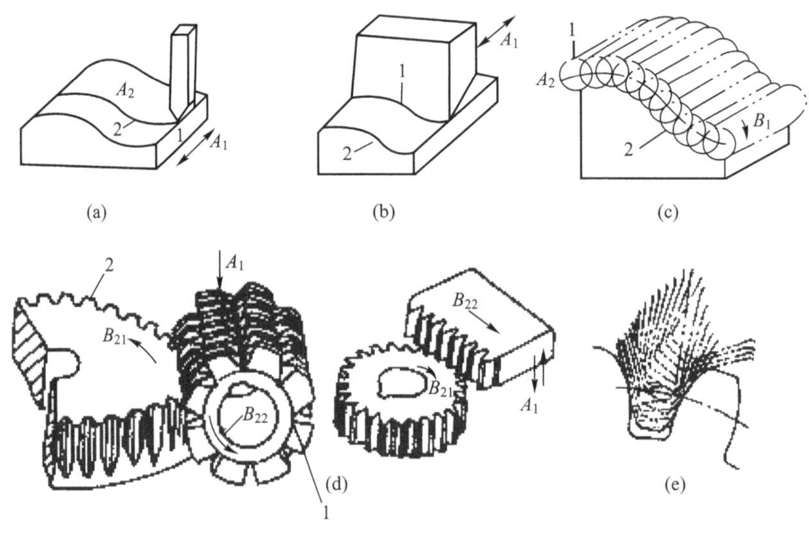

图 2.5　形成发生线的方法

前　　言

机械制造技术是高等职业院校机械类和近机械类专业的一门综合性、实践性和工程性很强的核心课程。《机械制造技术》教材中涉及的概念和知识点需要通过一定的练习才能很好地掌握。本习题集是徐勇主编的《机械制造技术》的配套教材，是在总结多年教学经验和实践经验的基础上编写而成的。本习题集紧密结合教材内容，内容翔实，题型丰富，并且有大量的习题要求结合工程实践进行分析和解答，对培养学生的工程素养和职业能力有很大的帮助。

本习题集可供高等职业院校和其他应用型本科院校学生使用，也可供成人院校和中等职业院校的学生及机械行业技术人员参考使用。

本习题集由温州职业技术学院徐勇副教授编写。习题集中的部分题目选自各兄弟院校的教材及网络资料，在此，编者谨向各题目设计者表示谢意。

由于编者水平有限，习题集中难免存在疏漏和欠妥之处，恳请广大读者给予批评指正。

编　者

2016 年 1 月

目　录

项目 1　金属切削加工基础 ………… 1

项目 2　金属切削加工方法和设备 ………… 10

项目 3　机械加工工艺规程设计 ………… 18

项目 4　典型零件的机械加工工艺 ………… 26

项目 5　机械加工质量及其控制 ………… 30

项目 6　机器的装配工艺 ………… 39

项目 7　机床夹具设计基础 ………… 43

参考文献 ………… 55

项目1　金属切削加工基础

一、填空题

1. 在金属切削过程中，切削运动可分为________和________。其中________消耗功率最大，速度最高。

2. 车削加工中，切削用量三要素是指________、________和________；它们的单位分别是________、________和________。

3. 确定刀具标注角度参考系的三个基准平面是________、________和________，它们的符号分别是________、________和________。

4. 在基面中测量的刀具角度有________和________，它们的符号分别是________和________。

5. 在主切削平面中测量的刀具角度有________和________，它们的符号分别是________和________。

6. 在正交平面中测量的刀具角度有________和________，它们的符号分别是________和________。

7. 总切削力可分解为________、________和________三个切削分力。

8. 切削热传出的四条途径是________、________、________和________。

9. 刀具磨损的三个阶段是________、________和________；刀具重磨和换刀应安排在________。

10. 在切削用量要素中，对切削力影响最显著的是________，对切削温度影响最显著的是________。

二、选择题

1. 车外圆时，切削速度计算公式中的直径是指(　　)的直径。

A. 待加工表面　　B. 加工表面　　C. 已加工表面

2. 对铸铁材料进行粗车，宜选用的刀具材料是(　　)。

A. YT30　　B. YG3　　C. YG6　　D. YG8

3. 下列刀具材料中，强度和韧性最好的材料是(　　)。

A. 高速钢　　B. P类(相当于钨钛钴类)硬质合金

C. 合金工具钢　　D. K类(相当于钨钴类)硬质合金

4. 下列刀具材料中，综合性能最好且适宜制造形状复杂的刀具材料是(　　)。

A. 碳素工具钢　　B. 合金工具钢　　C. 高速钢　　D. 硬质合金

5. 高速精车铝合金应选用的刀具材料是(　　)。

A. 高速钢　　B. P类(相当于钨钛钴类)硬质合金

C. 金刚石刀具　　D. K类(相当于钨钴类)硬质合金

6. 确定刀具标注角度参考系的三个基准平面是(　　)。

A. 加工表面、已加工表面和待加工表面

B. 前刀面、主后刀面和副后刀面

C. 基面、切削平面和正交平面

7. 通过切削刃选定点的基面是(　　)。

A. 垂直于假定主运动方向的平面

B. 与切削速度相平行的平面

C. 与加工表面相切的表面

8. 通过切削刃上某选定点并与该点假定主运动方向垂直的平面称为(　　)。

A. 切削平面　　B. 基面　　C. 正交平面

9. 通过切削刃上某选定点，与切削刃相切并垂直于基面的平面称为(　　)。

A. 切削平面　　B. 基面　　C. 正交平面

10. 在切削平面内测量的角度有(　　)。

A. 前角和后角　　B. 主偏角和副偏角　　C. 刃倾角

11. 在基面内测量的角度有(　　)。

A. 前角和后角　　B. 主偏角和副偏角　　C. 刃倾角

12. 在正交平面(主剖面)内测量的角度有(　　)。

A. 前角和后角　　B. 主偏角和副偏角　　C. 刃倾角

13. 刀具的主偏角是(　　)。

A. 主切削刃在基面上的投影与进给方向的夹角，在基面中测量

B. 主切削刃与工件回转轴线间的夹角，在基面中测量

C. 主切削刃与刀杆中轴线间的夹角，在基面中测量

14. 刀具的前刀面和基面之间的夹角是(　　)。

A. 楔角　　B. 刃倾角　　C. 前角

15. 刀具的后角是后刀面与(　　)之间的夹角。

A. 前刀面　　B. 基面　　C. 切削平面

16. 刃倾角是(　　)与基面之间的夹角。

A. 前刀面　　B. 主后刀面　　C. 主切削刃

17. 刃倾角的功能之一是控制切屑流向，若刃倾角为负，则切屑流向为(　　)。

A. 流向已加工表面　　B. 流向待加工表面

C. 沿切削刃的法线方向流出

18. 影响刀尖强度和切屑流动方向的刀具角度是(　　)。

A. 主偏角　　B. 前角　　C. 副偏角　　D. 刃倾角

19. 车外圆时，能使切屑流向工件待加工表面的几何要素是(　　)。

A. 刃倾角大于0°　　B. 刃倾角小于0°

C. 前角大于0°　　D. 前角小于0°

20. 影响刀具的锋利程度、减少切屑变形、减小切削力的刀具角度是(　　)。

A. 主偏角　　B. 前角　　C. 副偏角　　D. 刃倾角

E. 后角

21. 影响切削层参数、切削分力的分配、刀尖强度及散热情况的刀具角度是(　　)。

A. 主偏角　　B. 前角　　C. 副偏角　　D. 刃倾角

E. 后角

22. 影响刀尖强度和切屑流动方向的刀具角度是(　　)。

A. 主偏角　　B. 前角　　C. 副偏角　　D. 刃倾角

E. 后角

23. 刀具上能使主切削刃工作长度增大的几何要素是(　　)。

A. 增大前角　　B. 减小后角　　C. 减小主偏角　　D. 增大刃倾角

E. 减小副偏角

24. 刀具上能减小工件已加工表面粗糙度值的几何要素是(　　)。

A. 增大前角　　B. 减小后角　　C. 减小主偏角　　D. 增大刃倾角

E. 减小副偏角

25. 切削加工时，切削用量要素中对切屑变形影响最大的是(　　)。

A. 切削速度　　B. 进给量　　C. 背吃刀量

26. 计算机床功率，选择切削用量的主要依据是(　　)。

A. 进给力　　B. 背向力　　C. 主切削力

27. 纵车外圆时，不消耗功率但影响工件精度的切削分力是(　　)。

A. 进给力　　B. 背向力　　C. 主切削力

28. 切削用量要素对切削温度的影响程度由大到小排列是(　　)。

A. $v_c \to a_p \to f$　　B. $a_p \to f \to v_c$　　C. $f \to a_p \to v_c$

29. 用高速钢刀具车削时，应降低(　　)，保持刀具的锋利，减小表面粗糙度值。

A. 切削速度　　B. 进给量　　C. 背吃刀量

30. 粗车时为了提高生产率，选择切削用量时，应首先取较大的(　　)。

A. 切削速度　　B. 进给量　　C. 背吃刀量

31. 前角增大能使车刀(　　)。

A. 刃口锋利　　B. 切削费力　　C. 排屑不畅

32. 车削时，切削热传出的途径中所占比例最大的是(　　)。

A. 刀具　　B. 工件　　C. 切屑　　D. 空气介质

33. 钻削时，切削热传出的途径中所占比例最大的是(　　)。

A. 刀具　　B. 工件　　C. 切屑　　D. 空气介质

34. 当工件的强度、硬度、塑性越大时，刀具使用寿命(　　)。

A. 不变　B. 有时长有时短　C. 越长　D. 越短

35. 刀具磨钝标准通常按照(　　)的磨损值制定标准。

A. 前刀面　B. 后刀面　C. 前角　D. 后角

36. 刀具磨钝的标准是规定控制(　　)。

A. 刀尖磨损量　B. 后刀面磨损的高度

C. 前刀面月牙洼的深度　D. 后刀面磨损的深度

37. 切削铸铁工件时，刀具的磨损部位主要发生在(　　)。

A. 前刀面　B. 后刀面　C. 前刀面和后刀面

38. 粗车碳钢工件时，刀具的磨损部位主要发生在(　　)。

A. 前刀面　B. 后刀面　C. 前刀面和后刀面

39. 精车碳钢工件时，刀具的磨损部位主要发生在(　　)。

A. 前刀面　B. 后刀面　C. 前刀面和后刀面

40. 切削用量中(　　)对刀具磨损的影响最大。

A. 切削速度　B. 进给量　C. 背吃刀量

41. 高速钢车刀和普通硬质合金焊接车刀的刀具使用寿命一般为(　　)。

A. 15～30min　B. 30～60min　C. 90～150min

42. 齿轮滚刀的刀具使用寿命一般为(　　)。

A. 15～30min　B. 30～60min　C. 90～150min

43. 对下述材料进行相应的热处理时，可改善其切削加工性的方法是(　　)。

A. 对铸件进行时效处理　B. 对高碳钢进行球化退火处理

C. 对中碳钢进行调质处理　D. 对低碳钢进行过冷处理

44. 在我国，工件的切削加工性作为比较标准所采用的参数是(　　)。

A. 标准切削速度 60m/min 条件下刀具的使用寿命

B. 标准情况下刀具切削 60min 的磨损量

C. 刀具使用寿命为 60min 的切削速度

D. 刀具使用寿命为 60min 的材料切除率

45. 在我国，判别工件材料切削加工性的优劣所采用的基准是(　　)。

A. 正火状态下的 45 钢，在保证刀具使用寿命为 60min 时的切削速度值

B. 正火状态下的 45 钢，标准刀具切削 60min 的磨损量

C. 退火状态下的 45 钢，切削速度为 60m/min 时的刀具使用寿命

D. Q235 钢在保证刀具使用寿命为 60min 时的切削速度值

46. 某种材料的相对切削加工性是指(　　)。

A. 45 钢的 V_{60} 与该材料的 V_{60} 之比　B. 该材料的 V_{60} 与 Q235 钢 V_{60} 之比

C. 该材料的 V_{60} 与 45 钢的 V_{60} 之比　D. Q235 钢 V_{60} 与该材料的 V_{60} 之比

47. 当某种材料的切削加工性比较好时，其相对切削加工性 K_r 的值(　　)。

A. 大于 1　B. 小于 1　C. 等于 1

48. 切削用量要素对刀具使用寿命影响程度由大到小排列是(　　)。

A. $v_c \to a_p \to f$　　B. $a_p \to f \to v_c$　　C. $f \to a_p \to v_c$

49. 磨削一般采用低浓度的乳化液，这主要是因为(　　)。

A. 润滑作用强　　B. 冷却、清洗作用强

C. 防锈作用好　　D. 成本低

50. 当切屑形态为(　　)时，加工表面粗糙度数值最小。

A. 带状切屑　　B. 节状切屑　　C. 粒状切屑　　D. 崩碎切屑

三、判断题

1. 计算车外圆的切削速度时，应按照已加工表面的直径数值，而不应按照待加工表面的直径数值进行计算。(　　)

2. 车床的主运动和进给运动是由两台电动机分别带动的。(　　)

3. 积屑瘤在精加工时要设法避免，但对粗加工有一定的好处。(　　)

4. 为避免积屑瘤的产生，切削塑性材料时应采用中速切削。(　　)

5. 粗加工时产生积屑瘤有一定好处，故常采用中等切速粗加工；精加工时必须避免积屑瘤的产生，故切削塑性金属时，常采用高速或低速精加工。(　　)

6. 高速加工塑性材料时易产生积屑瘤，它将对切削过程带来一定的影响。(　　)

7. 硬质合金是一种耐磨性好、耐热性高、抗弯强度和冲击韧性都较高的一种刀具材料。(　　)

8. 高速钢并不是现代高速切削的刀具材料，虽然它的韧性比硬质合金高。(　　)

9. 硬质合金受制造方法的限制，目前主要用于制造形状比较简单的切削刀具。(　　)

10. 高速钢刀具切削时一般要加切削液，而硬质合金刀具不加切削液，这是因为高速钢的耐热性比硬质合金好。(　　)

11. 金刚石刀具不宜加工铁系金属，主要用于精加工有色金属。(　　)

12. 刀具切削部位材料的硬度必须大于工件材料的硬度。(　　)

13. 前角大，切削刃锋利；后角越大，刀具后刀面与工件摩擦越小，因而在选择前角和后角时，应采用最大前角和后角。(　　)

14. 刀具前角越大，切屑变形程度就越大。(　　)

15. 刀具前角是前刀面与基面的夹角，在正交平面中测量。(　　)

16. 刀具前角的大小，可根据加工条件有所改变，可以是正值，也可以是负值，而后角不能是负值。(　　)

17. 刀具后角是主后刀面与基面的夹角，在正交平面中测量。(　　)

18. 刀具主偏角是主切削刃在基面的投影与进给方向的夹角。(　　)

19. 刀具主偏角具有影响背向力(切深抗力)、刀尖强度、刀具散热状况及主切削刃平均负荷大小的作用。(　　)

20. 加工塑性材料与加工脆性材料相比，应选用较小的前角和后角。(　　)

21. 精加工与粗加工相比，刀具应选用较大的前角和后角。(　　)

22. 高速钢刀具与硬质合金刀具相比，应选用较小的前角和后角。(　　)

23. 车削工艺系统刚度较差的细长轴时，刀具应选用较大的主偏角。(　　)

24. 当用较低的切削速度切削中等硬度的塑性材料时，常形成挤裂切屑。(　　)

25. 带状切屑容易刮伤工件表面，所以不是理想的加工状态，精车时应避免产生带状切屑，而希望产生挤裂切屑。(　　)

26. 在刀具角度中，对切削力影响最大的是前角和后角。(　　)

27. 在切削用量中，对切削热影响最大的是背吃刀量。(　　)

28. 在刀具角度中，对切削温度有较大影响的是前角和主偏角。(　　)

29. 切削力的三个分力中，进给力越大，工件越易弯曲，易引起振动，影响工件的精度和表面粗糙度。(　　)

30. 车削有硬皮的毛坯件时，为保护切削刃，第一次走刀背吃刀量应小些。(　　)

31. 在生产率保持不变的条件下，适当降低切削速度，而加大切削层公称横截面积，可以提高刀具使用寿命。(　　)

32. 在刀具磨损的形式中，前刀面磨损对表面粗糙度影响最大，而后刀面磨损对加工精度影响最大。(　　)

33. 切削脆性材料，最容易出现后刀面磨损。(　　)

34. 切削用量、刀具材料、刀具几何角度、工件材料和切削液等因素对刀具使用寿命都有影响，其中切削速度影响最大。(　　)

35. 对低碳钢进行正火处理、对高碳钢进行球化退火处理、对铸铁进行退火处理等可改善材料的切削加工性。　　(　)

36. 刀具前角的大小可根据加工条件有所改变，可以是正值，也可以是负值，而后角不能是负值。(　　)

37. 切削用量三要素对切削力的影响程度是不同的，背吃刀量影响最大，进给量次之，切削速度影响最小。(　　)

38. 在切削用量三要素中，对切削热影响最大的是背吃刀量，其次是进给量。(　　)

39. 切削用量中，影响切削温度最大的因素是切削速度。(　　)

40. 主偏角增大，刀具刀尖部分强度与散热条件变差。(　　)

41. 精车时切削速度不应选得过高或过低。(　　)

42. 精车铸铁材料时，应在车刀的前刀面磨出断屑槽。(　　)

43. 切削液的主要作用是降低温度和减少摩擦。(　　)

44. 粗加工时，加工余量和切削用量均较大，所以应选用以润滑为主的切削液。(　　)

45. 切削铸铁一般不用切削液。(　　)

四、综合练习题

1. 车削直径为 100mm、长度为 200mm 的 45 钢棒料，已知 $a_p=4mm$，$f=0.5mm/r$，$n=240r/min$。试回答以下问题：

(1) 如何合理选用刀具材料？说明原因？

(2) 计算车削工件的速度。

(3) 假设采用 75°的偏刀车削工件，计算其切削层参数。

2. 车外圆时，已知工件转速 $n=320r/min$，车刀移动速度 $v_f=64mm/min$，其他条件如图 1.1 所示，试计算：

(1) 切削速度 v_c、进给量 f、切削深度 a_p。

(2) 切削厚度 a_c、切削宽度 a_w、切削面积 A_c。

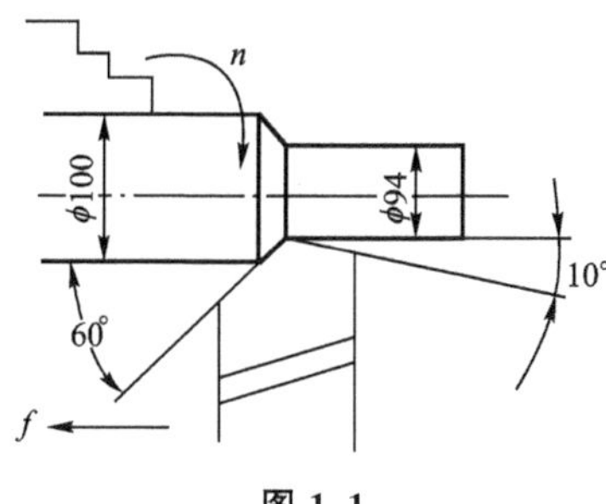

图 1.1

3. 已知铣刀直径 $D=100mm$，齿数 $z=12$，铣削速度为 $v=26m/min$，进给量为 $0.06mm/z$，求铣床的主轴转速。

4. 在正交平面内画图表示 $\gamma_o=16°$，$\alpha_o=8°$，$\alpha_o'=6°$，$\kappa_r=90°$，$\kappa_r'=15°$，$\lambda_s=-5°$ 的外圆车刀。

5. 如图 1.2 所示，根据刀具切削加工时的图形，要求：

(1) 在基面投影图 P_r 中注出：

①已加工表面；②待加工表面；③加工表面；④前刀面；⑤主切削刃；⑥副切削刃；⑦刀尖；⑧主偏角 κ_r；⑨副偏角 κ_r'；⑩正交平面 $O—O$。

(2) 按投影关系在正交平面 $O—O$ 内，画出刀具切削部分的示意图，并注出：

⑪基面；⑫主切削平面；⑬前刀面；⑭主后刀面；⑮前角 γ_0；⑯后角 α_o(注：在正交平面中，可按 $\gamma_o=10°$、$\alpha_o=6°$作图)。

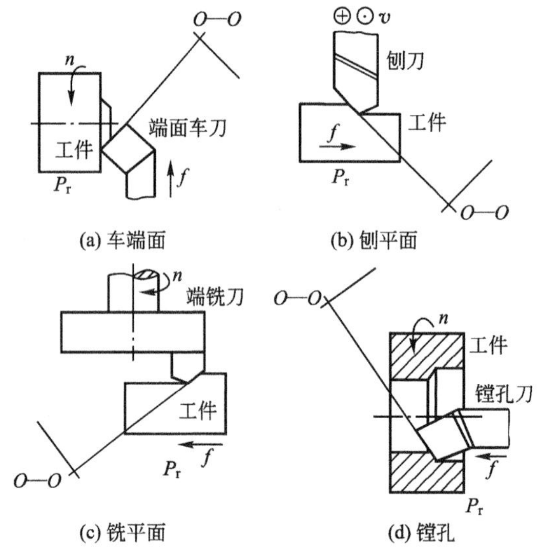

图 1.2

五、简答题

1. 简述切削用量要素和切削层参数的定义。
2. 刀具切削部分材料应具备哪些基本性能？
3. 金属切削过程的本质是什么？三个变形区如何划分？各变形区有何特征？
4. 什么是积屑瘤？它对切削过程有何影响？如何控制积屑瘤？
5. 影响切削力的因素有哪些？简述其影响规律。

6. 切削热是如何产生和传出的？影响热传导的因素有哪些？
7. 刀具的磨损形态有几种？各有何特征？
8. 简述刀具磨损的原因。它们在什么条件下产生？
9. 什么是刀具的磨钝标准？如何制定磨钝标准？
10. 什么是刀具的寿命？它和刀具的总寿命有何关系？
11. 简述切削用量要素对刀具寿命的影响规律。
12. 什么是工件材料的切削加工性？如何衡量工件材料的切削加工性？
13. 简述影响工件材料切削加工性的因素及其影响规律。
14. 简述前角和后角的作用及选择原则。
15. 简述主偏角和副偏角的作用及选择原则。
16. 简述刃倾角的作用及选择原则。
17. 如何合理选用切削用量三要素？选择顺序是什么样的？
18. 常用的切削液有哪些？如何在加工时合理选用切削液？

项目2　金属切削加工方法和设备

一、填空题

1. 在型号CA6140中，C是________，40表示________________________。

2. 在车床上钻孔时，主运动是________，进给运动是________；在钻床上钻孔时，主运动是________，进给运动是________。

3. 在铣削加工中，主运动是________________，进给运动是________________。

4. CA6140车床可加工________、________、________和________四种螺纹。

5. 为实现切削运动，机床必须具有________、________和________三个基本部分。

6. 机床的传动链包括________和________两种，其中________要求执行件之间必须保持严格的比例关系。

7. 铣削运动分为________和________两种方式；圆周铣削包括________和________两种方式。

8. 分度头FW250中的F表示________，W表示________，250表示________。

9. 用圆柱铣刀铣削带有硬皮的工件时，铣削方式不能选用________的铣削方式。

10. 麻花钻的工件部分由________部分和________部分组成，标准麻花钻切削部分是由________个面和________个刃组成的。

11. 铰刀按使用方式通常分为________铰刀和________铰刀。

12. 盘形齿轮铣刀是用________法加工齿轮的。

13. 砂轮的硬度是指______________________________。当磨削的工件材料较硬时，易选用________(软、硬)的砂轮。

14. 粗磨时，应选择________(软、硬)的砂轮，精磨时应选择组织________(紧密、疏松)的砂轮。

15. 滚斜齿与滚直齿的区别在于多了一条________(展成运动、附加运动)传动链；滚齿时，刀具与工件之间的相对运动称为________(成形运动、辅助运动)。

16. 剃齿主要是提高________精度和________精度，减小________；但不能修正________，因此，剃齿前的齿形最好采用________加工。

二、选择题

1. 根据我国机床型号编制方法，最大磨削直径为320mm、经过第一次重大改进的高精度万能外圆磨床的型号为(　　)。

A. MG1432A　　B. M1432A　　C. MG1432　　D. MA14321

2. 下列描述正确的是(　　)。

A. 为实现一个复合运动，必须有多个外联系传动链和多条内联系传动链

B. 为实现一个复合运动，必须有一个外联系传动链和一条或几条内联系传动链

C. 为实现一个复合运动，必须有多个外联系传动链和一条内联系传动链

D. 为实现一个复合运动，只需多个内联系传动链，不需外联系传动链

3. 主运动是由刀具执行的机床有(　　)。

A. 车床　　B. 镗床　　C. 龙门刨床　　D. 磨床

E. 牛头刨床

4. 主运动是旋转运动的机床有(　　)。

A. 车床　　B. 镗床　　C. 龙门刨床　　D. 磨床

E. 牛头刨床

5. 按照CA6140车床的设计，在车床上用纵向丝杠带动溜板箱及刀架的移动，仅用于进行(　　)的车削。

A. 外圆柱面　　B. 螺纹　　C. 内圆柱面　　D. 圆锥面

6. 普通车床主轴前端的锥孔为(　　)锥度。

A. 公制　　B. 英制　　C. 莫氏

7. 车床的开合螺母机构主要是用来(　　)。

A. 防止过载　　B. 自动断开走刀运动

C. 接通或断开螺纹运动　　D. 自锁

8. 铣刀在切削区切削速度的方向与进给速度方向相同的铣削方式是(　　)。

A. 顺铣　　B. 逆铣　　C. 对称铣削　　D. 不对称铣削

9. 铣削加工生产率高的原因是(　　)。

A. 多齿同时切削　　B. 多齿连续切削　　C. 每个齿连续切削

10. 精加工时常用顺铣而不用逆铣的原因是(　　)。

A. 逆铣会使工作台窜动　　B. 顺铣刀具散热好

C. 顺铣加工质量好

11. 分度头的主要功能是(　　)。

A. 分度　　B. 装夹轴类零件

C. 装夹套类零件　　D. 装夹矩形工件

12. 大型箱体零件上的孔系加工，最适宜的机床是(　　)。

A. 钻床　　B. 拉床　　C. 镗床　　D. 立式车床

13. 淬硬工件表面的精加工，一般采用(　　)。

A. 车削　　B. 铣削　　C. 刨削　　D. 磨削

14. 加工花键孔常用的加工方法是(　　)。

A. 车削　　B. 钻削　　C. 拉削　　D. 铣削

15. 加工工件上直径较大的孔，(　　)几乎是唯一的刀具。

A. 麻花钻　　B. 深孔钻　　C. 铰刀　　D. 镗刀

16. 麻花钻切削部分的切削刃共有(　　)个。

A. 6　　B. 5　　C. 4　　D. 3

17. 麻花钻横刃太长，钻削时会使(　　)增大。

A. 切削力　　B. 进给力　　C. 背向力

18. 标准麻花钻的顶角 2φ 一般在(　　)左右。

A. 100°　　B. 118°　　C. 140°　　D. 60°

19. 砂轮的硬度是指(　　)。

A. 砂轮磨料的硬度　　B. 黏结剂的硬度

C. 磨粒在外力作用下脱落的难易程度

20. 刨削加工中刀具容易损坏的原因是(　　)。

A. 排屑困难　　B. 容易产生积屑瘤

C. 每次工作行程，刨刀都受到冲击

21. 下列四种齿轮刀具中，可以加工内齿轮的是(　　)。

A. 盘形齿轮铣刀　　B. 插齿刀　　C. 滚齿刀　　D. 指状铣刀

22. 齿轮铣刀所加工的齿轮精度较低的原因是(　　)。

A. 机床精度低　　B. 分度精度低

C. 铣刀采用刀号制　　D. 制造公差大

三、判断题

1. CA6140 型机床加工螺纹时，应保证主轴转一转，刀具移动一个螺纹导程。(　　)

2. M1432A 型万能外圆磨床只能加工外圆柱面，不能加工内孔。(　　)

3. CA6140 型机床是最大工件回转直径为 140mm 的普通车床。(　　)

4. 主运动和进给运动可由刀具和工件分别完成，也可由刀具单独完成。(　　)

5. 变换主轴箱外手柄的位置可使主轴得到各种不同的转速。(　　)

6. 车削不同螺距的螺纹可通过变换进给箱内的齿轮实现。(　　)

7. 车床的主运动是工件的旋转运动，进给运动是刀具的移动。(　　)

8. X6132 立式升降台铣床的工作台面宽度为 320mm。(　　)

9. 在铣削过程中，逆铣较顺铣最大的优点是工作台无窜动现象。(　　)

10. 高精度的齿轮通常在铣床上铣削加工。(　　)

11. 一般来说，顺铣比逆铣优越，顺铣尤其适用于对有硬皮工件的加工。(　　)

12. 铣平面时，圆周铣削的生产率比端面铣削低。(　　)

13. 在普通铣床上圆周铣削时，因顺铣有窜动现象，所以一般采用逆铣。(　　)

14. 麻花钻前角随螺旋角的变化而变化，螺旋角越大，前角也越大。(　　)

15. 钻孔时，因横刃处钻削条件恶劣，所以磨损最严重。(　　)

16. 在车床上钻孔易出现轴线偏斜现象，而在钻床上钻孔则易出现孔径扩大现象。(　　)

17. 铰孔的目的是纠正钻孔时的偏移位置。(　　)

18. 适宜镗削的孔有通孔、盲孔、台阶孔和带内回转槽的孔。(　　)

19. 龙门刨床的主运动是刨刀的往复直线运动。(　　)

20. 牛头刨床只能加工平面，而不能加工曲面。(　　)

21. 刨刀常做成弯头的，其目的是增大刀杆刚度。(　　)

22. 大批量加工齿轮内孔键槽时，宜采用插削加工。(　　)

23. 拉削相当于多刀刨削，粗加工和精加工一次完成，因而生产率高。(　　)

24. 磨削硬金属时应选用较硬的砂轮，磨削软金属时应选用较软的砂轮。(　　)

25. 砂轮的组织表示磨具中磨料、黏结剂和气孔三者之间不同体积的比例关系。(　　)

26. 滚齿机可以加工内齿轮、双联或多联齿轮。(　　)

四、综合练习题

1. 图2.1所示为某机床的传动系统图，根据该图完成以下问题：

(1) 列出传动系统的传动路线表达式。

(2) 该传动系统的级数为多少？如何实现主轴的换向操作？

(3) 计算传动系统的最高和最低转速(不考虑效率损失)。

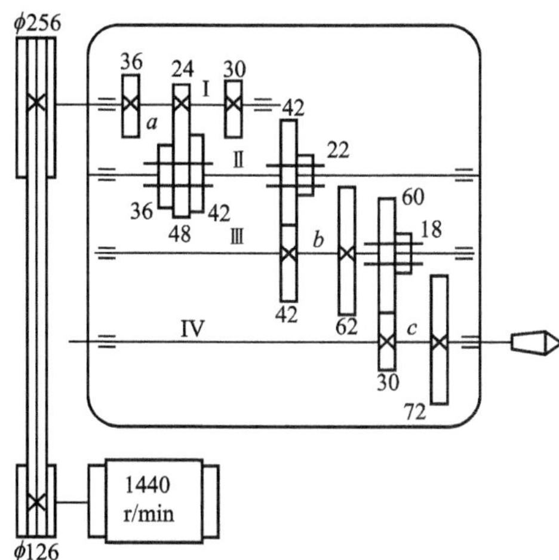

图2.1

2. 图 2.2 所示为某钻床的传动系统图，根据该图完成下列问题：

(1) 传动系统图的作用是什么？

(2) 根据图示的传动系统图，列出传动路线表达式。

(3) 根据传动路线表达式，计算传动系统最大和最小转速。

(4) 该传动系统共有几级转速？如何实现主轴的正反转？

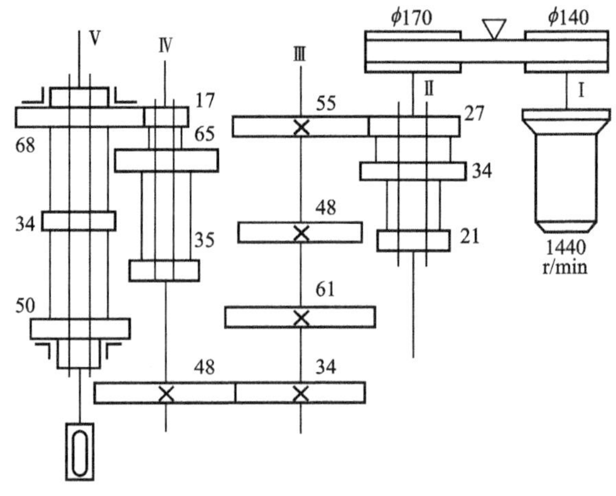

图 2.2

3. 在铣床 X6132 上，利用 FW250 分度头加工齿数为 24 的直齿轮，根据所学知识完成下列问题：(已知分度盘的孔数为 16、24、30、36、41、47、57、59)

(1) 解释 FW250 中字母和数字的含义。

(2) 该直齿轮应采取何种分度方法？该分度法有何特点？

(3) 计算手柄的转数和转过的孔距数。

4. 在铣床上利用 FW250 分度头加工 $z=103$ 的直齿圆柱齿轮，试回答以下问题：(已知FW250 万能分度盘交换齿轮的齿数为 20、25、30、35、40、50、55、60、70、80、90、100)

(1) 选择何种分度方法来加工直齿圆柱齿轮？说明原因。

(2) 计算分度手柄应转的圈数。

(3) 计算交换齿轮的齿数。

5. 在Y3150E型滚齿机上加工$z=52$、$m=2$mm的直齿轮和$z=46$、$m_n=2$mm、$\beta=18°24'$的右旋斜齿轮，试分别配换各组挂轮。已知数据：

(1) 切削用量$v=25$m/min，$f=0.87$mm/r；

(2) 滚刀参数$\phi70$mm，$\lambda=3°6'$；$m_n=2$mm，单头右旋。

五、分析题

1. 图2.3所示为双向多片式摩擦离合器的结构图，分析并回答以下问题：

(1) 该摩擦离合器在机床中的作用是什么？

(2) 为什么外摩擦片3比内摩擦片2的数量多？

(3) 根据离合器的结构图，将正确的内容填在横线上。

当拨叉13右移时，滑套10 ________ (“向左”或“向右”)移动，牛头销12 ________ (“逆时针”或“顺时针”)转动，拉杆9 ________ (“向左”或“向右”)移动，拉杆9通过长销6带动压套5和螺母4压紧内外摩擦片2和3，从而将运动传给________ (零件的名称和序号)，使主轴________ (“正”或“反”)转。

(4) 摩擦离合器的间隙过大或过小会出现什么问题？如何调整其间隙？

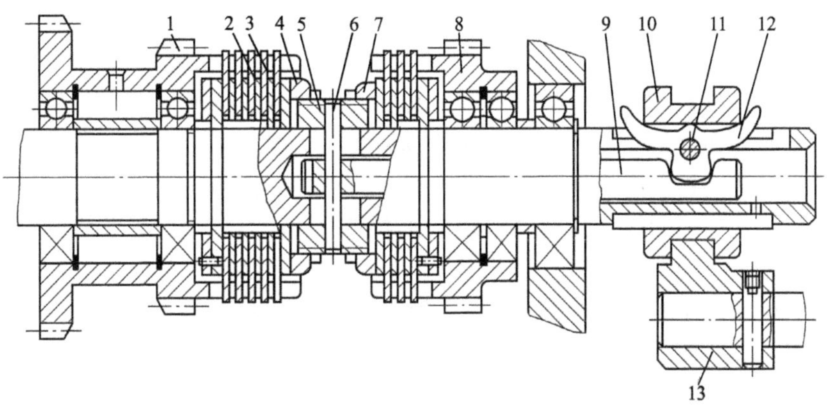

图2.3

2. 图 2.4 所示为某车床离合器和制动器的操纵机构图，分析并回答以下问题：

(1) 说明摩擦离合器在机床中的作用。

(2) 在图示情况下，机床主轴处于什么状态？

(3) 如果操作中手柄 7 打到停车位置时，主轴仍不能停止转动，原因是什么？

(4) 如何调节制动装置的松紧程度？

(5) 当手柄 7 向上提起时，写出离合器和制动器的工作路线图。

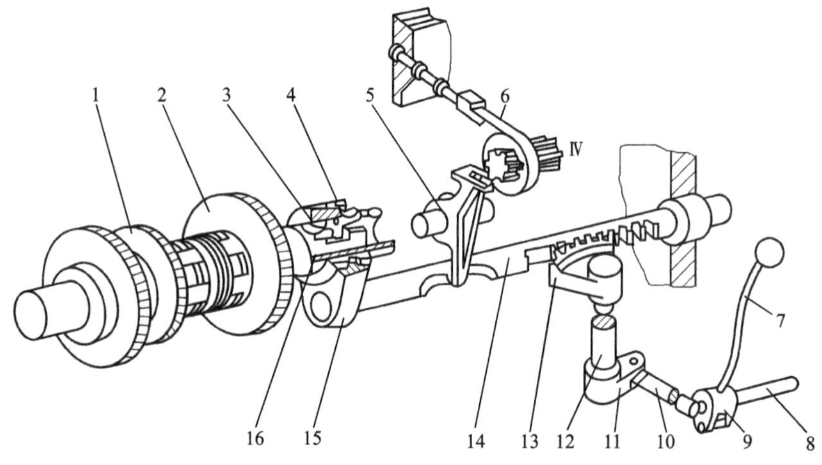

图 2.4

1—双联齿轮；2—齿轮；3—元宝形摆块；4—滑套；5—杠杆；
6—制动带；7—手柄；8—操纵杆；9、11—曲柄；10、16—拉杆；
12—轴；13—扇形齿轮；14—齿条轴；15—拨叉

六、简答题

1. 解释机床型号的含义：CK7520、CG6125B、X6132、XK5040、Z3040、Y3150E。

2. 常见的工件表面成形方法有哪些？简要说明其成形原理。

3. 什么是表面成形运动？什么是简单成形运动和复合成形运动？

4. 什么是传动链？外联系传动链和内联系传动链有何不同？

5. 什么是传动原理图和传动系统图？各有何作用？

6. 简述车削加工的特点及应用范围。

7. 简要说明 CA6140 传动系统中各离合器 M_1 至 M_9 的功能。

8. 在 CA6140 型车床上车削螺距为 10mm 的公制螺纹，试指出能够加工这一螺纹的传动路线有哪几条？并列出其传动路线表达式。

9. 为什么通过配换挂轮可以车削精密螺纹？

10. 车削加工时，如把多片式摩擦离合器的操纵手柄扳到中间位置后，车床主轴要转一段时间后才能停止，试分析原因并说明解决方法。

11. 如果CA6140型车床的安全离合器在正常车削时出现打滑现象，试分析原因并说明解决办法。

12. 如果CA6140型车床的横向进给丝杠螺母间隙过大，会给车削工作带来什么不良影响？如何解决？

13. 简述铣削加工的特点及应用范围。

14. 比较顺铣和逆铣的特点。

15. 简述常用的分度方法及工作原理。

16. 简述铣削加工和刨削加工的工艺特点。

17. 简述钻削加工的特点及应用范围。

18. 简述镗削加工的特点及应用范围。

19. 简述磨削加工的特点及应用范围。

20. 解释砂轮型号的含义：1－400×50×203WAF60K5V－35m/s。

21. 简述刨削加工的特点及应用。

22. 简述插削加工的特点及应用。

23. 简述拉削加工的特点及应用。

24. 比较插齿加工和滚齿加工的工艺特点。

25. 简述磨齿加工的特点及应用。

项目3　机械加工工艺规程设计

一、填空题

1. 生产过程中最基本的组成单元是________，构成工艺过程的最小单元是________。

2. 根据生产纲领的大小，生产类型可分为________、________和________三种类型。

3. 生产中工艺规程的类型主要指________卡片、________卡片、________卡片和________简图。

4. 工件的安装包括________和________，一般有________、________和________三种方式。

5. 根据基准的用途，基准可分为________和工艺基准两大类，其中工艺基准按用途又可分为________、________、________和________四种。

6. 定位基准分为________、________和________三种，其中________是为了便于零件的加工而设置的基准，如轴类零件的顶尖孔。

7. 精基准的选择原则包括________、________、________和________等。

8. 机械加工工序的安排应遵守________、________、________和________原则。

9. 计算工序尺寸及其偏差时，应遵守________原则，即对被包容尺寸(如轴)，其________偏差为零；对包容尺寸(如孔)，其________偏差为零；对毛坯和孔距类尺寸，按________偏差标注。

10. 确定加工余量的方法有________、________和________三种，生产中常用________。

11. 组成尺寸链的每一个尺寸称为尺寸链的________，它分为________和________两种。

12. 尺寸链中的封闭环是指____。

13. 除封闭环之外的所有尺寸链尺寸称为________，它分为________和________两种。

14. 时间定额又称________定额，是____。

15. 时间定额包括________、________、________、________和________几项内容。

二、选择题

1. 一个工人在一台机床上对一个工件连续完成的那一部分工艺过程称为(　　)。

A. 工序　　B. 工位　　C. 工步　　D. 工作行程

2. 编制零件机械加工工艺规程、生产计划和进行成本核算最基本的单元是(　　)。

A. 工步　　B. 工位　　C. 工序　　D. 走刀

3. 规定产品或零部件制造工艺过程和操作方法等的工艺文件称为(　　)。

A. 工艺规程　　B. 工艺系统　　C. 生产计划　　D. 生产纲领

4. (　　)卡片里面包括工序简图。

A. 机械加工工艺过程　　B. 机械加工工艺

C. 机械加工工序

5. 重要的轴类零件的毛坯通常应选择(　　)。

A. 铸件　　B. 锻件　　C. 棒料　　D. 管材

6. 单件小批生产中，原则上采用(　　)指导生产。

A. 工艺过程卡　　B. 工艺卡　　C. 工序卡

7. 在工序中确定加工表面的尺寸和位置所依据的基准称为(　　)。

A. 设计基准　　B. 工序基准　　C. 定位基准　　D. 测量基准

8. 零件加工时，粗基准一般选择(　　)。

A. 工件的毛坯面　　B. 工件的已加工表面

C. 工件的过渡表面　　D. 工件的待加工表面

9. 下面对粗基准论述正确的是(　　)。

A. 粗基准是第一道工序所使用的基准

B. 粗基准一般只能使用一次

C. 粗基准一定是零件上的不加工表面

D. 粗基准是一种定位基准

10. 在加工位置精度要求较高的表面时，宜优先遵循(　　)原则。

A. 基准重合　　B. 基准统一　　C. 自为基准　　D. 互为基准

11. 箱体加工时常采用一面两孔定位是遵循(　　)原则。

A. 基准重合　　B. 基准统一　　C. 自为基准　　D. 互为基准

12. 箱体类零件常采用(　　)作为统一精基准。

A. 一面一孔　　B. 一面两孔　　C. 两面一孔　　D. 两面两孔

13. 自为基准是以加工面本身为基准，多用于精加工或光整加工工序，这是为了(　　)。

A. 符合基准重合原则　　B. 符合基准统一原则

C. 保证加工面的余量小而均匀　　D. 保证加工面的形状和位置精度

14. 车床主轴轴颈和锥孔的同轴度要求很高，因此常采用(　　)方法来保证。

A. 基准统一　　B. 基准重合　　C. 自为基准　　D. 互为基准

15. 当采用无心磨削精加工孔时，其精基准采用的原则是(　　)。

A. 基准统一　　B. 自为基准　　C. 基准重合　　D. 互为基准

16. 轴类零件的调质处理热处理工序应安排在(　　)。

A. 粗加工前　　B. 粗加工后，精加工前

C. 精加工后　　D. 渗碳后

17. 可以从毛坯上去除大部分加工余量的加工阶段是(　　)。

A. 粗加工阶段　　B. 半精加工阶段

C. 精加工阶段　　D. 超精加工阶段

18. 下面关于检验工序安排不合理的是(　　)。

A. 每道工序前后　　B. 粗加工阶段结束时

C. 重要工序前后　　D. 加工完成时

19. 铝合金工件 $\phi 50h7$、$Ra1.6\mu m$ 外圆的精加工方案宜采用(　　)。

A. 精车　　B. 磨削　　C. 研磨

20. 尺寸链的各环中，(　　)的公差最大。

A. 组成环　　B. 封闭环　　C. 增环

21. 封闭环公差等于(　　)。

A. 各组成环的公差之和　　B. 各组成环的公差之差

C. 所有增环的公差之和　　D. 所有减环的公差之和

22. 直线尺寸链采用概率算法时，若各组成环均接近正态分布，则封闭环的公差等于(　　)。

A. 各组成环中公差最大值　　B. 各组成环中公差最小值

C. 各组成环公差之和　　D. 各组成环公差平方和的平方根

23. 如图 3.1 所示的尺寸链，属于增环的有(　　)个，属于减环的有(　　)个。

A. 1　　B. 2　　C. 3　　D. 4　　E. 5

24. 如图 3.2 所示的尺寸链，属于增环的有(　　)个，属于减环的有(　　)个。

A. 1　　B. 2　　C. 3　　D. 4　　E. 5

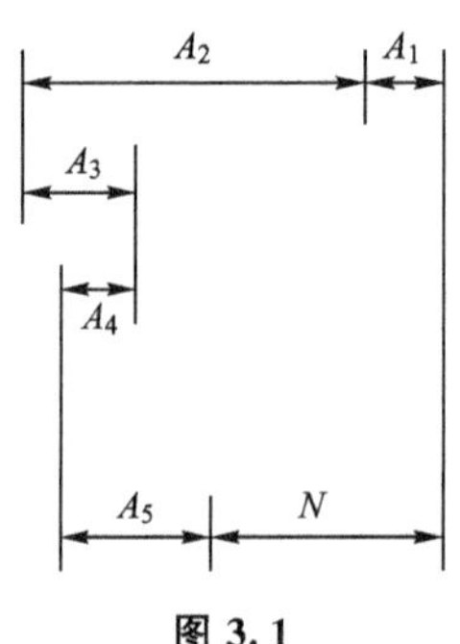

图 3.1

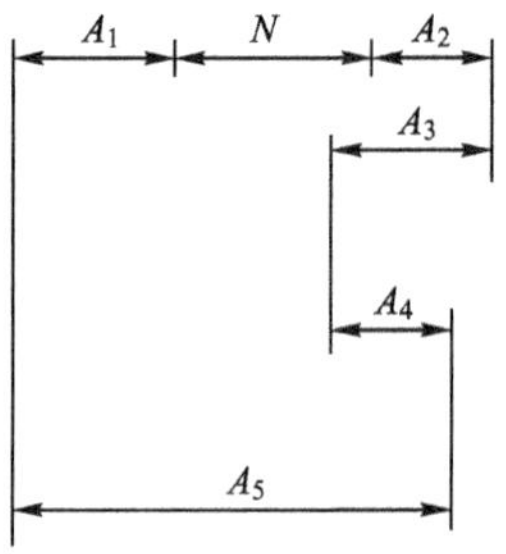

A_1　N　A_2　A_3　A_4　A_5

图 3.2

25. 如图 3.3 所示的尺寸链，封闭环 N 合格的尺寸是(　　)mm。

A. 6.10　　B. 5.90　　C. 5.10　　D. 5.70　　E. 6.20

26. 如图 3.4 所示的尺寸链，封闭环 N 合格的尺寸是(　　) mm。

A. 25.05　　B. 19.75　　C. 20.00　　D. 19.50　　E. 20.10

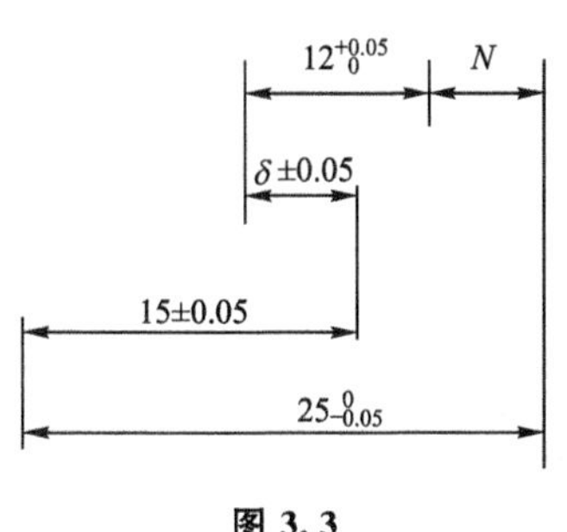

图 3.3

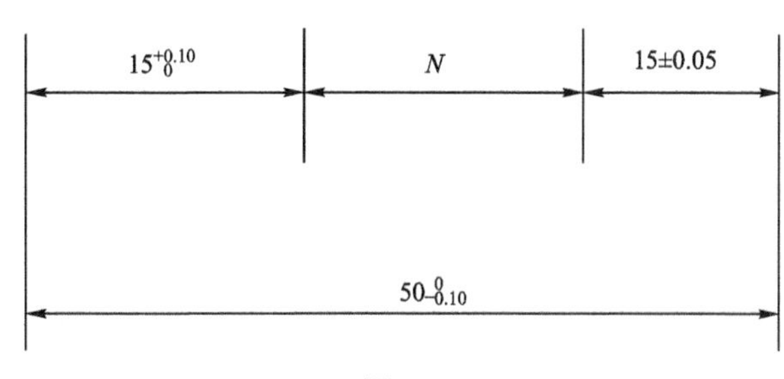

图 3.4

三、判断题

1. 安装就是工件在机床上每装卸一次所完成的那部分工艺过程。(　　)

2. 一次安装加工有关表面有利于保证这些表面的位置精度。(　　)

3. 加工同轴度要求高的轴类工件时，应用双顶尖的装夹方法。(　　)

4. 辅助工艺基准是指使用方面不需要，而为满足工艺要求在工件上专门设计的定位面。(　　)

5. 定位基准属于工艺设计过程中所使用的一种基准，因此属于设计基准。(　　)

6. 零件上的毛坯表面都可以作为定位时的精基准。(　　)

7. 用两中心孔定位加工轴的各外圆表面，符合基准统一原则。(　　)

8. 粗基准在同一尺寸方向上只能使用一次。(　　)

9. 粗基准是指粗加工时所用的基准，精基准是指精加工时所用的基准。(　　)

10. 经济精度指的是在正常工艺条件下，某种加工方法所能够达到的精度。(　　)

11. 零件最后热处理是淬火时，一般在其后应安排磨削加工。(　　)

12. 粗、精加工分开有利于减少内应力引起的变形。(　　)

13. 对于箱体而言，“先面后孔”原则是一条非常重要的原则。(　　)

14. 对既有铣面又有镗孔的工件，一般先铣面后镗孔。(　　)

15. 根据先主后次原则，所有次要表面的加工都应安排在最后进行。(　　)

16. 流水线生产确定工序内容应遵循工序分散原则。(　　)

17. 一个尺寸链中，可以有一个或多个封闭环。(　　)

18. 时间定额就是完成一个工序所需要的时间。(　　)

四、综合练习题

1. 试为某车床厂丝杠生产线确定生产类型。生产条件如下：加工零件为卧式车床丝杠(长为 1617mm，直径为 40mm，丝杠精度等级为 IT8 级，材料为 Y40Mn)，年产量 5000 台，车床，备品率 5%，废品率 0.5%。

2. 有一小轴，毛坯为热轧棒料，大量生产的工艺路线为粗车—精车—淬火—粗磨—精磨，外圆设计尺寸为 $\phi 30_{-0.013}^{0}$ mm，已知各工序的加工余量和经济精度，试确定各工序尺寸及偏差、毛坯尺寸和粗车余量，并按入体原则填入表 3-1 中。

表 3-1 单位：mm

工序名称	加工余量	经济精度	工序尺寸及偏差
精磨	0.1	0.013(h6)	$\phi 30_{-0.013}^{0}$
粗磨	0.4	0.033(h8)	
精车	1.1	0.084(h10)	
粗车	2.4	0.21(h12)	
毛坯尺寸	4(总余量)	$_{-0.75}^{+0.40}$	$\phi 34_{-0.75}^{+0.40}$

3. 如图 3.5 所示的尺寸链(图中 A_0、B_0、C_0、D_0是封闭环)，确定哪些组成环是增环？哪些组成环是减环？

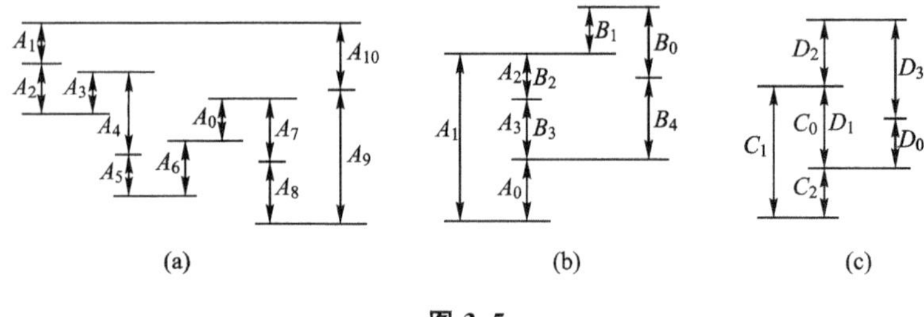

图 3.5

4. 如图 3.6 所示，图 3.6(a)为一轴套零件图，图 3.6(b)为车削工序简图，图 3.6(c)为钻孔工序三种不同定位方案的工序简图，均需保证图 3.6(a)所规定的位置尺寸

11mm±0.1mm 的要求，试分别计算工序尺寸 A_1、A_2 与 A_3 的尺寸及公差。为表达清晰起见，图 3.6(a)、图 3.6(b)只标出了与计算工序尺寸 A_1、A_2、A_3 有关的轴向尺寸。

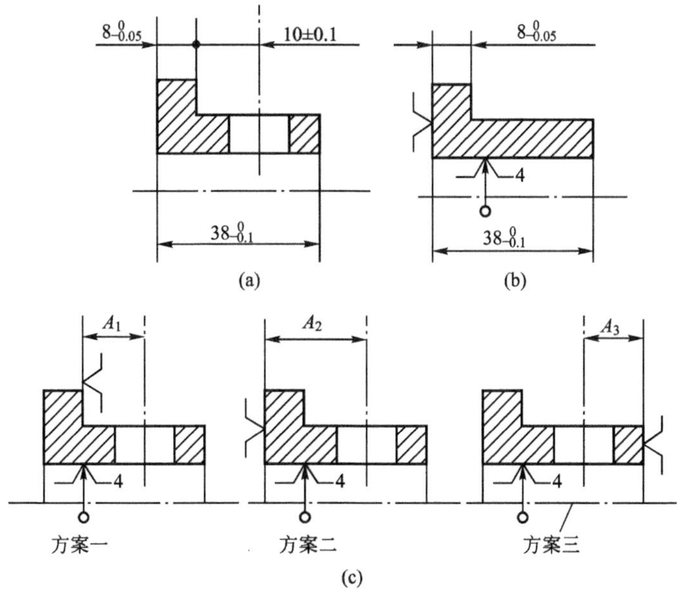

图 3.6

5. 加工图 3.7(a)所示零件有关端面，要求保证轴向尺寸 $50_{-0.1}^{0}$ mm、$25_{-0.3}^{0}$ mm 和 $5_{0}^{+0.4}$ mm。图 3.7(b)和图 3.7(c)是加工上述有关端面的工序草图，试求工序尺寸 A_1、A_2、A_3 及其极限偏差。

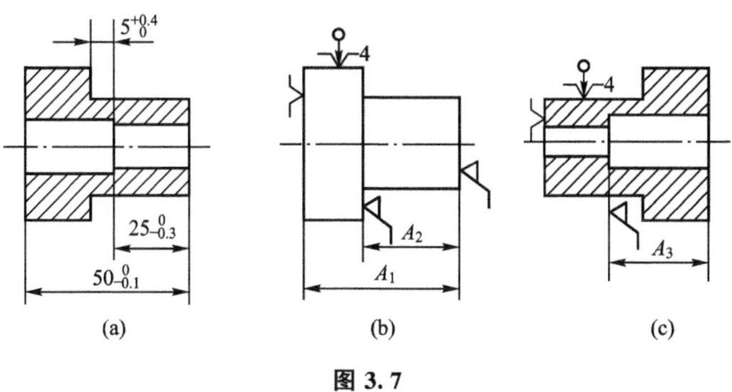

图 3.7

6. 图 3.8 所示为轴承座零件，$\phi 30^{+0.03}_{0}$ mm 孔已加工好，现欲测量尺寸 80mm±0.05mm。由于该尺寸不好直接测量，故改测尺寸 H，试确定尺寸 H 的大小及偏差。

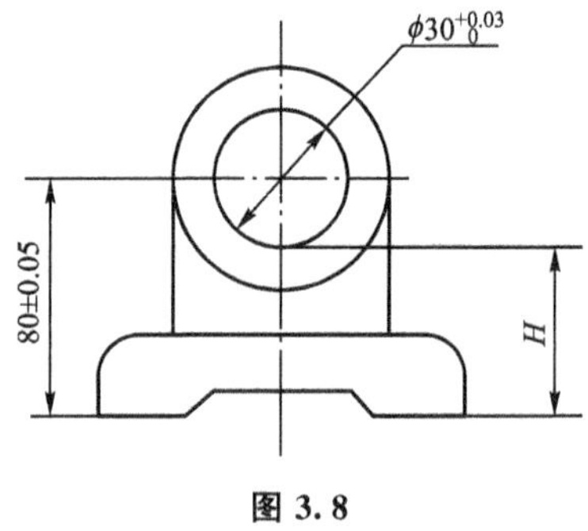

图 3.8

7. 如图 3.9 所示的零件，加工时图样要求保证尺寸 6mm±0.1mm，因为这一尺寸不便于测量，所以只能通过度量尺寸 L 来间接保证，试求工序尺寸 L 及其公差。

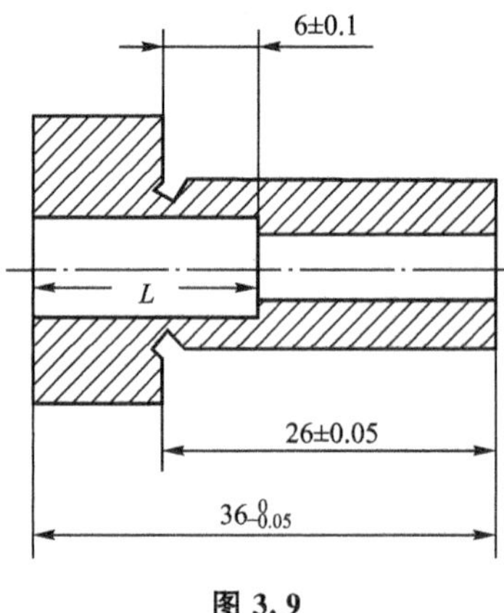

图 3.9

8. 图 3.10 所示为齿轮轴截面图，要求保证轴径尺寸 $\phi 28^{+0.024}_{+0.008}$ mm 和键槽深 $t=4^{+0.16}_{0}$ mm。其工艺过程为：①车外圆至 $\phi 28.5^{0}_{-0.1}$ mm；②铣键槽槽深至尺寸 H；③热处理；④磨外圆至尺寸 $\phi 28^{+0.024}_{-0.008}$ mm。

试求工序尺寸 H 及其极限偏差。

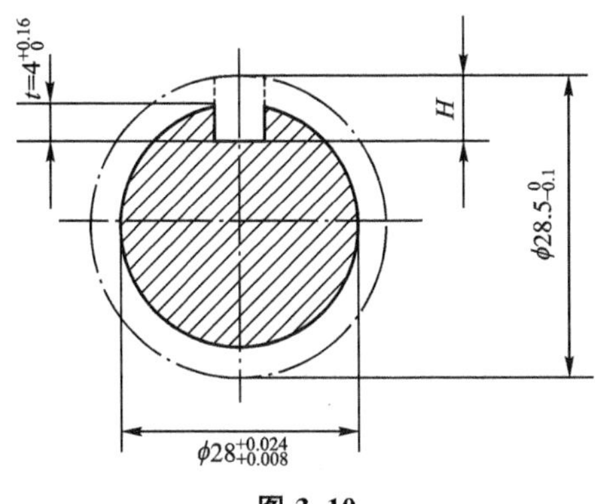

图 3.10

五、简答题

1. 什么是工序、工位、工步和走刀？试举例说明。

2. 机械加工工艺过程卡和工序卡的区别是什么？简述其适用场合。

3. 什么是生产类型？如何划分生产类型？各生产类型各有什么工艺特点？

4. 什么是基准？基准的种类有哪些？粗基准和精基准的选择原则是什么？

5. 简述粗、精基准的选择原则。为什么在同一尺寸方向上粗基准通常只允许用一次？

6. 简述工艺规程的设计原则、设计内容及设计步骤。拟订工艺路线需完成哪些工作？

7. 安排表面加工顺序的原则是什么？为什么机械加工过程一般都要划分为几个阶段进行？

8. 简述按工序集中原则、工序分散原则组织工艺过程的工艺特征。各用于什么场合？

9. 什么是加工余量、工序余量和总余量？影响加工余量的因素有哪些？

10. 什么是尺寸链？它有哪几种形式？尺寸链的两个基本特征是什么？

11. 如何确定一个尺寸链封闭环？如何判别某一组成环是增环还是减环？

12. 什么是时间定额？单件时间定额包括哪些方面？

项目4　典型零件的机械加工工艺

一、填空题

1. 轴类零件的功能是________，轴类零件的加工表面有________。

2. 一般轴类零件通常选用________钢；对中等精度和转速较高的轴，可选用________钢；对精度要求较高的轴，可选用________钢；对高速重载的轴类零件，可选用________钢。

3. 轴类零件的毛坯常采用轧制的________，对大型和结构复杂的轴类零件常采用________。

4. 轴类零件的定位基准，常用的是________，这符合________原则。

5. 套类零件的功能是________，套类零件的主要加工表面是________。

6. 箱体零件的功能是________，箱体零件的材料通常选择________。

7. 箱体通常选择________作为粗基准，选择________作为精基准，符合________。

8. 齿轮零件的功能是________，齿轮毛坯的形式有________。

9. 在齿坯加工前应安排________热处理；齿形加工完成后应安排________热处理。

10. 齿轮传动的精度要求包括________、________和________三个方面。

11. 齿坯加工包括________，齿形加工方案包括________，齿端加工方式包括________。

12. 连杆的功能是________，连杆加工中多数工序采用________原则来定位。

二、选择题

1. 退火处理一般安排在(　　)。

A. 毛坯制造之后　　B. 粗加工之后　　C. 半精加工之后　　D. 精加工之后

2. 轴类零件定位用的顶尖孔属于(　　)。

A. 精基准　　B. 粗基准　　C. 辅助基准　　D. 自为基准

3. 加工箱体零件时常选用一面两孔作为定位基准，这种方法一般符合(　　)原则。

A. 基准重合　　B. 基准统一　　C. 互为基准　　D. 自为基准

4. 合理选择毛坯种类及制造方法时，主要应使(　　)。

A. 毛坯方便制造，降低毛坯成本　　B. 毛坯的形状尺寸与零件的尽可能接近

C. 加工后零件的性能最好　　D. 零件总成本低且性能好

5. 自为基准多用于精加工或光整加工工序，其目的是(　　)。

A. 符合基准重合原则　　B. 保证加工面的余量小而均匀

C. 符合基准统一原则　　D. 保证加工面的形状和位置精度

6. 调质处理一般安排在(　　)。

A. 毛坯制造之后　　B. 粗加工之前

C. 半精加工之前　　D. 精加工之前

7. 精密齿轮高频淬火后需磨削齿面和内孔，以提高齿面和内孔的位置精度，通常采用(　　)原则来保证。

A. 基准重合　　B. 基准统一　　C. 互为基准　　D. 自为基准

8. 淬火处理一般安排在(　　)之前。

A. 粗加工　　B. 半精加工　　C. 精加工　　D. 超精加工

9. 精基准通常采用(　　)作为定位基准。

A. 已加工过的表面　　B. 未加工的表面

C. 精度最高的表面　　D. 粗糙度值最低的表面

10. 轴类零件的螺纹应安排在(　　)之后或工件局部淬火之后进行加工。

A. 粗加工　　B. 半精加工　　C. 精加工　　D. 超精加工

11. 有色金属通常采用(　　)作为其最终加工。

A. 磨削　　B. 精细车削　　C. 研磨

12. 加工精度要求较高的空心轴时，常采用(　　)作为定位元件。

A. 圆柱心轴　　B. 锥堵　　C. 定位销　　D. 长心轴

三、综合练习题

1. 编制图 4.1 所示轴类零件的加工工艺过程。

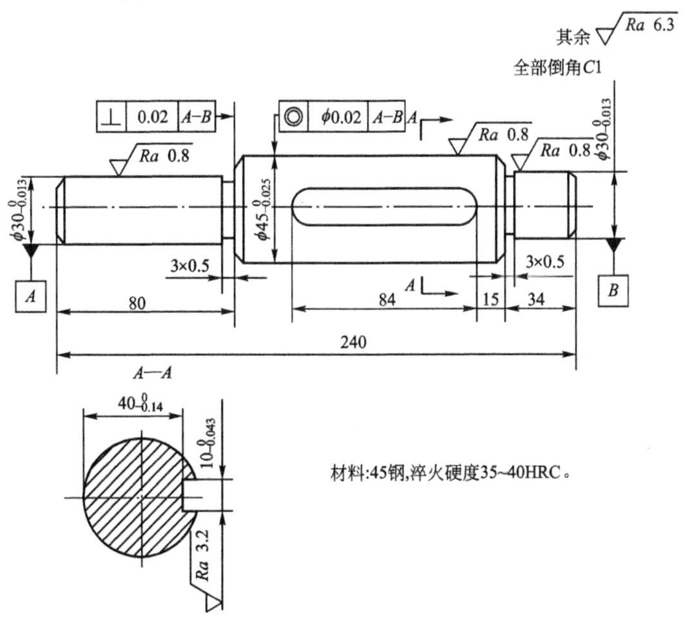

图 4.1

2. 编制图 4.2 所示套类零件的加工工艺过程。

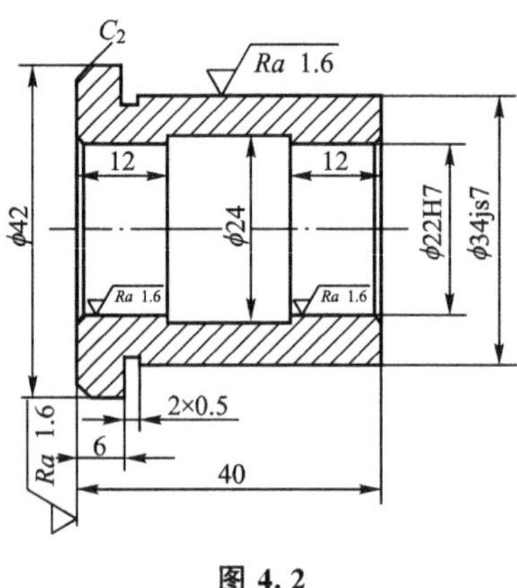

图 4.2

3. 编制图 4.3 所示齿轮零件的加工工艺过程(HT200，精度 7 级，模数 $m=2$mm，齿数 $z=30$)。

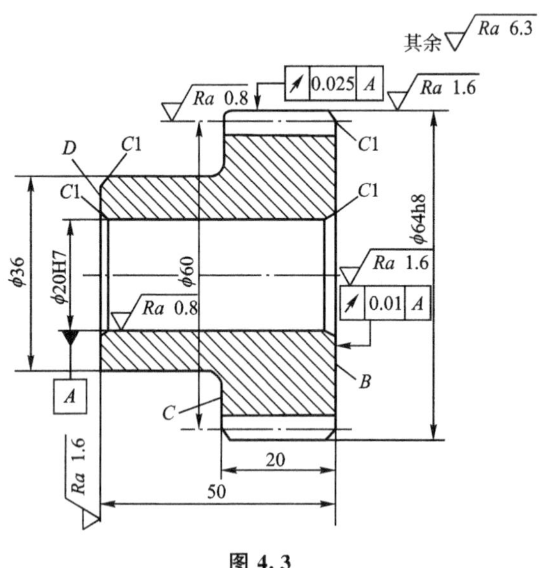

图 4.3

四、简答题

1. 根据教材案例分析轴类零件加工工艺过程中是如何体现“基准统一”“基准重合”等原则的。

2. 轴类零件常用的定位方法有哪些？各自特点及使用范围是什么？

3. 在主轴加工的各个阶段中所安排的热处理工序有什么不同？

4. 加工套筒类零件时常采用的装夹方法有哪些？各自特点及使用范围是什么？

5. 在安排箱体零件加工顺序时，应遵循哪些基本原则？为什么？

6. 齿形加工的精基准有哪些方案？各有何特点？对齿坯的加工有何要求？

7. 齿轮的典型加工工艺过程由哪几个阶段组成？齿坯的热处理和齿面的热处理各采用什么方法？如何安排？

项目5　机械加工质量及其控制

一、填空题

1. 获得尺寸精度的方法有________、________、________和________，获得形状精度的方法有________、________、________和________。

2. 零件的加工精度主要是由________、________、________和________组成的工艺系统的结构要素和运行方式决定。

3. 机床的几何误差主要包括________、________和________。

4. 主轴回转误差主要有________、________和________三种基本形式。

5. 误差的敏感方向一般在被加工工件的________（“法线”或“切线”）方向上。

6. 一般用传动链________（“首端”或“末端”）元件的转角误差来衡量传动链误差。

7. 工件的毛坯误差经过加工后反映到工件的表面上，这种现象称为________。

8. 工艺系统热源包括________热源和________热源，切削热和摩擦热属于________热源。

9. 分布曲线的两个特征参数是________和________；其中，影响曲线位置而不影响形状的参数是________，影响曲线形状而不影响位置的参数是________。

10. 工件尺寸误差落在$(\mu \pm 3\sigma)$范围内的概率为________，落在$(\mu \pm 3\sigma)$之外的概率为________，这就是________原则或称为________原则。

11. 工序能力系数的计算公式是________，工序能力一般分为________级，生产中工序能力不得低于________级。

12. 制作点图时的五条线分别是________、________、________、________和________。

13. 机械加工的表面质量常用________和________来衡量。

14. 工件内应力产生的原因可以归纳为三类，即________、________和________。

二、选择题

1. 垂直于被加工表面的切削力与工件在该方向上位移的比值，定义为工艺系统的(　　)。

A. 静刚度(刚度)　　B. 柔度　　C. 动刚度　　D. 动柔度

2. 工艺系统刚度等于工艺系统各组成环节刚度(　　)。

A. 倒数之和　　B. 倒数之和的倒数

C. 之和　　D. 之和的倒数

3. 调整法加工一批工件后的尺寸符合正态分布，且分散中心与公差带中心重合，

但发现有相当数量的废品，产生的原因主要是(　　)。

A. 常值系统误差　B. 随机误差　C. 刀具磨损太大　D. 调整误差大

4. 刀具磨损所引起的加工误差属于(　　)。

A. 常值系统误差　B. 变值系统误差　C. 随机误差　D. 几何误差

5. 定位误差所引起的加工误差属于(　　)。

A. 常值系统误差　B. 变值系统误差　C. 随机误差　D. 几何误差

6. 工件在机械加工中允许存在合理的加工误差，这是因为(　　)。

A. 生产中不可能无加工误差　B. 零件允许存在一定的误差

C. 精度要求过高、制造费用太高　D. 包括上述所有原因

7. 下列孔加工方法中，属于定尺寸刀具法的是(　　)。

A. 钻孔　B. 车孔　C. 镗孔　D. 磨孔

8. 制造误差不直接影响加工精度的刀具是(　　)。

A. 外圆车刀　B. 成形车刀　C. 钻头　D. 拉刀

9. 在两顶尖间车细长轴外圆，若只考虑工件刚度不足，则加工后会产生的误差是(　　)。

A. 圆度误差　B. 尺寸误差　C. 圆柱度误差　D. 位置误差

10. 车床主轴有径向跳动，镗孔时会使工件产生(　　)。

A. 尺寸误差　B. 同轴度误差　C. 圆度误差　D. 圆锥形

11. 工件在车床自定心卡盘上一次装夹车削外圆及端面，加工后检验发现端面与外圆不垂直，其可能原因是(　　)。

A. 车床主轴径向跳动

B. 自定心卡盘装夹面与车削主轴回转轴线不同轴

C. 车床横导轨与纵导轨不垂直

D. 车床主轴回转轴线与纵导轨不平行

12. 车削加工时轴的端面与外圆柱面不垂直，说明主轴有(　　)。

A. 圆度误差　B. 纯径向跳动　C. 纯角度摆动　D. 轴向窜动

13. 车削细长轴时，由于工件刚度不足造成在工件轴向截面上的形状是(　　)。

A. 矩形　B. 梯形　C. 鼓形　D. 鞍形

14. 用自定心卡盘装夹工件外圆车内孔，加工后发现孔与外圆不同轴，可能的原因是(　　)。

A. 车床主轴径向跳动

B. 自定心卡盘装夹面与主轴回转轴线不同轴

C. 刀尖与主轴回转轴线不等高

D. 车床纵向导轨与主轴回转轴线不平行

15. 某工件内孔在粗镗后有圆柱度误差，则在半精镗后会产生(　　)。

A. 圆度误差　B. 尺寸误差　C. 圆柱度误差　D. 位置误差

16. 工件受热均匀变形时，热变形使工件产生的误差是(　　)。

A. 尺寸误差　　B. 形状误差　　C. 位置误差　　D. 尺寸和形状误差

17. 通常用(　　)系数表示某种加工方法和设备能胜任零件所要求加工精度的程度。

A. 工序能力　　B. 误差复映　　C. 误差传递　　D. 误差敏感

18. 一级工艺的工艺能力系数C_p为(　　)。

A. $C_p \leqslant 0.67$　　B. $1.0 \geqslant C_p > 0.67$

C. $1.33 \geqslant C_p > 1.00$　　D. $1.67 \geqslant C_p > 1.33$

19. 均值极差点图中点的变动情况不属于异常波动判断标志的是(　　)。

A. 点超出控制线　　B. 点有上升或下降倾向

C. 点没有明显的规律性　　D. 点有周期性波动

20. 当存在变值系统误差时，图上的点将(　　)。

A. 呈现随机性变化　　B. 呈现规律性变化

C. 在中心线附近无规律波动　　D. 在控制线附近无规律波动

21. 为减小工件已加工表面的粗糙度，在刀具方面常采取的措施是(　　)。

A. 减小前角　　B. 减小后角　　C. 增大主偏角　　D. 减小副偏角

22. 切削加工时，对表面粗糙度影响最大的因素是(　　)。

A. 刀具材料　　B. 进给量　　C. 切削深度　　D. 工件材料

三、判断题

1. 定尺寸刀具的制造误差引起的工件加工误差属于常值系统性误差。(　　)

2. 毛坯误差造成的工件加工误差属于变值系统性误差。(　　)

3. 在相同的工艺条件下，加工后的工件精度与毛坯的制造精度无关。(　　)

4. 车削细长轴时，工件外圆中间粗两头细，产生误差的主要原因是工艺系统刚度差。(　　)

5. 采用试切法加工一批工件，其尺寸分布一般不符合正态分布。(　　)

6. 常值系统性误差不会影响工件加工后的分布曲线形状，只会影响它的位置。(　　)

7. 误差复映是由于工艺系统受力变形所引起的。(　　)

8. 减小误差复映的有效方法是提高工艺系统的刚度。(　　)

9. 工件夹紧变形会使被加工工件产生形状误差。(　　)

10. 零件的表面粗糙度值越低，疲劳强度越高。(　　)

11. 采用高速切削能降低表面粗糙度。(　　)

12. 表面粗糙度值越小，表面质量就越好。(　　)

四、综合分析题

1. 在普通车床上车孔时，如果刀具的直线进给运动和主轴的回转运动都很准确，只是它们在水平面内或垂直面内不平行(图 5.1)，试分析在只考虑工艺系统本身误差影响时，加工后将造成什么样的形状误差？

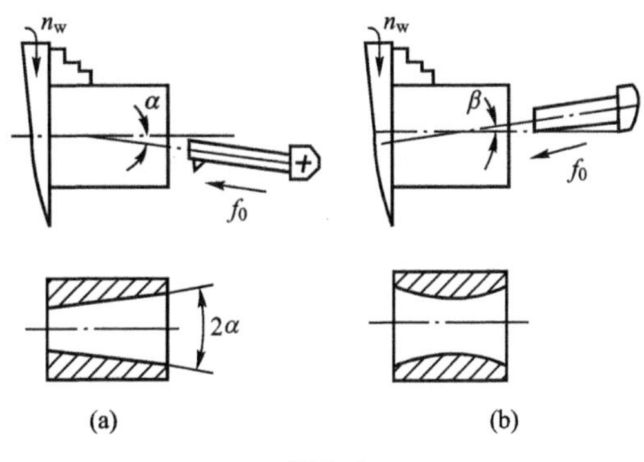

图 5.1

2. 在卧式镗床上镗箱体孔，若只考虑镗杆刚度的影响，当采用图 5.2 所示两种镗孔方式时，试分析以每种方式加工后孔的几何形状，并说明原因。

(1) 镗杆进给，镗杆前端支承。

(2) 镗杆进给，镗杆前端无支承。

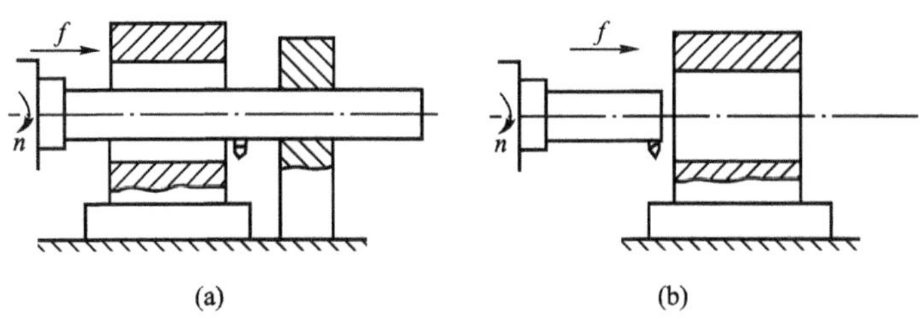

图 5.2

3. 在三台车床上分别加工三批工件的外圆表面，加工后经测量，三批工件分别产生了图 5.3 所示的形状误差，试分析产生上述形状误差的主要原因。

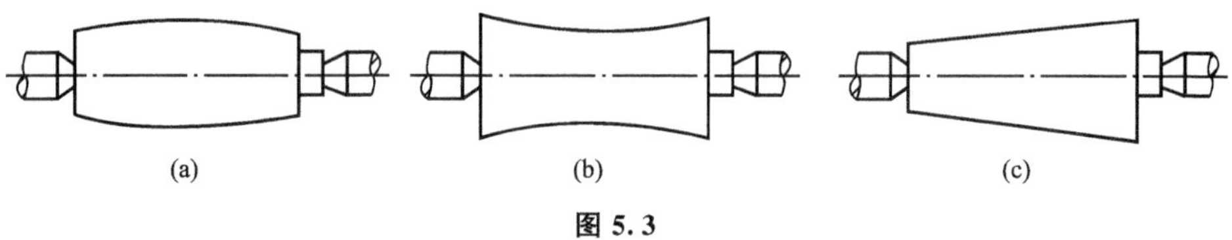

图 5.3

4. 在外圆磨床上磨削图 5.4 所示轴类工件的外圆 ϕ，若机床几何精度良好，试分析磨外圆后 A—A 截面的形状误差，要求画出 A—A 截面的形状，并提出减小上述误差的措施。

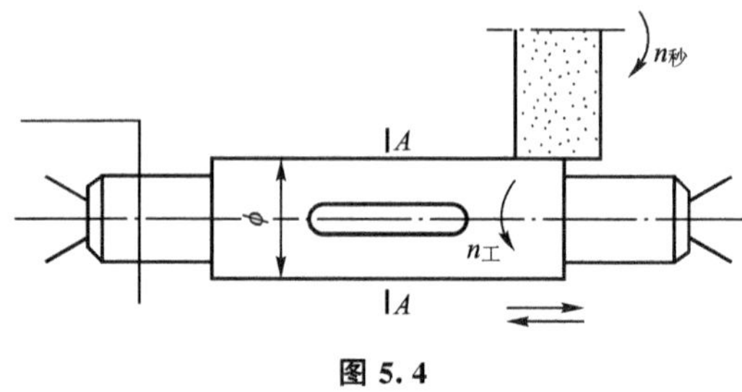

图 5.4

5. 在卧式铣床上按图 5.5 所示装夹方式用铣刀 A 铣削键槽，经测量发现，工件两端处的深度大于中间的，且都比未铣键槽前的调整深度小。试分析产生这一现象的原因。

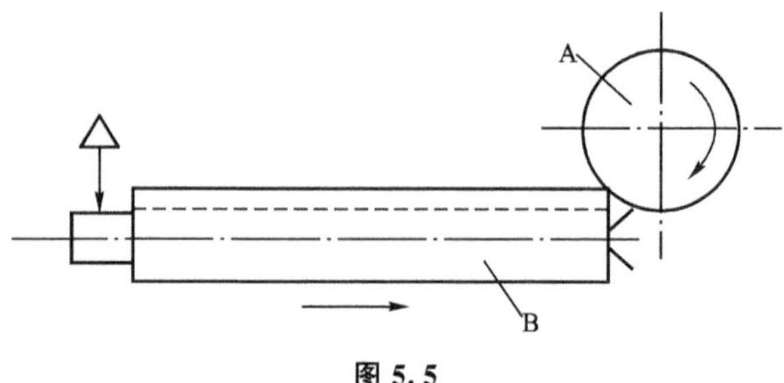

图 5.5

6. 试分析图 5.6 所示的三种加工情况，加工后工件表面会产生何种形状误差？假设工件的刚度很大，且车床床头刚度大于尾座刚度。

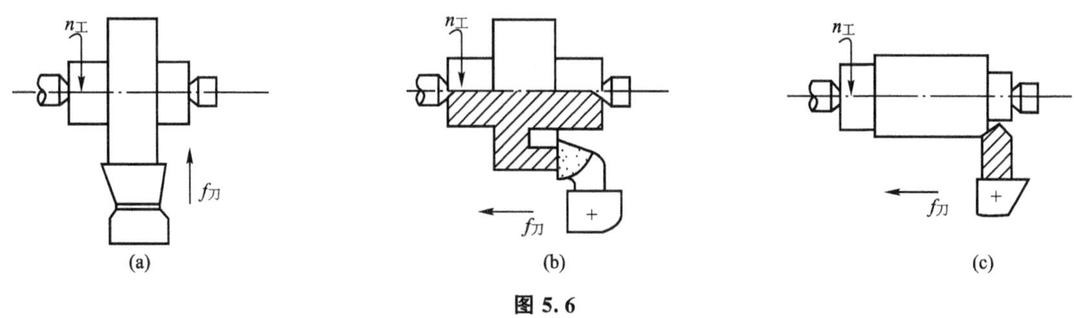

图 5.6

7. 按图 5.7(a)所示的装夹方式在外圆磨床上磨削薄壁套筒 A，卸下工件后发现工件成鞍形，如图 5.7(b)所示，试分析产生该形状误差的原因。

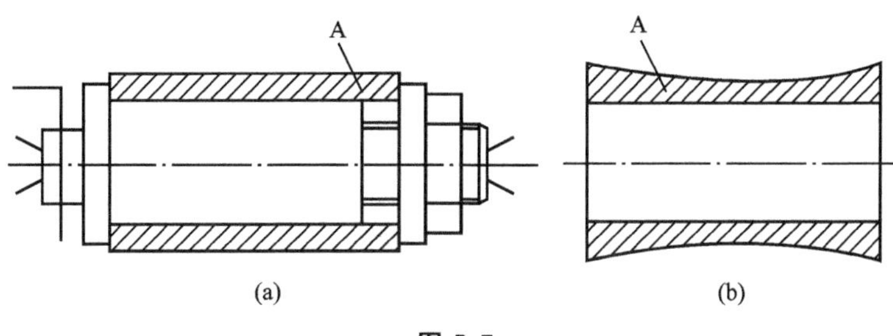

图 5.7

8. 已知某车床的部件刚度分别为 $k_{主轴}=5000\text{N/mm}$、$k_{刀架}=23330\text{N/mm}$，$k_{尾座}=34500\text{N/mm}$。今在该车床上采用前、后顶尖定位方法车直径为 $50_{-0.2}^{\ 0}$mm 的光轴，其背向力 $F_y=3000\text{N}$，假设刀具和工件的刚度都很大，试求：

(1) 车刀位于主轴箱端处工艺系统的变形量。

(2) 车刀处在距主轴箱 1/4 工件长度处工艺系统的变形量。

(3) 车刀处在工件中点处工艺系统的变形量。

(4) 车刀处在距主轴箱 3/4 工件长度处工艺系统的变形量。

(5) 车刀处在尾架处工艺系统的变形量。

完成计算后，画出加工后工件的截面形状。

9. 已知车床车削工件外圆时的 $k_{系统}=20000\text{N/mm}$，毛坯偏心 $e=2\text{mm}$，毛坯最小背吃刀量 $a_{p2}=1\text{mm}$，$\lambda C_F f^{0.75}=1500\text{N/mm}$，试求：

(1) 毛坯最大背吃刀量 a_{p1}。

(2) 第一次走刀后，反映在工件上的残余偏心误差 Δ_1。

(3) 第二次走刀后的 Δ_2。

(4) 第三次走刀后的 Δ_3。

(5) 若其他条件不变，让 $k_{系统}=10000\text{N/mm}$，求 Δ_1'、Δ_2'、Δ_3'，并说明 $k_{系统}$对残余偏心的影响规律。

10. 在车床上车一短而粗的轴类工件。已知工艺系统刚度 $k_{系统}=20000\text{N/mm}$，毛坯偏心 $e=2\text{mm}$，毛坯最小背吃刀量 $a_{p1}=1\text{mm}$，$\lambda C_F f^{0.75}=1500\text{N/mm}$。求第一次走刀后，加工表面的偏心误差是多少？至少需要切几次才能使加工表面的偏心误差控制在 0.01mm 以内？

11. 零件上孔的尺寸要求是 $\phi 10\text{mm}\pm 0.1\text{mm}$，使用 $\phi 10\text{mm}$ 钻头，在一定的切削用量下钻孔。加工一批零件后，实测各零件尺寸，经整理发现尺寸分散范围基本上符合正态分布，其均值为 10.080mm，均方根偏差为 0.006mm。试问：

(1) 使用这种加工方法，采用什么措施可减少其常值系统误差？

(2) 在采取减少常值系统误差的措施后，估算采用这种加工方法造成零件的废品率。

(3) 仍采用这种加工方法，如何防止不可修复废品产生？

(4) 若想基本上不产生废品，应选用值等于多少的高精度加工方式？

12. 加工一批尺寸为 $\phi 20_{-0.10}^{\ 0}$ 的小轴外圆，若尺寸为正态分布，标准差 $\sigma=0.025$mm，公差带中点小于尺寸分布中心 0.03mm。试求：

(1) 加工尺寸的尺寸分散范围。

(2) 这批零件的合格率及废品率。

13. 在无心磨床上磨削销轴，销轴外径尺寸要求为 $\phi 12$mm±0.01mm。现随机抽取 100 件进行测量，结果发现其外径尺寸接近正态分布，平均值为 11.99mm，标准差为 $\sigma=0.003$mm。试：

(1) 画出销轴外径尺寸误差的分布曲线。

(2) 计算该工序的工艺能力系数。

(3) 估算该工序的废品率。

(4) 分析产生废品的原因，并提出解决办法。

14. 在标准差 $\sigma=0.02$mm 的某自动车床上加工一批 $\phi 11$mm±0.05mm 小轴外圆。试求：

(1) 这批工件的尺寸分散范围。

(2) 这台自动车床的工序能力系数。

15. 在两台相同的自动车床上加工一批小轴的外圆，要求保证直径 $\phi 11$mm±0.02mm，第一台加工 1000 件，其直径尺寸按正态分布，平均值为 11.005mm，标准差为 0.004mm。第二台加工 500 件，其直径尺寸也按正态分布，平均值为 11.015mm，标准差为 0.0025mm。试：

(1) 在同一图上画出两台机床加工的两批工件的尺寸分布图，并指出哪台机床的工序精度高。

(2) 计算并比较哪台机床的废品率高，并分析其产生的原因及提出改进的办法。

16. 高速精镗45钢工件的内孔时，选取刀具的主偏角为75°、副偏角为15°，当加工表面粗糙度要求 $Ra=3.2\sim6.3\mu m$ 时，试求：

(1) 在不考虑工件材料塑性变形对表面粗糙度的影响下，进给量 f 应选择多大？

(2) 实际加工表面粗糙度与计算值是否相同？分析原因。

(3) 进给量 f 越小，表面粗糙度值如何变化？

五、简答题

1. 机床的几何误差包括哪些内容？它们之中对工件加工精度影响较大的因素有哪些？

2. 什么是主轴回转误差？它包括哪些方面？为什么磨床头架主轴采用死顶尖，而车床主轴采用活顶尖？

3. 什么是误差复映？误差复映系数的大小与哪些因素有关？

4. 什么是零件的分布曲线？正态分布曲线的特点是什么？均值和标准差的物理意义是什么？

5. 点图法和分布曲线法都利用统计方法来分析零件的加工精度，二者分析问题的重点有何不同？

6. 机械加工表面质量对机器使用性能有哪些影响？

7. 试述表面粗糙度、表面层物理机械性能对机器使用性能的影响。

8. 什么是回火烧伤？什么是淬火烧伤？什么是退火烧伤？

9. 为什么磨削高合金钢要比磨削碳钢更容易产生烧伤？

项目 6 机器的装配工艺

一、填空题

1. 任何机器都是由________、________、________和________等组成的，其中________是组成机器的最小单元。通常将机器划分为若干能独立装配的部分，称为________。

2. 在制定装配工艺规程时，用来表示零部件的装配流程和装配关系的图形称为________。

3. 机器的装配精度包括________、________和________等内容。

4. 装配尺寸链的封闭环是指____。

5. 查找装配尺寸链的原则有________、________和________等。

6. 保证装配精度的方法主要有________、________、________和________四种。

7. 假设某装配尺寸链的总环数为 n，当封闭环公差一定时，相对于完全互换装配法，采用不完全互换装配法可以将组成环的公差扩大________倍。

8. 生产中，通过修配达到装配精度的方法有________、________和________三种。

9. 安装装配顺序的原则是________、________、________和________。

10. 装配尺寸链的计算类型有________、________和________三种。

二、选择题

1. 组成机器的基本单元是(　　)。

A. 合件　　B. 部件　　C. 组件　　D. 零件

2. 装配系统图表示了(　　)。

A. 装配过程　　B. 装配系统组成　　C. 装配系统布局　　D. 机器装配结构

3. 装配的组织形式主要取决于(　　)。

A. 产品重量　　B. 产品质量　　C. 产品成本　　D. 生产规模

4. 流水式装配大多用于(　　)的产品。

A. 产量较小　　B. 产量较大　　C. 各种批量生产　　D. 单件小批生产

5. 对装配精度有直接影响的零件、部件的尺寸和位置关系，是装配尺寸链中的(　　)。

A. 组成法　　B. 增环　　C. 减环　　D. 封闭环

6. 装配尺寸链的封闭环是(　　)。

A. 精度要求最高的环　　B. 要保证的装配精度

C. 尺寸最小的环　　D. 基本尺寸为零的环

7. EI_i表示增环的上偏差，EI_i表示增环的下偏差，ES_j表示减环的上偏差，EI_j

表示减环的下偏差，M 为增环的数目，N 为减环的数目，那么，封闭环的上偏差为(　　)。

A. $\sum_{i=1}^{M} ES_i + \sum_{j=1}^{N} ES_j$　　B. $\sum_{i=1}^{M} ES_i - \sum_{j=1}^{N} ES_j$

C. $\sum_{i=1}^{M} ES_i + \sum_{j=1}^{N} EI_j$　　D. $\sum_{i=1}^{M} ES_i - \sum_{j=1}^{N} EI_j$

8. 大批、大量生产的装配工艺方法大多是(　　)。

A. 按互换法装配　　B. 以合并加工修配为主

C. 以修配法为主　　D. 以调整法为主

9. 汽车、拖拉机装配中广泛采用(　　)。

A. 完全互换法　　B. 不完全互换法

C. 分组装配法　　D. 修配法

10. 高精度滚动轴承内外圈与滚动体的装配常采用(　　)。

A. 完全互换法　　B. 不完全互换法

C. 分组装配法　　D. 修配法

三、判断题

1. 当装配精度要求较低时，可采用完全互换法装配。(　　)

2. 装配精度与装配方法无关，取决于零件的加工精度。(　　)

3. 装配尺寸链的封闭环为装配精度，在装配后形成。(　　)

4. 装配尺寸链中的封闭环存在于零部件之间，而绝对不在零件上。(　　)

5. 在装配尺寸链中，封闭环不一定是装配精度。(　　)

6. 在装配尺寸链中，封闭环一定是装配精度。(　　)

7. 建立尺寸链的“最短原则”是要求组成环的数目最少。(　　)

8. 建立装配尺寸链的原则是组成环的数目越少越好，这就是最短路线原则。(　　)

四、综合分析题

1. 如图 6.1 所示，减速器某轴结构的尺寸分别为 A_1=40mm、A_2=36mm、A_3=

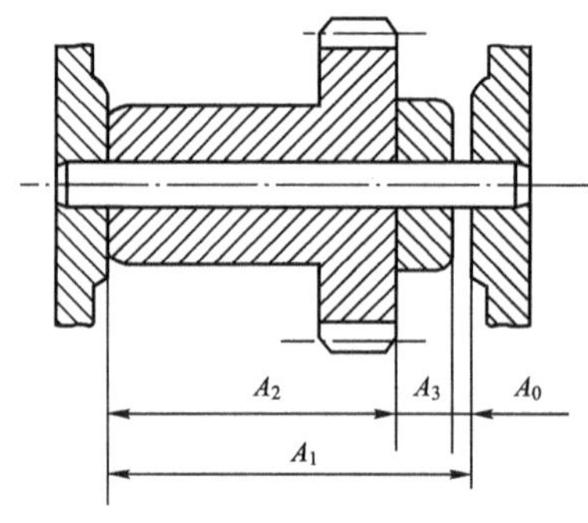

图 6.1

4mm。要求装配后齿轮端部间隙 A_0 保持在 0.10～0.25mm 范围内，如选用完全互换装配法，试确定 A_1、A_2、A_3 的极限偏差。

2. 图 6.2 所示为车床横刀架座后压板与床身导轨的装配图，为保证横刀架座在床身导轨上灵活移动，压板与床身下导轨面间间隙须保持在 0.1～0.3mm 范围内，如选用修配装配法，试确定图 6.2 所示的修配环 A 及其他有关尺寸的基本尺寸和极限偏差。

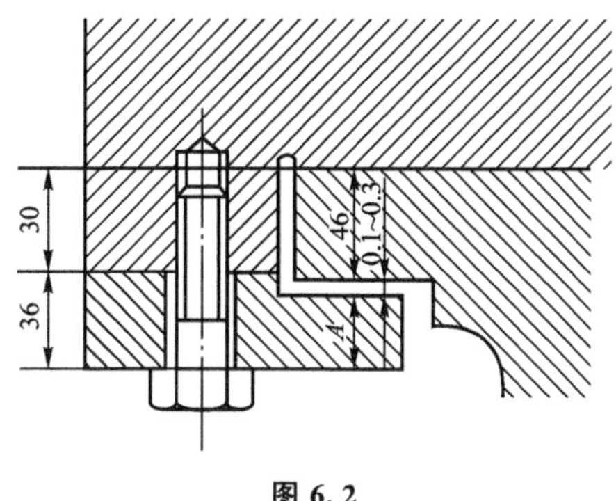

图 6.2

3. 如图 6.1 所示，减速器某轴上零件的尺寸为 $A_1=40$mm，$A_2=36$mm，$A_3=4$mm。要求装配后齿轮轴向间隙 $A_0=0.10$～0.25mm。试用极值法和概率法分别确定 A_1、A_2、A_3 的公差及其偏差。

4. 图 6.3 所示为轴与齿轮的装配件，为保证弹性挡圈顺利装入，要求保证轴向间隙 0.05～0.41mm。已知各组成环的基本尺寸 $A_1=32.5$mm，$A_2=35$mm，$A_3=2.5$mm。试用极值法和概率法分别确定各组成零件的偏差。

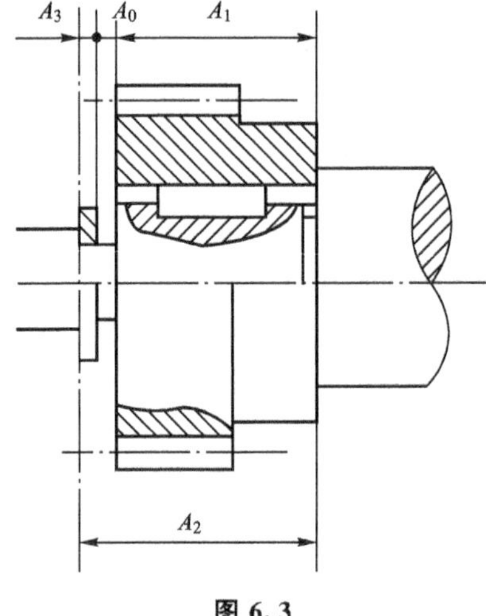

图 6.3

五、简答题

1. 装配精度有哪几类？零件精度与装配精度之间的关系如何？
2. 装配尺寸链和工艺尺寸链有何区别？
3. 试说明建立装配尺寸链的方法、步骤和原则。
4. 为什么要划分装配单元？如何绘制装配系统图？
5. 试论述装配工艺规程的作用。
6. 保证装配精度的方法有哪些？各有何特点？

项目 7　机床夹具设计基础

一、填空题

1. 工件的安装包括________和________两个方面，随批量的不同，工件的安装方法也不同。

2. 任何一个工件在空间直角坐标系中都有________个自由度，分别是________。

3. 工件定位的四种情况是________、________、________和________。

4. 基准是作为点、线、面的依据，分为________和________两大类。

5. 工艺基准又分为________、________、________和________四种。

6. 定位基准可分为________、________和________三种。

7. 机床夹具通常包括________、________、________、________及连接元件等装置。

8. 工件在夹具中的定位方式有________、________、________和组合表面定位等。

9. 常见的支承元件有________、________、________及辅助支承四种。

10. 辅助支承主要用来提高工件的________和________，不起________作用。

11. 自位支承又称________，在定位过程中能随着工件定位基准的位置变化而自动调整，因此只限制________个自由度。

12. 工件以内孔定位时，常用的定位元件有________、________、________、________等。

13. 工件以外圆表面定位时，最常用的定位元件是________和定位套。

14. 定位误差主要由________和________两部分组成。

15. 工序基准和定位基准之间的联系尺寸是________，基准不重合误差就是该尺寸的公差值。

16. 工件在定位时，由于存在________和最小配合间隙，从而产生基准位移误差。

17. 常用的夹紧机构有________、________、________、________和________等。

18. 夹紧机构的动力装置有________、________、________、________和________等。

19. 铣床夹具与机床的连接主要是通过两个________与铣床工作台的 T 形槽配合。

20. 在铣床和刨床上常设有对刀装置，对刀装置由________和________等组成。

21. 钻套有________、________、________和________四种类型。

22. 夹具体的类型有________、________、________和________四种类型。

二、选择题

1. 我们把工件在夹具中占据正确位置后并固定的过程称为(　　)过程。

A. 装夹　　　　B. 定位　　　　C. 夹紧　　　　D. 找正

2. 夹具不能起到的作用是(　　)。

A. 保证加工精度　　　　　　B. 减少工序

C. 提高劳动生产率　　　　　D. 减轻工人劳动强度

3. 机床夹具最基本的组成部分是(　　)。

A. 定位元件、对刀装置、夹紧装置　B. 定位元件、夹紧装置、夹具体

C. 定位元件、对刀装置、定向装置　D. 对刀装置、夹紧装置、定向装置

4. 定位基准是指(　　)。

A. 工件上的点、线、面　　　　B. 机床上的点、线、面

C. 夹具上的点、线、面　　　　D. 刀具上的点、线、面

5. 工件采用心轴定位时，定位基准面是(　　)。

A. 心轴外圆柱面　B. 工件内圆柱面　C. 心轴中心线　D. 工件孔中心线

6. 利用工件的粗基准平面作为定位面时，可选作基本支承的是(　　)。

A. 球头支承钉　　B. 支承板　　C. 辅助支承

7. 利用工件已精加工且面积较大的平面作为定位面时，可选作基本支承的是(　　)。

A. 球头支承钉　　B. 支承板　　C. 辅助支承

8. 既能起定位作用，又能起定位刚性作用的支承，就是(　　)。

A. 辅助支承　　B. 基本支承　　C. 可调支承

9. 自位支承的作用是增加与工件接触的支承点数目，但(　　)。

A. 不起定位作用

B. 只限制一个自由度

C. 限制的自由度随定位情况变化

10. 确定工件在夹具中应限制的自由度数，应考虑的因素是(　　)。

A. 工序加工要求　　　　　　B. 定位的稳定

C. 工序加工要求、定位的稳定及夹具结构

11. 一个物体在空间如果不加任何约束限制，应有(　　)自由度。

A. 3 个　　B. 4 个　　C. 5 个　　D. 6 个

12. 限制一个面的自由度需要(　　)支承点。

A. 1 个　　B. 2 个　　C. 3 个　　D. 4 个

13. 工件定位时，被消除的自由度少于 6 个，且不能满足加工要求的定位称为(　　)。

A. 欠定位　　B. 过定位　　C. 完全定位　　D. 部分定位

14. 重复限制自由度的定位现象称为(　　)。

A. 欠定位　　B. 过定位　　C. 完全定位　　D. 部分定位

15. 工件定位时，下列(　　)是不允许存在的。

A. 欠定位　　B. 过定位　　C. 完全定位　　D. 部分定位

16. 在一平板上铣通槽，除沿槽长方向的自由度未被限制外，其余自由度均被限制。此定位方式属于(　　)。

A. 欠定位　　B. 过定位　　C. 完全定位　　D. 部分定位

17. 只有在(　　)精度很高时，过定位才允许采用。

A. 设计基准面和定位元件　　B. 定位基准面和定位元件

C. 夹紧机构和元件

18. 工程上常讲的“一面两销”一般限制了工件的(　　)自由度。

A. 3个　　B. 4个　　C. 5个　　D. 6个

19. 工件以外圆柱面在长V形块上定位时，限制工件的自由度为(　　)。

A. 3个　　B. 4个　　C. 5个　　D. 6个

20. 工件以外圆在短V形块上定位时，约束工件的自由度为(　　)。

A. 2个　　B. 3个　　C. 4个　　D. 5个

21. 活动短V形块限制工件的自由度为(　　)。

A. 0个　　B. 1个　　C. 2个　　D. 3个

22. 工件以圆锥孔在较长圆锥心轴上定位，可限制(　　)自由度。

A. 2个　　B. 3个　　C. 4个　　D. 5个

23. 定位误差主要发生在按(　　)加工一批工件过程中。

A. 试切法　　B. 调整法　　C. 定尺寸刀具法　　D. 轨动法

24. 工件以平面定位时，通常可认为(　　)。

A. 定位误差为零

B. 基准不重合误差为零

C. 基准位移误差为零

25. 定位误差中包括(　　)。

A. 随机误差　　B. 调整误差　　C. 夹紧误差　　D. 基准不重合误差

26. 定位误差是(　　)二者综合作用的结果。

A. 定位元件与夹紧元件　　B. 对刀块和塞尺

C. 重复定位和欠定位　　D. 基准不重合误差和基准位移误差

27. 基准不重合误差的大小主要与(　　)有关。

A. 本工序要保证的尺寸大小

B. 本工序要保证的尺寸精度

C. 工序基准与定位基准间的位置误差

D. 定位元件和定位基准本身的制造精度

28. 夹具的基本骨架是(　　)。

A. 定位元件　　B. 夹紧装置　　C. 夹具体　　D. 导向元件

29. 夹紧力 W、切削力 P、工件重力 Q，当(　　)时，夹紧力将最小。

A. 三力同向　　B. W 与 P、Q 反向

C. W 与 P、Q 垂直

30. 小批量生产时，钻孔常采用的钻套形式是(　　)。

A. 固定钻套　　B. 快换钻套　　C. 可换钻套　　D. 特殊钻套

31. 大批量生产时，钻孔常采用的钻套形式是(　　)。

A. 固定钻套　　B. 快换钻套　　C. 可换钻套　　D. 特殊钻套

32. 在钻模上设支脚时，支脚的数量必须是(　　)。

A. 2 个　　B. 3 个　　C. 4 个

33. 常设置对刀块来确定夹具和刀具相对位置的是(　　)。

A. 车床夹具　　B. 铣床夹具　　C. 钻床夹具

34. 为保证斜楔夹紧的自锁性能，手动夹紧时斜楔升角一般取(　　)。

A. $\alpha=6°\sim8°$　　B. $\alpha=9°\sim13°$　　C. $\alpha=13°\sim17°$

35. 联动夹紧机构一般要求有较大的总夹紧力，故机构要有足够的(　　)。

A. 韧性　　B. 扩力比　　C. 刚度

36. 设计联动夹紧机构时，为保证夹紧可靠和夹紧力一致，必须设置(　　)。

A. 浮动环节　　B. 连杆机构　　C. 弹性元件

37. 为增加视图的直观性，夹具总图的比例最好用(　　)。

A. 1∶1　　B. 1∶2　　C. 2∶1　　D. 1∶5

38. 斜楔自锁的条件是楔角 α 与两处摩擦角之和 $\varphi_1+\varphi_2$ 应满足(　　)。

A. $\alpha=\varphi_1+\varphi_2$　　B. $\alpha>\varphi_1+\varphi_2$　　C. $\alpha<\varphi_1+\varphi_2$　　D. $\alpha\geqslant\varphi_1+\varphi_2$

39. 在夹具图上画工件轮廓时，应采用(　　)。

A. 点画线　　B. 虚线　　C. 双点画线　　D. 细实线

40. 安装在机床主轴上，能带动工件一起旋转的夹具是(　　)夹具。

A. 钻床　　B. 车床　　C. 铣床　　D. 镗床

三、判断题

1. 工件的装夹包括定位和夹紧两个过程。(　　)

2. 如果工件被夹紧了，说明工件已经实现了定位。(　　)

3. 夹紧保证工件在夹具中占有正确的位置。(　　)

4. 粗基准在同一尺寸方向上只能使用一次。(　　)

5. 少于六点的定位不会出现过定位。(　　)

6. 不完全定位和欠定位所限制的自由度都少于 6 个，所以本质上是相同的。(　　)

7. 为了保证定位精度，工件在加工前必须消除其全部自由度。(　　)

8. 过定位是绝对不允许的。(　　)

9. 可调支承和辅助支承都不限制工件的自由度。(　　)

10. 采用小锥度心轴定位，可限制三个自由度。(　　)

11. 专用夹具是专为某一种工件的某道工序的加工而设计制造的夹具。(　　)

12. 夹紧机构中的传力机构可以改变夹紧力的方向和大小。(　　)
13. 辅助支承可以提高工件的安装刚性，而自位支承则不能。(　　)
14. 辅助支承起定位作用，而可调支承不起定位作用。(　　)
15. 定心夹紧机构中的定位元件也是夹紧元件。(　　)
16. 设计夹具时，为减少加工误差，应尽可能选用工序基准为定位基准。(　　)
17. 工件在垂直于 V 形块对称面方向上的基准位移误差等于零。(　　)
18. 工件定位时，若定位基准与工序基准重合，就不会产生定位误差。(　　)
19. 菱形销的布置应使其长轴方向与菱形销和圆柱销的中心连线重合。(　　)
20. “一面双销”定位中，菱形销长轴方向应垂直于双销连心线。(　　)
21. 联动夹紧机构在两个夹紧点之间必须设置必要的浮动环节。(　　)
22. 工件夹紧变形会使被加工工件产生形状误差。(　　)
23. 夹紧力方向最好和重力、切削力同向且垂直于工作的定位基准面。(　　)
24. 径向尺寸较大的车床夹具一般用过渡盘与车床主轴连接。(　　)
25. 铣床夹具必须有对刀装置。(　　)
26. 夹具体是夹具的基础元件。(　　)
27. 夹具体要有适当的容屑空间和良好的排屑性能。(　　)

四、综合分析题

1. 什么是基准？试分析下列零件的有关基准：

(1) 分析图 7.1 所示齿轮的设计基准和装配基准，以及滚切齿形时的定位基准和测量基准。

(2) 分析图 7.2 所示小轴零件图及在车床顶尖间加工小端外圆及台肩面的工序图，试分析台肩面的设计基准、定位基准及测量基准。

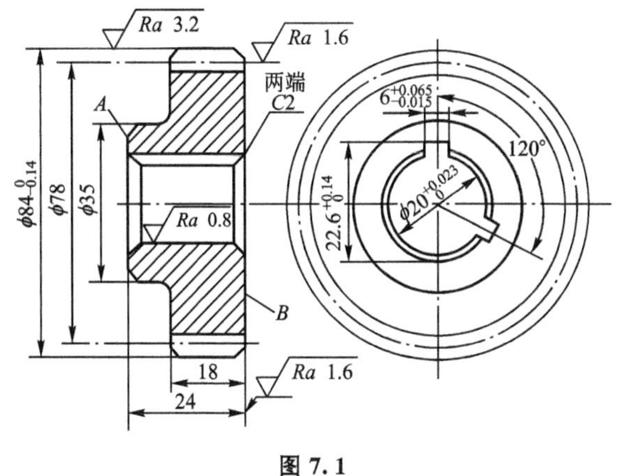

图 7.1

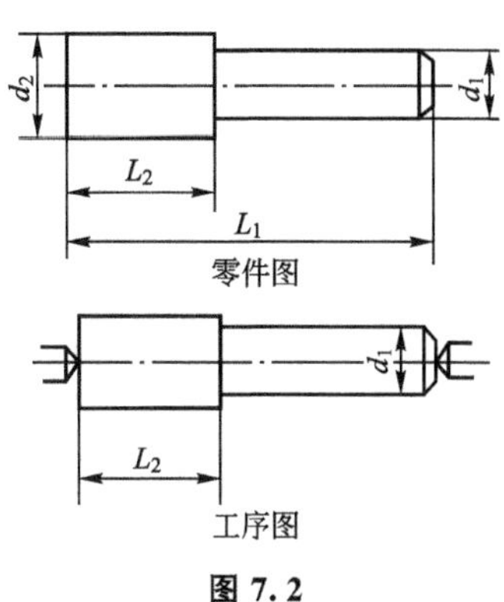

图 7.2

2. 图 7.3 所示为在套筒零件上加工 ϕB 孔，要求与 ϕD 孔垂直相交且保证尺寸 L。试分析：

(1) 钻孔所必须限制的自由度。

(2) 属于何种定位方式。

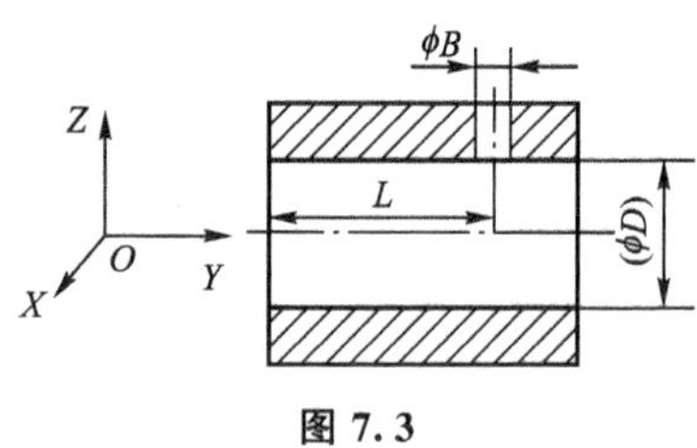

图 7.3

3. 图 7.4 所示为钻、铰连杆小头孔的定位方案，要求保证与大头孔轴线的距离及平行度，并与毛坯外圆同轴。试分析：

(1) 各定位元件限制的自由度。

(2) 判断有无欠定位或过定位。

(3) 对不合理的定位方案提出改进意见。

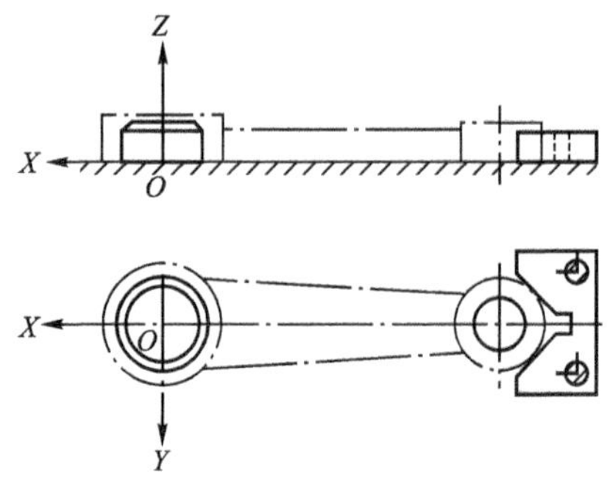

图 7.4

4. 如图 7.5 所示，用调整法钻 $2\times\phi D$ 孔、磨台阶面，试根据加工要求，按给定的坐标，用符号分别标出该两工序应该限制的自由度，并指出属于何种定位。

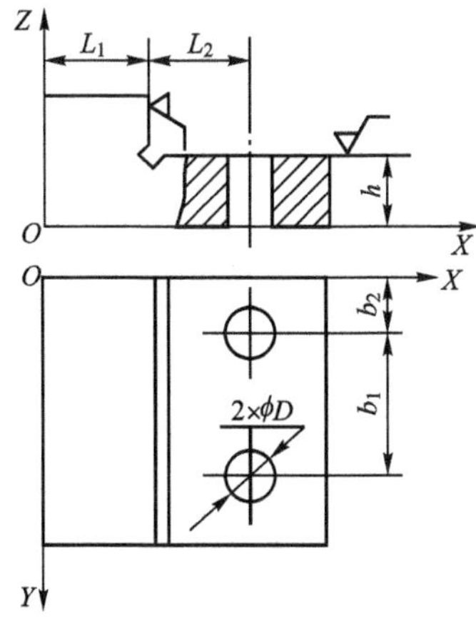

图 7.5

5. 分析图 7.6 所示的定位方案，回答如下问题：

(1) 带肩心轴、手插圆柱销各限制工件的哪些自由度？

(2) 该定位属于哪种定位类型？

(3) 该定位是否合理？如不合理，请加以改正。

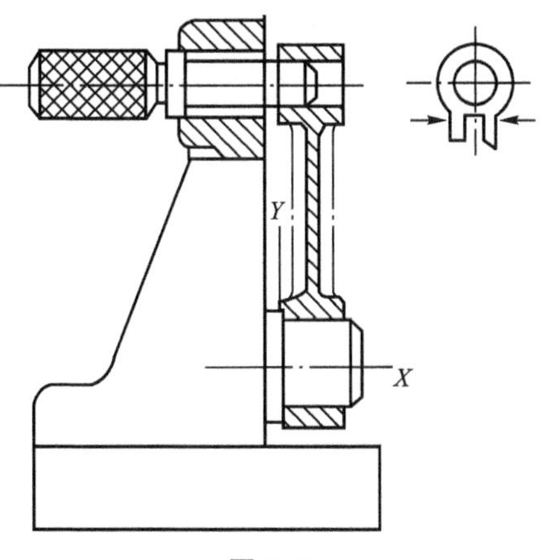

图 7.6

6. 分析图 7.7 所示的定位方案，回答如下问题：

(1) 底面、固定 V 形块和活动 V 形块各限制工件的哪些自由度？

(2) 该定位属于哪种定位类型？

(3) 该定位是否合理？如不合理，请加以改正。

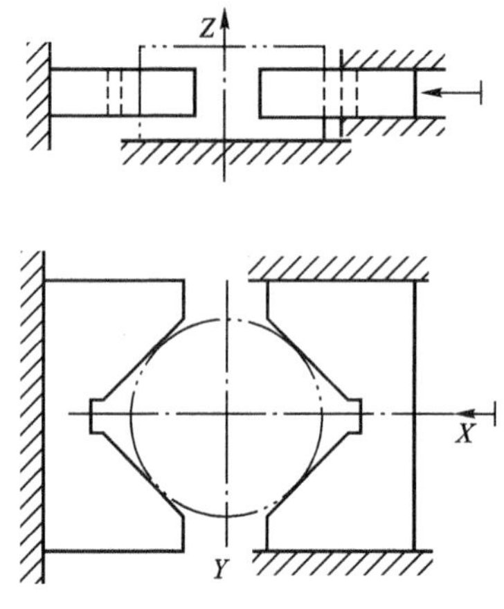

图 7.7

7. 如图 7.8 所示的齿轮坯，内孔及外圆已加工合格，尺寸分别为 $D=\phi35^{+0.025}_{0}$ mm，$d=\phi80^{0}_{-0.1}$mm，现在插床上以调整法加工键槽，要求保证尺寸 $H=38.5^{+0.20}_{0}$ mm。试计算图示定位方法的定位误差(忽略外圆与内孔同轴度误差)。

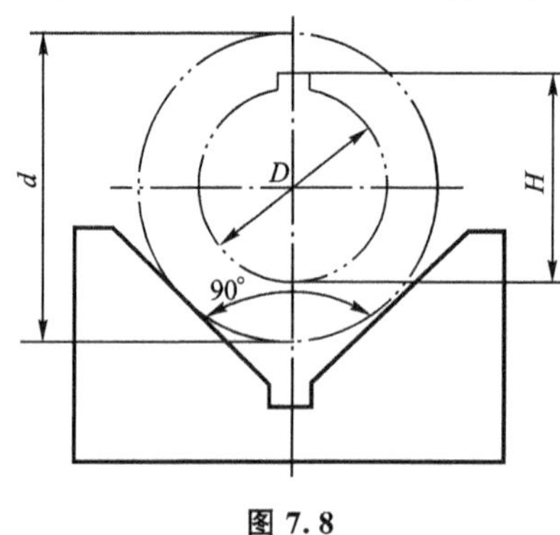

图 7.8

8. 有一批套筒零件如图 7.9 所示，其他加工面已加工好，今以内孔 D_2 在圆柱心轴 d 上定位，用调整法铣削键槽。若定位心轴处于水平位置，试分析计算尺寸 L 的定位误差。已知：$D_1=\phi 500_{-0.05}^{\ 0}$ mm，$D_2=\phi 300_{\ 0}^{+0.021}$ mm，心轴直径 $d=\phi 30_{-0.020}^{-0.007}$ mm。

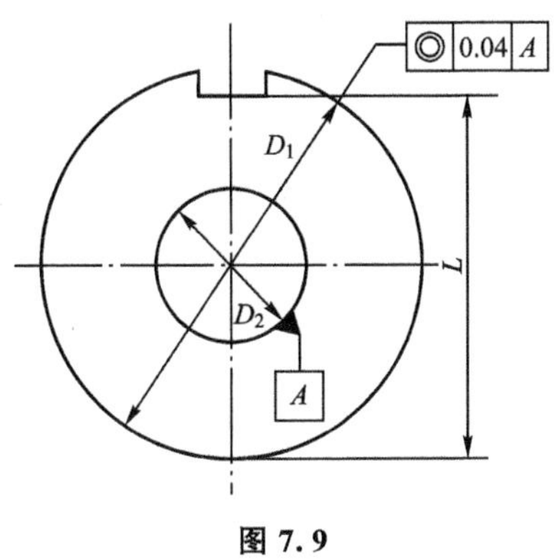

图 7.9

9. 如图 7.10 所示，采用长 V 形块定位加工通孔 O，试分析该定位方案所限制的自由度数，计算钻通孔 O 时的定位误差，分析该方案能否满足要求，若达不到要求，给出改进措施。

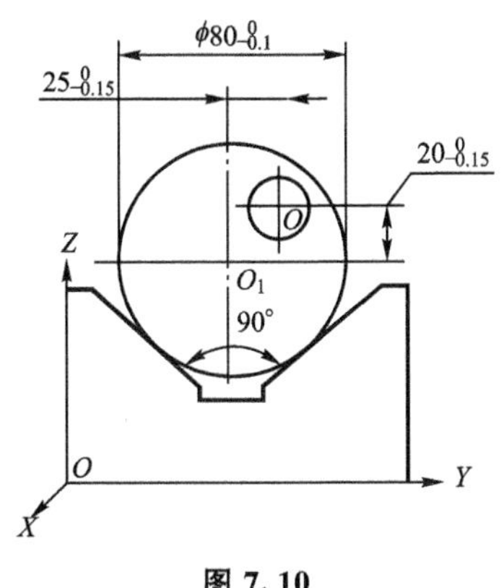

图 7.10

10. 有一批套类零件，如图 7.11(a)所示，欲在其上铣一键槽，试分析在图 7.11(b)所示可涨心轴定位方案中，尺寸 H_1、H_2、H_3 的定位误差。已知定位心轴直径 $d_{1\ -\delta d1}^{\ \ 0}$。

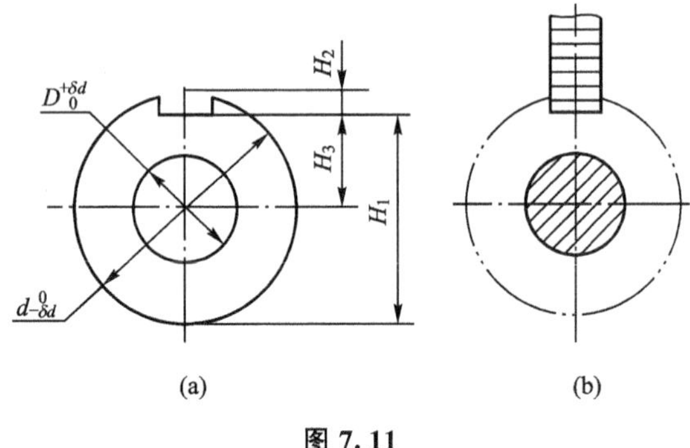

图 7.11

11. 按图 7.12 所示方式定位加工孔 $\phi20^{+0.045}_{\ 0}$ mm，要求孔对外圆的同轴度公差为 $\phi0.03$mm。已知：$d=\phi60_{-0.14}^{\ 0}$ mm，$b=30\text{mm}\pm0.07$mm。试分析计算此定位方案的定位误差。

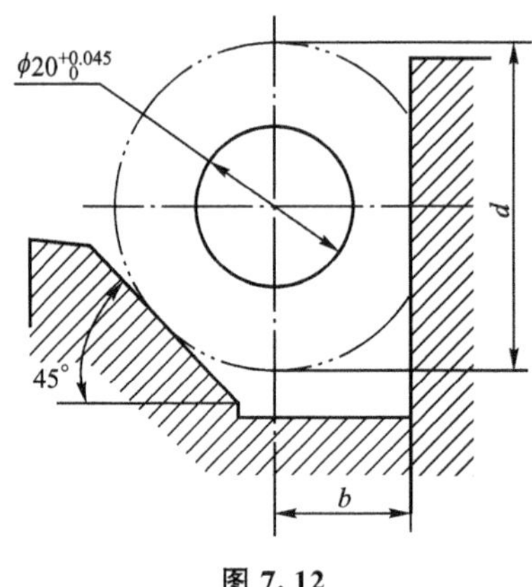

图 7.12

12. 已知切削力 F，若不计小轴 1、2 的摩擦损耗，试计算图 7.13 所示夹紧装置作用在斜楔左端的作用力 F_Q。

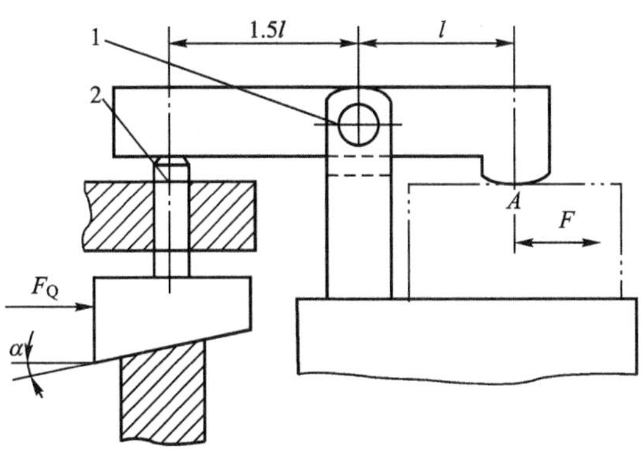

图 7.13

13. 图 7.14 所示为气动夹紧机构，夹紧工件所需夹紧力 $F_J=2000\text{N}$。已知：气压 $p=4\times10^5\text{Pa}$，$\alpha=15°$，$L_1=200\text{mm}$，$L_3=20\text{mm}$。各相关表面的摩擦系数 $f=0.18$，铰链轴 ϕd 处摩擦损耗按 5%计算。问需选用多大缸径的气缸才能将工件夹紧？

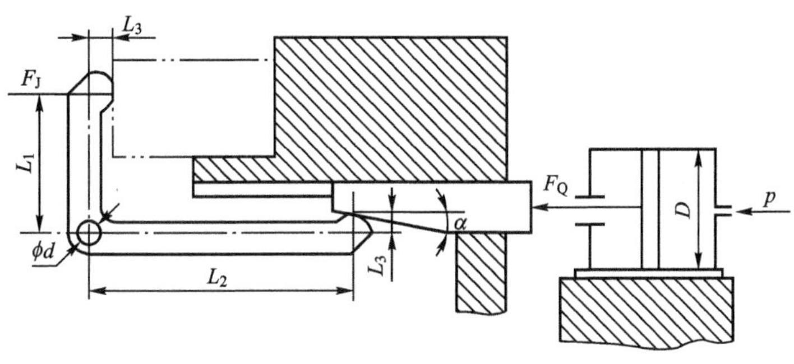

图 7.14

14. 在工件上钻铰 $\phi14\text{H7}$ 的孔，铰削余量为 0.1mm，铰刀直径为 $\phi14^{+0.015}_{+0.008}$ mm，试设计所需的钻套(计算导向孔的尺寸，画出钻套图，标注尺寸及技术要求)。

五、简答题

1. 机床夹具由哪几部分组成？各部分起什么作用？

2. 什么是定位？简述工件定位的基本原理。

3. 为什么说夹紧不等于定位？

4. 工件在夹具中夹紧的目的是什么？夹紧和定位有何区别？

5. 对夹紧装置的基本要求是什么？

6. 什么是定位误差？试述产生定位误差的原因。

7. 辅助支承与自位支承有何不同？

8. 部分定位和过定位是否均不允许存在？为什么？

9. 举例说明过定位可能产生的不良后果。如何处理出现的过定位？

10. “定位支承点不超过6个，就不会出现过定位。”这种说法对吗？举例说明。

11. “工件装夹在夹具中，凡是有6个定位支承点即为完全定位，凡是超过6个定位支承点就是过定位，不超过6个定位支承点，就不会出现过定位。”这种说法对吗？为什么？

12. 车床夹具有何特点？各用于何种场合？

13. 在几种钻模结构中，哪种工作精度最高？

14. 在铣床夹具中，使用对刀块和塞尺起什么作用？

参 考 文 献

[1] 于骏一，邹青. 机械制造技术基础 [M]. 2 版. 北京：机械工业出版社，2009.
[2] 张世昌，李旦. 机械制造技术基础 [M]. 北京：高等教育出版社，2001.
[3] 徐勇. 机械加工方法与设备 [M]. 北京：化学工业出版社，2014.
[4] 王杰，李方信，肖素梅. 机械制造工程学 [M]. 北京：北京邮电大学出版社，2004.
[5] 韩荣第，周明，孙玉洁. 金属切削原理与刀具 [M]. 哈尔滨：哈尔滨工业大学出版社，2004.
[6] 陆剑中，孙家宁. 金属切削原理与刀具 [M]. 北京：机械工业出版社，2005.
[7] 牛荣华. 机械加工方法与设备 [M]. 北京：人民邮电出版社，2009.
[8] 孙庆群，周宗明. 金属切削加工原理及设备 [M]. 北京：科学出版社，2008.
[9] 王靖东. 金属切削加工方法与设备 [M]. 北京：高等教育出版社，2006.
[10] 陈根琴. 金属切削加工方法与设备 [M]. 北京：人民邮电出版社，2008.
[11] 吴拓. 金属切削加工及装备 [M]. 北京：机械工业出版社，2006.
[12] 周泽华. 金属切削理论 [M]. 北京：机械工业出版社，1992.
[13] 袁哲俊. 金属切削刀具 [M]. 上海：上海科学技术出版社，1993.
[14] 冯之敬. 机械制造工程原理 [M]. 北京：清华大学出版社，1998.
[15] 黄鹤汀. 金属切削机床 [M]. 北京：机械工业出版社，2004.
[16] 魏康民. 机械加工工艺方案设计与实施 [M]. 北京：机械工业出版社，2010.
[17] 王先逵. 机械制造工艺学 [M]. 北京：机械工业出版社，2007.
[18] 卢秉恒. 机械制造技术基础 [M]. 北京：机械工业出版社，2005.
[19] 郑焕文. 机械制造工艺学 [M]. 北京：高等教育出版社，1994.
[20] 郑修本. 机械制造工艺学 [M]. 北京：机械工业出版社，1999.
[21] 刘守勇. 机械制造工艺与机床夹具 [M]. 北京：机械工业出版社，2000.
[22] 陆培文. 阀门制造工艺入门与精通 [M]. 北京：机械工业出版社，2010.
[23] 郑广花. 机械制造基础 [M]. 西安：西安电子科技大学出版社，2006.
[24] 陈宏钧，方向明，马素敏. 典型零件机械加工生产实例 [M]. 北京：机械工业出版社，2004.
[25] 崔长华，左会峰，崔雷. 机械加工工艺规程设计 [M]. 北京：机械工业出版社，2009.
[26] 徐勇，吴百中. 机械制造工艺及夹具设计 [M]. 北京：北京大学出版社，2011.
[27] 吴慧媛，韩邦华. 零件制造工艺与装备 [M]. 北京：电子工业出版社，2010.
[28] 陆龙福. 机械制造技术 [M]. 哈尔滨：哈尔滨工业大学出版社，2012.
[29] 王茂元. 机械制造技术 [M]. 北京：机械工业出版社，2013.
[30] 华楚生. 机械制造技术基础 [M]. 重庆：重庆大学出版社，2000.
[31] 陈明. 机械制造工艺学 [M]. 北京：机械工业出版社，2005.
[32] 王启平. 机械制造工艺学 [M]. 哈尔滨：哈尔滨工业大学出版社，2005.
[33] 王力. 机械制造工艺学 [M]. 北京：中国人民大学出版社，2010.
[34] 李益民. 机械制造工艺学习题集 [M]. 北京：机械工业出版社，1987.
[35] 陈旭东. 机床夹具设计 [M]. 北京：清华大学出版社，2010.
[36] 肖继德，陈宁平. 机床夹具设计 [M]. 北京：机械工业出版社，1998.

[37] 孟宪栋. 机床夹具图册［M］. 北京：机械工业出版社，1992.
[38] 王光斗，王春福. 机床夹具设计手册［M］. 上海：上海科学技术出版社，2000.
[39] 王启平. 机床夹具设计［M］. 哈尔滨：哈尔滨工业大学出版社，2005.
[40] 薛源顺. 机床夹具图册［M］. 北京：机械工业出版社，1998.

(2) 成形法。它是利用成形刀具对工件进行加工的方法。切削刃的形状和长度与所需形成的发生线(母线)完全重合。在图 2.5(b)中，曲线形母线由成形刨刀的切削刃直接形成，直线形导线则由轨迹法形成。

(3) 相切法。它是利用刀具边旋转边作轨迹运动对工件进行加工的方法。在图 2.5(c)中，采用铣刀、砂轮等旋转刀具加工时，在垂直于刀具旋转轴线的截面内，切削刃可看作点，当切削点绕着刀具轴线作旋转运动 B_1，同时刀具轴线沿着发生线的等距线作轨迹运动 A_2 时，切削点运动轨迹的包络线便是所需的发生线。为了用相切法得到发生线，需要两个独立的成形运动，即刀具的旋转运动和刀具中心按一定规律运动。

(4) 展成法。它是利用工件和刀具作展成切削运动进行加工的方法。切削加工时，刀具与工件按确定的运动关系作相对运动(展成运动或称范成运动)，切削刃与被加工表面相切(点接触)，切削刃各瞬时位置的包络线便是所需的发生线。例如，在图 2.5(d)中，用齿条形插齿刀加工圆柱齿轮，刀具沿 A_1 方向作直线运动，形成直线形母线(轨迹法)，而工件的旋转运动 B_{21} 和直线运动 B_{22}，使刀具能不断地对工件进行切削，其切削刃的一系列瞬时位置的包络线便是所需要渐开线形导线，如图 2.5(e)所示。用展成法形成发生线需要一个独立的复合成形运动，即展成运动。

2.1.4　表面成形运动与辅助运动

1. 表面成形运动

表面成形运动是刀具和工件为形成发生线而作的相对运动。在机床上，就其性质而言，有直线运动和旋转运动两种，通常用符号 A 表示直线运动，用符号 B 表示旋转运动。

表面成形运动按组成情况不同，可分为简单成形运动和复合成形运动。如果一个独立的成形运动是由独立的旋转运动或直线运动构成的，则此成形运动称为简单成形运动；如果一个独立的成形运动是由两个或两个以上旋转运动或直线运动，按照某种确定的运动关系组合而成的，则称此成形运动为复合成形运动。

【案例 2-2】 如图 2.6(a)所示，分析用普通车刀车削外圆时的成形运动。

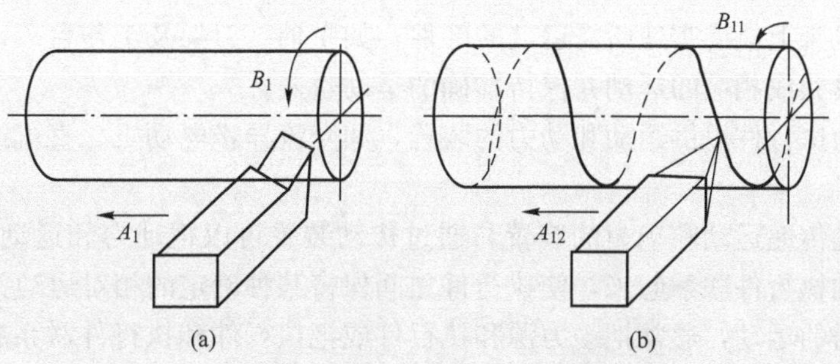

图 2.6　表面成形运动分析

解： 工件的旋转运动 B_1 形成母线，刀具的直线运动 A_1 形成导线。它们是两个独立的成形运动。

【案例2-3】 如图2.6(b)所示，分析用螺纹车刀车削螺纹时的成形运动。

解：车削螺纹时，形成螺旋线所需的是刀具和工件之间的相对运动。通常将其分解为工件的等速旋转运动B_{11}和刀具的等速直线移动A_{12}。B_{11}和A_{12}不能彼此独立，它们之间必须保持严格的运动关系，即工件每转一转时，刀具就均匀地移动一个螺旋线导程。表面成形运动的总数为1个($B_{11}A_{12}$)，是复合成形运动。复合运动标注符号的下标含义为：第一位数字表示成形运动的序号(第一个、第二个……成形运动)；第二位数字表示构成同一个复合运动的单独运动的序号。

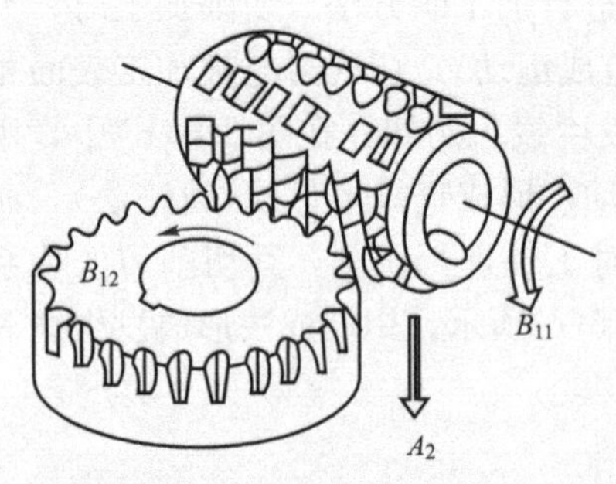

图2.7 表面成形运动分析

【案例2-4】 如图2.7所示，分析用齿轮滚刀加工直齿圆柱齿轮时的成形运动。

解：母线为渐开线，由展成法形成，需要一个复合成形运动，可分解为滚刀旋转运动B_{11}和工件旋转运动B_{12}。B_{11}和B_{12}之间必须保持严格的相对运动关系。导线为直线，由相切法形成，需要两个简单的成形运动，即滚刀旋转运动和滚刀沿工件的轴向移动A_2。表面成形运动的总数为2个，即1个复合成形运动$B_{11}B_{12}$和1个简单的成形运动A_2。

2. 辅助运动

机床的运动除表面成形运动外，还需要一些辅助运动，以实现机床的各种辅助动作，完成零件的切削加工。机床的辅助运动主要有空行程运动、切入运动、分度运动、操纵及控制运动、校正运动等。

2.1.5 机床的传动链

为了实现加工过程中的各种运动，机床必须具有执行件、动力源和传动装置三个基本部分。

执行件是机床上最终实现所需运动的部件，如主轴、刀架及工作台等，其主要任务是带动工件或刀具完成相应的运动并保持准确的运动轨迹。

动力源是为执行件提供运动和动力的装置，如交流异步电动机、直流或交流调速电动机或伺服电动机。

传动装置是传递运动和动力的装置。通过传动装置可以把动力和运动传递给执行件，也可以把有关的执行件联系起来，使执行件之间保持某种确定的相对运动关系。

为得到所需的运动，通常把动力源和执行件或把执行件和执行件联系起来，构成传动联系。

构成传动联系的一系列按顺序排列的传动件称为传动链。传动链分为外联系传动链和内联系传动链两种。

(1) 外联系传动链。动力源和执行件之间的传动联系称为外联系传动链。外联系传动链的作用是使执行件按预定的速度运动，并传递一定的动力。外联系传动链传动比的变化只影响执行件的速度，不影响发生线的性质，所以，外联系传动链不要求动力源和执行件

之间保持严格的比例关系。

(2) 内联系传动链。执行件和执行件之间的传动联系称为内联系传动链。内联系传动链的作用是将两个或两个以上的独立运动组成复合成形运动，它决定着复合成形运动的轨迹，影响发生线的形状。所以，内联系传动链要求执行件和执行件之间保持严格的比例关系。

2.1.6　机床的传动原理图和传动系统

1. 机床的传动原理图

在传动链中，通常包含两类传动机构，一类是定比传动机构，如定比齿轮副、蜗杆副、丝杠副等，其传动比大小和传动方向不变；另一类是换置机构，如滑移齿轮机构、挂轮机构和离合器换向机构等，它们可以根据加工要求改变传动比大小和传动方向。

为便于研究机床的传动联系，通常采用简明符号把传动原理和传动路线表示出来，这就是传动原理图。传动原理图仅表示形成某一表面所需的成形运动和与表面成形运动有直接关系的运动及其传动联系。图 2.8 所示为常用的传动元件符号，图 2.9 所示为卧式车床的传动原理图。

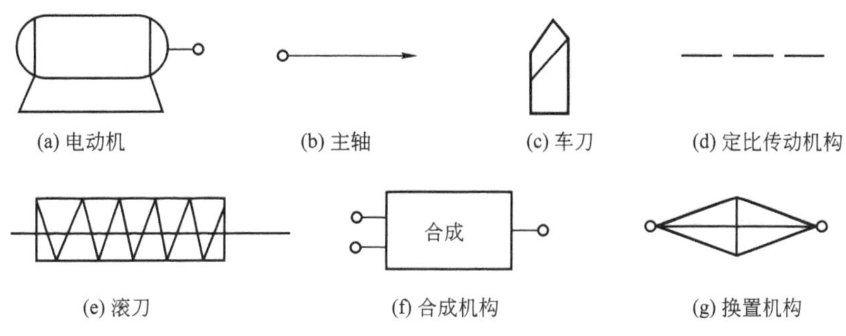

图 2.8　常用的传动元件符号

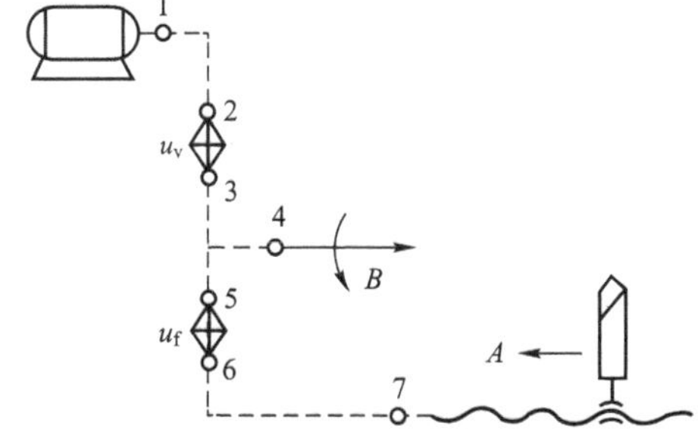

图 2.9　卧式车床的传动原理图

【案例 2-5】 分析图 2.9 所示的卧式车床的传动原理。

解： 在图 2.9 中，外联系传动链为 $n_{电动机}$—1—2—u_v—3—4—$n_{主轴}$，u_v为主轴变速和换向的换置机构；内联系传动链为 $n_{主轴}$—4—5—u_f—6—7—丝杠—刀具，调整 u_f可以得到不同的螺纹导程。

2. 机床的传动系统

1) 机床的传动系统图

机床的传动系统图是表示机床全部运动传动关系的示意图，它比传动原理图更准确、更清楚、更全面地反映了机床的传动关系。在图中用简单的规定符号(GB/T 4460—2013)代表各种传动元件。机床的传动系统画在一个能反映机床外形和各主要部件相互位置的投影面上，并尽可能绘制在机床外形的轮廓线内。图中的各传动元件是按照运动传递的先后顺序，以展开图的形式画出来的。该图只表示传动关系，并不代表各传动元件的实际尺寸和空间位置。在图中通常注明齿轮及蜗轮的齿数、带轮直径、丝杠的导程和头数、电动机功率和转数、传动轴的编号等。传动轴的编号，通常从动力源开始，按运动传递顺序，依次用罗马数字Ⅰ、Ⅱ、Ⅲ、Ⅳ…表示。图 2.10 所示为中型卧式车床的主传动系统图和转速图。

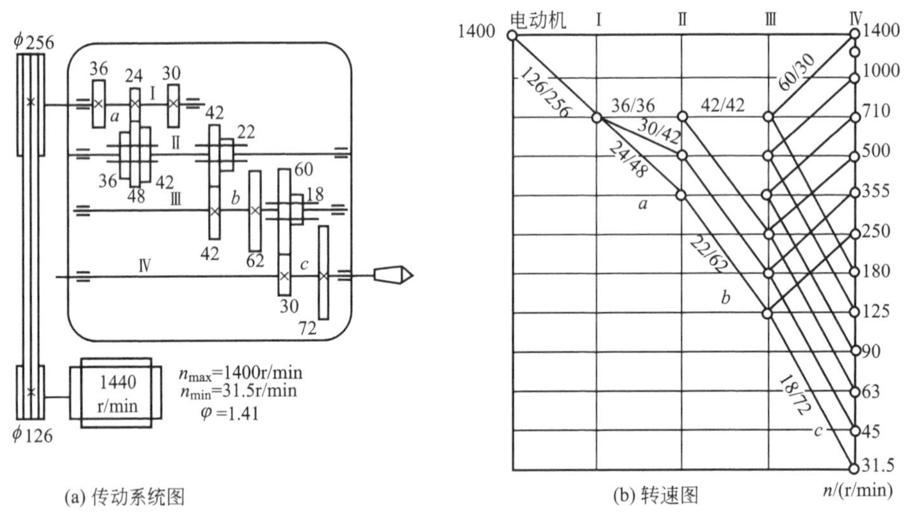

(a) 传动系统图　　(b) 转速图

图 2.10　卧式车床的主传动系统图和转速图

2) 机床转速图

机床转速图用来表达传动系统中各轴的转速变化规律及传动副的速比关系。图 2.10(b)所示为车床主传动系统转速图，主轴转速共 12 级：31.5r/min、45r/min、63r/min、90r/min、125r/min、180r/min、250r/min、355r/min、500r/min、710r/min、1000r/min、1400r/min。公比 $\varphi=1.41$，转速级数 $z=12$。

3) 机床的传动分析

机床传动分析步骤如下：

(1) 确定传动链两端元件，找出传动链的始端元件和末端元件。

(2) 根据两端元件的相对运动要求确定计算位移。

(3) 列出传动路线表达式。

(4) 列出运动平衡方程式。

【案例 2-6】 根据图 2.10 所示的传动系统图，回答以下问题：

(1) 列出传动路线表达式。

(2) 计算主轴转速的级数。

(3) 计算主轴的最大转速和最小转速。

解：(1) 传动路线如下：

$$n_{电动机}-\frac{\phi 126}{\phi 256}-\mathrm{I}-\begin{bmatrix}\frac{36}{36}\\\frac{24}{48}\\\frac{30}{42}\end{bmatrix}-\mathrm{II}-\begin{bmatrix}\frac{42}{42}\\\frac{22}{62}\end{bmatrix}-\mathrm{III}-\begin{bmatrix}\frac{60}{30}\\\frac{18}{72}\end{bmatrix}-\mathrm{IV}(n_{主轴})$$

(2) 主轴转速的级数为 3×2×2=12(级)，通过电动机实现主轴的正反转。

(3) 主轴的最大转速和最小转速分别为

$$n_{\max}=1440\times\frac{\phi 126}{\phi 256}\times\frac{36}{36}\times\frac{42}{42}\times\frac{60}{30}=1417.5(\mathrm{r/min})$$

$$n_{\min}=1440\times\frac{\phi 126}{\phi 256}\times\frac{24}{48}\times\frac{22}{62}\times\frac{18}{72}=31.4(\mathrm{r/min})$$

任务2.2　车 削 加 工

2.2.1　CA6140卧式车床概述

1. CA6140卧式车床的工艺范围

CA6140型卧式车床的工艺范围很广，适用于加工各种轴类、套筒类和盘类零件上的回转表面，如车削内外圆柱面、圆锥面、环槽及成形回转面；车削端面及各种常用螺纹；还可以进行钻孔、扩孔、铰孔、滚花、攻螺纹和套螺纹等。图2.11所示为CA6140卧式车床的工艺范围。CA6140卧式车床功能强大，但结构复杂、自动化程度低，加工形状复杂的工件时，加工过程中辅助时间较长，生产率低，适用于单件小批量生产。

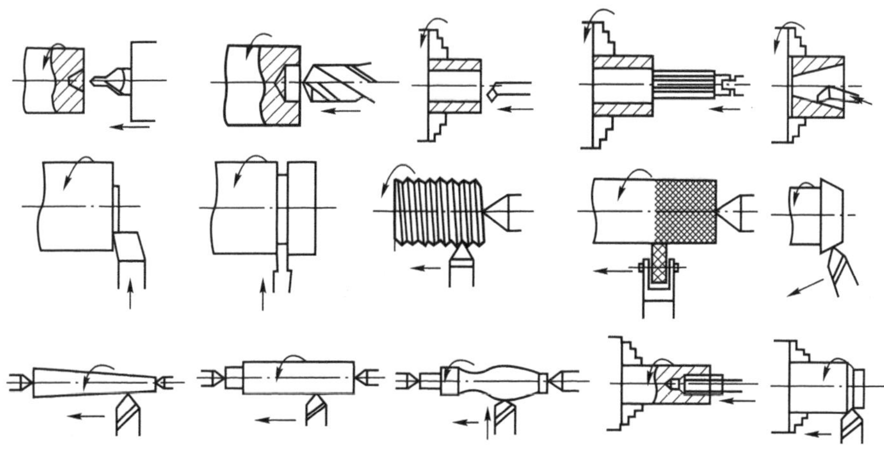

图2.11　CA6140卧式车床的工艺范围

2. CA6140卧式车床的主要部件及其功能(图2.12)

(1) 主轴箱。主轴箱1固定在床身6的左端，内部装有主轴和传动轴，以及变速、换向和润滑等机构。电动机经变速机构带动主轴旋转，实现主运动，并获得需要的转速及转向。主轴前端可安装自定心(三爪)卡盘2、单动(四爪)卡盘等附件，用以装夹工件。

(2) 进给箱。进给箱11固定在床身6的左前侧面，进给箱11内装有进给运动的变速机构。进给箱的功能是改变被加工螺纹的导程或机床的进给量。

(3) 溜板箱。溜板箱9固定在床鞍的底部，其功能是将进给箱通过光杠7或丝杠8传来的运动传递给刀架3，使刀架3进行纵向进给、横向进给或车螺纹运动。另外，通过操纵溜板箱上的手柄和按钮，可启动装在溜板箱中的快速电动机，实现刀架3的纵、横向快速移动。

(4) 床鞍。床鞍位于床身6的上部，并可沿床身6上的导轨作纵向移动，其上装有中溜板、回转盘、小溜板和刀架3，可使刀具作纵、横向或斜向进给运动。

(5) 尾座。尾座5安装于床身的尾座导轨上，可沿导轨作纵向调整移动，然后固定在需要的位置，以适应不同长度的工件。尾座上的套筒可安装后顶尖4及各种孔加工刀具，用来支承工件或对工件进行孔加工，摇动手轮使套筒移动可实现刀具的纵向进给。

(6) 床身。床身6固定在床腿上。床身是车床的基本支承件，车床的各主要部件均安装于床身上，它保证了各部件间具有准确的相对位置，并且承受了切削力和各部件的重量。

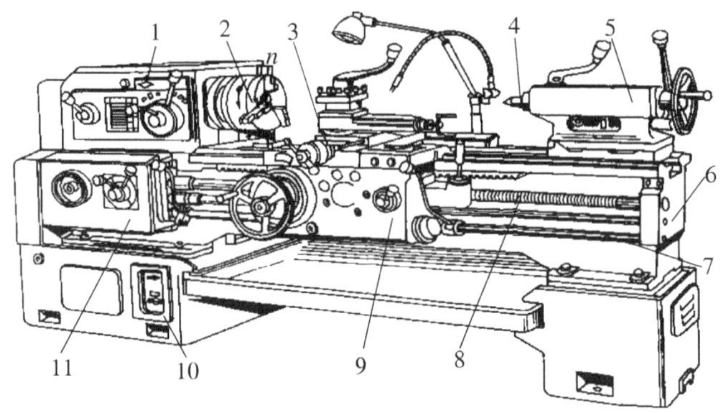

图2.12　CA6140卧式车床的组成部分

1—主轴箱；2—自定心卡盘；3—刀架；4—后顶尖；5—尾座；6—床身
7—光杠；8—丝杠；9—溜板箱；10—底座；11—进给箱

3. CA6140卧式车床的技术参数

CA6140卧式车床的技术参数见表2-4。

表2-4　车床的技术参数

名称		技术参数
工件最大直径	床身上/mm	400
	工件上/mm	210
顶尖间最大距离/mm		650、900、1400、1900

（续）

名称		技术参数
加工螺纹范围	公制螺纹/mm	1～12(20 种)
	英制螺纹(牙/in)	2～24(20 种)
	模数螺纹/mm	0.25～3(11 种)
	径节螺纹(*DP*)	7～96(24 种)
主轴	通孔直径/mm	48
	孔锥度	莫氏 6#
	正转转速级数	24
	正转转速范围/(r/min)	10～1400
	反转转速级数	12
	反转转速范围/(r/min)	14～1580

2.2.2 CA6140 卧式车床的传动系统

为了完成工件所需表面的加工，车床的传动系统必须具备以下传动链：实现主轴旋转的主运动传动链、实现纵向和横向进给运动的进给传动链、实现螺纹进给运动的螺纹进给传动链、实现快速空行程运动的快速移动传动链。图 2.13 所示为 CA6140 卧式车床的传动系统图。

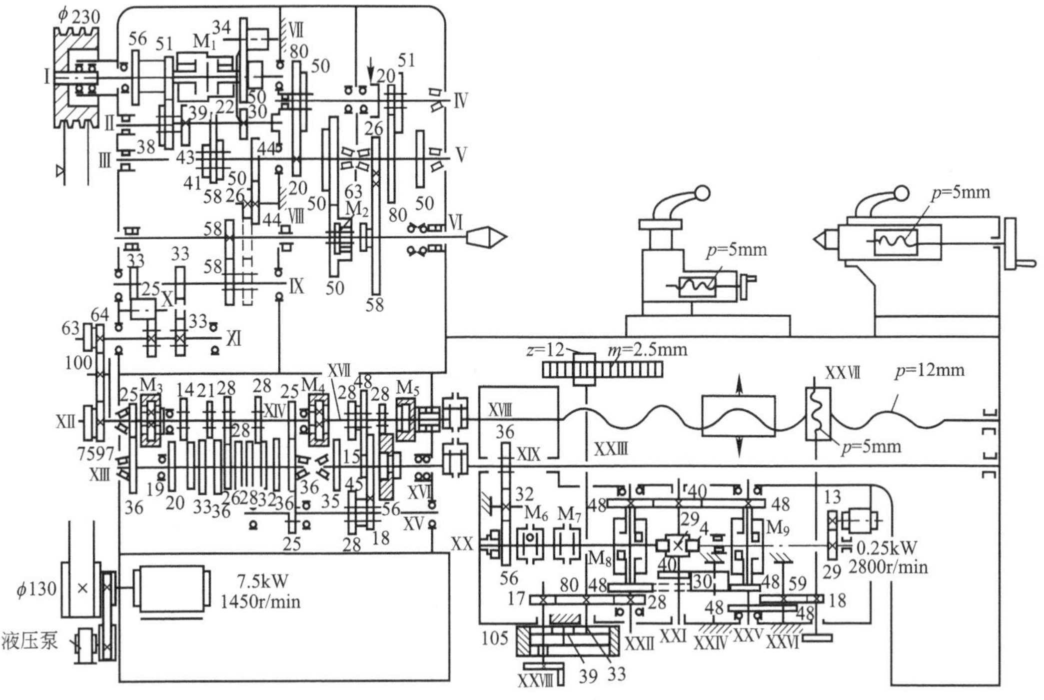

图 2.13 CA6140 卧式车床的传动系统

1. 主运动传动链

1）主运动传动路线

主运动传动链的两端元件是主电动机和主轴，它的功能是把动力源的运动或动力传递给主轴，使主轴带动工件旋转实现主运动。电动机的旋转运动经V带传动传到主轴箱的Ⅰ轴；通过Ⅰ轴上的双向多片摩擦离合器 M_1 实现主轴的正、反转或停止。主传动链的传动路线为

$$n_{电动机}-\frac{\phi 130}{\phi 230}-\left\{\begin{array}{l} M_{1左}-\begin{bmatrix}\frac{56}{38}\\ \frac{51}{43}\end{bmatrix} \\ M_{1右}-\frac{50}{34}-Ⅶ-\frac{34}{30}\end{array}\right\}-Ⅱ-\begin{bmatrix}\frac{39}{41}\\ \frac{22}{58}\\ \frac{30}{50}\end{bmatrix}-Ⅲ-\left\{\begin{array}{l}\begin{bmatrix}\frac{20}{80}\\ \frac{50}{50}\end{bmatrix}-Ⅳ-\begin{bmatrix}\frac{20}{80}\\ \frac{51}{50}\end{bmatrix}-Ⅴ-\frac{26}{58}-M_2 \\ \frac{63}{50}\end{array}\right\}-Ⅵ$$

【案例 2-7】 根据CA6140的主运动传动链，回答以下问题：

(1) 计算该传动链主轴的转速级数。

(2) 指出其高速传动路线和低速传动路线。

(3) 计算主传动链的最高转速和最低转速。

(4) 指出摩擦离合器 M_1、齿式离合器 M_2 和齿轮34的作用。

(5) 为什么反转转速要高于正转转速?

解：(1) CA6140主轴的转速级数共36级，其中正转级数为 $2\times3\times[(2\times2-1)+1]=24$(级)，反转级数为 $1\times3\times[(2\times2-1)+1]=12$(级)。

(2) 高速传动路线：主轴上的滑移齿轮50左移，与轴Ⅲ上的齿轮63啮合，轴Ⅲ的运动经齿轮副63/50直接传给主轴，得到450～1400r/min的高转速。

低速传动路线：主轴上的滑移齿轮50右移，与主轴上齿式离合器 M_2 啮合，轴Ⅲ的运动经双联滑移齿轮副20/80和50/50传给轴Ⅳ，再经双联齿轮副20/80和51/50传给轴Ⅴ，最后通过齿轮副26/58和齿式离合器 M_2 传给主轴，获得10～500r/min的中低转速。

(3) 主轴正转时的最高转速和最低转速分别为(取V带的滑动系数为0.02)：

$$n_{max}=1450\times\frac{\phi 130}{\phi 230}\times\frac{56}{38}\times\frac{39}{41}\times\frac{63}{50}\times0.98\approx1400(\text{r/min})$$

$$n_{min}=1450\times\frac{\phi 130}{\phi 230}\times\frac{51}{43}\times\frac{22}{58}\times\frac{20}{80}\times\frac{20}{80}\times\frac{26}{58}\times0.98\approx10(\text{r/min})$$

(4) 摩擦离合器 M_1 用来实现主轴的正、反转和停止，齿式离合器 M_2 用来实现变速，齿轮34用来实现换向。

(5) 主轴的反转通常不用于切削，而用于车螺纹时，使刀架以较高的转速退至起始位置，以节约辅助时间。

2）主传动系统转速图

CA6140卧式车床的转速图如图2.14所示。

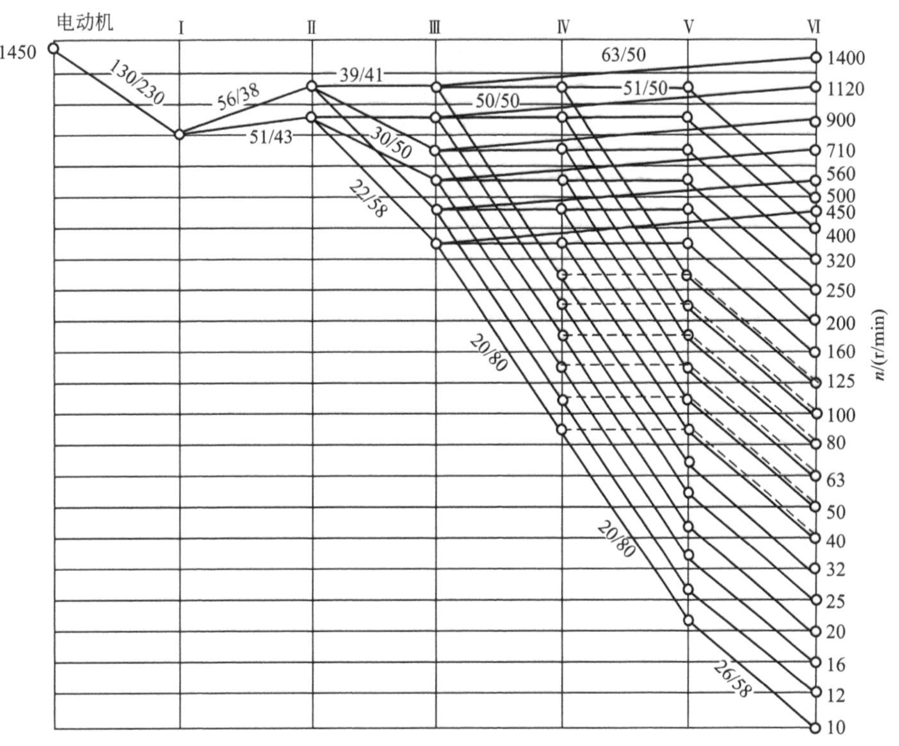

图 2.14　CA6140 卧式车床的转速图

2. 螺纹进给传动链

螺纹进给传动链的两端元件为主轴和刀架，其作用是实现车削公制、英制、模数、径节四种标准螺纹及大导程、非标准和精密螺纹。因螺纹进给传动链为内联系传动链，所以要求主轴每转1转，刀架准确地移动一个导程 P 的距离。

1）车公制螺纹

（1）车公制螺纹的传动路线。车削公制螺纹时，主轴Ⅵ的运动经齿轮副58/58、换向机构、挂轮机构传至进给箱，进给箱中的离合器 M_3、M_4 脱开，M_5 接合，再经齿轮副25/36、换向机构、基本组 $u_{基}$、增倍组 $u_{倍}$ 和离合器 M_5，将运动传给丝杆ⅩⅧ，从而带动刀架完成公制螺纹的车削加工。车公制螺纹的传动路线为

$$\text{主轴Ⅵ}-\frac{58}{58}-\text{Ⅸ}-\begin{bmatrix}\frac{33}{33}(\text{右旋})\\ \frac{33}{25}\times\frac{25}{33}(\text{左旋})\end{bmatrix}-\text{Ⅺ}-\frac{63}{100}\times\frac{100}{75}-\text{Ⅻ}-\frac{25}{36}-\text{ⅩⅢ}-u_{基}-\text{ⅩⅣ}-$$

$$\frac{25}{36}\times\frac{36}{25}-\text{ⅩⅤ}-u_{倍}-\text{ⅩⅦ}-M_5-\text{ⅩⅧ}(\text{丝杠})-\text{刀架}$$

（2）基本螺距机构。进给箱中轴ⅩⅢ和ⅩⅣ之间的滑移变速机构是由轴ⅩⅢ上的八个固定齿轮和轴ⅩⅣ上的四个滑移齿轮组成的，共有八种传动比。它们近似按等差数列规律排列，这种变速机构是获得各种螺纹导程的基本机构，称为基本螺距机构，也叫基本组。基本组的传动比如下：

$u_{基1}=26/28=6.5/7$　$u_{基2}=28/28=7/7$　$u_{基3}=32/28=8/7$　$u_{基4}=36/28=9/7$

$u_{基5}=19/14=9.5/7$　$u_{基6}=20/14=10/7$　$u_{基7}=33/21=11/7$　$u_{基8}=36/21=12/7$

(3) 增倍机构。轴XV和XVIII之间的变速机构可变换四种传动比，它们依次相差两倍。此变速机构的目的是将基本组的传动比成倍增加或缩小，用于扩大机床车削螺纹的导程，称为增倍机构或增倍组。增倍组的传动比为

$$u_{倍1}=\frac{28}{35}\times\frac{35}{28}=\frac{1}{1}\quad u_{倍2}=\frac{18}{45}\times\frac{35}{28}=\frac{1}{2}\quad u_{倍3}=\frac{28}{35}\times\frac{15}{48}=\frac{1}{4}\quad u_{倍4}=\frac{18}{45}\times\frac{15}{48}=\frac{1}{8}$$

(4) 运动平衡方程式。车削公制螺纹的运动平衡方程式为

$$L_{工件}=1_{主轴}\times u_{总}\times P_{丝杠}$$

【案例 2-8】 根据车公制螺纹的传动路线，计算被加工工件的导程，用表格表示。

解：(1) 列出车削螺纹时的运动平衡方程式

$$\begin{aligned}L_{工件}&=1_{主轴}\times u_{总}\times P_{丝杠}\\&=1\times\frac{58}{58}\times\frac{33}{33}\times\frac{63}{100}\times\frac{100}{75}\times\frac{25}{36}\times u_{基}\times\frac{25}{36}\times\frac{36}{25}\times u_{倍}\times 12\\&=7u_{基}u_{倍}\end{aligned}$$

(2) 将基本组和增倍组的数值代入上式，可得 32 种螺纹导程，符合标准的导程有 20 种。表 2-5 为根据上式计算得出的 CA6140 卧式车床公制螺纹表。

表 2-5　CA6140 卧式车床公制螺纹表 (L)　　(单位：mm)

$u_{倍}$	$u_{基}$							
	$\frac{26}{28}$	$\frac{28}{28}$	$\frac{32}{28}$	$\frac{36}{28}$	$\frac{19}{14}$	$\frac{20}{14}$	$\frac{33}{21}$	$\frac{36}{21}$
$\frac{18}{45}\times\frac{15}{48}=\frac{1}{8}$	—	—	1	—	—	1.25	—	1.5
$\frac{28}{35}\times\frac{15}{48}=\frac{1}{4}$	—	1.75	2	2.25	—	2.5	—	3
$\frac{18}{45}\times\frac{35}{28}=\frac{1}{2}$	—	3.5	4	4.5	—	5	5.5	6
$\frac{28}{35}\times\frac{35}{28}=1$	—	7	8	9	—	10	11	12

【案例 2-9】 根据图 2.13 所示的 CA6140 卧式车床的传动系统，列出车削导程大于 12mm 的公制螺纹的传动路线，并计算公制螺纹的最大导程。

解：当需要车削导程大于 12mm 的公制螺纹时，应采用扩大导程的传动路线。首先，应将离合器 M_2 接合，主轴Ⅵ的运动经齿轮副 58/26 传至轴Ⅴ，经齿轮副 80/20 和滑移齿轮变速机构传至轴Ⅲ，再经齿轮副 44/44、26/58 传至轴Ⅸ，后面的传动路线和车正常导程螺纹的传动路线相同。

（1）车扩大导程螺纹的传动路线

$$\text{主轴VI}-\left\{\frac{58}{26}-\text{V}-\frac{80}{20}-\text{IV}-\begin{bmatrix}\frac{50}{50}\\\frac{80}{20}\end{bmatrix}-\text{III}-\frac{44}{44}-\text{VIII}-\frac{26}{58}\right\}-\text{IX}-$$

$$\begin{bmatrix}\frac{33}{33}(\text{右旋})\\\frac{33}{25}\times\frac{25}{33}(\text{左旋})\end{bmatrix}-\text{XI}-\frac{63}{100}\times\frac{100}{75}-\text{XII}-\frac{25}{36}-\text{XIII}-u_{基}-\text{XIV}-$$

$$\frac{25}{36}\times\frac{36}{25}-\text{XV}-u_{倍}-\text{XVII}-M_5-\text{XVIII}(\text{丝杠})-\text{刀架}$$

（2）使用扩大导程的传动路线时，主轴Ⅵ和轴Ⅸ之间的传动比为

$$u_{扩1}=\frac{58}{26}\times\frac{80}{20}\times\frac{50}{50}\times\frac{44}{44}\times\frac{26}{58}=4$$

$$u_{扩2}=\frac{58}{26}\times\frac{80}{20}\times\frac{80}{20}\times\frac{44}{44}\times\frac{26}{58}=16$$

当主轴转速为10～32r/min时，可将正常螺纹导程扩大16倍；当主轴转速为40～125r/min时，可将正常螺纹导程扩大4倍。CA6140车床车削公制螺纹的最大导程为192mm。

2）车英制螺纹

英制螺纹在英、美等英寸制国家内广泛应用，我国的部分管螺纹也采用英制螺纹。英制螺纹的螺距参数以每英寸长度上的螺纹牙数表示。由于CA6140卧式车床的丝杠是公制螺纹，因此应将被加工的英制螺纹导程换算为以毫米（mm）为单位的公制螺纹相应导程，即

$$L_\alpha=\frac{1}{\alpha}(\text{in})=\frac{25.4}{\alpha}(\text{mm})$$

车英制螺纹时，需要进行以下变动：将车公制螺纹的基本组的主动和从动传动关系对调；将离合器 M_3 和 M_5 接合，M_4 脱开，同时要求轴XV上的齿轮25左移，和轴XIII上的齿轮36啮合。

车英制螺纹的传动路线：

$$\text{主轴VI}-\frac{58}{58}-\text{IX}-\begin{bmatrix}\frac{33}{33}(\text{右旋})\\\frac{33}{25}\times\frac{25}{33}(\text{左旋})\end{bmatrix}-\text{XI}-\frac{63}{100}\times\frac{100}{75}-\text{XII}-M_3-$$

$$\text{XIV}-\frac{1}{u_{基}}-\text{XIII}-\frac{36}{25}-\text{XV}-u_{倍}-\text{XVII}-M_5-\text{XVIII}(\text{丝杠})-\text{刀架}$$

运动平衡方程式：

$$L_\alpha=\frac{1}{\alpha}(\text{in})=\frac{25.4}{\alpha}(\text{mm})$$

$$L_\alpha=1\times\frac{58}{58}\times\frac{33}{33}\times\frac{63}{100}\times\frac{100}{75}\times\frac{1}{u_{基}}\times\frac{36}{25}\times u_{倍}\times12=\frac{4}{7}\times25.4\times\frac{u_{倍}}{u_{基}}$$

将L_α代入运动平衡方程式，可以求出英制螺纹的牙数$\alpha=\frac{7}{4}\times\frac{u_{基}}{u_{倍}}$。变换基本组和增倍组的传动比，即可得到各种标准的英制螺纹。表2-6为CA6140卧式车床英制螺纹表。

表2-6　CA6140卧式车床英制螺纹表（α）　　（单位：牙/in）

$u_{倍}$	$u_{基}$							
	$\frac{26}{28}$	$\frac{28}{28}$	$\frac{32}{28}$	$\frac{36}{28}$	$\frac{19}{14}$	$\frac{20}{14}$	$\frac{33}{21}$	$\frac{36}{21}$
$\frac{18}{45}\times\frac{15}{48}=\frac{1}{8}$	—	14	16	18	19	20	—	24
$\frac{28}{35}\times\frac{15}{48}=\frac{1}{4}$	—	7	8	9	—	10	11	12
$\frac{18}{45}\times\frac{35}{28}=\frac{1}{2}$	$3\frac{1}{4}$	$3\frac{1}{2}$	4	$4\frac{1}{2}$	—	5	—	6
$\frac{28}{35}\times\frac{35}{28}=1$	—	—	2	—	—	—	—	3

【案例2-10】 在CA6140卧式车床上车削英制螺纹，已知$\alpha=4\frac{1}{2}$牙/in，试选择基本组和增倍组的传动比，并写出车削英制螺纹的传动路线。

解：根据表2-6所示，基本组的传动比为36/28；增倍组的传动比为$\frac{18}{45}\times\frac{35}{28}$。传动路线请读者自行列出。

3）车模数螺纹

模数螺纹主要用在公制蜗杆中，用模数m表示螺距的大小。模数螺纹的导程为$L_m=k\pi m$（k为螺纹的头数）。

车模数螺纹的传动路线：

$$主轴Ⅵ-\frac{58}{58}-Ⅸ-\begin{bmatrix}\frac{33}{33}(右旋)\\ \frac{33}{25}\times\frac{25}{33}(左旋)\end{bmatrix}-Ⅺ-\frac{64}{100}\times\frac{100}{97}-Ⅻ-\frac{25}{36}-ⅩⅢ-u_{基}-ⅩⅣ-$$

$$\frac{25}{36}\times\frac{36}{25}-ⅩⅤ-u_{倍}-ⅩⅦ-M_5-ⅩⅧ(丝杠)-刀架$$

运动平衡方程式：

$$L_m=k\pi m$$

$$L_m=1\times\frac{58}{58}\times\frac{33}{33}\times\frac{64}{100}\times\frac{100}{97}\times\frac{25}{36}\times u_{基}\times\frac{25}{36}\times\frac{36}{25}\times u_{倍}\times 12$$

$$L_m=\frac{7\pi}{4}u_{基}u_{倍}=k\pi m$$

根据运动平衡方程式，可以求出模数螺纹的模数 $m=\frac{7}{4k}u_{基}u_{倍}$。变换基本组和增倍组的传动比，即可得到各种标准的模数螺纹。表 2－7 为 CA6140 卧式车床模数螺纹表。

表 2－7　CA6140 车床模数螺纹表（*m*）　　（单位：mm）

$u_{倍}$	$u_{基}$							
	$\frac{26}{28}$	$\frac{28}{28}$	$\frac{32}{28}$	$\frac{36}{28}$	$\frac{19}{14}$	$\frac{20}{14}$	$\frac{33}{21}$	$\frac{36}{21}$
$\frac{18}{45}\times\frac{15}{48}=\frac{1}{8}$	—	—	0.25	—	—	—	—	—
$\frac{28}{35}\times\frac{15}{48}=\frac{1}{4}$	—	—	0.5	—	—	—	—	—
$\frac{18}{45}\times\frac{35}{28}=\frac{1}{2}$	—	—	1	—	—	1.25	—	1.5
$\frac{28}{35}\times\frac{35}{28}=1$	—	1.75	2	2.25	—	2.5	2.75	3

4）车径节螺纹

径节螺纹主要用在英制蜗杆中，其标准值用径节（*DP*）表示。径节代表齿轮或蜗轮折算到每英寸分度圆上的齿数，所以，英制蜗杆的轴向齿距为 $L_{DP}=\frac{k\pi}{DP}(\text{in})=\frac{25.4k\pi}{DP}$（mm）。

标准径节也按分段等差数列排列，径节螺纹导程的排列规律与英制螺纹相同，只是含有特殊因子 25.4π。车削径节螺纹时，可采用车削英制螺纹的传动路线，但挂轮机构需更换为 $\frac{64}{100}\times\frac{100}{97}$。

径节螺纹的传动路线：

$$\text{主轴 VI}-\frac{58}{58}-\text{IX}-\begin{bmatrix}\frac{33}{33}(\text{右旋})\\ \frac{33}{25}\times\frac{25}{33}(\text{左旋})\end{bmatrix}-\text{XI}-\frac{64}{100}\times\frac{100}{97}-\text{XII}-M_3-$$

$$\text{XIV}-\frac{1}{u_{基}}-\text{XIII}-\frac{36}{25}-\text{XV}-u_{倍}-\text{XVII}-M_5-\text{XVIII}(\text{丝杠})-\text{刀架}$$

运动平衡方程式：

$$L_{DP}=k\pi/DP(\text{in})=25.4k\pi/DP(\text{mm})$$

$$L_{DP}=1\times\frac{58}{58}\times\frac{33}{33}\times\frac{64}{100}\times\frac{100}{97}\times\frac{1}{u_{基}}\times\frac{36}{25}\times u_{倍}\times12$$

根据等式，化简后可以求得：$DP=7k\frac{u_{基}}{u_{倍}}$。变换基本组和增倍组的传动比，可得到常用的 24 种径节螺纹。表 2－8 为 CA6140 卧式车床径节螺纹表。

表 2－8 CA6140 卧式车床径节螺纹表(*DP*) （单位：牙/in）

$u_{倍}$	$u_{基}$							
	$\frac{26}{28}$	$\frac{28}{28}$	$\frac{32}{28}$	$\frac{36}{28}$	$\frac{19}{14}$	$\frac{20}{14}$	$\frac{33}{21}$	$\frac{36}{21}$
$\frac{18}{45}\times\frac{15}{48}=\frac{1}{8}$	—	56	64	72	—	80	88	96
$\frac{28}{35}\times\frac{15}{48}=\frac{1}{4}$	—	28	32	36	—	40	44	48
$\frac{18}{45}\times\frac{35}{28}=\frac{1}{2}$	—	14	16	18	—	20	22	24
$\frac{28}{35}\times\frac{35}{28}=1$	—	7	8	9	—	10	11	12

5）车非标准螺纹和精密螺纹

将进给箱中的齿式离合器 M_3、M_4、M_5 全部接合，被加工工件的导程依靠挂轮机构的传动比来实现，其运动平衡方程式为

$$L_{工件}=1\times\frac{58}{58}\times\frac{33}{33}\times u_{挂}\times 12$$

$$u_{挂}=\frac{a}{b}\times\frac{c}{d}=\frac{L_{工件}}{12}$$

只要给出被加工螺纹的导程，适当地选择挂轮的齿数 a、b、c、d，就可车出所需的非标准螺纹。同时，由于螺纹传动链不经过进给箱中的任何齿轮传动，减少了传动件制造误差和装配误差对非标准螺纹导程的影响，如果提高挂轮的制造精度，则可加工精密螺纹。

综上可见，CA6140 卧式车床通过改变挂轮机构、基本组、增倍组及轴Ⅻ和轴ⅩⅤ之间移换机构的传动比，可以车削四种不同的标准螺纹。

【案例 2－11】 比较 CA6140 卧式车床车削四种标准螺纹的传动特征。

解： CA6140 卧式车床车削四种标准螺纹的传动特征见表 2－9。

表 2－9 CA6140 卧式车床车削四种标准螺纹的传动特征

螺纹种类	螺距/mm	挂轮机构	离合器状态	移换机构	基本组传动方向
米制螺纹	$L_{工件}$	$\frac{63}{100}\times\frac{100}{75}$	M_3、M_4 脱开 M_5 接合	轴ⅩⅤ 齿轮 25 右移	轴ⅩⅢ-轴ⅩⅣ
模数螺纹	$L_m=k\pi m$	$\frac{64}{100}\times\frac{100}{97}$			
英制螺纹	$L_a=\frac{25.4}{\alpha}$	$\frac{63}{100}\times\frac{100}{75}$	M_3、M_5 接合 M_4 脱开	轴ⅩⅤ 齿轮 25 左移	轴ⅩⅣ-轴ⅩⅢ
径节螺纹	$L_{DP}=\frac{k\pi}{DP}$	$\frac{64}{100}\times\frac{100}{97}$			

3. 进给传动链

为了减少丝杠的磨损和便于操纵，实现一般车削时刀架的机动进给是由光杠经溜板箱传动的。传动路线由主轴Ⅵ到进给箱ⅩⅦ的路线和车削公制、英制螺纹的传动路线相同，将离合器 M_5 脱开，再经齿轮副 28/56 传动至光杠，最后经溜板箱中的传动机构传至齿轮齿条机构和横向进给丝杠，实现刀架的纵向和横向机动进给。

纵向进给传动链：

$$\text{主轴Ⅵ}-\begin{bmatrix}\text{公制螺纹路线}\\\text{英制螺纹路线}\end{bmatrix}-\text{ⅩⅦ}-\frac{28}{56}-\text{ⅩⅨ}-\frac{36}{32}\times\frac{32}{56}-M_6-M_7-\text{ⅩⅩ}-\frac{4}{29}-$$

$$\text{ⅩⅪ}-\begin{bmatrix}\frac{40}{48}-M_8\\\frac{40}{30}\times\frac{30}{48}-M_8\end{bmatrix}-\text{ⅩⅫ}-\frac{28}{80}-\text{ⅩⅩⅢ}-\text{齿轮齿条机构}(z_{12})-\text{刀架}$$

横向进给传动链：

$$\text{主轴Ⅵ}-\begin{bmatrix}\text{公制螺纹路线}\\\text{英制螺纹路线}\end{bmatrix}-\text{ⅩⅦ}-\frac{28}{56}-\text{ⅩⅨ}-\frac{36}{32}\times\frac{32}{56}-M_6-M_7-\text{ⅩⅩ}-\frac{4}{29}-$$

$$\text{ⅩⅪ}-\begin{bmatrix}\frac{40}{48}-M_9\\\frac{40}{30}\times\frac{30}{48}-M_9\end{bmatrix}-\text{ⅩⅩⅤ}-\frac{48}{48}\times\frac{59}{18}-\text{ⅩⅩⅦ（丝杠）}-\text{刀架}$$

4. 快速移动传动链

刀架的纵向和横向快速移动是由快速移动电动机带动实现的。其传动路线为

$$n_{\text{快移电动机}}-\frac{13}{29}-\text{ⅩⅩ}-\frac{4}{29}-\text{ⅩⅪ}-\begin{bmatrix}\frac{40}{48}-M_8\\\frac{40}{30}\times\frac{30}{48}-M_8\end{bmatrix}-\text{ⅩⅫ}-\frac{28}{80}-\text{ⅩⅩⅢ}-\text{齿轮齿条机构}(z_{12})-\text{刀架}$$

刀架快速纵向右移的速度为

$$v_{\text{纵右}}=2800\times\frac{13}{29}\times\frac{4}{29}\times\frac{40}{30}\times\frac{30}{48}\times\frac{28}{80}\times 12\times\pi\times 2.5\approx 4.76(\text{m/min})$$

2.2.3　CA6140 卧式车床的主要机构

1. 主轴箱的主要机构

图 2.15 所示为 CA6140 卧式车床主轴箱展开图。

展开图是按照传动轴的传动顺序，沿其轴心线剖切，并展开在一个平面上的装配图。展开图主要表示各传动件的传动关系，各传动轴及主轴上相关零件的结构形状、装配关系和尺寸，以及箱体有关部分的轴向尺寸和结构。要完整地表示主轴箱的全部结构，仅有展开图是不够的，还需要加上若干剖面图、向视图和外形图。图 2.16 所示为 CA6140 卧式车床主轴箱展开图的剖面图。

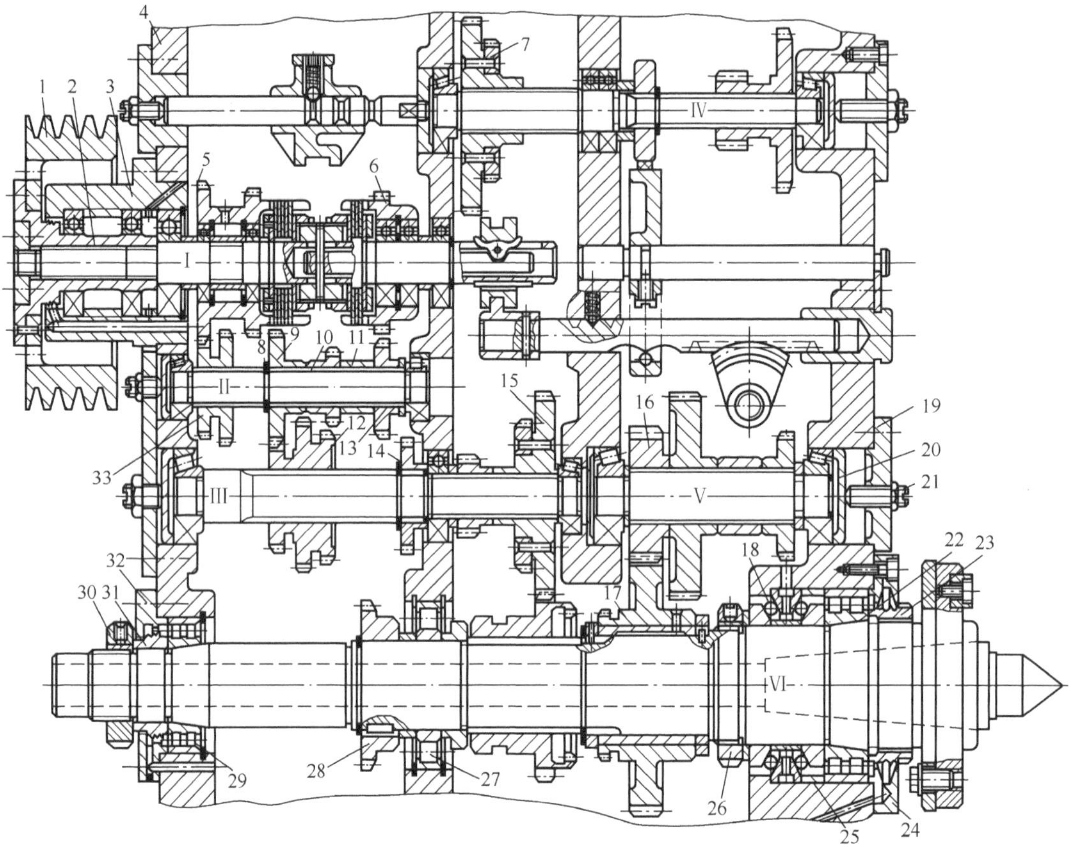

图 2. 15　CA6140 卧式车床主轴箱展开图

1—带轮；2—花键套；3—法兰；4—主轴箱体；5—双联空套齿轮；6—空套齿轮；7、33—双联滑移齿轮；8—半圆环；9、10、13、14、28—固定齿轮；11、25—隔套；12—三联滑移齿轮；15—双联固定齿轮；16、17—斜齿轮；18—双向推力角接触球轴承；19—盖板；20—轴承压盖；21—调整螺钉；22、29—双列圆柱滚子轴承；23、26、30—螺母；24、32—轴承端盖；27—圆柱滚子轴承；31—套筒

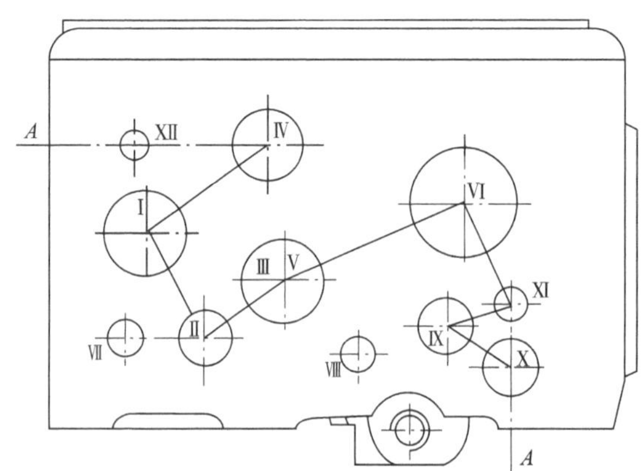

图 2. 16　CA6140 卧式车床主轴箱展开图的剖面图

1）主轴组件

图 2.17 所示为 CA6140 卧式车床主轴组件结构图，主轴前端锥孔用于安装顶尖或心

轴。主轴采用前、后双支承结构，前支承为双列圆柱滚子轴承，用于承受背向力。该轴承内圈与主轴的配合面带有 1∶12 的锥度，锁紧螺母 5 通过套筒 4 推动圆柱滚子轴承 3 在主轴锥面上从左向右移动，使轴承内圈在径向膨胀从而减小轴承间隙，轴承间隙调整好后须将锁紧螺母 5 锁紧。主轴的后支承由推力球轴承 7 和角接触球轴承 8 组成，推力球轴承 7 承受自右向左的进给力，角接触球轴承 8 承受自左向右的进给力，还同时承受背向力。轴承 7 和 8 的间隙和预紧通过主轴后端的锁紧螺母 10 调整，调整好后须将锁紧螺母 10 锁紧。

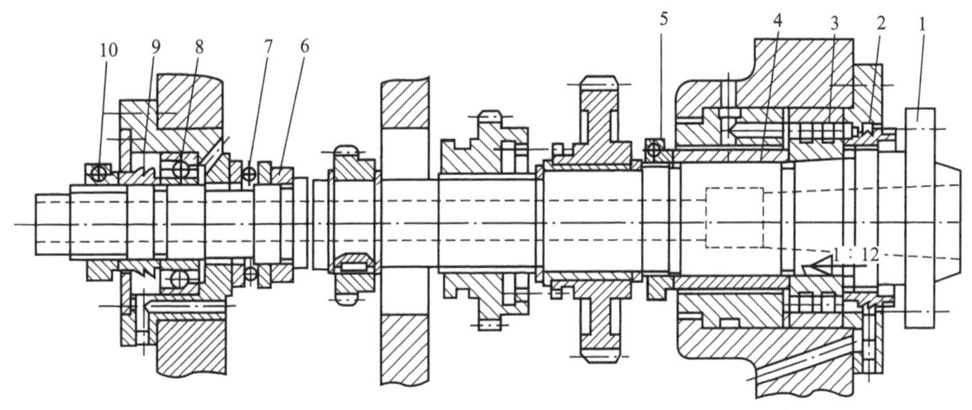

图 2.17　CA6140 卧式车床主轴组件结构

1—主轴；2、9—调整螺母；3—圆柱滚子轴承；4、6—套筒；
5、10—锁紧螺母；7—推力球轴承；8—角接触球轴承

主轴前端采用短圆锥和法兰结构，用来安装卡盘或拨盘。图 2.18 所示为卡盘与主轴前端的连接图。安装时，先让卡盘座 4 在主轴 3 的短圆锥面上定位，将四个螺栓 5 通过主轴轴肩及锁紧盘 2 上的孔拧入卡盘座 4 的螺孔中，再将锁紧盘 2 沿顺时针方向相对主轴转过一个角度，使螺栓 5 进入锁紧盘 2 的沟槽内，然后拧紧螺钉 1 和螺母 6，即可将卡盘牢

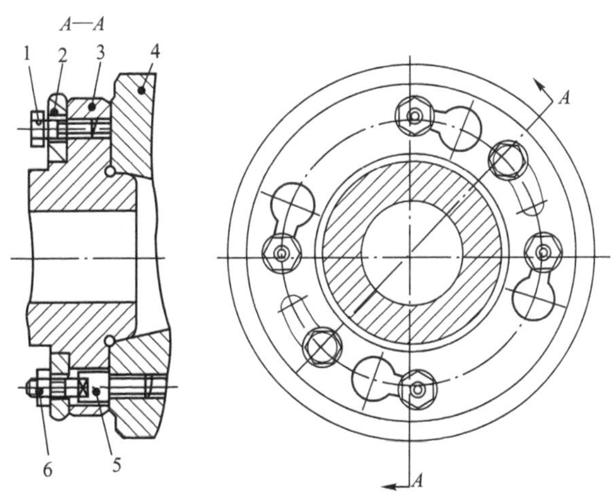

图 2.18　卡盘与主轴前端的连接图

1—螺钉；2—锁紧盘；3—主轴；4—卡盘座；5—螺栓；6—螺母

牢地安装在主轴的前端，主轴法兰前端面上的圆形拨块将主轴的扭矩传递给卡盘。这种结构因装卸卡盘方便、工作可靠、定心精度高，而且主轴前端悬伸长度较短，有利于提高主轴组件的刚度，故目前应用较广泛。

2）卸荷带轮

如图 2.15 所示，电动机的运动经 V 带传至轴Ⅰ左端的带轮，带轮与花键套用螺钉固定在一起，由两个深沟球轴承支承在法兰的内孔中，法兰固定在主轴箱箱体上。带轮 1 通过花键套带动轴Ⅰ旋转时，V 带拉力产生的径向载荷通过轴承和法兰直接传给箱体，轴Ⅰ不承受 V 带拉力，只传递扭矩。故称带轮为卸荷带轮。

3）双向多片摩擦离合器及其操纵机构

图 2.19(a)所示为双向式多片摩擦离合器的结构。摩擦离合器装在轴Ⅰ上，其作用是控制主轴的正、反转或停止，它由内摩擦片 2、外摩擦片 3、压套 5 及双联齿轮 1 等组成。离合器的左、右部分结构相同，左离合器用来控制主轴正转，切削时传递扭矩较大，因此

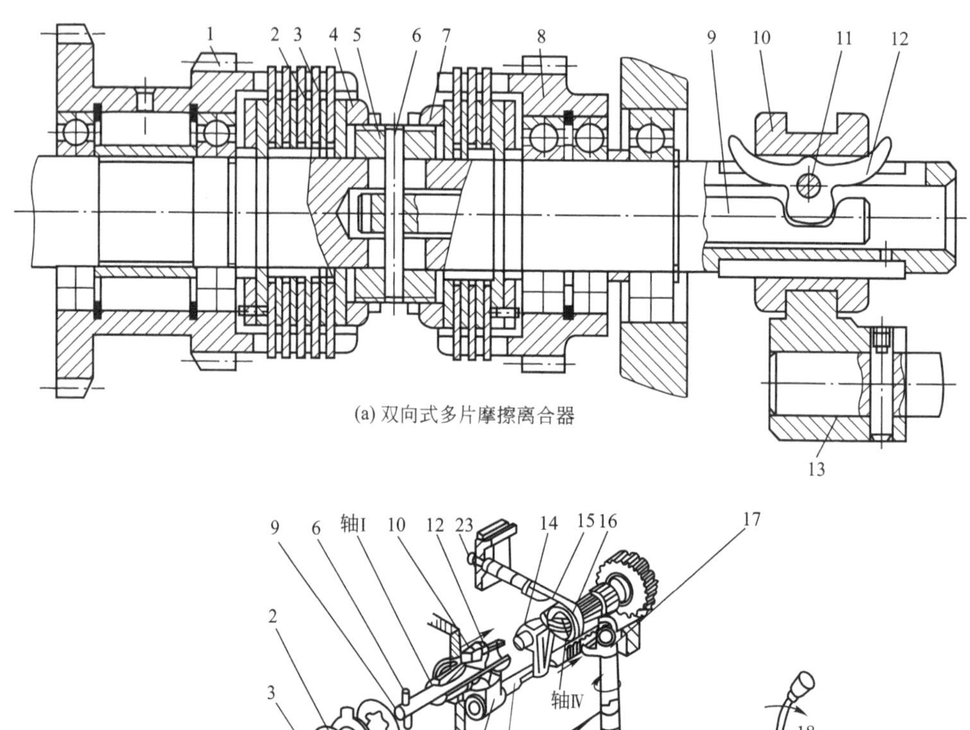

图 2.19 双向多片摩擦离合器及其操作机构

1—双联齿轮；2—内摩擦片；3—外摩擦片；4、7—螺母；5—压套；6—长销；8—空套齿轮；9、20—拉杆；10—滑套；11—圆柱销；12—元宝形摆块；13—拨叉；14—杠杆；15—制动带；16—制动轮；17—扇形齿轮；18—手柄；19—转轴；21—曲柄；22—齿条轴；23—调节螺钉

片数较多；右离合器用来控制主轴反转，主要用于退刀，故片数较少。内摩擦片2以花键和轴Ⅰ相连，外摩擦片3以四个凸齿与双联齿轮1相连，外摩擦片空套在轴Ⅰ上，内、外摩擦片相间排列安装。

当拨叉13拨动滑套10右移时，元宝形摆块12顺时针转动，其尾部推动拉杆9向左移动；拉杆9通过固定在其上的长销6带动压套5和螺母4将左离合器的内、外摩擦片压紧，从而将轴Ⅰ的运动传给双联齿轮1，使主轴正传。

当拨叉13拨动滑套10左移时，元宝形摆块12逆时针转动，其尾部推动拉杆9向右移动；拉杆9通过固定在其上的长销6，带动压套5和螺母7将右离合器的内、外摩擦片压紧，从而将轴Ⅰ的运动传给空套齿轮8，使主轴反传。

当滑套10处于中间位置时，左、右离合器的内、外摩擦片均松开，主轴停止转动。

制动器安装在轴Ⅳ上，其作用是在离合器脱开时能制动主轴，使主轴迅速停止转动，以缩短辅助时间并保证操作安全。图2.19(b)所示为离合器和制动器操纵机构，制动轮16是一个钢制圆盘，它与轴Ⅳ用花键连接；制动带15是一条钢带，内侧有一层酚醛石棉以增加摩擦。制动带的一端与杠杆14连接，另一端通过调节螺钉23与箱体相连。

当离合器接通，主轴正、反转时，制动轮16随轴Ⅳ一起转动；当离合器脱开时，齿条轴22的凸起部分使杠杆14逆时针摆动，制动带15被拉紧，制动器工作，轴Ⅳ迅速停止转动，主轴也迅速停止转动。

为操纵方便和避免出错，摩擦离合器和制动器共用一套操纵机构，由手柄18联合操纵。向上扳动手柄18，通过拉杆20、曲柄21、扇形齿轮17使齿条轴22右移；齿条轴22左端有拨叉13，它卡在滑套10的环槽内，齿条轴22右移，滑套10也随之右移，从而带动元宝形摆块12顺时针转动，元宝形摆块12下端的凸缘拨动装在轴Ⅰ内孔中的拉杆9向左移动，主轴正转；与此同时，齿条轴22左面的凹槽正对杠杆14，制动带15松开。同理，向下扳动手柄18，齿条轴22左移，主轴反转，制动带15松开。当手柄处于中间位置时，离合器脱开，制动带拉紧，主轴停止转动。

4）变速操纵机构

根据主轴的传动系统可知，主轴的24级转速是通过四个滑移齿轮变速组和离合器M_2组合实现的。图2.20所示为轴Ⅱ和轴Ⅲ上滑移齿轮的操纵机构。

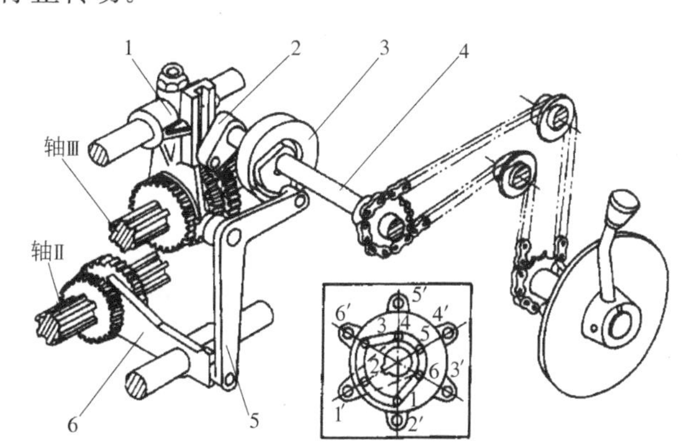

图2.20　变速操纵机构

1、6—拨叉；2—曲柄；3—盘形凸轮；4—传动轴；5—杠杆

变速手柄装在主轴箱前壁上，通过链条传动轴4，传动轴4上装有盘形凸轮3和曲柄2。盘形凸轮3上有一条封闭的曲线槽，由两段不同半径的圆弧和直线组成，凸轮上有1～6个变速位置。位置1、2、3使杠杆5上端的滚子处于凸轮槽曲线的大半径圆弧处，杠杆经拨叉6将轴Ⅰ上的双联齿轮移向左端位置；位置4、5、6则将双联齿轮移向右端位置。曲柄2随传动轴4转动，带动拨叉1拨动轴Ⅲ上的三联齿轮，使

其处于左、中、右三个位置。依次转动手柄，就可使两个滑移齿轮的位置实现六种组合，使轴Ⅲ得到六种转速。滑移齿轮到位后，通过拨叉的定位钢球实现定位。

2. 溜板箱的主要机构

溜板箱的主要作用是将进给运动或快速移动由进给箱或快速移动电动机传给溜板或刀架，使刀架实现纵、横向和正、反向机动走刀或快速移动。溜板箱内的主要机构有接通丝杠传动的开合螺母机构、纵横向机动进给机构、互锁机构、安全离合器机构和手动操纵机构等。

1）开合螺母机构

图 2.21 所示为溜板箱中的开合螺母机构。开合螺母机构由上、下两半螺母 1 和 2 组成，装在箱壁的燕尾形导轨中，螺母导轨底面各装有一个圆柱销 3，圆柱销 3 的另一端嵌在槽盘 4 的曲线槽中，槽盘经轴 7 与手柄 6 相连。扳动手柄 6，经轴 7 使槽盘 4 逆时针转动时，槽盘 4 的曲线运动将迫使两圆柱销 3 靠近，带动上、下半螺母合上与丝杠啮合，从而实现加工螺纹的进给运动；反向扳动手柄 6 时，上、下两半螺母分开，与丝杠分离。

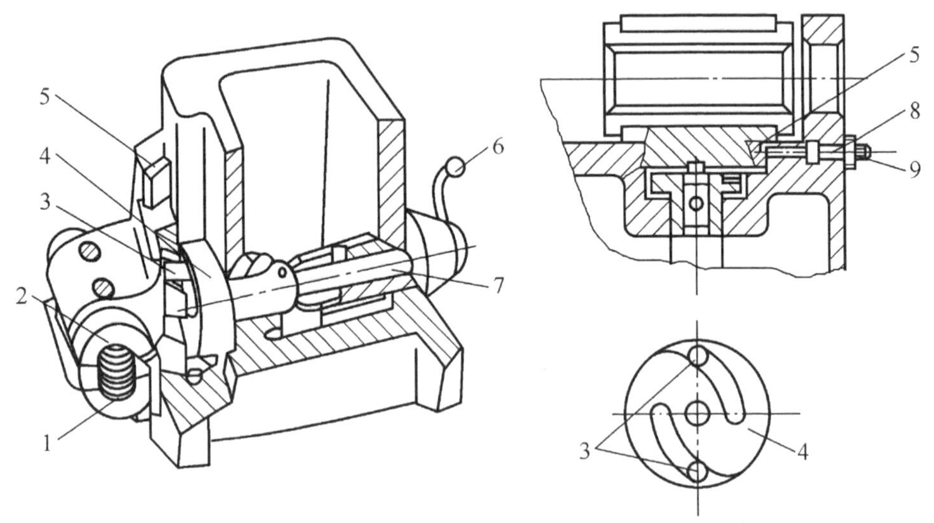

图 2.21　开合螺母机构

1、2—半螺母；3—圆柱销；4—槽盘；5—镶条；6—手柄；7—轴；8—螺钉；9—螺母

开合螺母与燕尾导轨的配合间隙要调整合适，否则会影响螺纹的加工精度，通常利用螺钉 8 拉紧或放松镶条 5 来调节其配合间隙，调整后用螺母 9 锁紧。

2）纵、横向机动进给操纵机构

图 2.22 所示为 CA6140 车床的纵、横向机动进给操纵机构。它利用溜板箱右侧的集中操纵手柄 1 来控制纵、横向机动进给运动的接通、断开和换向，而且手柄 1 的扳动方向和刀架的运动方向一致，操作直观方便。

当手柄 1 向左或向右扳动时，手柄 1 下端的缺口带动轴 5、杠杆 11、连杆 12 使圆柱形凸轮 13 转动，凸轮上的螺旋槽通过圆柱销 14 带动拨叉轴 15 和拨叉 16 移动，拨叉 16 带动控制纵向进给运动的牙嵌离合器 M_8 接合，从而使刀架实现向左或向右的纵向机动进给运动。

当手柄 1 向前或向后扳动时，手柄 1 的方块嵌在轴 23 的右端缺口，于是轴 23 向前或向后转动一个角度，带动凸轮 22 也转动一个角度，凸轮 22 上的螺旋槽通过圆柱销 19 带

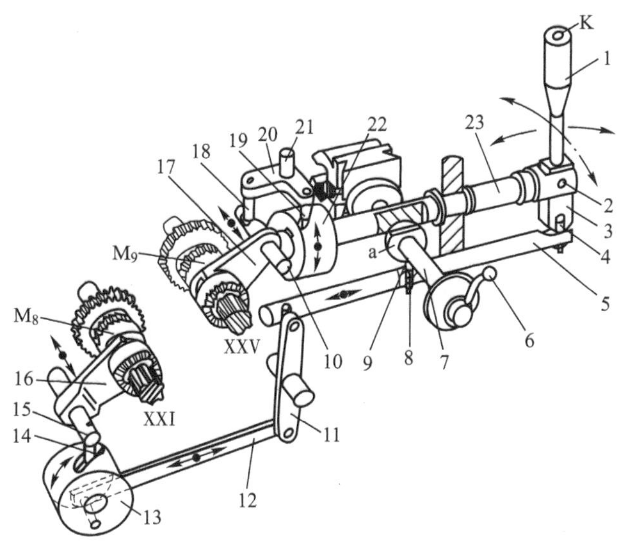

图 2.22　CA6140 车床纵、横向机动进给操纵机构

1、6—手柄；2、21—销轴；3—手柄座；4、9—球头销；5、7、23—轴；8—弹簧销；10、15—拨叉轴；11、20—杠杆；12—连杆；13—圆柱形凸轮；14、18、19—圆柱销；16、17—拨叉；22—凸轮；a—凸肩；K—按钮

动杠杆 20 绕销轴 21 摆动，再通过圆柱销 18 带动拨叉轴 10 拨动拨叉 17 向前或向后移动，拨叉 17 带动控制横向进给运动的牙嵌离合器 M_9 接合，从而使刀架实现向前或向后的横向机动进给运动。

手柄 1 的顶端装有快速移动按钮，当手柄 1 扳到左、右或前、后任一位置时，点动快速电动机，刀架即在相应方向实现快速移动。

当手柄 1 处在中间位置时，离合器 M_8、M_9 脱开，此时机动进给运动和快速移动断开。

3）互锁机构

CA6140 车床的纵、横向机动进给运动是互锁的，也就是说离合器 M_8、M_9 不能同时接合。手柄 1 上开有十字形槽，手柄每次只能处于一个位置，因此，手柄 1 的结构能够保证纵、横向机动进给运动互锁。机床工作时，纵、横向机动进给机构和丝杠传动不能同时接通。丝杠传动是由溜板箱的开合螺母机构来控制的，溜板箱中的互锁机构保证车螺纹开合螺母合上时，机动进给运动机构不能接通；反之，当机动进给运动机构接通时，车螺纹的开合螺母不能合上。

图 2.23 所示为互锁机构的工作原理图(为理解方便，沿用图 2.22 中零件号)。当互锁机构处于中间位置时［图 2.23(a)］，纵、横向机动进给机构和丝杠传动均未接通，此时手柄 1 可扳至左、右、前、后任意位置，以接通纵、横向机动进给机构，或者扳动开合螺母手柄使开合螺母合上实现丝杠进给。

当向下扳动手柄使开合螺母合上时，则轴 7 顺时针转过一个角度，其上面的凸肩 a 嵌入轴 23 的槽中，将轴 23 卡住使其不能转动；同时凸肩又将装在支承套 24 横向孔中的球头销 9 压下，使其下端插入轴 5 的孔中，将轴 5 锁住使其不能左、右移动［图 2.23(b)］，这时，纵、横向机动进给机构不能接通。

当接通纵向机动进给机构时，因轴 5 沿轴线方向移动一定距离，其上的横孔与球头销

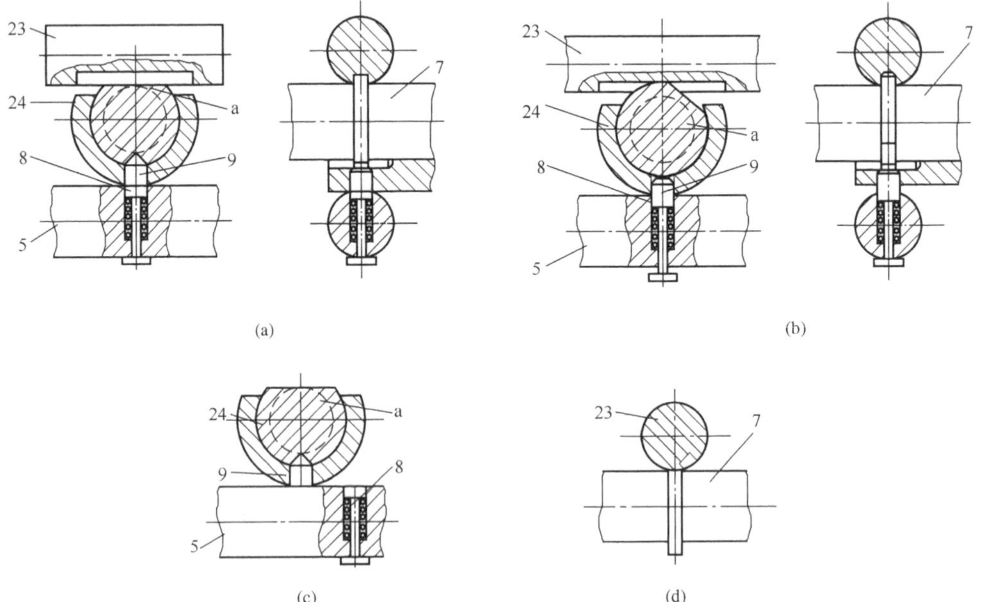

图 2.23　互锁机构的工作原理图

5、23—轴；7—手柄轴；8—弹簧销；9—球头销；24—支承套；**a**—凸肩

9 错位，球头销 9 不能向下移动，因而轴 7 被锁住无法转动［图 2.23(c)］。

当接通横向机动进给机构时，因轴 23 转动了位置，其上面的沟槽不再对准轴 7 的凸肩 a，故轴 7 无法转动［图 2.23(d)］。

因此，纵向或横向机动进给机构接通时，开合螺母不能合上，互锁是能保证的。

4）安全离合器

为避免因进给力过大或刀架移动受阻导致机床损坏，CA6140 机床安装了起过载保护作用的安全离合器，当过载消失后，机床可自动恢复正常工作。图 2.24 所示为安全离合

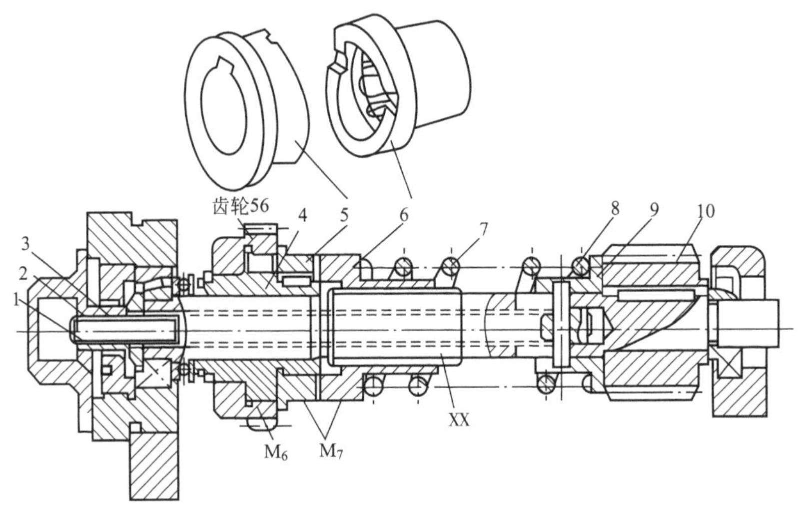

图 2.24　安全离合器的工作原理图

1—拉杆；2—螺杆；3—螺母；4—星形轮；5—安全离合器左半部分；
6—安全离合器右半部分；7—弹簧；8—圆销；9—弹簧座；10—蜗杆

器的工作原理图。它由端面带螺旋形齿爪的左、右两半部分组成，其左半部分 5 用键装在超越离合器 M_6 的星形轮上，与轴 XX 空套；右半部分 6 与轴 XX 用花键联接。正常情况下，在弹簧 7 的压力作用下，离合器左、右两半部分相互啮合，由光杠传来的运动经齿轮 56、超越离合器 M_6 和安全离合器 M_7，传至轴 XX 和蜗杆 10。

当进给系统过载时，离合器右半部分 6 将压缩弹簧 7 向右移动，与左半部分 5 脱开，导致安全离合器 M_7 打滑，于是机动进给运动传动链断开，刀架停止进给。过载现象消除后，弹簧 7 使安全离合器重新自动接合，机床恢复正常工作。机床允许的最大进给力由弹簧 7 的调定压力决定。通过调整螺母 3，带动装在轴 XX 内孔中的拉杆 1 和圆柱销 8 来调整弹簧座 9 的轴向位置，从而改变弹簧 7 的压缩量来调整安全离合器传递的扭矩大小。调整完毕，用锁紧螺母锁紧。

2.2.4　车刀及其选用

车刀是指在车床上使用的刀具，它的应用广泛。按照加工表面特征，车刀可分为外圆车刀、端面车刀、切断车刀、螺纹车刀和内孔车刀等，如图 2.25 所示。

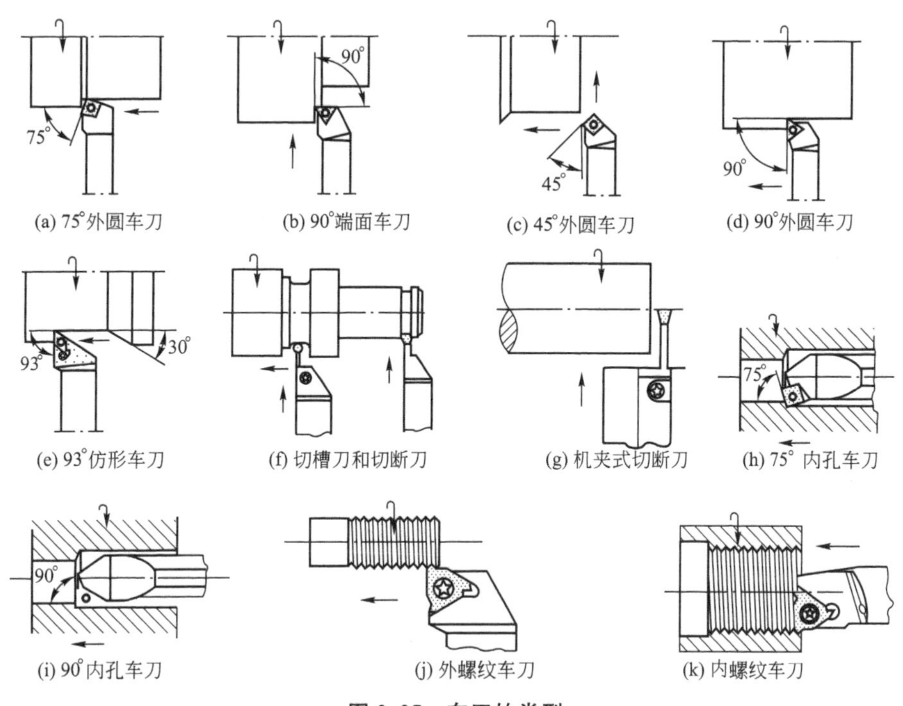

图 2.25　车刀的类型

1. 焊接式车刀

焊接式车刀是将刀片钎焊在刀杆槽内后经刃磨而成的车刀。刀片通常选用硬质合金，刀杆一般选用 45 钢和 40Cr 合金钢。

2. 机夹式车刀

机夹式车刀是采用机械夹固方法，将预先加工好的但不能转位使用的刀片夹紧在刀杆上的车刀。机夹式车刀刀刃磨损后可进行多次重磨继续使用。机夹式车刀主要用于加工外圆、端面和内孔，目前常用的机夹车刀有切断刀、切槽刀、螺纹车刀、大型车刀和金刚石车刀等。

机夹式车刀要求刀片夹紧可靠，重磨后能调整刀刃位置，结构简单和断屑可靠。机夹式车刀的夹紧结构主要有上压式、自锁式和弹性压紧式三种，如图 2.26 所示。

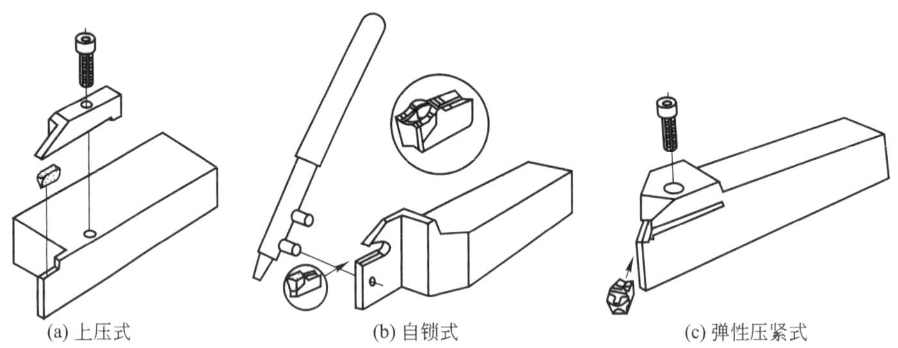

图 2.26　机夹式车刀的夹紧结构

3. 可转位车刀

可转位车刀是用机械夹固的方法，将可转位刀片夹紧在刀杆上的车刀。如图 2.27 所示，可转位车刀主要由刀片、刀垫、杠杆、螺钉和刀柄等组成。可转位刀片上压制出断屑槽，周边经过精磨，刀刃磨钝后可方便地转位或更换刀片，无需重磨可继续使用。

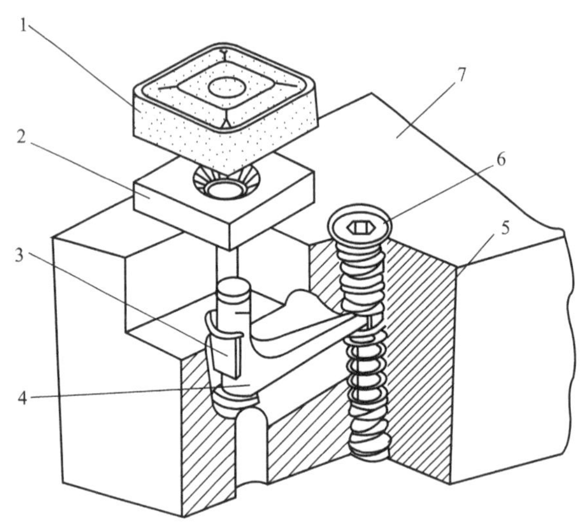

图 2.27　可转位车刀

1—刀片；2—刀垫；3—卡簧；4—杠杆；5—弹簧；6—螺钉；7—刀柄

可转位车刀与焊接车刀相比，具有以下特点：刀片不经焊接和刃磨，刀具的使用寿命长；可迅速更换刀刃或刀片，减少停机换刀时间，提高了生产效率；刀片更换方便，便于使用各种涂层和陶瓷等新型刀具材料，有利于推广新技术和新工艺；在烧结刀片前可在刀片上压制各种形状的断屑槽，以实现可靠断屑；可转位车刀和刀片已实现标准化，能实现一刀多用，简化刀具管理。目前，由于在刃形、几何参数方面还受到刀具结构和工艺的限

制，可转位车刀尚不能完全取代焊接式车刀和机夹式车刀。

任务2.3　铣削加工

2.3.1　铣削加工概述

1. 铣削加工工艺

铣削加工是将工件用台虎钳或夹具固定在铣床工作台上，将铣刀安装在主轴前端刀杆或主轴上，通过铣刀的旋转与工件或铣刀的进给运动相配合，实现平面或成形面加工的方法。

铣床的加工范围很广，使用不同规格的铣刀可以加工平面、键槽、V形槽、T形槽、燕尾槽、螺旋槽、齿轮、成形表面及切断工件等。铣削加工的工艺范围如图2.28所示。

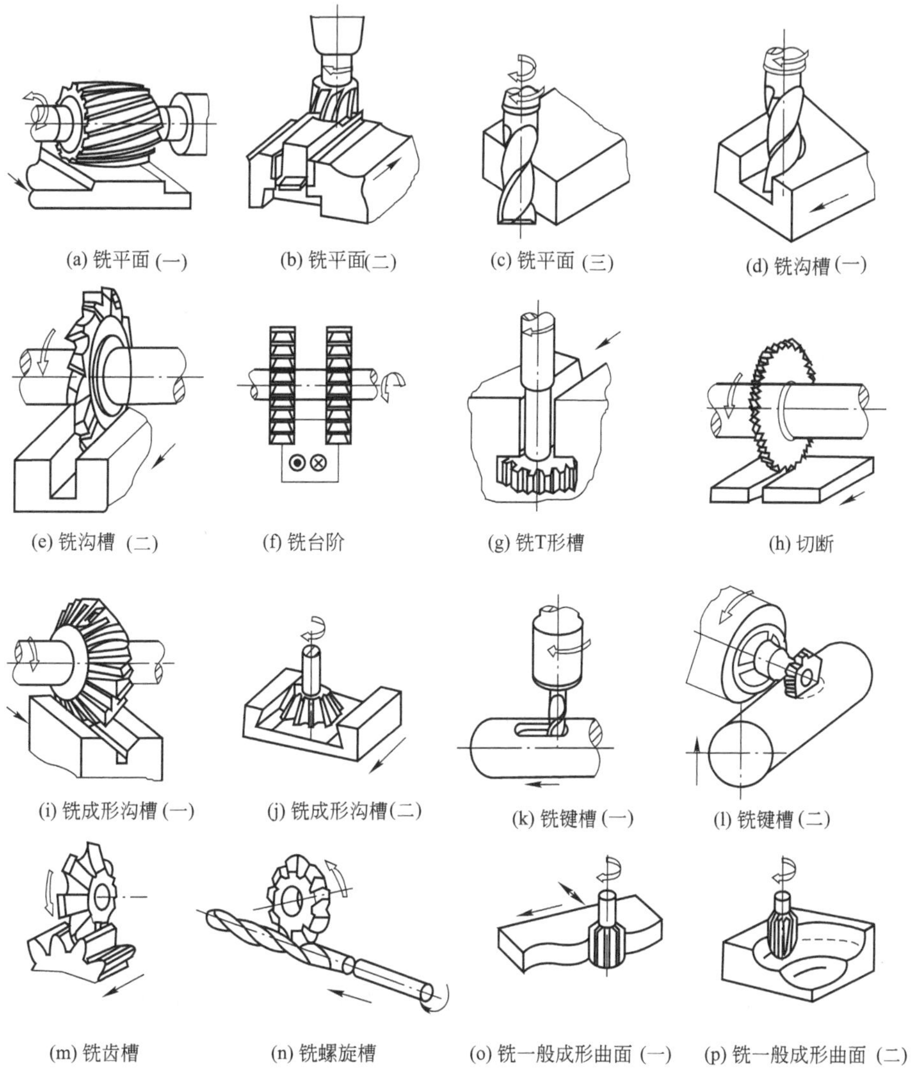

(a) 铣平面(一)　(b) 铣平面(二)　(c) 铣平面(三)　(d) 铣沟槽(一)

(e) 铣沟槽(二)　(f) 铣台阶　(g) 铣T形槽　(h) 切断

(i) 铣成形沟槽(一)　(j) 铣成形沟槽(二)　(k) 铣键槽(一)　(l) 铣键槽(二)

(m) 铣齿槽　(n) 铣螺旋槽　(o) 铣一般成形曲面(一)　(p) 铣一般成形曲面(二)

图2.28　铣削加工的工艺范围

2. 工件的安装方式

在铣床上加工工件时，工件的安装方式主要有三种。

(1) 利用螺栓和压板直接将工件安装在铣床工作台上，并用百分表、划针等工具找正工件，常用于大型工件的安装。

(2) 采用平口钳、V形架和分度头等通用夹具装夹工件，常用于形状简单的中、小型工件的安装。

(3) 采用专用夹具装夹工件，常用于精度要求较高的表面和批量生产的情况。

工件的安装方式如图 2.29 所示。

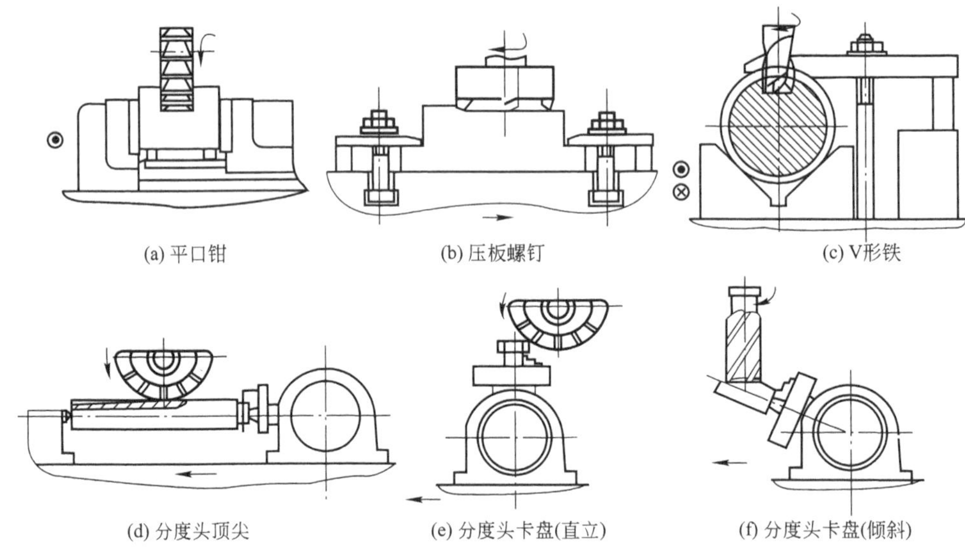

图 2.29　工件的安装方式

3. 铣削加工运动

铣削加工运动主要由主运动、进给运动和辅助运动组成。

铣削加工的主运动是铣床主轴带动刀具的旋转运动。

铣削加工的进给运动是铣床工作台带动工件的直线运动［图 2.28(a)～图 2.28(f)］和铣床工作台带动工件的平面回转运动或曲线运动［图 2.28(o)～图 2.28(p)］。

铣削加工的辅助运动是指铣床工作台带动工件快速接近铣刀的运动。对于有螺旋槽和齿轮表面的零件的加工，还要将零件装夹在分度头等附件上实现螺旋进给和分齿运动［图 2.28(m)～图 2.28(n)］。

4. 铣削运动方式

铣削运动方式分为圆周铣削和端面铣削两种方式(图 2.30)。利用铣刀圆周齿进行切削的铣削方式称为圆周铣削，利用铣刀端部齿进行铣削的方式称为端面铣削。

1) 圆周铣削

圆周铣削包括逆铣和顺铣两种方式(图 2.31)。铣刀的旋转方向和工件的进给方向相反的称为逆铣，反之则称为顺铣。

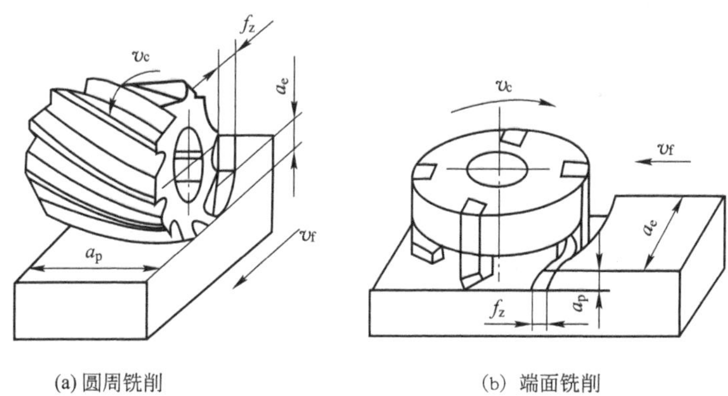

(a) 圆周铣削　　(b) 端面铣削

图 2.30　周铣和端铣

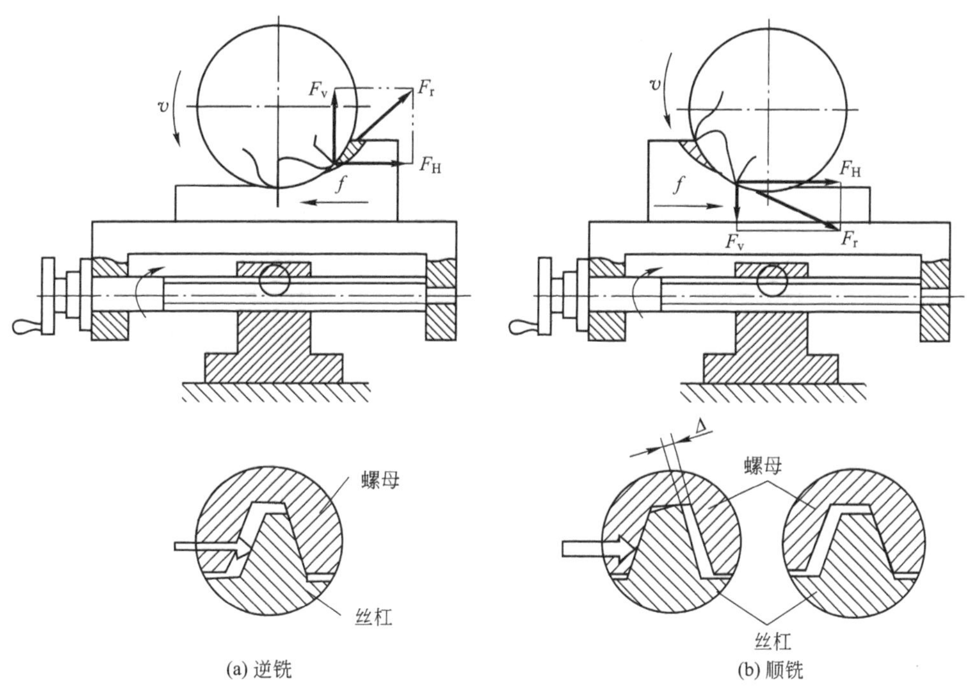

(a) 逆铣　　(b) 顺铣

图 2.31　圆周铣削

逆铣时，每齿切削厚度由零到最大。切削刃开始时不易切入工件，会在工件已加工表面上滑行一小段距离，故工件表面冷硬程度加重，表面粗糙度变大，刀具磨损加剧。铣削力作用在垂直方向的分力向上，不利于工件的夹紧；但水平分力的方向与进给方向相反，有利于工作台的平稳运动。

顺铣时，每齿切削厚度由最大到零，刀齿和工件间无相对滑动，故加工面上没有因摩擦造成的硬化层，工件切削容易，表面粗糙度值小，刀具寿命长。顺铣时，铣削力在垂直方向的分力始终向下，有利于工件夹紧；但铣削力在水平方向的分力与进给方向相同，当其大于工作台和导轨之间的摩擦力时，就会把工作台连同丝杠向前拉动一段距离，这段距离等于丝杠和螺母间的间隙，因而将影响工件的表面质量，严重时还会损坏刀具，造成事故。

综上所述，尽管顺铣较逆铣有很多优点，但因其容易引起振动，仅能对表面无硬皮的工件进行加工，并且要求铣床装有调整丝杠和螺母间隙的顺铣装置，所以只在铣削余量较小，产生的切削力不超过工作台和导轨间的摩擦力时，才采用顺铣；如果机床上有顺铣装置，在消除间隙之后，也可以采用顺铣。在其他情况下，尤其是加工具有硬皮的铸件、锻件毛坯和使用没有间隙调整装置的铣床时，一般都采用逆铣方式。

2）端面铣削

端面铣削有三种方式：对称铣削、不对称逆铣和不对称顺铣，如图 2.32 所示。

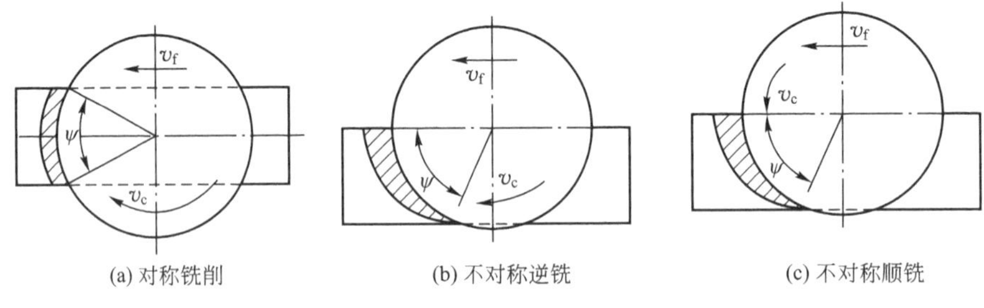

(a) 对称铣削 (b) 不对称逆铣 (c) 不对称顺铣

图 2.32 端面铣削

(1) 对称铣削：铣刀处于工件对称位置的铣削。对称铣削时，铣刀切入和切除的厚度相同，平均厚度较大，工件的前半部分为顺铣，后半部分为逆铣。对称铣削适用于工件宽度接近铣刀直径且铣刀齿数较多的情况，铣削淬硬钢时常采用对称铣削方式。

(2) 不对称逆铣：工件的铣削宽度偏于铣刀回转中心一侧的铣削方式称为不对称铣削。不对称逆铣时，切入厚度较小，切出厚度较大。铣削碳钢和合金钢时，采用这种方式可减小切入冲击，提高刀具使用寿命。

(3) 不对称顺铣：不对称顺铣时，切入厚度较大，切出厚度较小，这种切削方式一般很少采用。但不对称顺铣用于铣削不锈钢和耐热合金钢时，可减少硬质合金刀具剥落破损，切削速度可提高 40%～60%。

5. 铣削加工的特点

铣刀是多刃刀具，铣削时每个刀齿周期性地断续切削，刀齿散热条件好，铣削效率高。

铣削加工范围广，可以加工某些切削方法无法加工或难以加工的表面。例如，可铣削四周封闭的凹平面、圆弧形沟槽、具有分度要求的小平面和沟槽等。

铣削加工中，每个刀齿周期性地切入、切出，形成断续切削，铣削过程不平稳；加工中会产生冲击和振动，会影响刀具的使用寿命和工件的表面质量。

铣削加工可以对工件进行粗加工和半精加工，加工精度可达 IT9～IT7，精铣表面粗糙度为 Ra3.2～1.6μm。

铣刀结构复杂，制造与刃磨较困难，所以铣削成本高。铣削加工适用于单件小批量生产，也适用于大批量生产。

2.3.2 铣削加工设备

万能升降台铣床与一般升降台铣床的主要区别在于工作台除了具有纵向、横向和

垂直方向的进给运动外，还能绕垂直轴线在±45°范围内回转，从而扩大了铣床的工艺范围。

X6132型万能升降台铣床的结构主要包括以下部分，如图2.33所示。

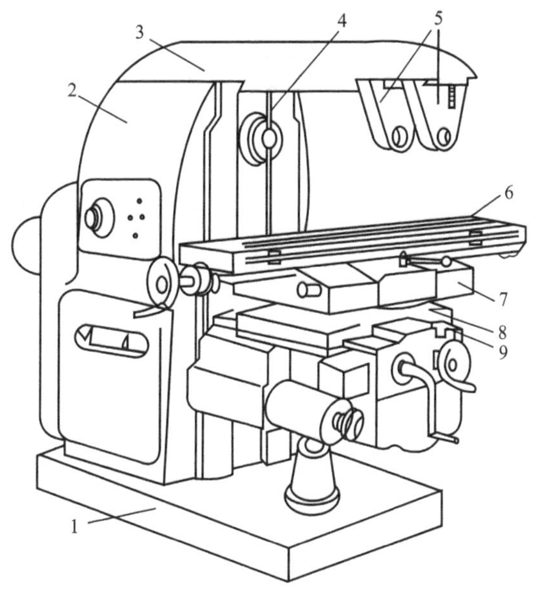

图2.33　X6132型万能升降台铣床

1—底座；2—床身；3—悬梁；4—主轴；5—刀轴支架；
6—工作台；7—回转盘；8—床鞍；9—升降台

(1) 底座1：用来支承铣床的全部重量和盛放切削液，底座上装有冷却润滑电动机。

(2) 床身2：用来安装和连接机床其他部件，床身的前面有燕尾形垂直导轨，供升降台上下移动，床身后装有电动机。

(3) 悬梁3：用来支承安装铣刀和心轴，以加强刀杆的刚度。悬梁可以在床身顶部水平导轨中移动，调整其伸出长度。

(4) 主轴4：用来安装铣刀，由主轴带动铣刀刀杆旋转。

(5) 工作台6：用来安装机床附件或工件，并带动它们作纵向移动。台面上有3个T形槽，用来安装T形螺钉或定位键。

(6) 回转盘7：使纵向工作台绕回转盘轴线作±45°转动，用来铣削螺旋表面。

(7) 床鞍8：装在升降台的水平导轨上，带动工作台一起作横向移动。

(8) 升降台9：支承工作台，并带动工作台垂直移动。

2.3.3　X6132型万能升降台铣床的传动系统

1. 主运动传动系统

X6132型万能升降台铣床的传动系统如图2.34所示。

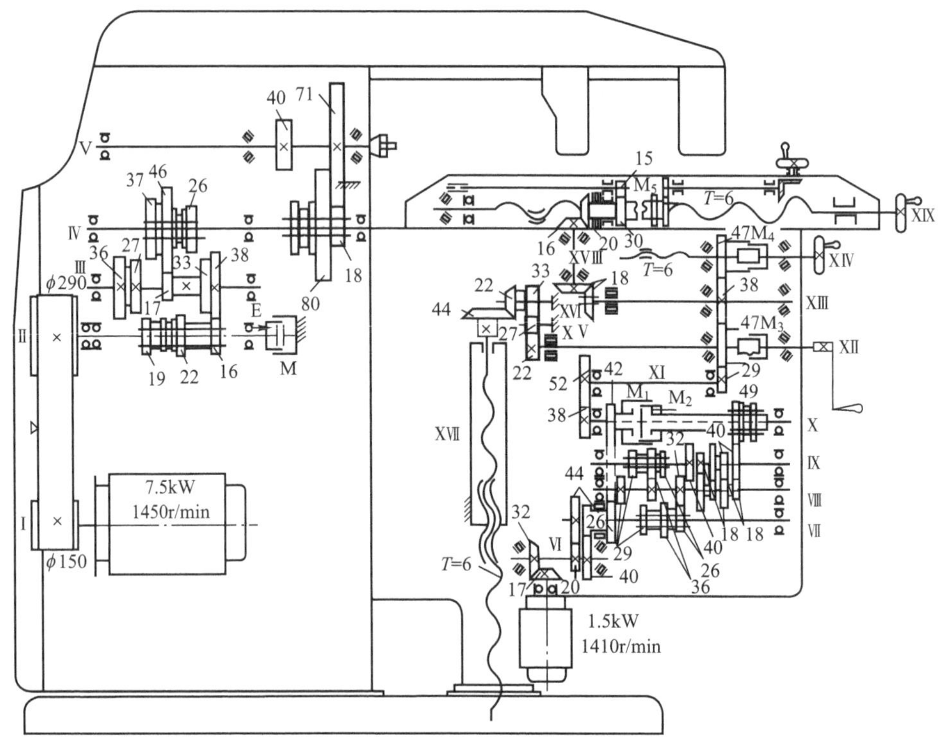

图 2.34　X6132 型万能升降台铣床的传动系统

主运动传动路线表达式为

$$n_{\text{主电动机}}—\text{Ⅰ}—\frac{\phi150}{\phi290}—\text{Ⅱ}—\begin{bmatrix}\frac{19}{36}\\ \frac{22}{33}\\ \frac{16}{38}\end{bmatrix}—\text{Ⅲ}—\begin{bmatrix}\frac{27}{37}\\ \frac{17}{46}\\ \frac{38}{26}\end{bmatrix}—\text{Ⅳ}—\begin{bmatrix}\frac{80}{40}\\ \frac{18}{71}\end{bmatrix}—\text{主轴Ⅴ}$$

主传动系统共获得 18 级转速，主轴的旋转方向由电动机改变正、反转实现变向，主轴的制动通过安装在轴Ⅱ上的电磁离合器 M 进行控制。

2. 进给运动传动系统

X6132 型万能升降台铣床的工作台可以实现纵向、横向和垂直三个方向的进给运动和快速移动，进给运动由进给电动机驱动。其传动路线表达式为

$$n_{\text{进给电动机}}—\frac{17}{32}—\text{Ⅵ}—\begin{bmatrix}\frac{20}{44}—\text{Ⅶ}—\begin{bmatrix}\frac{29}{29}\\ \frac{36}{22}\\ \frac{26}{32}\end{bmatrix}—\text{Ⅷ}—\begin{bmatrix}\frac{32}{26}\\ \frac{22}{36}\\ \frac{29}{29}\end{bmatrix}—\text{Ⅸ}—u_{\text{曲回机构}}—\text{M}_{2\text{合}}\\ —\frac{40}{26}\times\frac{44}{42}—\text{M}_{1\text{合}}(\text{快速进给路线})—\end{bmatrix}—\text{Ⅹ}—\frac{38}{52}—$$

$$
\mathrm{XI}-\frac{29}{47}-\mathrm{XII}-\begin{bmatrix}\dfrac{47}{38}-\mathrm{XIII}-\begin{bmatrix}\dfrac{18}{18}-\mathrm{XVIII}-\dfrac{16}{20}-M_{5\text{合}}-\mathrm{XIX}(\text{纵向进给})\\ -\dfrac{38}{47}-M_{4\text{合}}-\mathrm{XIV}(\text{横向进给})\end{bmatrix}\\ M_{3\text{合}}-\mathrm{XII}-\dfrac{22}{27}-\mathrm{XV}-\dfrac{27}{33}-\mathrm{XVI}-\dfrac{22}{44}-\mathrm{XVII}(\text{垂直进给})\end{bmatrix}
$$

理论上，铣床在三个进给方向上均可获得 27(3×3×3)种不同的进给量，但实际上一共可以获得 21 种不同的进给量，其中纵向和横向进给速度范围为 10～1000mm/min，垂直方向进给速度范围为 3.3～333mm/min。

2.3.4　X6132 型万能升降台铣床的典型结构

1. 铣床主轴部件

铣床的主轴部件如图 2.35 所示。X6132 型万能升降台铣床的主轴用于安装铣刀并带动其旋转，主轴采用三支承结构提高其刚性以减少振动；前支承采用 D 级精度的圆锥滚子轴承，承受背向力和向左的进给力，中间支承采用 E 级圆锥滚子轴承，承受背向力和向右的进给力，后支承采用 G 级的单列深沟球轴承，只承受背向力，主轴的回转精度由前支承和中间支承保证；主轴轴承间隙的调整是通过调整螺钉 10 和旋紧螺钉 3 实现的。

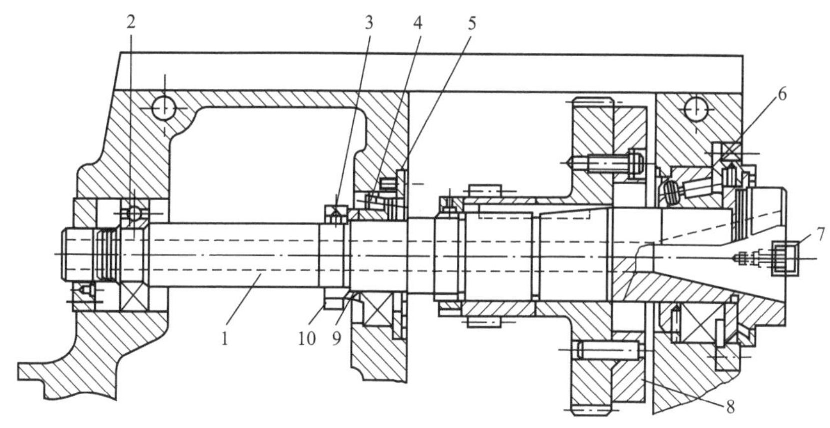

图 2.35　X6132 型万能升降台铣床的主轴部件

1—主轴；2—后支承；3—旋紧螺钉；4—中间支承；5—轴承盖；
6—前支承；7—端面键；8—飞轮；9—隔套；10—调整螺钉

在靠近主轴前端安装的齿轮上连接有一个大飞轮，以增加主轴旋转的平稳性和抗振性；空心主轴前端有 7∶24 精密锥孔和精密定心外圆柱面，用于安装铣刀刀杆或带尾柄的铣刀，并可通过拉杆将铣刀或刀杆拉紧；主轴前端镶有两个端面键 7，铣刀锥柄上开有与端面键 7 相配的缺口，使端面键 7 嵌入铣刀柄部传递扭矩。

2. 孔盘变速机构

X6132 型万能升降台铣床的主运动和进给运动的变速都采用孔盘变速操纵机构进行控制，图 2.36 所示为孔盘变速操纵机构原理图。孔盘变速操纵机构主要由孔盘 4、齿条轴 2 和 2′、齿轮 3 和拨叉 1 等组成，如图 2.36(a)所示。

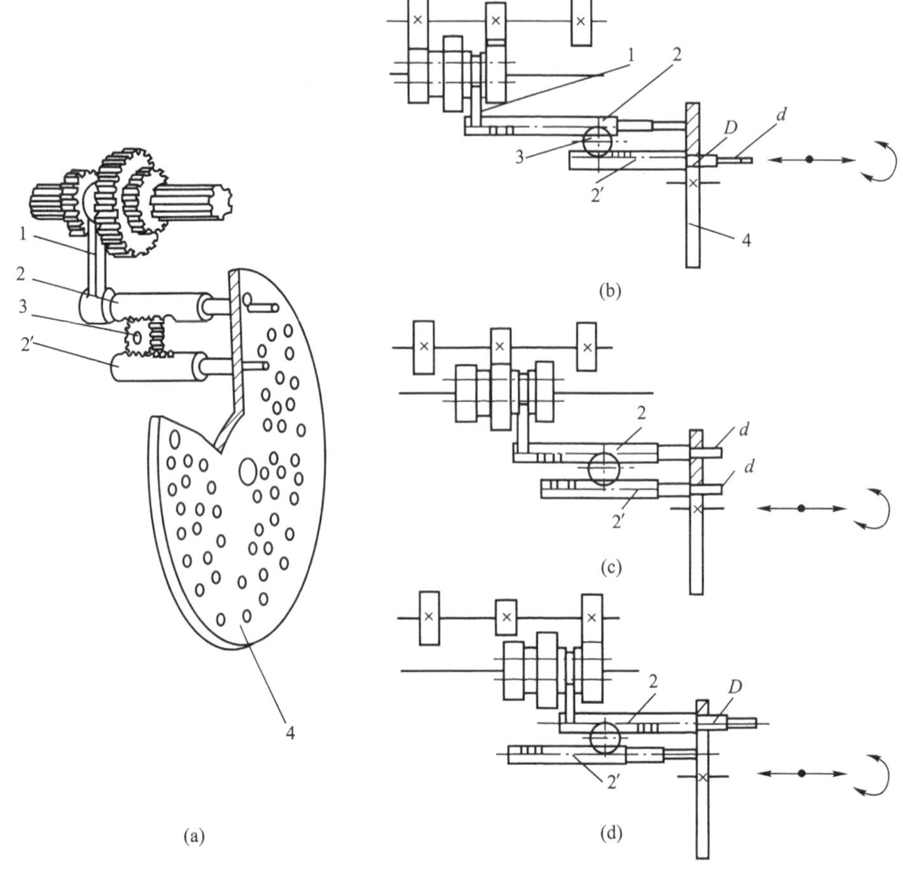

图 2.36　孔盘变速操纵机构原理图

1—拨叉；2、2′—齿条轴；3—齿轮；4—孔盘

孔盘 4 上划分了几组直径不同的圆周，每个圆周又划分为相互错开的 18 等份，这 18 个位置分为钻有大孔、小孔或无孔三种状态。在齿条轴 2 和 2′上加工出直径分别为 D 和 d 的两段台肩，直径为 d 的台肩只穿过孔盘上的小孔，直径为 D 的台肩只穿过孔盘上的大孔。

变速时，先将孔盘右移，使其退离齿条轴，然后根据变速要求，孔盘转动一定角度，最后将孔盘左移复位。孔盘在复位时，可通过孔盘上对应齿条轴处为大孔、小孔或无孔的不同状态，使滑移齿轮获得三种不同位置，得到三种不同速度，从而达到变速的目的。三种工作状态分别为：

(1) 孔盘上对应齿条轴 2 的位置无孔，齿条轴 2′的位置为大孔：孔盘复位时，左顶齿条轴 2，并通过拨叉 1 将三联滑移齿轮推到左位；齿条轴 2′则在齿条轴 2 和齿轮 3 的作用下右移，台肩 D 穿过孔盘上的大孔，如图 2.36(b)所示。

(2) 孔盘上对应齿条轴 2 和 2′的位置均为小孔：两齿条轴上的台肩 d 均穿过孔盘上小孔，齿条轴 2 和 2′处于中间位置，从而带动拨叉使滑移齿轮处于中间位置，如图 2.36(c)所示。

(3) 孔盘上对应齿条轴 2 的位置为大孔，齿条轴 2′的位置为无孔：孔盘复位时，左顶

齿条轴 2′，通过齿轮 3 使齿条轴 2 的台肩穿过大孔右移，并将三联滑移齿轮推到右位，如图 2.36(d)所示。

2.3.5　万能分度头及分度方法

1. 万能分度头的用途和结构

万能分度头是铣床附件之一，安装在铣床工作台上用来支撑工件，并利用分度头完成工件的分度、回转等一系列动作，从而在工件上加工出方头、六角头、花键、齿轮、斜面、螺旋槽、凸轮等多种表面，扩大了铣床的工艺范围。目前常用的万能分度头型号有 FW125、FW250(其中“F”“W”分别为万能分度头“万”“分”的汉语拼音首字母，“250”为夹持工件的最大直径毫米数)等。

图 2.37(a)为 FW250 万能分度头的结构。主轴 9 是空心的，两端均为莫氏 4 号内锥孔，前锥孔可装入顶尖或锥柄心轴，后锥孔用来装交换齿轮心轴，作为差动分度及加工螺旋槽时安装交换齿轮；主轴前端外部有螺纹，用来安装自定心卡盘。主轴的运动传给交换齿轮轴 5，带动分度盘 3 旋转。

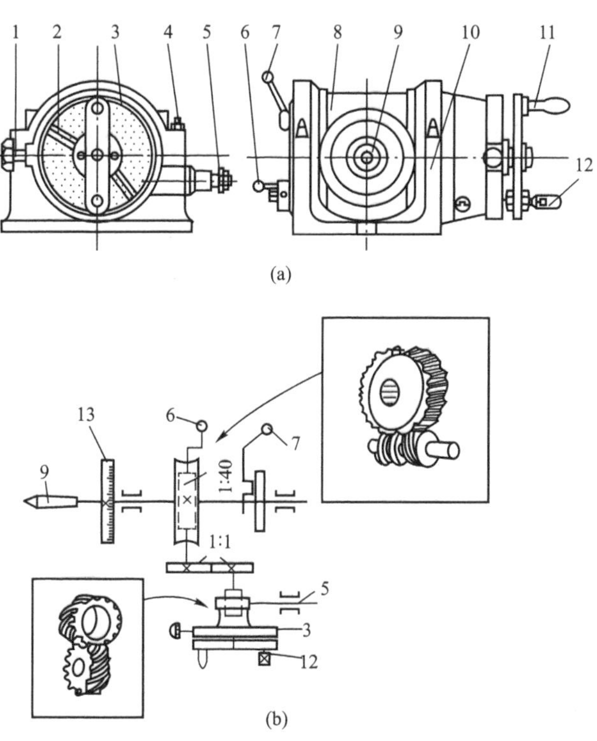

图 2.37　万能分度头的外形和传动系统

1—分度盘紧固螺钉；2—分度叉；3—分度盘；4—螺母；5—交换齿轮轴；6—蜗杆脱落手柄；7—主轴锁紧手柄；8—回转壳体；9—主轴；10—基座；11—分度手柄 K；12—分度定位销 J；13—刻度盘

松开回转壳体 8 上部的两个螺母 4，主轴 9 可以随回转体在回转壳体 8 的环形导轨内转动，因此主轴除安装成水平外，还可在－6°～＋90°范围内任意倾斜(向下倾斜最大至 6°，向上倾斜最大至90°)，主轴倾斜的角度可以从刻度上看出，调整后将螺母4紧固。在回转壳体8下面，固定有两个定位块，以便与铣床工作台面的T形槽相配合，用来保证主轴轴线准确地平行于工作台的纵向进给方向。

分度盘3上面有若干圈均布的定位孔，分度盘左侧有分度盘紧固螺钉1，用来紧固或微量调整分度盘。分度头左侧有两个手柄，主轴锁紧手柄7用于坚固或松开主轴，分度时松开，分度后坚固，以防在铣削时主轴松动；蜗杆脱落手柄6是控制蜗杆的手柄，可以使蜗杆和蜗轮啮合或脱开，蜗轮与蜗杆之间的间隙可用螺母调整。在切断传动时，可用手转动分度头的主轴。

2. 万能分度头的分度方法

1) 直接分度法

在加工分度数目不多(如2、4、6等分)或分度精度要求不高时可采用直接分度法。

分度时，松开蜗杆脱落手柄6(图2.37)，脱开蜗轮蜗杆，用手直接转动主轴，所需转角由刻度盘13读出。分度完毕后，锁紧蜗杆脱落手柄6，以免加工时转动。

2) 简单分度法

分度数较多时，可以使用简单分度法。分度前，使蜗轮蜗杆啮合，并用紧固螺钉1(图2.37)锁紧分度盘3；选择分度盘的孔圈，调整分度定位销12对准所选孔圈；顺时针转动手柄至所需位置，然后重新将定位销插入对应孔中。

如图2.37(b)所示，设工件每次所需分度数为z，则每次分度时主轴应转$1/z$转，手柄应转n_k转，根据传动系统图可知分度时手柄转数n_k为

$$n=\frac{1}{z}=n_k\times\frac{1}{1}\times\frac{1}{1}\times\frac{1}{40}$$

$$n_k=\frac{40}{z}=a+\frac{p}{q}(\mathrm{r})$$

式中：n_k为分度手柄的转数；a为每次分度时，分度手柄K应转的整转数；q为所选用孔盘的孔圈数；p为分度定位销J在q个孔的孔圈上应转过的孔距数。

【案例2-12】 在FW125型分度头上铣削六角形螺母，求每铣完一面以后，如果用简单分度法分度，手柄应摇多少转再铣下一个表面?

解： 分度手柄的转数为

$$n_k=\frac{40}{z}=\frac{40}{6}=6\frac{2}{3}=6+\frac{16}{24}(\mathrm{r})$$

即每铣完一面后，分度手柄应在24孔圈上转过6转又16个孔距(分度叉之间包含17个孔)。当分度手柄转数带分数时，可使分子分母同时缩小或扩大一个整倍数，使最后得到的分母值为分度盘上所具有的孔圈数。

FW125型万能分度盘共有三块分度盘，其孔数分别如下：

第一块：16、24、30、36、41、47、57、59；

第二块：23、25、28、33、39、43、51、61；

第三块：22、27、29、31、37、49、53、63。

3) 差动分度法

由于分度盘孔圈有限，有些分度数如61、73、87、113等不能与40约分，选不到合

适的孔圈，就需采用差动分度法。

差动分度法就是在万能分度头主轴后面，装上交换齿轮轴Ⅰ，用交换齿轮 a、b、c、d 把主轴和侧轴Ⅱ联系起来，如图 2.38(a)所示。

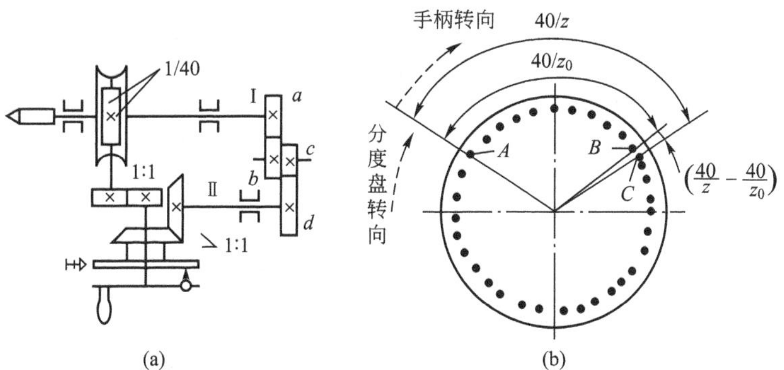

图 2.38　差动分度法

差动分度的原理如下：设工件要求的分度数为 z，且 $z>40$，则分度手柄每次应转过 $40/z$ 转，即分度定位销 J 应由 A 点转到 C 点，用 C 点定位，如图 2.38(b)所示。但 C 点没有相应的孔位可供定位，故不能由简单分度法实现。

为借用分度盘上的孔圈，选取与 z 接近的 z_0，使 z_0 能从分度盘上直接选到孔圈，或能在约简后选到相应的孔圈。z_0 选定后手柄的转数为 $40/z_0$ 转，即定位销从 A 点转到 B 点，用 B 点定位。这时，如果分度盘固定不动，手柄转数就会产生误差。为补偿这一误差，在分度盘尾端插入一根心轴，并配一组挂轮，使手柄在转动的同时，通过挂轮和 1∶1 的螺旋齿轮(或锥齿轮)带动分度盘作相应转动，使 B 点的小孔在分度的同时转到 C 点，供分度定位销 J 插入定位，补偿上述误差。当分度定位销 J 自 A 点转 $40/z$ 至 C 点时，分度盘应转动 $40/z-40/z_0$ 转，使孔恰好与分度定位销 J 对准。

此时，手柄与分度盘之间的运动关系为：手柄转 $40/z$ 转，分度盘转 $40/z-40/z_0$ 转。

差动分度的运动平衡方程式为

$$\frac{40}{z}\times\frac{1}{1}\times\frac{1}{40}\times\frac{a}{b}\times\frac{c}{d}\times\frac{1}{1}=\frac{40(z_0-z)}{z_0 z}$$

化简后的换置公式为

$$\frac{a}{b}\times\frac{c}{d}=\frac{40(z_0-z)}{z_0}$$

【案例 2-13】　在铣床上利用 FW125 型分度头加工 $z=103$ 的直齿圆柱齿轮，试确定分度方法并进行适当的调整计算。

解：$z=103$ 无法进行简单分度，所以采用差动分度法。取 $z_0=100$，计算分度手柄应转的圈数：

$$n_k=\frac{40}{100}=\frac{10}{25}(\text{r})$$

分度手柄 K 应转过的整圈数为 0，即每次分度，分度手柄带动分度定位销 J 在孔盘孔数为 25 的孔圈上转过 10 个孔距。

根据化简后的换置公式计算交换齿轮齿数：

$$\frac{a}{b}\times\frac{c}{d}=\frac{40\times(z_0-z)}{z_0}=\frac{40\times(100-103)}{100}$$

$$=-\frac{120}{100}=-\frac{6}{5}=-\frac{6}{4}\times\frac{4}{5}=-\frac{40}{50}\times\frac{60}{40}$$

因此，交换齿轮的齿数为 $a=40$，$b=50$，$c=60$，$d=40$。由于 $z_0<z$，分度手柄应与分度盘旋转方向相反；交换齿轮的总传动比为负值，应在中间增加一挂轮。

3. 铣削螺旋槽

在机器制造中，经常会碰到带螺旋线的零件，如斜齿轮、麻花钻沟槽、螺旋齿铣刀等。尽管其作用不同，但螺旋线形成原理都相同。

如图 2.39 所示，假设将一张底边为 $AC=\pi D$ 的直角三角形纸片 ABC，在直径为 D 的圆柱上环绕一周时，斜边 AB 在圆柱体上形成的曲线就是螺旋线。沿螺旋线一周在轴线方向所移动的距离叫导程 L；螺旋线的切线和圆柱体轴线所夹的角叫螺旋角 β；螺旋线的切线和圆柱端面所夹的角叫导程角或螺旋升角 λ。它们之间的关系为

$$\lambda+\beta=90^\circ,\ L=\pi D/\tan\beta$$

有时在圆柱体上有两条或更多的螺旋线，通常将螺旋线的线数叫头数 k。多头螺旋线除了有单头螺旋线的导程 L、螺旋角 β 和导程角 λ 外，还有相邻螺旋线沿圆周轴向的距离，即螺距 t，并且 $L=kt$。螺旋线有左、右旋之分，可根据左、右手来判断。

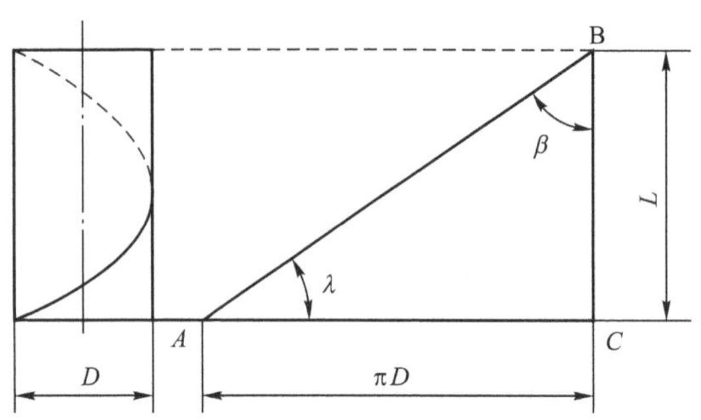

图 2.39　螺旋线的概念

D—直径；L—导程；β—螺旋角；λ—导程角

在铣床上铣削螺旋槽时，必须使装夹在分度头顶尖间的工件作匀速转动的同时，还要使工件随工作台纵向进给作匀速直线移动。为此，要实现工件每转一转，工作台必须纵向移动一个导程 L，如图 2.40(a)所示。如果铣削多线螺旋槽，在铣完一条槽后，还必须把工件转过 $1/z$ 转进行分度，再铣削下一条槽。

为了能获得规定的螺旋槽的截面形状，还必须使铣床纵向工作台在水平面内转过一个角度，使铣刀的旋转平面和螺旋槽切线方向一致，万能铣床工作台转过的角度应等于螺旋角 β，可通过扳动转台或立铣头实现。工作台转动的方向由螺旋槽的方向决定，铣左旋槽时，工作台顺时针转动一个螺旋角；铣右旋槽时，工作台逆时针转动一个螺旋角。可用左、右手来判断，即操作者面向工作台，铣右旋槽时用右手转工作台，铣左旋槽时用左手转工作台。

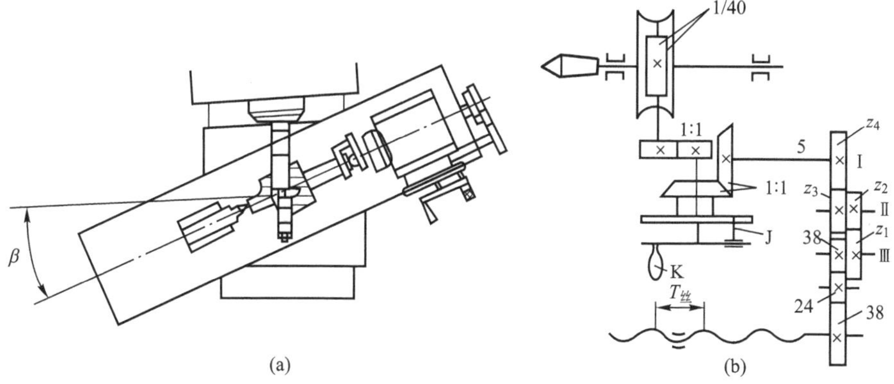

图 2.40　铣螺旋槽工作台的调整和传动系统

铣螺旋槽时，机床纵向工作台和分度头的传动系统应按图 2.40(b)所示进行调整。

铣螺旋槽的运动平衡方程式为

$$\frac{L}{T_{丝}}\times\frac{38}{24}\times\frac{24}{38}\times\frac{z_1}{z_2}\times\frac{z_3}{z_4}\times\frac{1}{1}\times\frac{1}{1}\times\frac{1}{40}=1_{主轴}$$

交换齿轮的换置公式为

$$\frac{z_1}{z_2}\times\frac{z_3}{z_4}=\frac{40T_{丝}}{L}$$

式中：$T_{丝}$ 为丝杠的导程。

在实际操作中，可通过查铣工手册的相关表格选取交换齿轮。根据计算出来的工件螺旋槽导程，在相关表格中选取交换齿轮。采用近似的查表法在一般情况下可以满足精度要求。

【案例 2-14】 用 FW125 铣削右螺旋槽，其螺旋角 β 为 32°，工件外径 D 为 75mm，丝杠的导程 $T_{丝}=6$mm，试确定交换齿轮的齿数。

解： (1) 计算工件的导程 L

$$L=\frac{\pi D}{\tan\beta}=\frac{3.14\times75}{\tan32^{\circ}}\approx377(\text{mm})$$

(2) 计算交换齿轮的齿数

$$\frac{z_1}{z_2}\times\frac{z_3}{z_4}=\frac{40T_{丝}}{L}=\frac{40\times6}{377}\approx0.6366$$

$$\frac{z_1}{z_2}\times\frac{z_3}{z_4}=\frac{7}{11}=\frac{7}{5.5}\times\frac{1}{2}=\frac{70}{55}\times\frac{30}{60}$$

也可直接查铣工手册表，选择交换齿轮的齿数为 $z_1=70$，$z_2=55$，$z_3=30$，$z_4=60$。

【案例 2-15】 在 X6132 铣床上铣削右旋螺旋槽，已知螺旋角 β 为 30°，工件外径 D 为 63mm，齿数为 $z=14$，已知丝杠的导程为 $T_{丝}=6$mm，试进行铣螺旋槽的调整计算。

解： (1) 计算工件的导程 L

$$L=\frac{\pi D}{\tan\beta}=\frac{3.14\times63}{\tan30^{\circ}}\approx343(\text{mm})$$

(2) 计算交换齿轮的齿数：

$$\frac{z_1}{z_2}\times\frac{z_3}{z_4}=\frac{40T_{丝}}{L}=\frac{40\times 6}{343}\approx\frac{7}{10}$$

$$\frac{z_1}{z_2}\times\frac{z_3}{z_4}=\frac{7}{10}=\frac{7}{5}\times\frac{1}{2}=\frac{56}{40}\times\frac{24}{48}$$

故选择交换齿轮的齿数为 $z_1=56$，$z_2=40$，$z_3=24$，$z_4=48$。

(3) 计算分度手柄的转数 n_k

$$n_k=\frac{40}{z}=\frac{40}{14}=2\ \frac{6}{7}=2+\frac{24}{28}(\mathrm{r})$$

(4) 确定铣床工作台旋转角度：根据题中条件，将工作台逆时针旋转 30°即可铣削右螺旋槽。

2.3.6 铣刀的种类和几何角度

1. 铣刀的种类

铣刀的种类很多，分类方法也很多。按用途，铣刀可分为圆柱铣刀、面铣刀、盘形铣刀、锯片铣刀、立铣刀、键槽铣刀、角度铣刀和成形铣刀等(图 2.41)；按齿背形式，铣刀可分为尖齿铣刀和铲齿铣刀(图 2.42)。

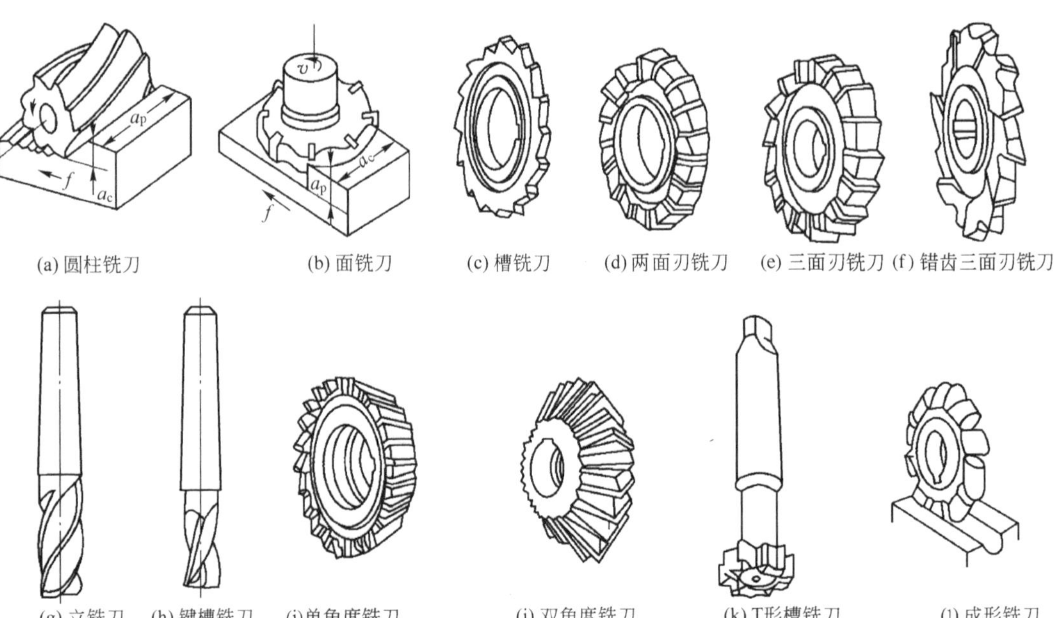

图 2.41 铣刀的类型

2. 铣刀的几何角度

1) 圆柱铣刀的几何角度

圆柱铣刀的几何角度如图 2.43 所示。

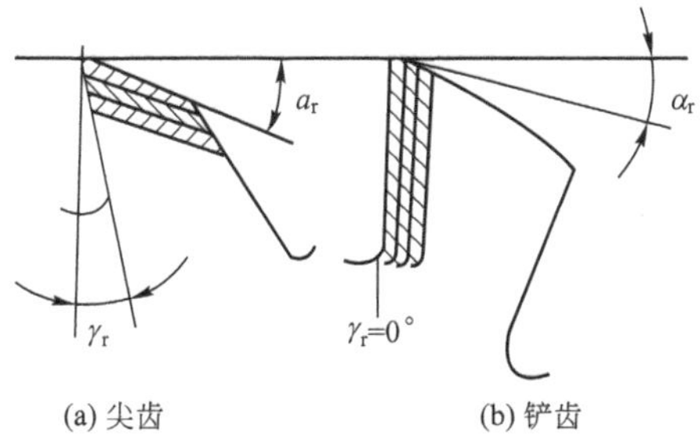

图 2.42　刀齿的齿背形式

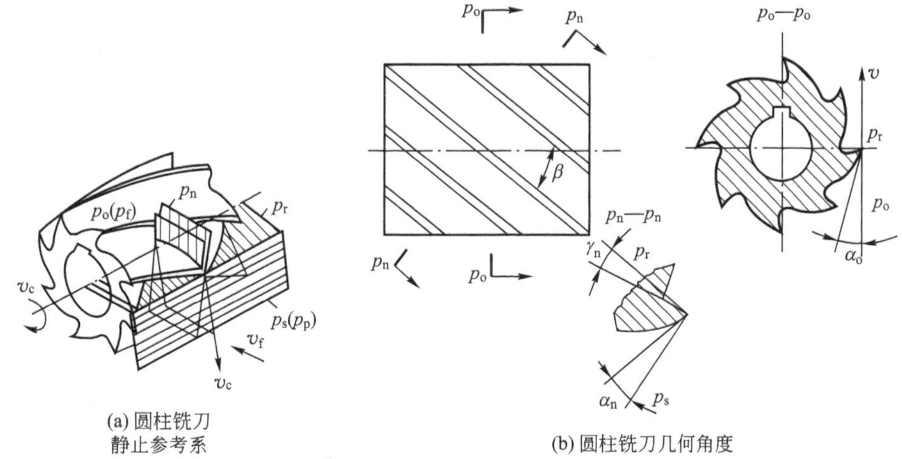

图 2.43　圆柱铣刀的几何角度

螺旋角：螺旋切削刃展开成直线后与铣刀轴线间的夹角即螺旋角 β，等于刀具的刃倾角 λ_s。螺旋角起到增大刀具前角的作用，切削轻快、平稳；形成螺旋形切屑，排屑容易；细齿取 $\beta=30°\sim35°$，粗齿取 $\beta=40°\sim45°$。

前角：通常在图纸上标注法前角 γ_n 以便于制造，在检验时测量正交平面前角 γ_o。法前角和正交平面前角的公式为 $\tan\gamma_n=\tan\gamma_o\cos\beta$。法前角 γ_n 按被加工材料来选择，铣削钢时，取 $\gamma_n=10°\sim20°$；铣削铸铁时，取 $\gamma_n=5°\sim15°$。

后角：圆柱铣刀后角 α_o 规定在正交平面内测量。铣削时，适当增大铣刀后角以减少磨损，通常取 $\alpha_o=12°\sim16°$，粗铣时取小值，精铣时取大值。

2）面铣刀的几何角度

面铣刀的几何角度除规定在正交平面内度量外，还规定在背平面和假定工作平面内表示，便于面铣刀的刀体设计和制造。面铣刀的刀齿相当于普通外圆车刀，其角度标注方法与车刀相同。面铣刀的几何角度如图 2.44 所示。

由于铣削时冲击较大，为保证切削刃强度，面铣刀前角一般小于车刀，硬质合金铣刀前角小于高速钢铣刀前角；当冲击较大时，前角应取更小值或负值，或磨负倒棱，负倒棱宽度应小于每齿进给量；铣刀后角主要根据进给量大小选择，后角一般比车刀大；硬质合金面铣刀的刃倾角对刀尖强度影响较大，通常取负值。

通常面铣刀的几何角度可取为：前角 $\gamma_o=-10°\sim5°$，后角 $\alpha_o=6°\sim12°$，刃倾角 $\lambda_s=-15°\sim-7°$，主偏角 $\kappa_r=45°\sim75°$，副偏角 $\kappa_r'=5°\sim15°$，副后角 $\alpha_o'=8°\sim10°$。

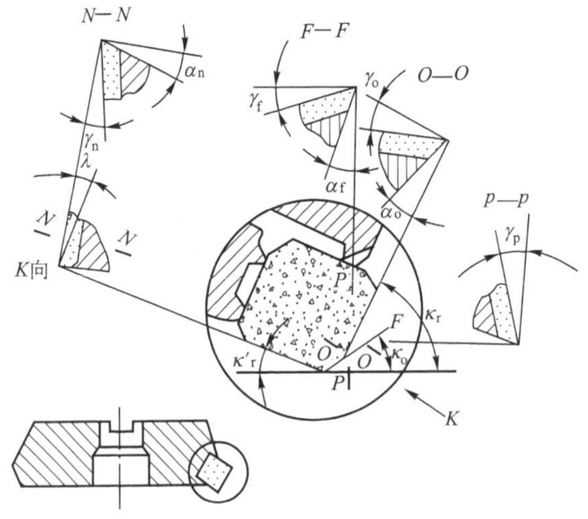

图 2.44　面铣刀的几何角度

任务 2.4　钻削和镗削加工

2.4.1　钻削加工工艺

钻削加工是指在钻床上利用钻削刀具在实心材料上加工孔的方法。钻削加工主要用来加工形状复杂、无对称回转轴线的工件上的孔，如箱体和机架上的孔。除钻孔、扩孔和铰孔外，钻削加工还可攻螺纹、锪孔和刮平面等，如图 2.45 所示。

钻削加工时，刀具绕轴线的旋转运动为主运动，刀具沿轴线的直线运动为进给运动，工件一般不动，如图 2.46 所示。

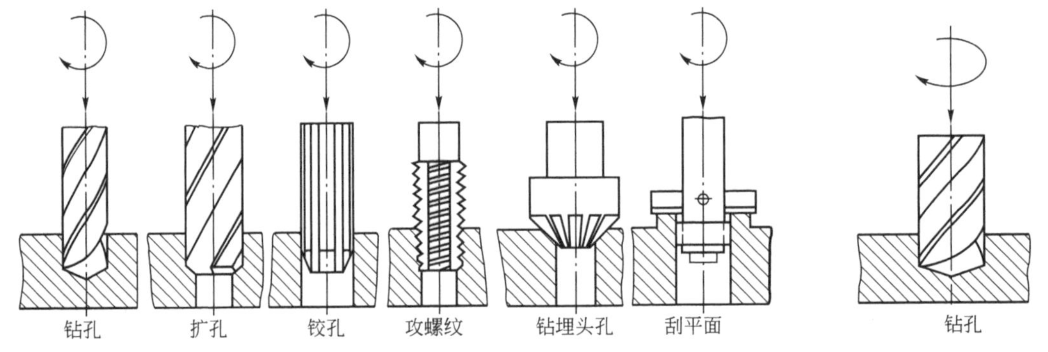

图 2.45　钻削加工方法　　图 2.46　钻削加工的运动

由于钻削刀具的主切削刃对称分布，因此钻削时背向力相互抵消；钻心处切削刃前角为负值，特别是横刃区切削时产生挤压，切屑呈粒状并被压碎；钻心区域直径几乎为零，但仍有进给运动，使得钻心横刃区域工作后角为负，导致钻削进给力增大。

主切削刃各点前角、刃倾角不同，使切屑变形、卷曲和流向也不同；又因排屑受到螺旋槽的影响，切削塑性材料时，切屑卷成圆锥螺旋形，断屑困难。被加工孔精度低，表面质量差；钻孔的精度一般为IT12～IT11，表面粗糙度为$Ra\,50$～12.5μm。

钻头刃带无后角，与孔壁产生摩擦；加工塑性材料时易产生积屑瘤，粘在刃带上影响钻孔质量。金属切除率高，背吃刀量为孔径的一半。

2.4.2　钻削加工设备

台式钻床简称台钻，是安装在专用工作台上使用的小型孔加工机床，如图2.47所示。台式钻床钻孔直径一般在13mm以下，最大不超过16mm。其主轴变速一般通过改变V带在塔型带轮上的位置来实现，主轴进给靠手动操作实现。

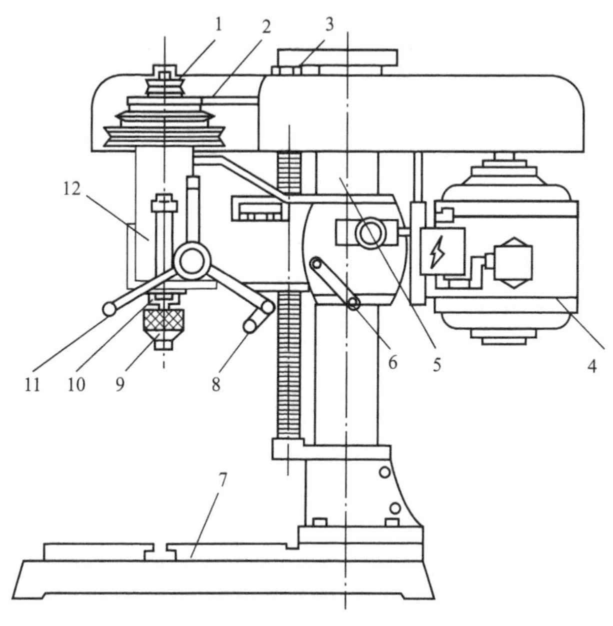

图2.47　台式钻床

1—塔轮；2—V带；3—丝杠架；4—电动机；5—立柱；6—锁紧手柄；7—工作台；8—升降手柄；9—钻夹头；10—主轴；11—进给手柄；12—主轴架

立式钻床简称立钻，是主轴竖直布置且中心位置固定的钻床(图2.48)。它主要分为方柱立钻和圆柱立钻两种。立式钻床的工作台和主轴箱可沿立柱导轨调整位置，以适应不同高度的工件。在加工工件前要调整工件在工作台上的位置，使被加工孔中心线对准刀具轴线。加工时，工件固定不动，主轴在套筒中旋转并与套筒一起作轴向进给。由于立式钻床的主轴不能在垂直其轴线的平面内移动，钻孔时要使钻头与工件孔的中心重合，就必须移动工件。因此，立式钻床只适用于单件、小批生产中加工中小型零件。

摇臂钻床也称为摇臂钻(图2.49)。主轴箱5可在摇臂4上左右移动，并随摇臂绕立柱回转±180°；摇臂4还可沿外立柱3上下升降，以适应加工不同高度的工件。摇臂钻床广泛应用于单件和中小批生产中大而重的工件孔。

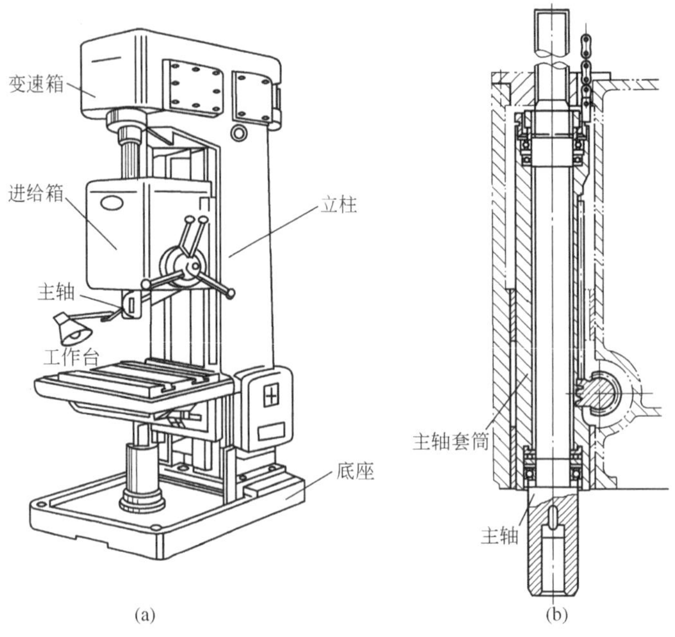

图 2.48　立式钻床

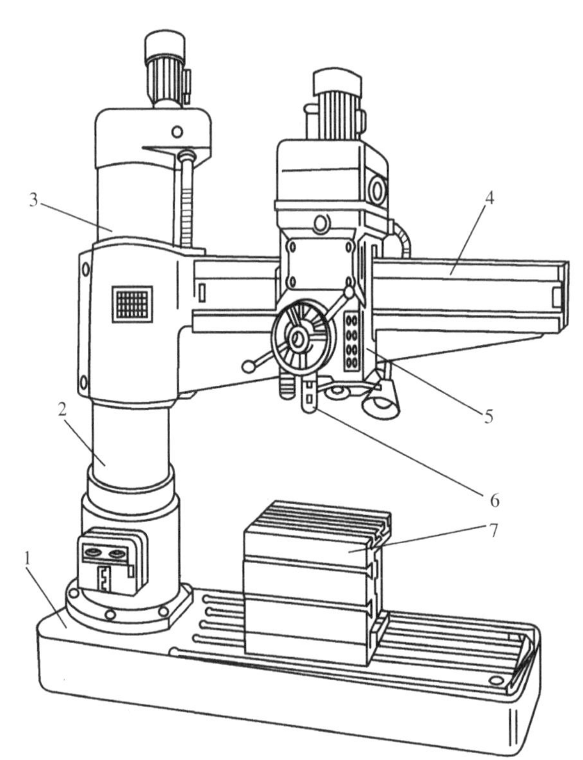

图 2.49　摇臂钻床

1—底座；2—内立柱；3—外立柱；4—摇臂；5—主轴箱；6—主轴；7—工作台

2.4.3　Z3040型摇臂钻床的传动系统和结构

摇臂钻床总共有五个运动：摇臂钻床的主运动为主轴的旋转运动；进给运动为主轴的纵向进给；辅助运动为摇臂沿外立柱的垂直移动、主轴箱沿摇臂水平方向的移动和摇臂与外立柱一起绕内立柱的回转运动。图2.50为Z3040型摇臂钻床传动系统图。

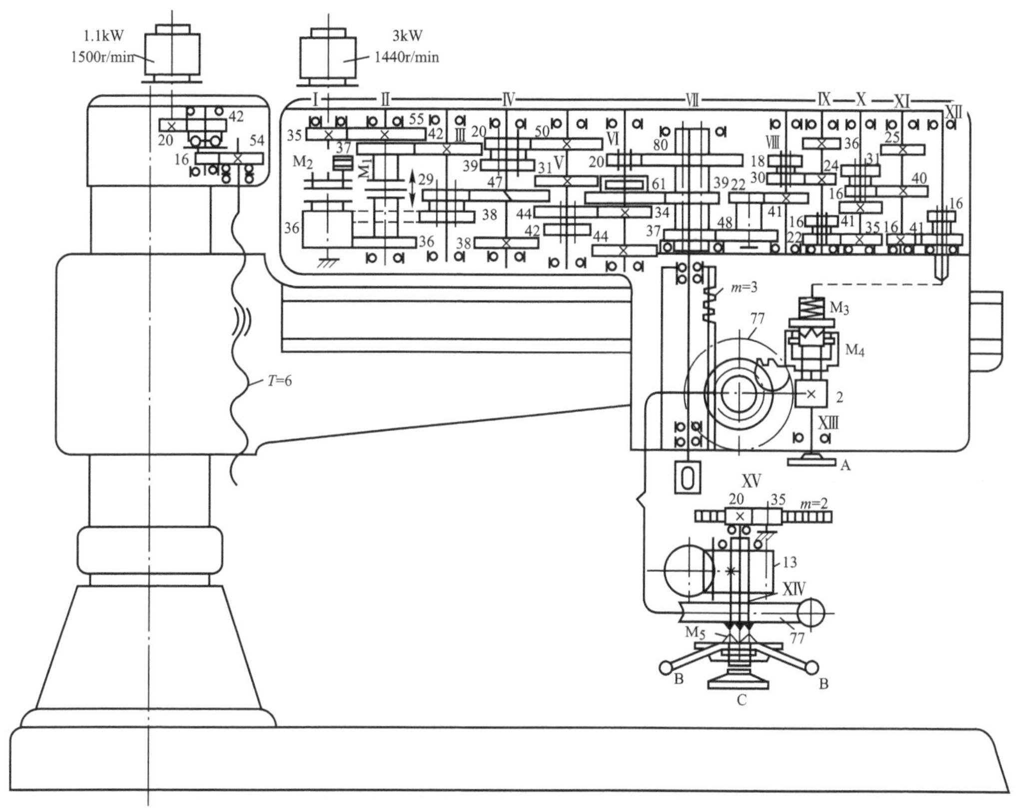

图2.50　Z3040型摇臂钻床传动系统图

M_1、M_2、M_3、M_4、M_5—离合器；A、B、C—手轮；T—导程

1. 主运动传动系统

主运动从电动机(3kW，1440r/min)开始，经过三组双联滑移齿轮变速和Ⅵ轴上的齿式离合器(齿数为20和61)变速机构驱动主轴旋转。利用双向片式摩擦离合器M_1控制主轴的开停和正、反转；当M_1断开时，M_2使主轴实现制动。主轴共获得16级转速，变速范围为25～2000r/min。主运动传动路线表达式为

$$n_{电动机}—\text{I}—\frac{35}{55}—\text{II}—\begin{bmatrix}\frac{37}{42}(M_1\uparrow)\\ \frac{36}{36}\times\frac{36}{38}(M_1\downarrow)\end{bmatrix}—\text{III}—\begin{bmatrix}\frac{29}{47}\\ \frac{38}{38}\end{bmatrix}—\text{IV}—\begin{bmatrix}\frac{20}{50}\\ \frac{39}{31}\end{bmatrix}—\text{V}—\begin{bmatrix}\frac{44}{34}\\ \frac{42}{44}\end{bmatrix}—\text{VI}—\begin{bmatrix}\frac{20}{80}\\ \frac{61}{39}\end{bmatrix}—\text{VII}$$

2. 进给运动传动系统

进给运动从轴Ⅶ上的齿轮37开始，经过四组双联滑移齿轮变速及离合器M_3、M_4，

蜗杆副 2/77、齿轮 13 到齿条套筒止，带动主轴作轴向进给运动。进给运动传动路线表达式为

$$\text{Ⅶ}-\frac{37}{48}\times\frac{22}{41}-\text{Ⅷ}-\begin{bmatrix}\frac{18}{36}\\ \frac{30}{24}\end{bmatrix}-\text{Ⅸ}-\begin{bmatrix}\frac{16}{41}\\ \frac{22}{35}\end{bmatrix}-\text{Ⅹ}-\begin{bmatrix}\frac{16}{40}\\ \frac{31}{25}\end{bmatrix}-\text{Ⅺ}-\begin{bmatrix}\frac{40}{16}\\ \frac{16}{41}\end{bmatrix}-\text{Ⅻ}-$$

$$M_3(\text{合})-M_4-\text{XIII}-\frac{2}{77}-M_5(\text{合})-\text{XIV}-z_{13}-\text{齿条}(m=3\text{mm})-\text{轴向进给}$$

主轴轴向进给量共 16 级，范围为 0.04～3.2mm/r。推动手柄 B 可操纵离合器 M_5 接合或脱开机动进给运动传动链，转动手柄 B 可使主轴快速升降。脱开离合器 M_3，即可用手轮 A 经蜗杆副(2/77)使主轴作低速升降，用于手动微量进给。

2.4.4 镗削加工工艺

1. 镗削加工工艺概述

镗削加工是在镗床上用镗刀对工件上较大的孔进行半精加工和精加工的方法。镗削加工的工艺范围较广，通常用于加工尺寸较大且精度要求较高的孔，特别适合加工分布在不同表面上且孔距和位置精度要求很高的孔系，如箱体和大型工件上的孔和孔系加工。除镗孔外，镗床还可以用于钻孔、扩孔、铰孔、铣平面、镗盲孔、镗端面等加工，也可以车端面和螺纹。镗削加工的工艺范围如图 2.51 所示。

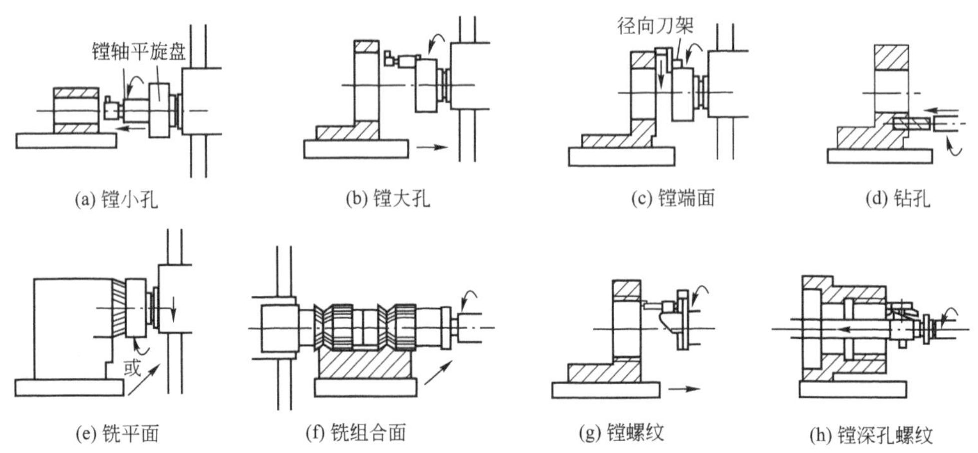

(a) 镗小孔　(b) 镗大孔　(c) 镗端面　(d) 钻孔
(e) 铣平面　(f) 铣组合面　(g) 镗螺纹　(h) 镗深孔螺纹

图 2.51　镗床的工艺范围

镗削加工工艺灵活，适应性强；操作技术要求高；镗刀结构简单，成本低；镗孔的尺寸精度为 IT7～IT6，孔距精度可达 0.0015mm，表面粗糙度为 Ra1.6～0.8μm。

2. 镗削加工设备

卧式镗床(图 2.52)是镗床中应用较广泛的一种，主要用于孔加工。卧式镗床镗孔精度可达 IT7，表面粗糙度为 Ra1.6～0.8μm，其主参数为主轴直径。镗轴水平布置并作轴向进给，主轴箱沿前立柱导轨垂直移动，工作台作纵向或横向移动。

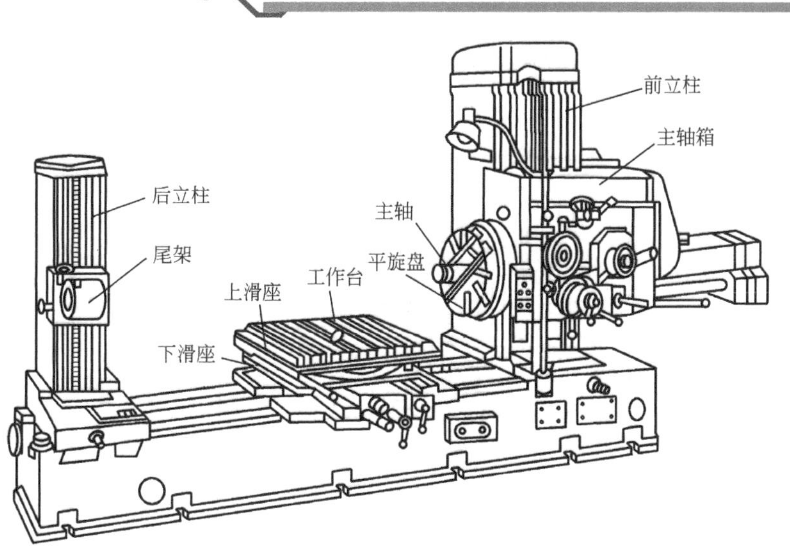

图 2.52　卧式镗床

坐标镗床是一种用于加工精密孔系的高精度机床，其主要特点是具有坐标位置的精密测量装置，依靠坐标测量装置能精确地确定工作台、主轴箱等移动部件的位移量，实现工件和刀具的精确定位。

坐标镗床除镗孔外，还可进行钻孔、扩孔、铰孔、锪端面及铣平面和沟槽等加工。镗孔精度可达 IT5 以上，坐标位置精度可达 0.002～0.001mm，因其具有较高的定位精度，还可用于精密刻线、划线、孔距及直线尺寸的精密测量等。坐标镗床的类型如图 2.53 所示。

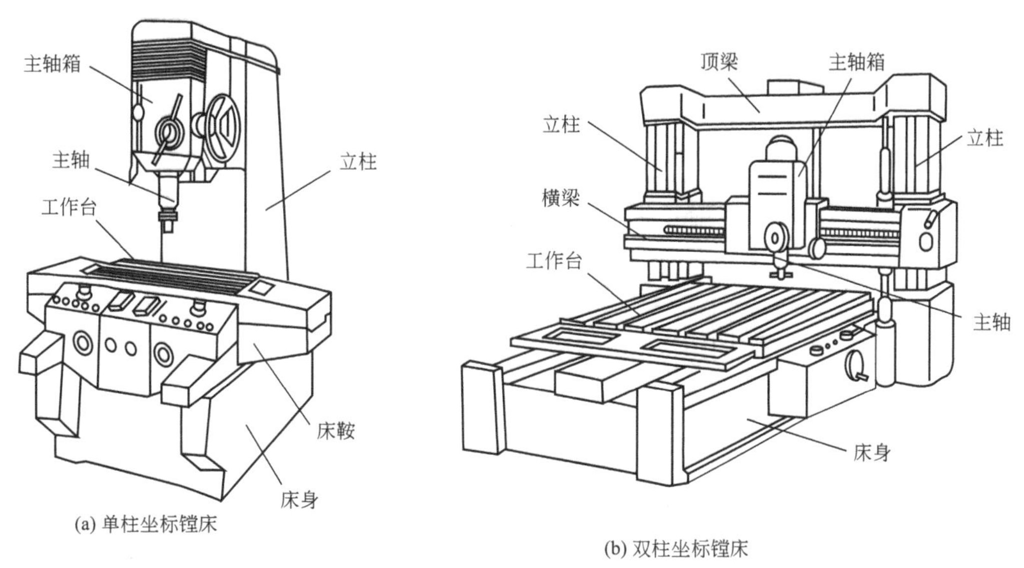

(a) 单柱坐标镗床

(b) 双柱坐标镗床

图 2.53　坐标镗床

金刚镗床是一种高速镗床，因采用金刚石刀具而得名。金刚镗床现采用硬质合金作为刀具材料，以高速度、较小的背吃刀量和进给量进行精细加工，加工尺寸精度可达到 0.005～0.003mm，表面粗糙度可达 Ra1.25～0.16μm，主要用于成批或大量生产中，加工有色金属和铸铁的中小型精密孔。图 2.54 所示为单面卧式金刚镗床。

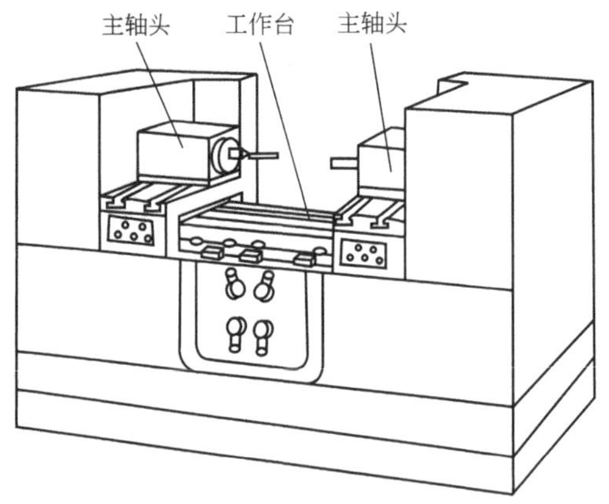

图 2.54　单面卧式金刚镗床

2.4.5　钻削刀具

1. 麻花钻

麻花钻是最常见的孔加工刀具，主要用于加工低精度的孔或扩孔。标准高速钢麻花钻由工作部分、颈部及柄部三部分组成，其结构如图 2.55 所示。

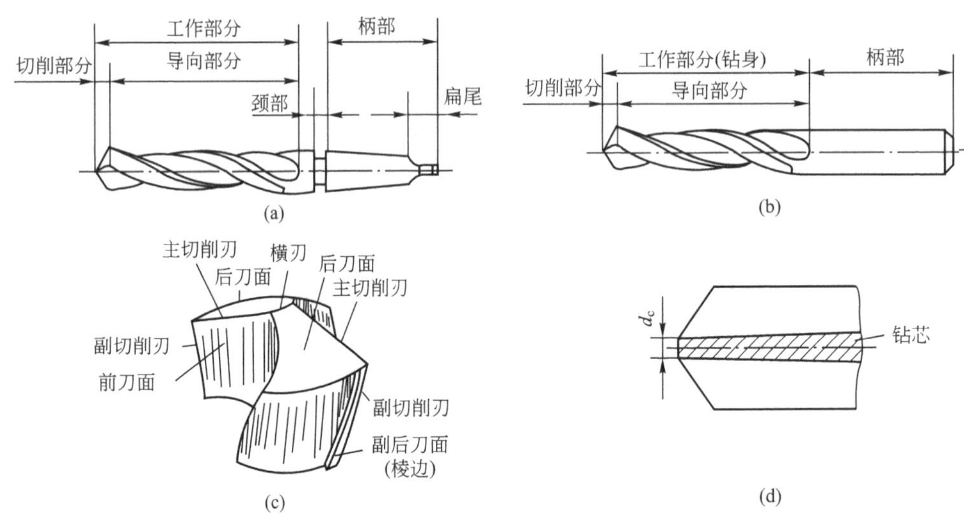

图 2.55　麻花钻的结构

(1) 装夹部分：用于连接机床并传递动力，包括柄部和颈部。小直径钻头用圆柱柄，直径在 12mm 以上的均做成莫氏锥柄。颈部直径略小，用于标记厂标和规格等。

(2) 工作部分：用于导向和排屑，也作为切削部分的后备。外圆柱上两条螺旋形棱边称为刃带，用于保持孔形尺寸和导向；钻体中心部分称为钻芯。

(3) 切削部分：钻头前端有切削刃的区域。它由两前刀面、两后刀面、两副后刀面、两主切削刃、两副切削刃和一条横刃组成。

麻花钻的结构参数是指钻头在制造中控制的尺寸或角度，它们是确定钻头几何形状的独立参数。麻花钻的结构参数包括以下几项：

(1) 直径 d。直径指在切削部分测量的两刃带间的距离，选用标准系列尺寸。

(2) 直径倒锥。倒锥指远离切削部分的直径逐渐减小，以减少刃带孔壁，相当于副偏角。钻头直径大，倒锥也大；中等直径钻头的倒锥量为 0.03～0.12mm/100mm。

(3) 钻芯直径 d_c。钻芯直径是与两刃沟底相切圆的直径。它影响钻头的刚性与容屑截面。钻芯通常做成 1.4～2mm/100mm 的正锥度，以提高钻头的刚性。对于直径大于 13mm 的钻头，通常取 $d_c=(0.125\sim0.15)d$。

(4) 螺旋角 ω。螺旋角指钻头刃带棱边螺旋线展开成直线与钻头轴线的夹角，如图 2.56所示。

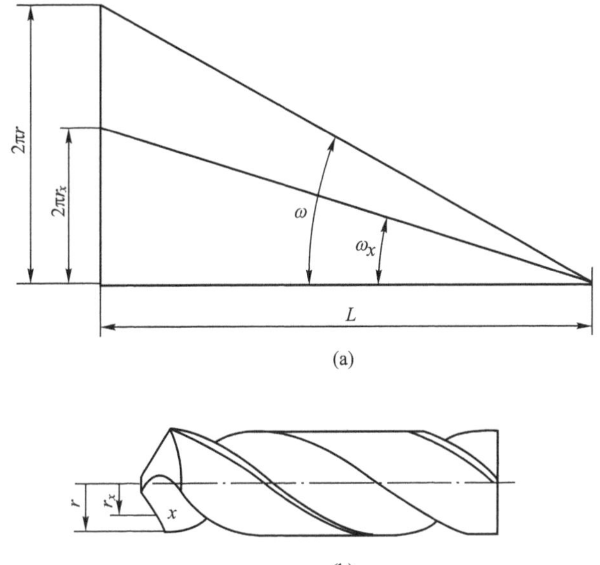

图 2.56 麻花钻的螺旋角

如图 2.56 所示，主切削刃上任意半径 r_x 处的螺旋角 ω_x 为

$$\tan\omega_x=\frac{2\pi r_x}{L}=\frac{2\pi r}{L}\cdot\frac{r_x}{r}=\frac{r_x}{r}\tan\omega$$

根据螺旋角公式可知：越靠近钻头中心处，螺旋角越小。增大螺旋角可使前角增大，切削轻快，便于排屑，但钻头刚性变差。刃带处螺旋角取 25°～32°；小直径钻头为提高刚性，一般螺旋角取小值。

2. 群钻

群钻最早于 1953 年由倪志福创造，经多年实践，目前已形成标准群钻(图 2.57)、铸铁群钻、不锈钢群钻、薄板群钻等一系列先进钻型。

群钻的结构特点可概括为：三尖七刃锐当先，月牙弧槽分两边，一侧外刃再开槽，横刃磨低窄又尖。

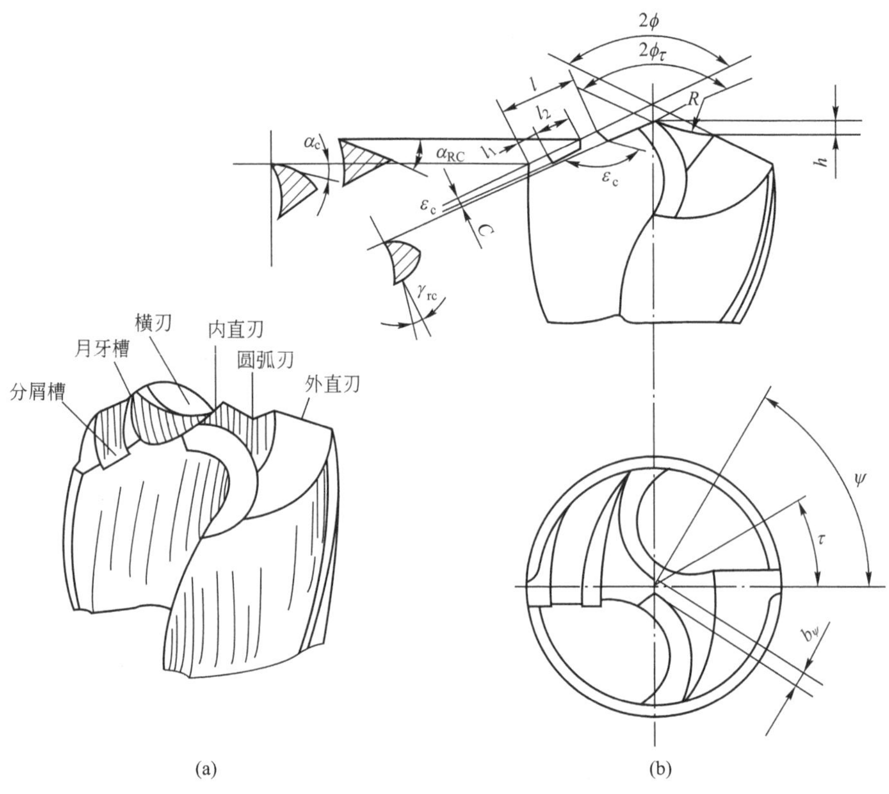

图 2.57　标准群钻的结构

3. 扩孔钻和锪钻

扩孔钻(图 2.58)是用于扩大孔径和提高孔加工质量的刀具，用于孔的最终加工或铰孔和磨孔前的预加工。扩孔钻的加工精度为 IT10～IT9 级，表面粗糙度为 Ra6.3～3.2μm。扩孔钻与麻花钻结构相似，扩孔钻一般有 3～4 齿，导向性好；扩孔余量小且无横刃，切削条件得到改善；扩孔钻容屑槽浅，钻芯较厚，故强度和刚度较高。

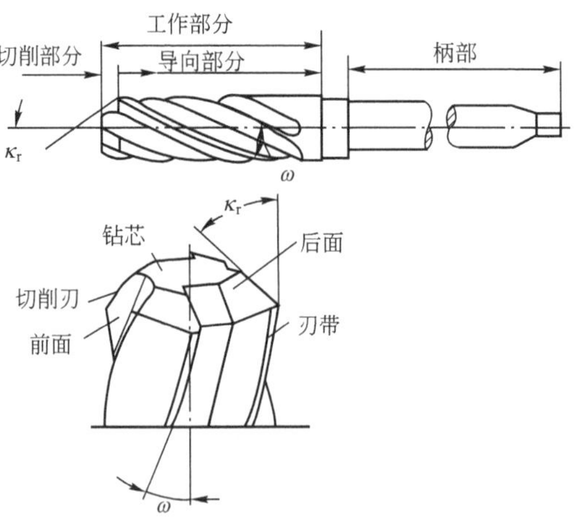

图 2.58　扩孔钻

锪钻(图 2.59)是用于加工各种埋头螺钉沉孔、锥孔和凸台的刀具。

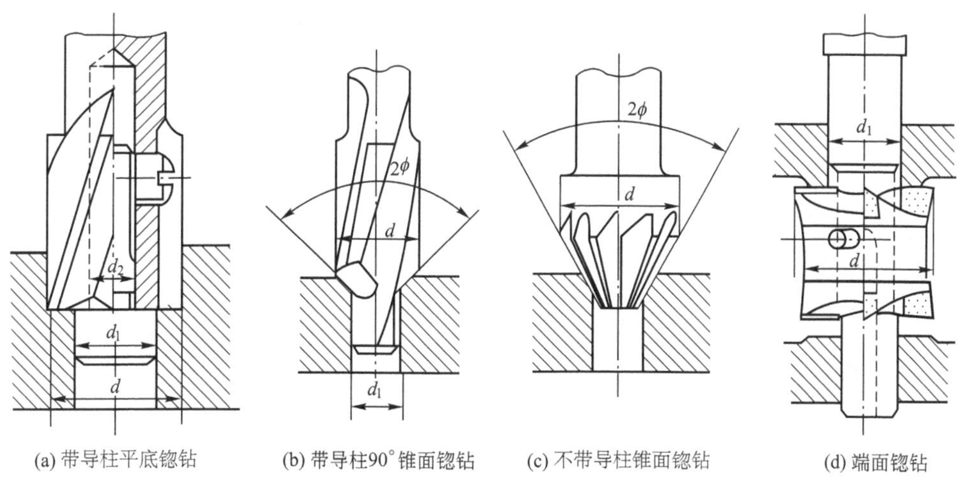

图 2.59　锪钻

4. 铰刀

铰刀是用于孔的半精加工和精加工的刀具，加工精度可达 IT8～IT6 级，表面粗糙度为 Ra1.6～0.4μm。铰刀有 6～12 个刀刃，排屑槽更浅，刚性好；铰刀有修光刃，可校准孔径和修光孔壁；铰削加工余量小，工作平稳。

图 2.60 所示为圆柱铰刀的结构。铰刀由工作部分、颈部和柄部组成，其中工作部分包括引导锥、切削部分和校正部分，校准部分又包括圆柱部分和倒锥部分。

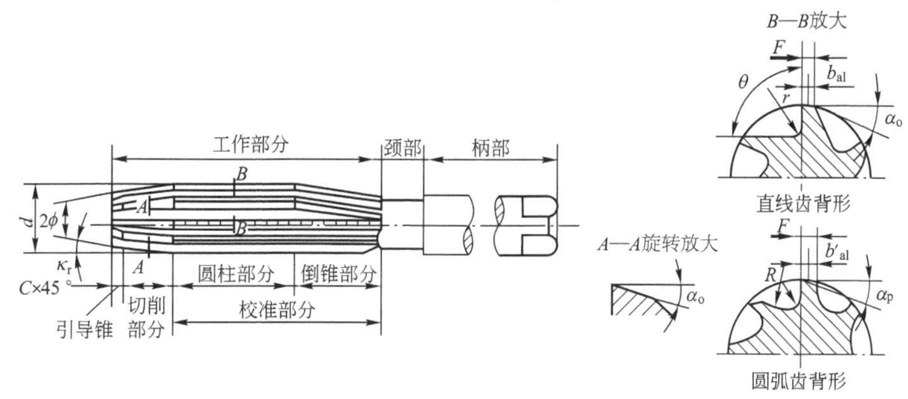

图 2.60　圆柱铰刀的结构

铰刀按用途可分为手用铰刀和机用铰刀，按孔的加工形状可分为圆柱铰刀和圆锥铰刀。铰刀已标准化，常用铰刀类型如图 2.61 所示。

5. 镗刀

镗刀是在车床、铣床、镗床、组合机床上对工件已有孔进行再加工的刀具。特别是加工大直径孔，镗刀几乎是唯一的刀具。镗孔精度可达 IT7～IT6 级，表面粗糙度为 Ra 1.6～0.8μm。

镗刀分为单刃镗刀和双刃镗刀。图 2.62 所示为单刃镗刀，图 2.63 所示为双刃镗刀。

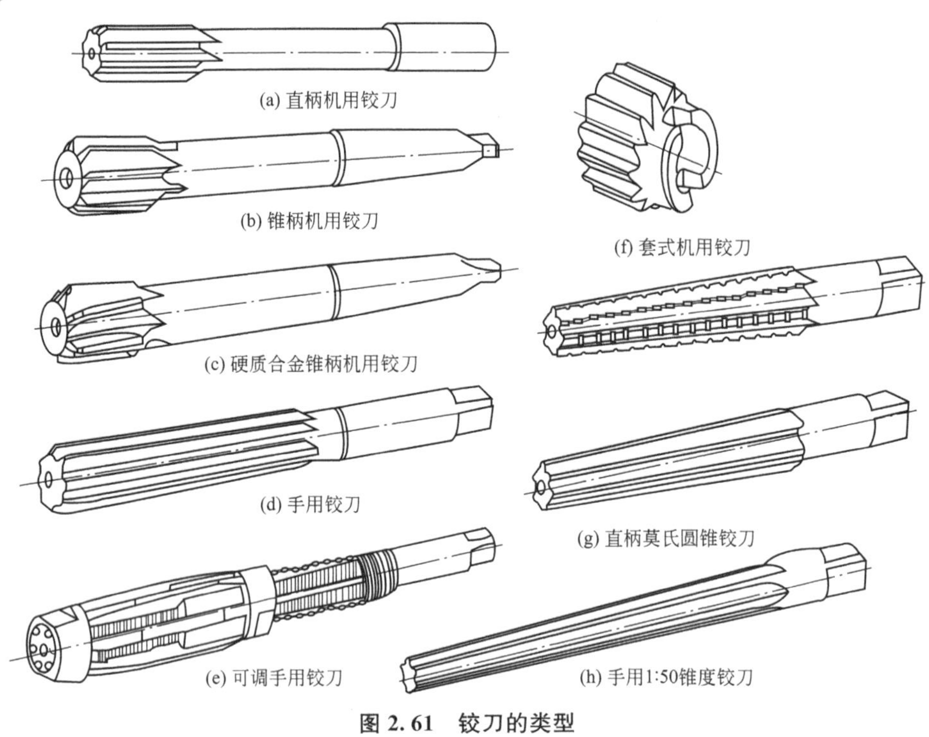

图 2.61　铰刀的类型

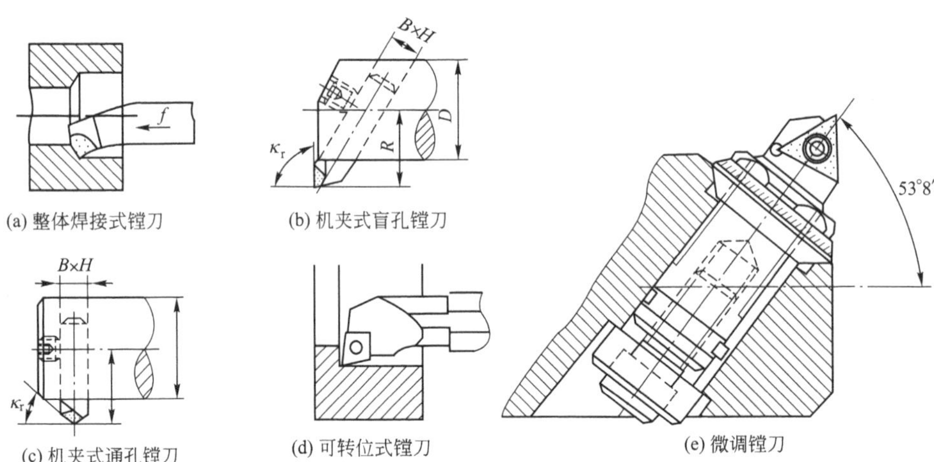

图 2.62　单刃镗刀

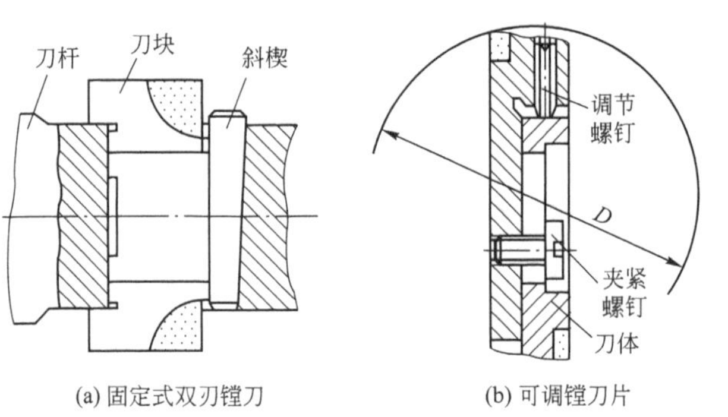

图 2.63　双刃镗刀

6. 复合孔加工刀具

复合孔加工刀具是由两把或两把以上同类或不同类孔加工刀具组合而成的刀具。复合孔加工刀具种类繁多，在组合机床和自动线上应用广泛。

图 2.64 所示为同类工艺复合孔加工刀具，图 2.65 所示为不同类工艺复合孔加工刀具，图 2.66 所示为孔加工刀具复合形式。

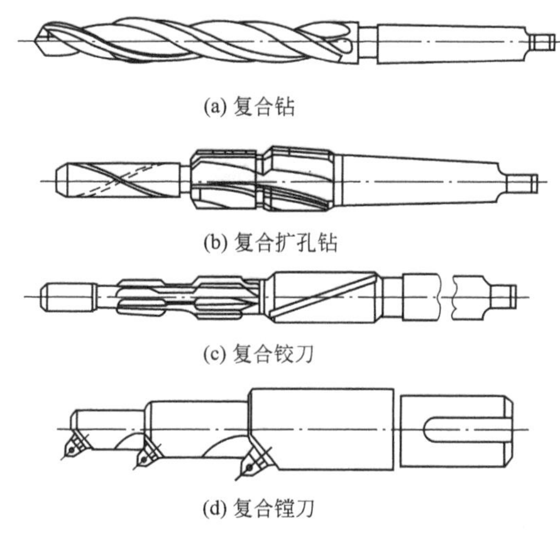

(a) 复合钻

(b) 复合扩孔钻

(c) 复合铰刀

(d) 复合镗刀

图 2.64　同类工艺复合孔加工刀具

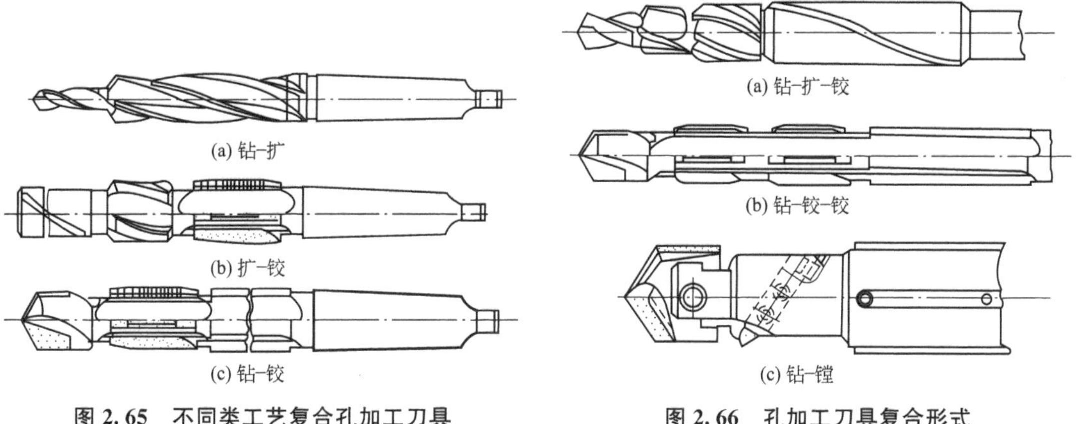

(a) 钻-扩

(b) 扩-铰

(c) 钻-铰

图 2.65　不同类工艺复合孔加工刀具

(a) 钻-扩-铰

(b) 钻-铰-铰

(c) 钻-镗

图 2.66　孔加工刀具复合形式

任务 2.5　磨 削 加 工

2.5.1　磨削加工工艺

磨削加工是指利用砂轮、砂带、油石等磨料磨具对工件进行加工的方法。磨削加工应用范围很广，可以对内外圆、平面、成形面和组合面进行加工，还可以进行刃磨刀具和切断等加工。典型的磨削加工范围如图 2.67 所示。

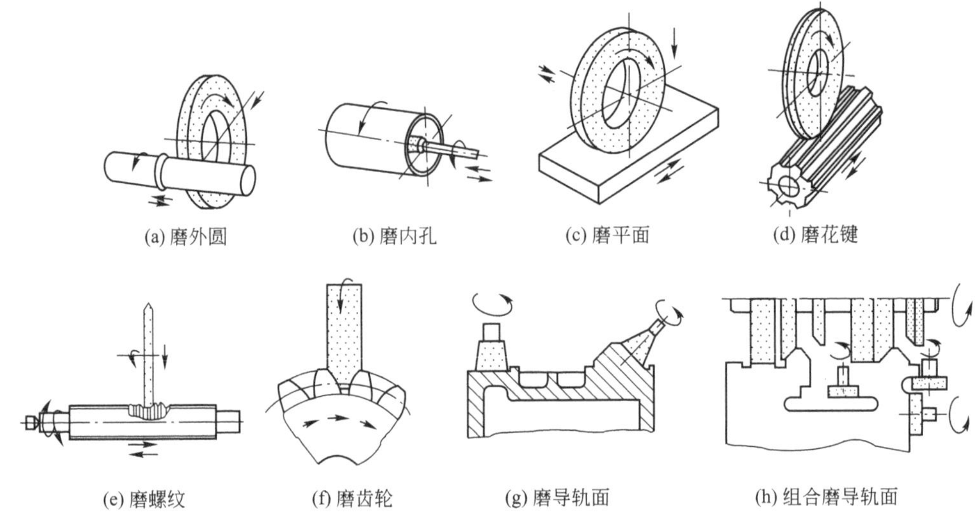

图 2.67　磨削加工范围

因磨削加工余量较小，加上砂轮磨粒的修光作用，故磨削加工精度较高，表面质量好，加工精度可达 IT7～IT6 级，表面粗糙度可达 Ra1.25～0.05μm。如采用高精度磨削，则加工精度可达 IT5 级，表面粗糙度可达 Ra0.1～0.012μm。

由于磨削速度高，砂轮和工件间产生大量热量，而且砂轮的导热性差，不易散热，磨削区域的温度可达 1000℃以上，磨削时会产生磨削烧伤。因此，磨削时应加大量切削液。

磨削加工可以加工普通刀具难以加工甚至无法加工的硬质材料，如淬硬钢、硬质合金和陶瓷等。

2.5.2　M1432A 型万能外圆磨床

M1432A 型万能外圆磨床是应用最普遍的外圆磨床，主要用于磨削内外圆柱面、内外圆锥面，还可磨削阶梯轴轴肩及端面和简单的成形回转体表面等。图 2.68 所示为 M1432A 型万能外圆磨床的加工范围。

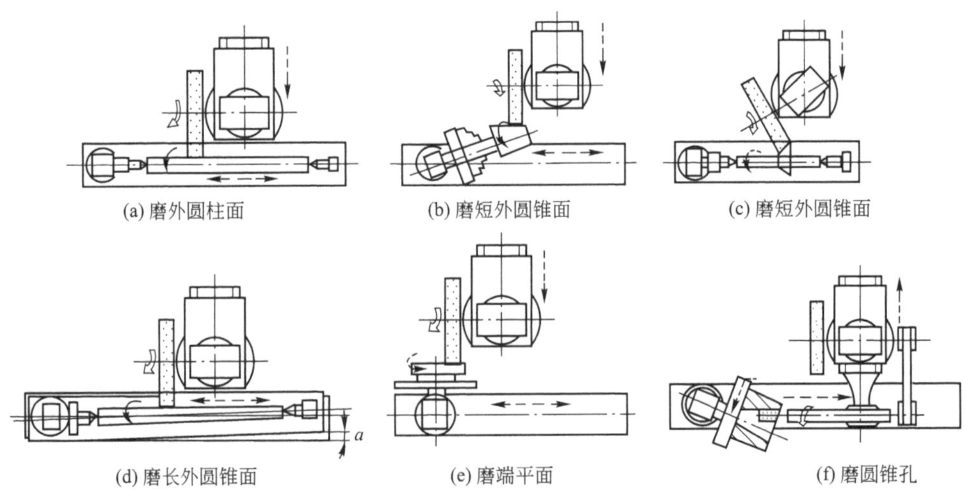

图 2.68　M1432A 型万能外圆磨床的加工范围

按照砂轮的进给方式不同，磨外圆的工作方式分为纵向磨削和横向磨削两种，如图 2.69所示。

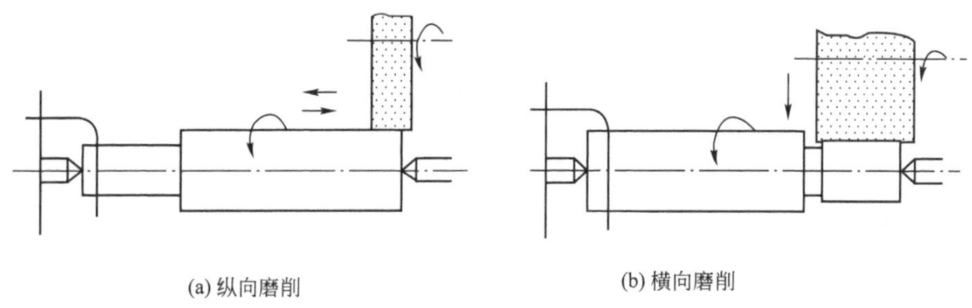

图 2.69　M1432A 型万能外圆磨床的工作方式

(1) 纵向磨削。磨削时，工件低速旋转作圆周进给运动，工作台往返作纵向进给运动。每一次纵向行程结束，砂轮作一次横向进给，逐步磨去加工余量。这种磨削方法生产率低，表面质量好，精度高，应用广泛。纵向磨削法主要用于单件、小批生产或精磨的场合。

(2) 横向磨削。砂轮宽度大于工件被磨长度，磨削时无需纵向进给。砂轮以慢速连续或断续作横向进给运动，直至磨去全部余量。这种方法磨削效率高，磨削力大，磨削温度高，加工精度低，表面粗糙度增大。横向磨削主要用于批量大、精度要求不太高的工件或不能作纵向进给的场合。

M1432A 型万能外圆磨床的运动有磨外圆或内孔时砂轮的旋转运动、工件的圆周进给运动、工件(工作台)的往复纵向进给运动、砂轮横向进给运动(往复纵磨时，为周期间歇进给；切入磨削时，为连续进给)、砂轮架横向快速进退运动和尾座套筒的伸缩移动。

2.5.3　无心外圆磨床

图 2.70 所示为无心外圆磨削的加工示意图。磨削时，工件不用顶尖定心和支承，而以工件的被磨削外圆面定位。

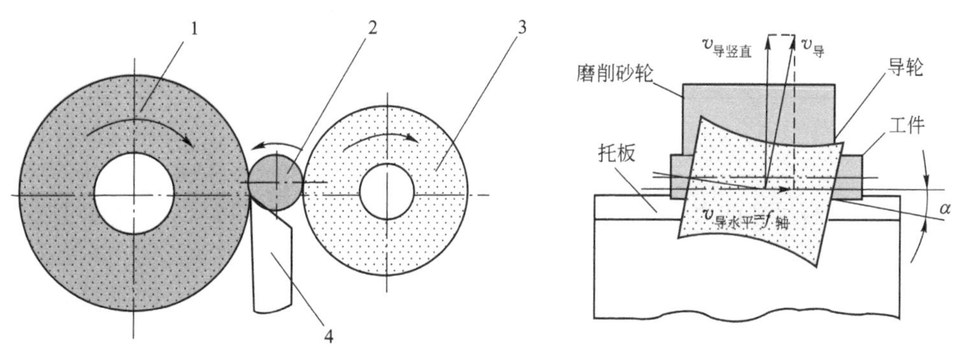

图 2.70　无心外圆磨削的加工示意图

1—磨削砂轮；2—工件；3—导轮；4—托板

工件 2 放在磨削砂轮 1 和导轮 3 之间，由托板 4 支承进行磨削加工。导轮是用树脂或橡胶为黏结剂制成的刚玉砂轮，它与工件之间的摩擦系数大，所以工件由导轮的摩擦力带动作圆周进给。导轮的线速度通常为10～50m/min，工件的线速度基本上等于导轮的线速度，磨削砂轮的线速度很高，因此在磨削砂轮和工件之间有较大的相对速度，即磨削速度。

磨削时，工件的中心应高于磨削砂轮和导轮的中心连线，为工件直径的15%～25%，使工件和导轮、砂轮的接触相当于在假象的V形槽内转动，以避免磨削出棱圆形工件。托板的顶面实际上向导轮一边倾斜20°～30°，以使工件能更好地贴紧导轮。

无心外圆磨床生产率高，能磨削刚度较差的细长工件，磨削用量较大；工件表面的精度高，表面粗糙度值小；能实现生产自动化。

2.5.4 磨削砂轮

砂轮是由磨粒和黏合剂以适当的比例混合，经压坯、干燥、焙烧及车整而成的。它的特性决定于磨料、粒度、黏结剂、硬度、组织及形状尺寸等。

1. 磨料

磨料是砂轮的主要成分，常用的磨料有氧化物系、碳化物系两类。常用磨料的特性及适用范围见表2-10。

表2-10 磨料的特性及适用范围

系列	磨料名称	代号	显微硬度(HV)	特性	适用范围
氧化物系	棕刚玉	A	2200～2280	棕褐色，硬度高，韧性好，价格便宜	磨削碳钢、合金钢、可锻铸铁、硬青铜
	白刚玉	WA	2200～2300	白色，硬度高于棕刚玉，韧性差	磨削淬火钢、高速钢、耐火材料及薄壁零件
碳化物系	黑碳化硅	C	2840～3320	黑色，硬度高于刚玉，性脆而锋利，导热性和导电性良好	磨削铸铁、黄铜、铝、耐火材料及非金属材料
	绿碳化硅	GC	3280～3400	绿色，硬度和脆性高于黑碳化硅，导电性和导热性良好	磨削硬质合金、宝石、陶瓷、玉石玻璃等难加工材料

2. 粒度

粒度表示磨料尺寸的大小。当磨料尺寸较大时，用筛选法分级，以其能通过的筛网上每英寸(1英寸≈2.54厘米)长度上的孔数来表示粒度号，如F60表示磨粒刚好能通过每英寸60个孔眼的筛网。粒度号数越大，磨料越细。基本尺寸小于53μm的磨粒称为微粉。微粉的粒度号为F230～F1200，F后的数字越大，微粉越细。粗加工时，选用颗粒较粗的砂轮，以提高生产率；精加工时，选用颗粒较细的砂轮，以减小加工表面粗糙度；砂轮速度较高或砂轮与工件接触面积较大时，选用颗粒较粗的砂轮，以免引起工件表面烧伤；磨削材料较软和塑性较大的材料时，选用颗粒较粗的砂轮，以免砂轮堵塞；磨削材料较硬和脆性较大的材料时，选用颗粒较细的砂轮，以提高生产效率。常用粒度及其适用范围见表2-11。

表 2-11　常用粒度及其适用范围

类别	粒度号	应用范围
磨粒	F4、F5、F6、F7、F8、F10、F12、F14、F16、F20、F22、F24	粗磨、荒磨、打飞边
	F30、F36、F40、F46、F54、F60、F70、F80、F90、F100	粗磨、半精磨、精磨
	F120、F150、F180、F220	精磨、成形磨、珩磨
微粉	F230、F240、F280、F320、F360	珩磨、研磨
	F400、F500、F600、F800、F1000、F1200	研磨、超精磨削、镜面磨削

3. 粘结剂

粘结剂的作用是将磨粒粘结在一起，形成具有一定形状和强度的砂轮。粘结剂的性能决定了砂轮的强度、抗冲击性、耐热性和耐蚀性等性能。常用粘结剂及适用范围见表 2-12。

表 2-12　常用粘结剂及适用范围

粘结剂	代号	特性	适用范围
陶瓷	V	耐热性、耐蚀性好；气孔率大，易保持轮廓；弹性差	应用广泛，适用于 $v<35\text{m/s}$ 的各类磨削加工
树脂	B	强度高，弹性好，耐冲击；坚固性和耐热性差；气孔率小	适用于 $v>50\text{m/s}$ 的高速磨削，可制成薄片砂轮，用于磨槽、切割等
橡胶	R	强度和弹性更高；气孔率小；耐热性差，磨粒易脱落	适用于无心磨的砂轮和导轮及开槽和切割的薄片砂轮、抛光砂轮等
金属	M	韧性和成形性好；强度高，但自锐性差	可制造各种金刚石磨具

4. 硬度

砂轮的硬度是指砂轮上的磨粒受力后从砂轮表层脱落的难易程度。它反映了磨料与黏结剂的黏结强度。硬度高，磨料不易脱落；硬度低，磨粒容易脱落。磨削时，砂轮硬度太高，磨粒不易脱落，磨削温度升高会造成工件磨削烧伤；反之，若砂轮硬度太低，则磨粒脱落速度过快而不能充分发挥磨料的磨削性能。

工件硬度高时，应选用较软的砂轮；工件硬度低时，应选用较硬的砂轮；砂轮与工件接触面积较大时，应选用较软的砂轮；磨削薄壁及导热性差的工件时，应选用较软的砂轮；精磨和成形磨时，应选用较硬的砂轮。砂轮的等级名称和代号见表 2-13。

表 2-13　砂轮的硬度等级名称和代号

大级名称	超软			软			中软		中		中硬			硬		超硬
小级名称	超软			软 1	软 2	软 3	中软 1	中软 2	中 1	中 2	中硬 1	中硬 2	中硬 3	硬 1	硬 2	超硬
代号	D	E	F	G	H	J	K	L	M	N	P	Q	R	S	T	Y

5. 组织

砂轮组织表示磨料、黏结剂和气孔之间的比例关系。磨粒在砂轮体积中所占的比例越大，组织越紧密；反之，组织越疏松。砂轮的组织分为紧密、中等和疏松三大类。紧密组织砂轮适用于重压下的磨削，中等组织砂轮适用于一般磨削，疏松组织砂轮适用于磨削薄壁和细长工件以及接触面积大的工件。砂轮组织的级别及适用范围见表2-14。

表2-14 砂轮组织的级别及适用范围

组织号	0	1	2	3	4	5	6	7	8	9	10	11	12	13	14
磨粒占比例/(%)	62	60	58	56	54	52	50	48	46	44	42	40	38	36	34
疏密程度	紧密				中等				疏松					大气孔	
适用范围	重负荷、成形、精密磨削；间断磨削及自由磨削；硬脆材料				外圆和内圆磨削；无心磨削及工具磨；淬火钢工件，刃磨刀具				粗磨，接触面大的平面磨；磨削韧性大、硬度低的工件；薄壁、细长类工件					有色金属，塑料、橡胶等非金属材料	

6. 砂轮形状

常用的砂轮按形状有平行砂轮、双斜边砂轮、薄片砂轮、杯形砂轮、碗形砂轮和蝶形砂轮等，其形状、代号及主要用途可查相关手册。

在砂轮的端面上都印有标志，用来表示砂轮的特性。砂轮标志的顺序为形状代号、尺寸、磨料、粒度号、硬度、组织号、粘结剂、线速度。

【案例2-16】 解释砂轮标志的含义：1-400×60×75A60L5V-35m/s。

解："1"表示砂轮为平行砂轮；"400×60×75"表示砂轮的外径、厚度和内径；"A"表示磨料为棕刚玉；"60"表示粒度号为60；"L"表示硬度为中软2；"5"表示组织号为5；"V"表示黏结剂为陶瓷；"35m/s"表示砂轮的最高圆周速度为35m/s。

任务2.6 刨削、插削和拉削加工

2.6.1 刨削加工工艺

刨削加工是指在刨床上用刨刀对工件上的平面或沟槽进行加工的方法。刨削时，刨刀或工件的往复直线运动为主运动，工件或刨刀的间歇移动为进给运动。刨削主要用于加工各种平面、沟槽及成形面，如图2.71所示。

刨削加工是断续切削，因切削过程有振动和冲击，刨削加工精度不高，通常为IT9～IT7，表面粗糙度为Ra12.5～3.2μm。刨削加工通常用于单件、小批生产及修配的场合。

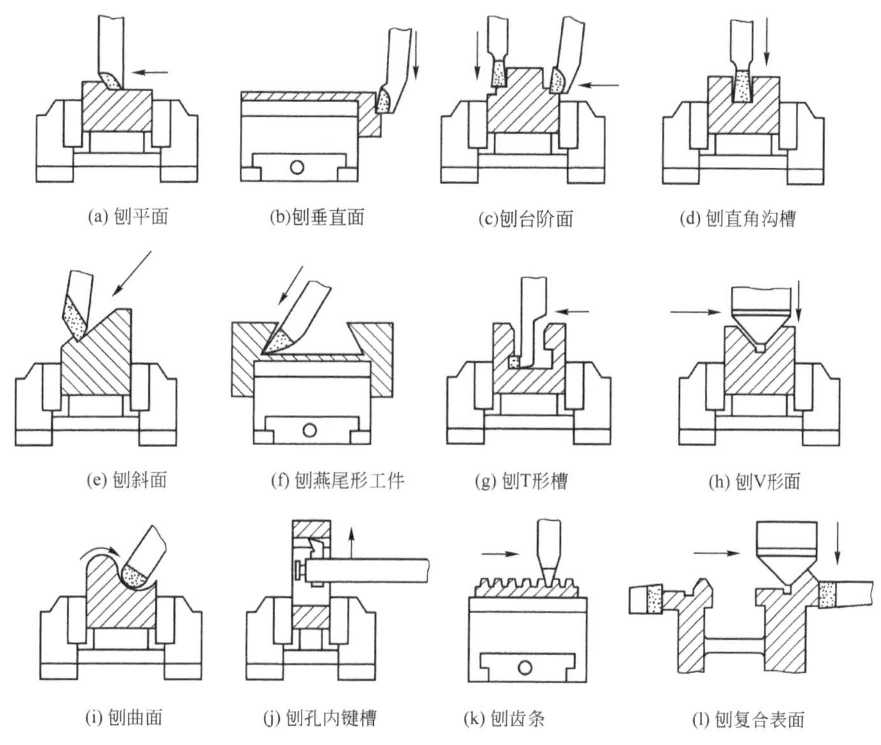

图 2.71　刨削加工的工艺范围

2.6.2　插削加工工艺

插削加工可以理解为立式刨削加工，插床的主参数是最大插削长度。

插床的主运动为滑枕带动插刀沿垂直方向的往复直线运动，向下为工作行程，向上为空行程。工作台带动工件沿纵向、横向及圆周三个方向所作的间歇运动是进给运动。

插床的生产率和精度都较低，加工表面粗糙度为 $Ra6.3\sim1.6\mu m$，加工面的垂直度为 0.025/300mm。插床多用于单件或小批量生产中加工内孔键槽或花键孔，也可以加工平面、方孔或多边形孔等，在批量生产中常被铣床或拉床代替。但在加工不通孔或有障碍台肩的内孔键槽时，就只能用插床了。

2.6.3　拉削加工工艺

拉削加工是指在拉床上加工各种内、外成形表面的方法。拉削加工是在拉床上完成的。拉床只有主运动，无进给运动，拉削加工的主要参数是额定拉力。图 2.72 所示为拉削加工原理，加工时拉刀作低速直线运动，进给由拉刀刀齿的齿升量 f_z来完成。拉削时，拉刀要承受很大的切削力，为获得平稳的主运动，通常采用液压驱动。

拉削时，拉刀同时工作的刀齿数多，切削刃总长度长，在一次工作行程中就能完成粗、半精及精加工，机动时间短，因此生产率很高。

拉刀为定尺寸刀具，由校准齿对孔壁进行校准、修光；拉孔切削速度低($v_c=2\sim8$m/min)，拉削过程平稳，因此可获得较高的加工质量。一般拉孔精度可达 IT8～IT7 级，表面粗糙度为 $Ra1.6\sim0.1\mu m$。

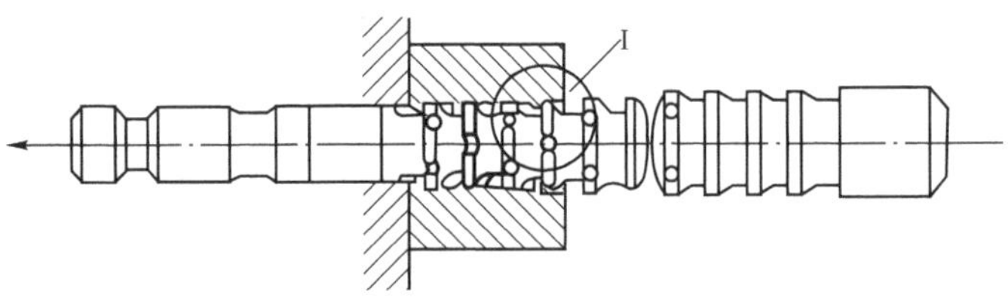

I放大

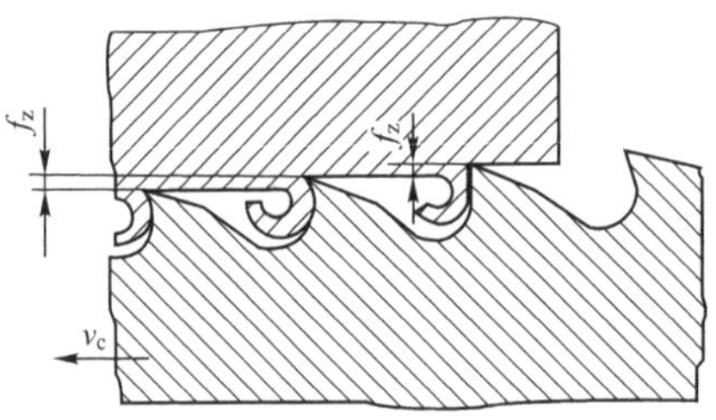

图 2.72　拉削加工原理

由于拉削速度低，切削厚度小，每次拉削过程中，每个刀齿的工作时间短，拉刀磨损慢，因此拉刀使用寿命长。

拉床结构简单，操作方便，但拉刀结构较复杂，制造成本高。拉削加工多用于大批大量或成批生产中。

拉削可加工各种形状贯通的内、外成形表面；拉削力通常以几十或几百千牛计算，其他切削方法均无如此大的切削力，但拉削时排屑困难。因此，设计和使用拉刀时必须引起足够重视。图 2.73 所示为拉削加工的典型表面。

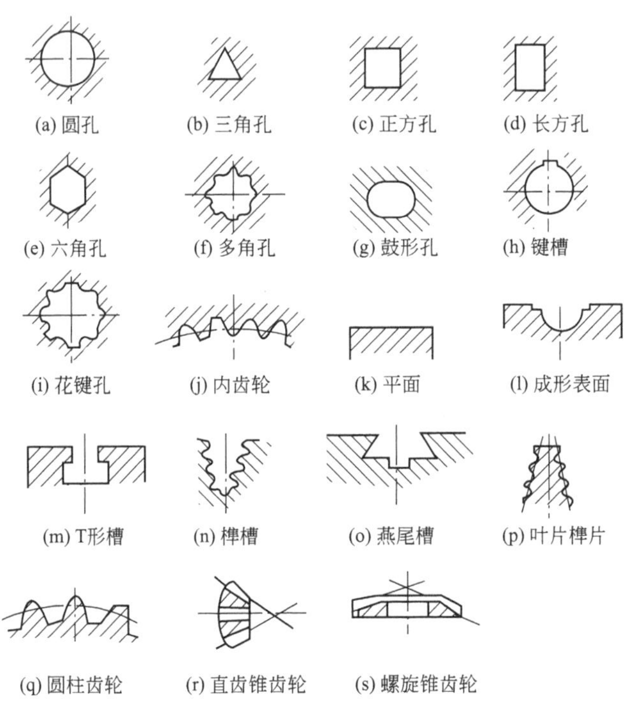

图 2.73　拉削加工的典型表面

2.6.4 刨削、插削和拉削刀具

常用的刨刀如图 2.74 所示，有平面刨刀、偏刀、角度刨刀及成形刀等。刨刀切入和切出工件时，冲击很大，容易发生“崩刃”和“扎刀”现象，因而刨刀的刀杆截面比较粗大，以增加刀杆的刚性，而且往往做成弯头，使刨刀在碰到硬质点时可适当产生弯曲变形而缓和冲击，以保护刀刃。

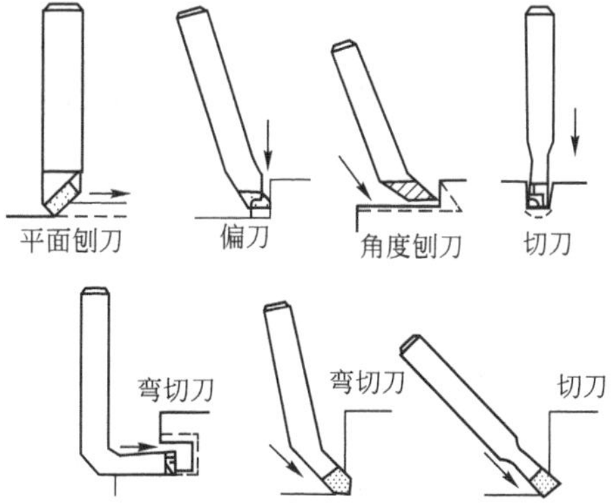

图 2.74　常用刨刀及其运动

图 2.75 所示为常用插刀的形状，为避免插刀刀杆与工件相碰，插刀刀刃应突出于刀杆。

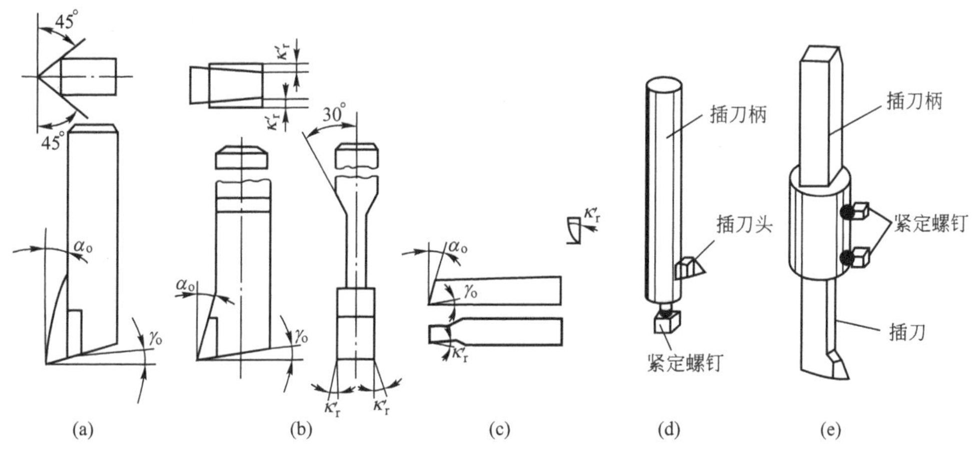

图 2.75　常用插刀的形状

拉刀的种类很多，按拉刀的结构可分为整体拉刀和组合拉刀，前者主要用于中小型高速钢拉刀，后者用于大尺寸和硬质合金拉刀；按加工表面可分为内拉刀(图 2.76)和外拉刀(图 2.77)；按受力方式可分为拉刀和推刀。

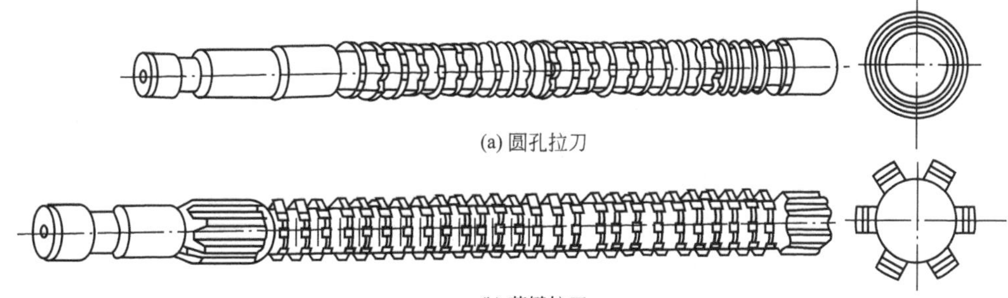

图 2.76　内拉刀

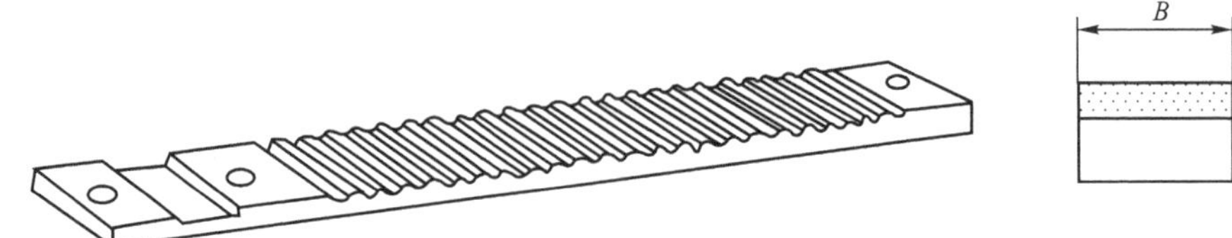

图 2.77　外拉刀

普通圆孔拉刀的结构如图 2.78 所示，它由头部、颈部、过渡锥部、前导部、切削部分、校准部分和后导部组成，如果拉刀太长，还可在后导部后面加一个尾部，以便支承拉刀。

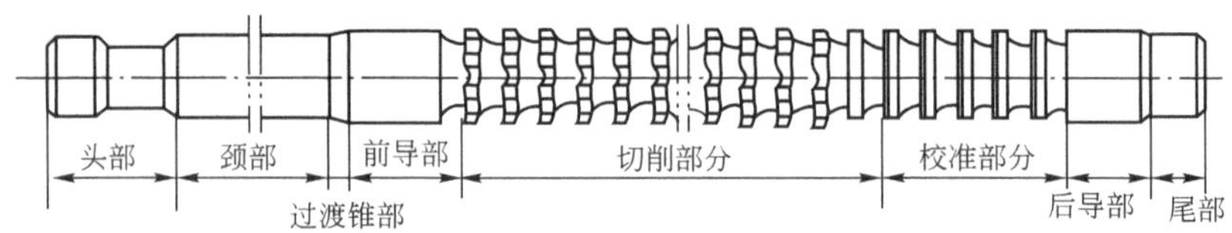

图 2.78　普通圆孔拉刀的结构

任务 2.7　齿 轮 加 工

2.7.1　齿轮加工工艺

根据齿形形成原理，齿轮加工方法可以分为成形法和展成法两类。

1. 成形法

成形法是用与被加工齿轮齿槽形状相同的成形刀具加工齿形的方法。图 2.79 所示为成形法加工齿轮。

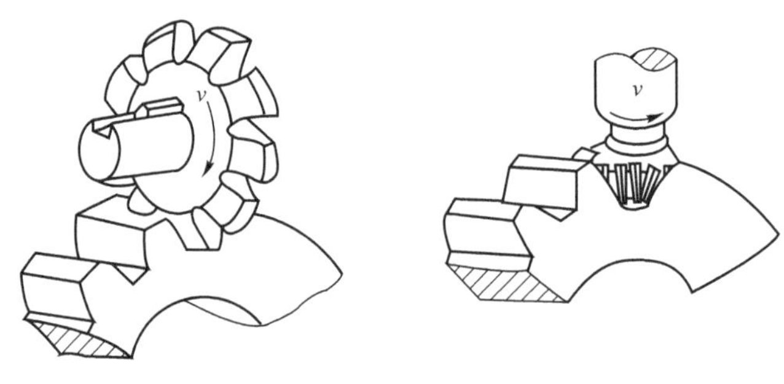

(a) 用盘状模数铣刀铣齿　　(b) 用指状模数铣刀铣齿

图 2.79　成形法加工齿轮

2. 展成法

展成法是利用齿轮的啮合原理进行齿形加工的方法。利用齿轮副的啮合运动，把其中一个齿轮制成具有切削刃的刀具，另一个作为工件来完成齿形的加工。图 2.80 所示为展

成法加工齿轮。

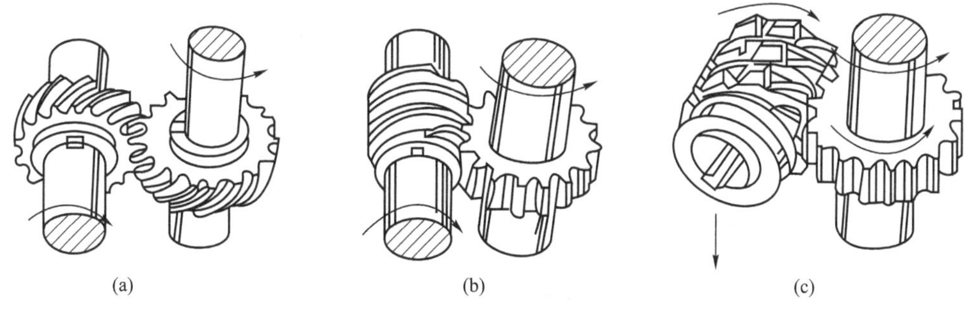

图 2.80　展成法加工齿轮

成形法加工齿轮，齿轮的加工精度低，一般只能达到 IT10～IT9 级，生产率低，主要用于单件及修配生产中加工低转速和低精度齿轮。

展成法加工齿轮，加工精度高，生产效率高，但需要专用设备，生产成本高，主要用于成批生产中加工精度高的齿轮。

2.7.2　滚齿加工

1. 滚齿加工原理

滚齿加工相当于螺旋齿轮的啮合过程，其中滚刀可看成齿数很少但齿很长的螺旋齿轮，类似于螺旋升角很小的蜗杆。在蜗杆上沿轴线开车容屑槽，形成刀具前刀面和前角；经铲齿和磨削，形成刀具后刀面和后角，再经热处理后就形成了滚刀。图 2.81 所示为滚齿加工原理。

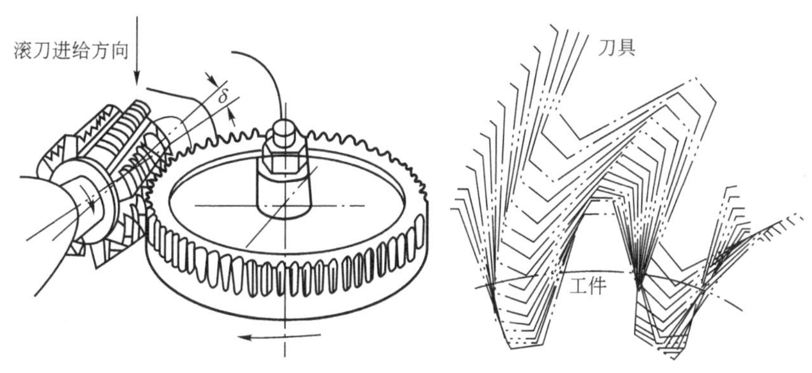

图 2.81　滚齿加工原理

2. Y3150E 型滚齿机

Y3150E 型滚齿机用于加工直齿圆柱齿轮和螺旋齿轮，是齿轮加工中应用最广泛的机床。Y3150E 型滚齿机主要由床身、立柱、刀具滑板、滚刀架、后立柱和工作台等部件组成，如图 2.82 所示。

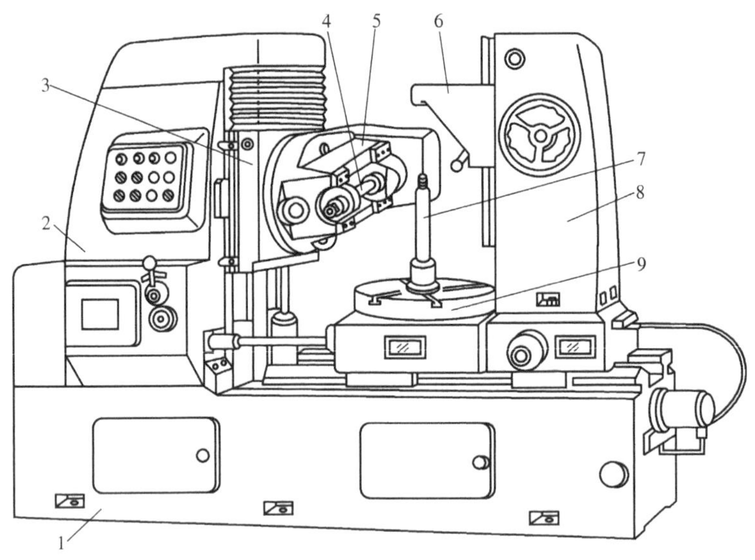

图 2.82　Y3150E 型滚齿机

1—床身；2—立柱；3—刀具滑板；4—滚刀杆；5—滚刀架；
6—后支架；7—工件心轴；8—后立柱；9—工作台

3. Y3150E 型滚齿机的传动系统

1) 加工直齿圆柱齿轮时的调整计算

(1) 加工直齿圆柱齿轮(图 2.83)时滚齿机的运动。

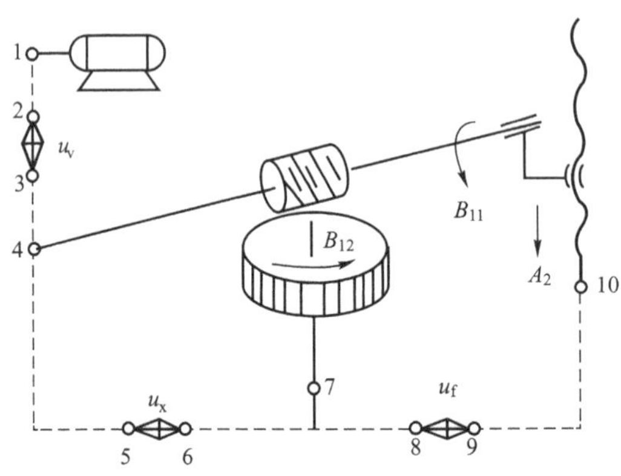

图 2.83　加工直齿圆柱齿轮的原理图

① 主运动：滚刀的旋转运动，传动链的两端为电动机—滚刀(电动机—1—2—u_v—3—4—滚刀)。

② 展成运动：滚刀与工件之间的啮合运动，滚刀和工件之间应保持严格的比例关系。传动链的两端为滚刀—工件(滚刀—4—5—u_x—6—7—工件)。

$$\frac{n_{工}}{n_{刀}}=\frac{k_{滚刀头数}}{z_{工件齿数}}$$

③ 垂直进给运动：滚刀沿工件轴线方向的连续进给运动，以保证切除整个齿宽。传

动链的两端为工件—滚刀（工件—7—8—u_f—9—10—丝杠—滚刀）。

（2）滚齿加工的传动链。Y3150E滚齿机的传动系统如图2.84所示。

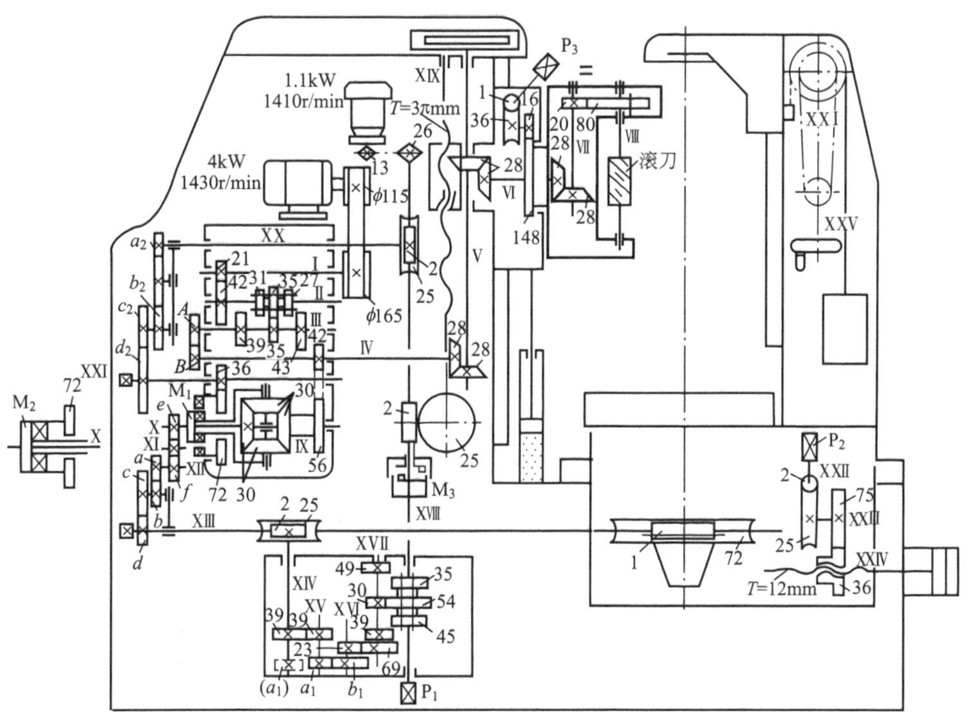

图2.84　Y3150E型滚齿机的传动系统

主运动传动链：

$$n_{主电动机}—\frac{\phi 115}{\phi 165}—\text{I}—\frac{21}{42}—\text{II}—\begin{bmatrix}\frac{31}{39}\\ \frac{35}{35}\\ \frac{27}{43}\end{bmatrix}—\text{III}—\frac{A}{B}—\text{IV}—\frac{28}{28}—\text{V}—\frac{28}{28}—\text{VI}—$$

$$\frac{28}{28}—\text{VII}—\frac{20}{80}—\text{VIII}（滚刀主轴）$$

运动平衡方程式为

$$1430\times\frac{115}{165}\times\frac{21}{42}\times u_{\text{II}-\text{III}}\times\frac{A}{B}\times\frac{28}{28}\times\frac{28}{28}\times\frac{28}{28}\times\frac{20}{80}=n_{刀}$$

根据运动平衡方程式，可得主运动变速挂轮的计算公式为

$$\frac{A}{B}=\frac{n_{刀}}{124.583u_{\text{II}-\text{III}}}$$

机床上备有A、B挂轮，其传动比共三种。因此，滚刀可获得表2-15所示9级转速。

表 2-15 滚刀的转速

A/B	22/44			33/33			44/22		
u_{II-III}	27/43	31/39	35/35	27/43	31/39	35/35	27/43	31/39	35/35
$n_刀$/(r/min)	40	50	63	80	100	125	160	200	250

展成运动传动链：

$$\text{IV}-\frac{28}{28}-\text{V}-\frac{28}{28}-\text{VI}-\frac{28}{28}-\text{VII}-\frac{20}{80}-\text{VIII}-\text{滚刀}$$

$$\downarrow\rightarrow\frac{42}{56}-\text{IX}-u'_{合}-\text{X}-\frac{e}{f}-\text{XII}-\frac{a}{b}\times\frac{c}{d}-\text{XIII}-\frac{1}{72}-\text{工件}$$

运动平衡方程式为

$$1\times\frac{80}{20}\times\frac{28}{28}\times\frac{28}{28}\times\frac{28}{28}\times\frac{42}{56}\times u'_{合}\times\frac{e}{f}\times\frac{a}{b}\times\frac{c}{d}\times\frac{1}{72}=\frac{k}{z}$$

整理后有

$$\frac{a}{b}\times\frac{c}{d}=\frac{f}{e}\times\frac{24k}{z}$$

式中：f/e 的值根据 z/k 的比值而定，以便于挂轮的选取和安装。共有三种情况：

① 当 $5\leqslant z/k\leqslant 20$ 时，取 $e=48$，$f=24$；

② 当 $21\leqslant z/k\leqslant 142$ 时，取 $e=36$，$f=36$；

③ 当 $143\leqslant z/k$ 时，取 $e=24$，$f=48$。

这样选择后，可使用的数值适中，便于挂轮的选取和安装。

垂直进给传动链：

$$\text{XIII}-\frac{1}{72}-\text{工作台(工件)}$$

$$\downarrow\rightarrow\frac{2}{25}-\text{XVI}-\frac{39}{39}-\text{XV}-\frac{a_1}{b_1}-\text{XVI}-\frac{23}{69}-\text{XVII}-\begin{bmatrix}\frac{49}{35}\\ \frac{30}{54}\\ \frac{39}{45}\end{bmatrix}-\text{XVIII}-M_3-\frac{2}{25}-\text{XIX}\text{(刀架垂直进给丝杠)}$$

运动平衡方程式为

$$1\times\frac{72}{1}\times\frac{2}{25}\times\frac{39}{39}\times\frac{a_1}{b_1}\times\frac{23}{69}\times u_{\text{XVII}-\text{XVIII}}\times\frac{2}{25}\times 3\pi=f$$

化简后，可得垂直进给运动挂轮的计算公式为

$$\frac{a_1}{b_1}=\frac{f}{0.46\pi u_{\text{XVII}-\text{XVIII}}}$$

当垂直进给量确定后，可以从表 2-16 中查出挂轮齿数。

表 2-16 垂直进给量及挂轮齿数

a_1/b_1	26/52			32/46			46/32			52/26		
$u_{\text{XVII}-\text{XVIII}}$	30/54	39/45	49/35	30/54	39/45	49/35	30/54	39/45	49/35	30/54	39/45	49/35
f/(mm/r)	0.4	0.63	1	0.56	0.87	1.41	1.16	1.8	2.9	1.6	2.5	4

2）加工斜齿圆柱齿轮时的调整计算

(1) 滚齿机的运动。图 2.85 为加工斜齿圆柱齿轮的原理图。加工斜齿圆柱齿轮时，除需要加工直齿圆柱齿轮的三个运动外，还必须给工件一个附加运动，以形成螺旋形的齿轮，即刀具沿工件轴线方向进给一个螺旋线导程时，工件应附加转动(正向或反向)一转。图 2.85 中的 u_t 为附加运动链的变速机构。

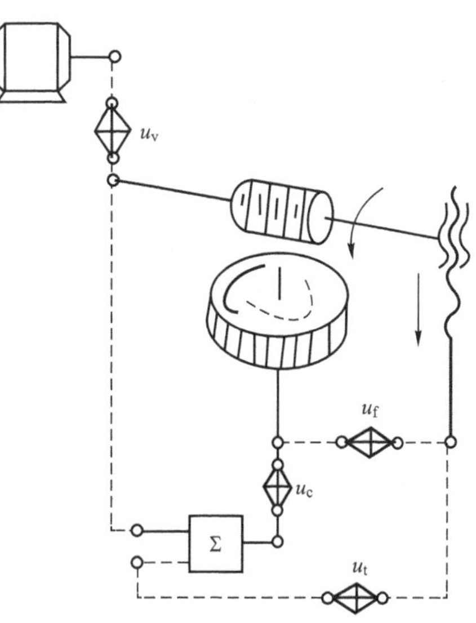

图 2.85　加工斜齿圆柱齿轮的原理图

(2) 运动合成机构。在加工斜齿圆柱齿轮时，展成运动和附加运动两条传动链需要将两种不同要求的旋转运动同时传给工件。一般情况下，两个运动同时传给一根轴时，会产生运动干涉而将轴损坏。因此，为避免上述情况发生，在滚齿机上设有把两个任意方向和大小的转动进行合成的机构，即运动合成机构。在图 2.85 中，用方框和Σ表示。

加工斜齿轮时，展成运动和附加运动同时通过合成机构传动，并分别按 $u_{合1}=-1$ 和 $u_{合2}=2$ 经轴Ⅹ和齿轮 e 传给工作台。加工直齿轮时，工件不需要附加运动，展成运动传动链通过合成机构的传动比为 1。

(3) 滚齿加工的传动链。

① 主运动传动链：加工斜齿轮的主运动传动链和加工直齿轮的相同。

② 展成运动传动链：加工斜齿轮时，虽然展成运动的传动路线及运动平衡式都和加工直齿轮时相同，但因运动合成机构用 M_2 离合器连接，其传动比应为−1，代入运动平衡式后得挂轮计算公式为

$$\frac{a}{b}\times\frac{c}{d}=-\frac{f}{e}\times\frac{24k}{z}$$

式中负号说明展成运动传动链中轴Ⅹ与轴Ⅸ的转向相反，而在加工直齿轮时两轴的转向相同。因此，在调整展成运动挂轮时，必须按机床说明书规定配加惰轮。

③ 垂直进给传动链：加工斜齿轮的垂直进给传动链和加工直齿轮的相同。

④ 附加运动传动链：其传动路线为

$$\text{XVIII}-M_3-\frac{2}{25}-\text{XIX}(\text{刀架垂向进给丝杠})$$
$$\llcorner\frac{2}{25}-\text{XX}-\frac{a_2}{b_2}\frac{c_2}{d_2}-\text{XXI}-\frac{36}{72}-M_2-\text{合成机构}-\text{X}-\frac{e}{f}-\text{XII}-\frac{a}{b}\frac{c}{d}-\text{XIII}-\frac{1}{72}-\text{工作台(工件)}$$

运动平衡方程式为

$$\frac{L}{3\pi}\times\frac{25}{2}\times\frac{2}{25}\times\frac{a_2}{b_2}\times\frac{c_2}{d_2}\times\frac{36}{72}\times u_{合2}\times\frac{e}{f}\times\frac{a}{b}\times\frac{c}{d}\times\frac{1}{72}=\pm1$$

其中：

$$L=\frac{\pi m_n z}{\sin\beta},\ \frac{a}{b}\times\frac{c}{d}=-\frac{f}{e}\times\frac{24k}{z},\ u_{合2}=2$$

代入上式，可得附加运动的挂轮计算公式为

$$\frac{a_2}{b_2}\times\frac{c_2}{d_2}=\pm 9\times\frac{\sin\beta}{m_n k}$$

式中的“±”值表明工件附加运动的旋转方向，它取决于工件的螺旋方向和刀架进给运动的方向。

附加运动传动链是形成螺旋线齿线的内联系链，其传动比数值的精确度影响着工件齿轮的齿向精度，所以挂轮传动比应计算准确。但是，附加运动挂轮计算公式中包含无理数 $\sin\beta$，所以往往无法计算得非常准确。实际选配的附加运动挂轮传动比与理论计算的传动比之间的误差，对于 8 级精度的斜齿轮，要准确到小数点后第四位数字；对于 7 级精度的斜齿轮，要准确到小数点后第五位数字，才能保证不超过精度标准中规定的齿向允差。

在 Y3150E 型滚齿机上，展成运动、垂直进给运动和附加运动三条传动链的调整，共用一套模数为 2mm 的配换挂轮，其齿数为 20(两个)、23、24、25、26、30、32、33、34、35、37、40、41、43、45、46、47、48、50、52、53、55、57、58、59、60(两个)、61、62、65、67、70、71、73、75、79、80、83、85、89、90、92、95、97、98、100，共 47 个。

3）滚刀架的快速垂直移动

利用快速电动机可使刀架作快速升降运动，以便调整刀架位置及在进给前后实现快进和快退。此外，在加工斜齿轮时，启动快速电动机，可经附加运动传动链传动工作台旋转，以便检查工作台附加运动方向是否正确。

刀架快速垂直移动的传动路线表达式为

$$n_{快速电动机}(1.1\text{kW},\ 1410\text{r/min})—\frac{13}{26}—\text{XVIII}—\text{M}_3—\frac{2}{25}—\text{XIX}—刀架垂直进给丝杠$$

刀架快速移动的方向可通过快速电动机的正反转来实现。在 Y3150E 滚齿机上，启动快速电动机前，必须先用操纵手柄将轴 XVIII 上的三联滑移齿轮移到空挡位置，以脱开轴 XVII 和轴 XVIII 的传动联系。为确保安全，机床设有电气互锁装置，保证只有当操纵手柄放在“快速移动”位置时才能启动快速电动机。

4. 滚刀的安装

滚齿时，为了切出准确的齿形，应使滚刀和工件处于正确的“啮合”位置，即滚刀在切削点处的螺旋线方向应与被加工齿轮齿槽的方向一致。为此，需将滚刀轴线与工件顶面安装成一定的角度，这个安装角度称为安装角 δ。

图 2.86 所示为滚刀加工直齿轮时的安装角。安装角 δ 等于滚刀的螺旋升角 λ，倾斜方向与滚刀的螺旋方向有关。滚刀扳动方向取决于滚刀螺旋线方向，滚刀右旋时，顺时针扳动滚刀；滚刀左旋时，逆时针扳动滚刀。

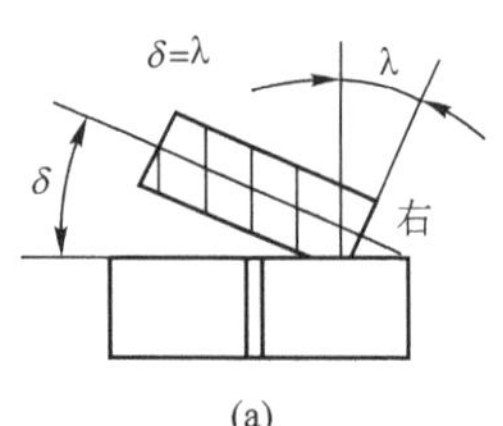

(a)

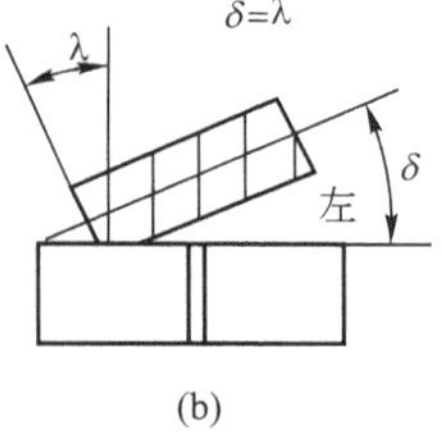

(b)

图 2.86　滚刀加工直齿轮时的安装角

用滚刀加工斜齿轮时，由于滚刀和工件的螺旋方向都有左、右之分，因此共有四种组合，如图 2.87 所示。安装角 δ 等于工件的螺旋角 β 和滚刀的螺旋角 λ 两者的代数和，即

$$\delta=\beta\pm\lambda$$

式中的“+”“−”取决于工件螺旋线方向和滚刀螺旋线方向，方向相反时，取“+”；方向相同时，取“−”。

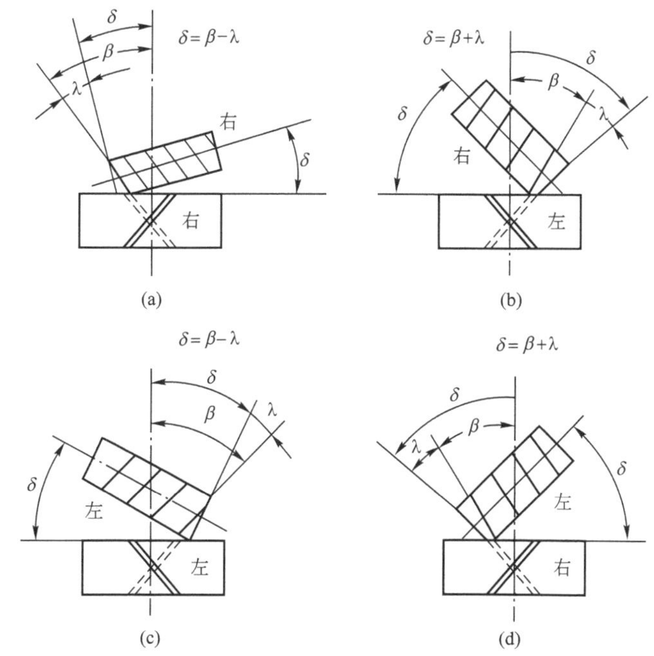

图 2.87　滚刀加工斜齿轮时的安装角

滚刀的扳动方向：当工件螺旋线为右旋时，逆时针扳动滚刀；当工件螺旋线为左旋时，顺时针扳动滚刀。

加工斜齿轮时，应尽量采用与工件螺旋线相同的滚刀，这样可减小安装角，有利于提高机床的运动平稳性和加工精度。

2.7.3　插齿加工

1. 插齿加工原理

插齿加工相当于一对直齿圆柱齿轮的啮合运动。图 2.88 所示为插齿加工原理。

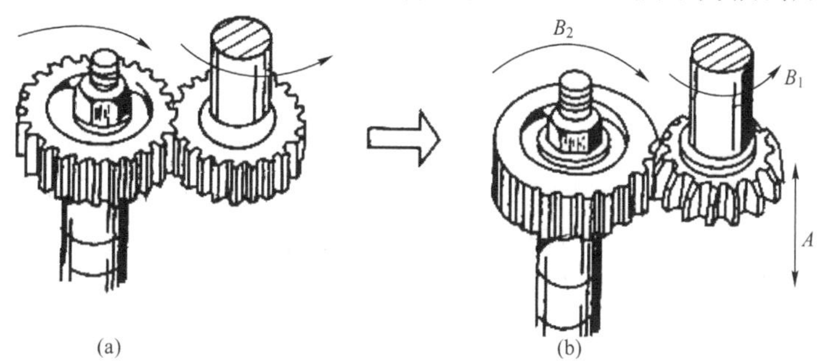

图 2.88　插齿加工原理

2. 插齿加工的运动

插齿加工的运动如图 2.89 所示。

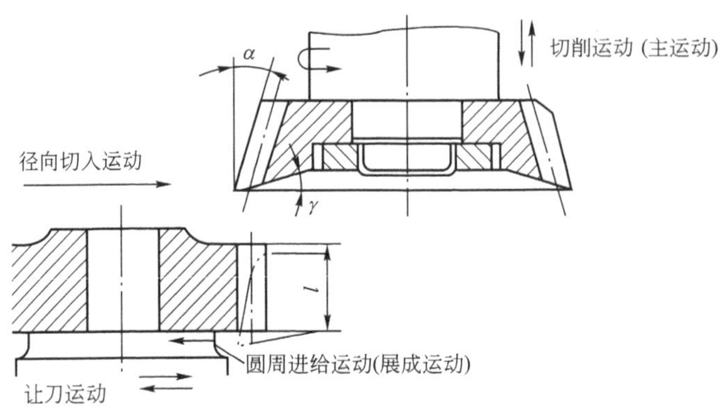

图 2.89　插齿加工的运动

(1) 切削运动(主运动)：插齿刀的上下往复运动，以每分钟的往复次数表示。

(2) 圆周进给运动(展成运动)：插齿刀绕自身轴线的旋转运动。其转动的快慢决定了工件转动的快慢、插齿刀的切削负荷、工件的表面质量、加工生产率和刀具的寿命等。圆周进给量用插齿刀每往复一次，刀具在分度圆圆周上所转过的弧长表示。

(3) 径向切入运动：为避免插齿刀负荷过大而损坏刀具和工件，工件应逐渐移向插齿刀作径向切入运动。径向进给量以插齿刀每往复行程一次，工件径向切入的距离表示。

(4) 让刀运动：插齿刀空行程向上运动时，为避免擦伤工件表面和减少刀具磨损，刀具和工件之间应该让开一定的距离；当插齿刀向下开始工作行程之前，应迅速恢复原位，便于刀具进行下一次切削。这种让开和恢复原位的运动称为让刀运动。

3. 插齿的工艺特点

插齿的齿形误差较小，齿面的表面粗糙度值小，但公法线长度变动较大。

插削大模数齿轮时，插齿的生产率比滚齿低；但插削中、小模数齿轮时，生产效率不低于滚齿。因此，插齿多用于加工中、小模数齿轮。

插齿的应用范围很广，除能加工外啮合的直齿轮外，特别适合加工齿圈轴向距离较小的多联齿轮、内齿轮、齿条和扇形齿轮等，但插齿机不能加工蜗轮。

2.7.4　磨齿加工

磨齿加工是对高精度齿轮或淬硬齿轮进行加工的方法。按齿廓的形成原理，磨齿加工有成形法和展成法两大类。

成形法是利用成形砂轮进行磨齿的方法，这种方法生产率高，但砂轮修整费时，砂轮磨损后会产生齿形误差，应用受到限制，但成形法是磨内齿的唯一方法。

生产中多采用展成法磨齿，主要的展成法磨齿有图 2.90 所示的三种。

图 2.90(a)所示为蜗杆砂轮磨齿机，其工作原理与滚齿机相似。这种磨齿机生产效率高，但修整砂轮困难，难以达到较高精度，传动件易磨损，一般用于中、小模数齿轮的成批和大量生产中。

图 2.90(b)所示为双片蝶形砂轮磨齿机，其工作原理是利用齿条、齿轮的啮合原理来

磨削轮齿。磨削时，双片蝶形砂轮的高速旋转是主运动，工件在作绕自身轴线旋转运动的同时，还作直线往复移动。工件每往复滚动一次，只能完成一个或两个齿面的加工，因此，必须经过多次分度和磨削加工，才能完成全部齿面的磨削。为磨削整个齿轮的宽度，工件还需进行轴线进给运动。这种磨齿方法加工精度最高，可达 IT4 级，但砂轮的刚性差，极易损坏，磨削生产率低，成本高。

图 2.90(c)所示为锥形砂轮磨齿机，其工作原理也是利用齿条、齿轮的啮合原理来磨削轮齿。磨削时，锥形砂轮的高速旋转是主运动，同时锥形砂轮还沿工件轴线作直线往复运动，以便磨削工件的整个齿面；工件在作绕自身轴线旋转运动的同时，还作直线往复运动。工件每往复滚动一次，完成一个齿槽的两侧面加工后，需分度磨削下一个齿槽。锥形砂轮的刚性好，可选用较大的磨削用量，磨削生产率高；但锥形砂轮形状不易修整，磨损快且不均，磨削的轮齿精度较低。

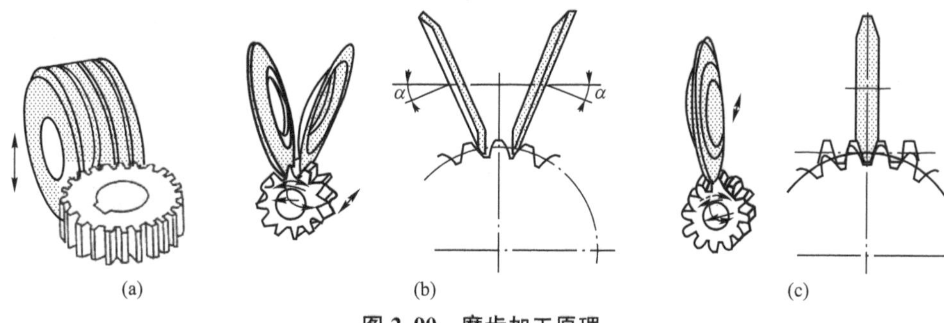

图 2.90 磨齿加工原理

磨齿加工的主要特点是能磨削高精度的轮齿表面，通常磨齿精度可达 IT6 级，表面粗糙度为 $Ra0.8 \sim 0.2\mu m$；对磨前齿轮的误差或变形有较强的修整能力，而且特别适合磨削齿面硬度高的轮齿。但磨齿加工效率普遍较低，设备结构复杂，调整困难，加工成本较高。磨齿加工主要用于高精度和高硬度的齿轮加工。

2.7.5 常见齿轮加工刀具

齿轮刀具是专门用来加工齿轮齿形的刀具。齿轮刀具种类较多，可按下述方法分类。

(1) 按照齿形的形成原理分类，齿轮刀具可分为成形法切齿刀具和展成法切齿刀具。

① 成形法切齿刀具：盘状齿轮铣刀和指状齿轮铣刀(图 2.91)。

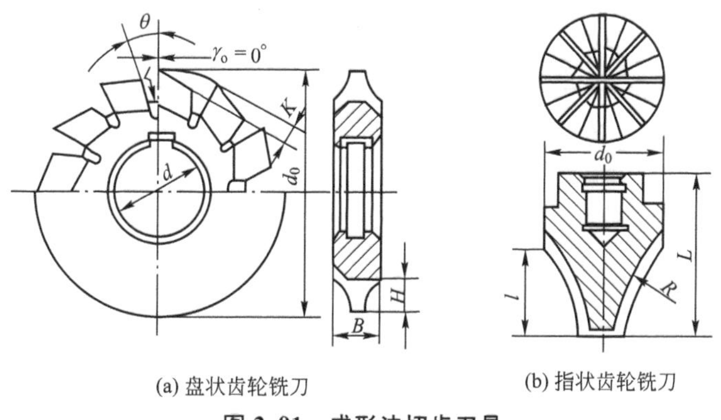

(a) 盘状齿轮铣刀　(b) 指状齿轮铣刀

图 2.91 成形法切齿刀具

② 展成法切齿刀具：齿轮滚刀、插齿刀、剃齿刀等。

(2) 按照被加工齿轮的类型分类，齿轮刀具分为渐开线齿轮刀具和非渐开线齿轮刀具。

① 渐开线齿轮刀具。

加工圆柱齿轮的刀具：齿轮铣刀、齿轮拉刀、齿轮滚刀、插齿刀和剃齿刀等。

加工蜗轮的刀具：蜗轮滚刀、蜗轮飞刀和蜗轮剃齿刀等。

加工锥齿轮的刀具：直齿锥齿轮刨刀、弧齿锥齿轮铣刀盘等。

② 非渐开线齿轮刀具。非渐开线齿轮刀具的成形原理也属于展成法，主要有花键滚刀、摆线齿轮刀具、链轮滚刀等。

1. 齿轮铣刀

齿轮铣刀一般做成盘形，主要用于加工模数 m=0.3～16mm 的直齿或斜齿圆柱齿轮。齿轮铣刀的廓形由齿轮的模数、齿数和压力角决定，齿数越少，则基圆越小，渐开线的曲率半径就越小，即渐开线弯曲得越厉害，当齿数无穷多时，渐开线为一条直线。因此，从理论上讲，加工不同齿数的齿轮应采用不同齿形的铣刀。

生产中为减少铣刀的规格和数量，常用一把铣刀加工模数和压力角相同且具有一定齿数范围的齿轮。标准模数盘形铣刀的模数在 0.3～8mm 时，每套由 8 把铣刀组成；模数在 9～16mm 时，每套由 15 把铣刀组成。每把铣刀所能加工的齿轮齿数范围见表 2-17。每把铣刀的齿形均按所加工齿轮齿数范围内最少齿数的齿形设计。

表 2-17　齿轮铣刀的刀号及加工的齿数

铣刀号码		1	1.5	2	2.5	3	3.5	4	4.5	5	5.5	6	6.5	7	7.5	8
加工齿数	8把一套	12～13	—	14～16	—	17～20	—	21～25	—	26～34	—	35～54	—	55～134	—	138～∞
	15把一套	12	13	14	15～16	17～18	19～20	21～22	23～25	26～29	30～34	35～41	42～54	55～79	80～134	135～∞

加工斜齿轮时，铣刀刀号的选择应根据斜齿轮的法向模数 m_n 和法剖面中的当量齿数 z_v 选择。法向模数 m_n 和当量齿数 z_v 的公式为

$$m_n = m\cos\beta,\quad z_v = z/\cos^3\beta$$

2. 插齿刀

插齿刀的外形像齿轮，直齿刀像直齿轮，斜齿刀像斜齿轮；在其齿顶、齿侧开出后角，端面开出前角就形成了切削刃。直齿插齿刀的规格和应用范围见表 2-18。

表 2-18　直齿插齿刀的规格和应用范围

序号	类型	简图	应用范围	规格 d_0/mm	规格 m/mm	d_1 或莫氏锥度
1	盘形直齿锥齿刀	d_1 d_0	加工普通直齿外齿轮和大直径齿轮	ϕ63	0.3～1	31.743mm
				ϕ75	1～4	
				ϕ100	1～6	
				ϕ125	4～8	
				ϕ160	6～10	88.90mm
				ϕ200	8～12	101.60mm

(续)

序号	类型	简图	应用范围	规格		d_1 或莫氏锥度
				d_0/mm	m/mm	
2	碗形直齿锥齿刀		加工塔形双联直齿轮	ϕ50	1～3.5	20mm
				ϕ75	1～4	31.743mm
				ϕ100	1～6	
				ϕ125	4～8	
3	锥柄直齿插齿刀		加工直齿内齿轮	ϕ25	0.3～1	莫氏 2°
				ϕ25	1～2.75	
				ϕ38	1～3.75	莫氏 3°

插齿刀的精度分为AA、A、B三级，根据被加工齿轮的平稳性精度来选用，分别用于加工6、7、8级精度的圆柱齿轮。

3. 齿轮滚刀

齿轮滚刀相当于一个或多个齿、螺旋角很大且齿很长的斜齿圆柱齿轮。由于齿很长，使滚刀的外形不像齿轮，而呈蜗杆状，滚刀的头数即螺旋齿轮的齿数。为使蜗杆能起切削作用，在蜗杆轴向开出容屑槽形成前刀面和前角，齿背铲磨形成后刀面和后角，再加上淬火和刃磨前刀面，就形成了齿轮滚刀(图2.92)。

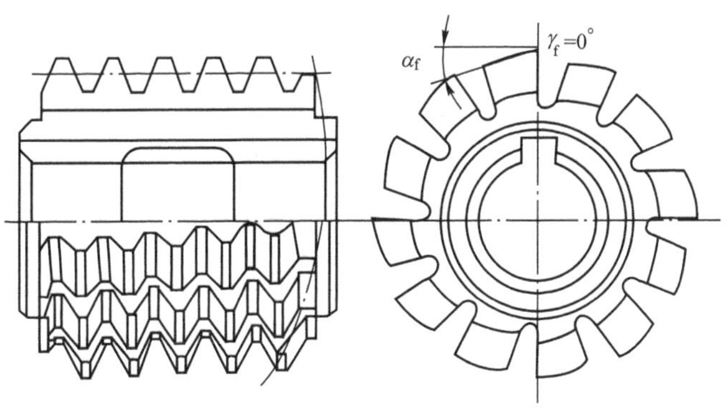

图2.92 齿轮滚刀

标准齿轮滚刀多为高速钢整体制造。大模数的标准齿轮滚刀为了节约材料和便于热处理，一般可用镶齿式，这种滚刀切削性能好，使用寿命高。目前，硬质合金齿轮滚刀得到了广泛应用，不仅可采用较高的切削速度，而且可以直接滚切淬火齿轮。

滚刀的基本蜗杆(图2.93)有渐开线蜗杆、阿基米德蜗杆(图2.94)和法向直廓蜗杆三种。渐开线蜗杆制造困难，生产中很少使用；阿基米德蜗杆与渐开线蜗杆十分相似，只是它的轴向截面内的齿形为直线，这种滚刀便于制造、刃磨和测量，应用广泛；法向直廓蜗杆滚刀的理论误差大，加工精度低，应用较少，一般用于粗加工、大模数和多头滚刀。

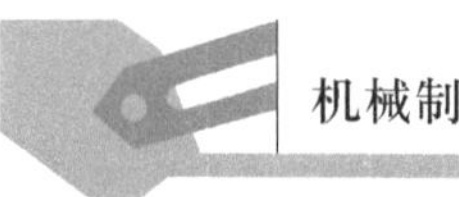

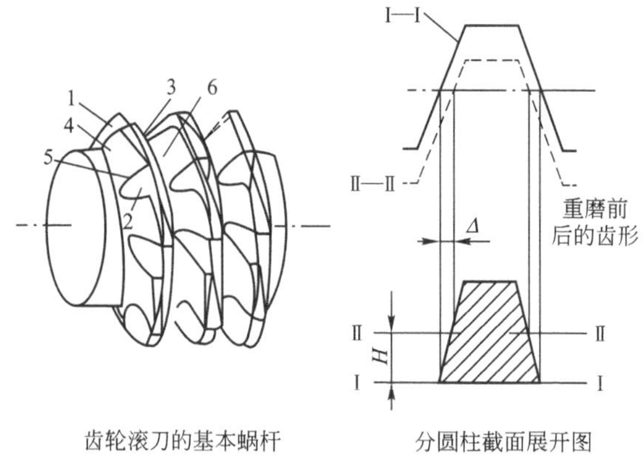

图 2.93　齿轮滚刀的基本蜗杆

1—蜗杆表面；2—滚刀前刀面；3—齿顶后刀面；4—齿侧后刀面；5—侧切削刃；6—齿顶刃

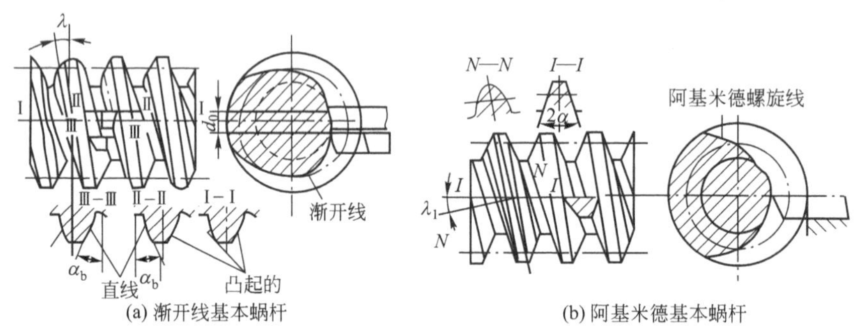

图 2.94　渐开线蜗杆和阿基米德蜗杆

齿轮滚刀的精度分为 AA、A、B、C 四级，滚刀精度等级与被加工齿轮精度等级的关系见表 2-19。

表 2-19　滚刀精度等级与齿轮精度等级

滚刀精度等级	AA 级	A 级	B 级	C 级
齿轮精度等级	IT7～IT6	IT8～IT7	IT9～IT8	IT12～IT10

齿轮滚刀的结构已经标准化，具体参数可查相关手册。

项目3

机械加工工艺规程设计

知识目标

- 掌握机械加工工艺规程的基本概念；
- 掌握机械加工工艺规程设计的指导思想和原则；
- 掌握制订机械加工工艺规程的内容和步骤；
- 掌握生产纲领的概念及生产类型的特征；
- 掌握粗基准和精基准的选择原则；
- 掌握正确划分加工阶段的目的和意义；
- 掌握安排工序顺序的一般原则；
- 掌握按工序集中和分散原则组织生产的意义；
- 掌握加工余量的影响因素和减少加工余量的途径；
- 掌握用极值法和统计法解算工艺尺寸链；
- 掌握时间定额的组成和提高生产率的途径。

能力目标

- 理解机械加工工艺规程基本概念的能力；
- 合理选择机械加工粗基准和精基准的能力；
- 合理拟定零件机械加工工艺路线的能力；
- 加工余量、工序尺寸及公差的计算能力；
- 理解尺寸链概念和计算工艺尺寸链的能力。

教学重点

- 工艺规程的概念，工件的安装和基准；
- 工艺路线的拟定，余量及工序尺寸的计算；
- 工艺尺寸链的计算，提高工艺过程的生产率。

任务 3.1　机械加工工艺规程的基本概念

3.1.1　生产过程和工艺过程

生产过程是指从原材料(或半成品)制成产品的全部过程。对于机器生产而言，生产过程包括原材料的运输和保存、生产的准备、毛坯的制造、零件的加工和热处理、产品的装配及调试、油漆和包装等内容。生产过程的内容十分广泛，现代企业用系统工程学的原理和方法组织生产指导生产，将生产过程看成一个具有输入和输出的生产系统。

在生产过程中，直接改变原材料(或毛坯)的形状、尺寸和性能，使之变为成品的过程，称为工艺过程。它是生产过程的主要部分。例如，毛坯的铸造、锻造和焊接，改变材料性能的热处理，零件的机械加工等，都属于工艺过程。

3.1.2　机械加工工艺过程

为便于分析机械加工的情况和制订工艺过程，通常将机械加工工艺过程分为工序、安装、工位、工步和走刀几个部分。

1. 工序

一个或一组工人在同一工作地对同一个或同时对几个工件所连续完成的那一部分工艺过程称为工序，它是生产过程中最基本的组成单位。工序举例如下：

(1) 一个工人在一台车床上完成车外圆、端面、退刀槽、螺纹、切断。

(2) 一组工人刮研一台机床的导轨。

(3) 一组工人对一批零件去毛刺。

(4) 生产和检验原材料、零部件、整机的具体阶段。

合理划分工序有利于建立生产劳动组织，加强劳动分工与协作，制订劳动定额。表 3-1 和表 3-2 分别给出了不同批量条件下阶梯轴(图 3.1)的工艺过程。

表 3-1　单件小批生产时阶梯轴的加工工艺过程

工序号	工序内容	设备
1	车一端面，钻中心孔；调头，车另一端面，钻中心孔	车床
2	车大外圆及倒角；调头，车小外圆、切槽及倒角	车床
3	铣键槽，去毛刺	铣床

表 3-2　中批生产时阶梯轴的加工工艺过程

工序号	工序内容	设备
1	铣两端面，钻两端中心孔	专用机床
2	车大外圆及倒角	车床
3	车小外圆、切槽及倒角	车床
4	铣键槽	专用铣床
5	去毛刺	钳工台

2. 安装

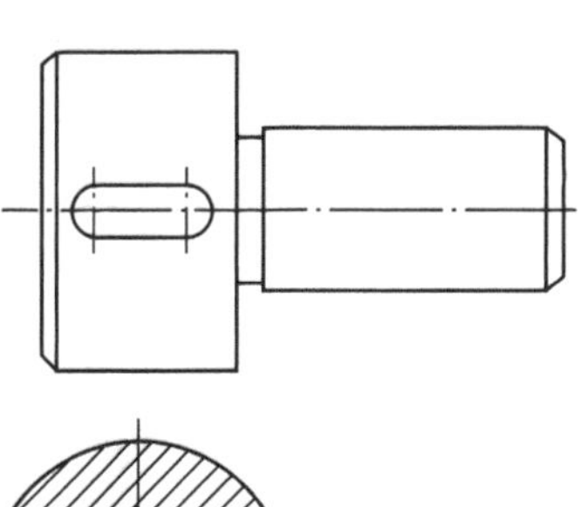

工件在一次装夹中所完成的那部分工序，称为安装。在同一道工序中，工件可能要经过几次安装。在零件加工过程中应尽量减少工件的安装次数，以减少安装误差和缩短加工辅助时间。

3. 工位

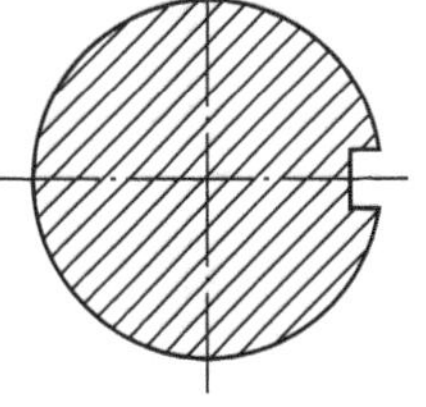

图 3.1　阶梯轴简图

通过分度或移位装置，使工件在一次安装中有不同的加工位置，把工件所占据的每个工作位置称为工位。图 3.2 是在一台三工位回转工作台机床上加工轴承盖螺钉孔的示意图。操作者在上下料工位Ⅰ处装上工件，当该工件依次通过钻孔工位Ⅱ、扩孔工位Ⅲ后，即可在一次装夹后把四个阶梯孔在两个位置加工完毕。这样，既减少了装夹次数，又因各工位的加工与装卸是同时进行的，从而节约安装时间，使生产率大大提高。多工位加工是生产中减少辅助时间和提高生产率的有效途径。

4. 工步

在加工表面、切削刀具、切削速度和进给量不变的条件下，连续完成的那一部分工序内容称为工步。为了提高生产率，用几把刀具同时加工几个加工表面的工步，称为复合工步，也可以看作一个工步。例如，对于带回转刀架的机床(转塔车床或加工中心)，回转刀架的一次转位所完成的内容属于一个工步，若有多把刀具同时参与切削，该工步称为复合工步(图 3.3)。

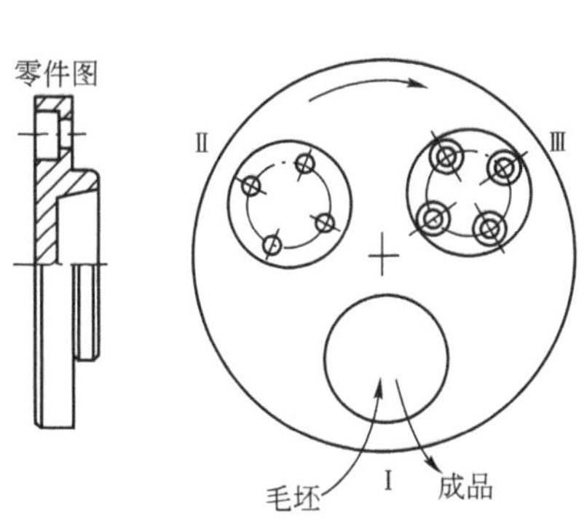

图 3.2　多工位加工

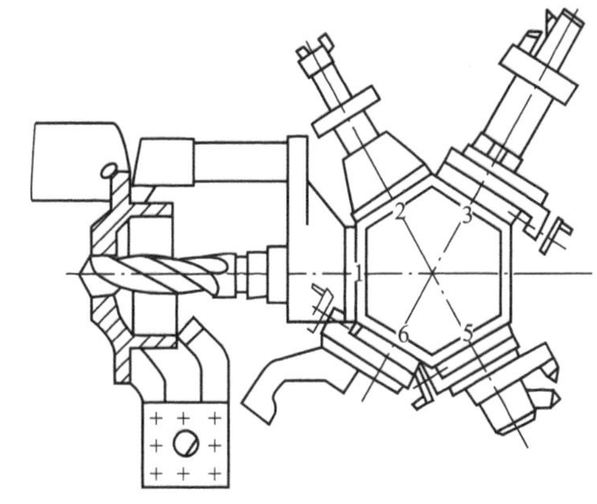

图 3.3　复合工步

5. 走刀

切削刀具在加工表面上切削一次所完成的工步内容，称为一次走刀。走刀是构成工艺过程的最小单元。一个工步可包括一次或数次走刀。当需要切去的金属层很厚，不能在一次走刀下切完，则需分几次走刀。

机械加工工艺过程基本组成部分之间的关系见表 3-3。

表 3-3　机械加工工艺过程基本组成部分之间的关系

单件生产工艺过程	工序	安装	工位	工步	走刀
	1 车（各部成形）	1	1	1	1
				2	1
		2	1	1	1
				2	1
		3	1	1	2
				2	1
		4	1	1	2
				2	1
				3	1
	2 铣槽	1	1	1	1

成批生产工艺过程	工序	安装	工位	工步	走刀
三工位铣端面钻中心孔专用机床	1 铣端面打中心孔	1	1 装卸	1	1
			2 铣端面	1	1
			3 钻中心孔	1	1
	2 车	1	1	1	2
				2	1
	3 车	1	1	1	2
				2	1
				3	1
	4 铣槽	1	1	1	1

3.1.3　生产纲领与生产类型

1. 生产纲领

生产纲领指企业在计划期内应生产的产量和进度计划。生产纲领一般指年产量。零件的生产纲领应计入备品和废品的数量。生产纲领的计算公式为

$$N=Qn(1+\alpha)(1+\beta)$$

式中：N 为零件的生产纲领(件/年)；Q 为产品的年产量(台/年)；n 为每台产品中该零件的数量(件/台)；α 为备品率；β 为废品率。

生产纲领在一定程度上决定了零件或产品的生产类型，而生产类型的工艺特征各不相同，制订的工艺规程必须和生产类型相适应。因此，生产纲领是制订工艺规程的重要依据。

2. 生产类型

根据生产纲领的大小，机械制造企业的生产可分为三种类型。

(1) 单件生产：产品品种很多，同一产品产量很少，很少重复生产，各工作加工对象经常改变。例如，重型机械制造、专用设备制造和新产品调试均属于单件生产。

(2) 成批生产：一年中分批、分期地制造同一产品，工作加工对象周期性重复。例

如，机床、机车、纺织等产品制造，多属于成批生产。每批生产的同一产品的数量称为批量。根据批量的大小，成批生产又可分为小批生产、中批生产和大批生产三种。

① 小批生产：生产特点与单件生产基本相同。

② 中批生产：生产特点介于小批生产和大批生产之间。

③ 大批生产：生产特点与大量生产相同。

(3) 大量生产：产品产量很大，大多数工作长期重复进行某一工件某一工序生产。例如，汽车、拖拉机、轴承和自行车等产品制造多属于大量生产。

不同生产类型的生产纲领见表 3-4。不同生产类型的工艺特征见表 3-5。

表 3-4　不同生产类型的生产纲领

生产类型		零件的生产纲领/(件/年)		
		重型机械	中型机械	小型机械
单件生产		<5	<20	<100
成批生产	小批生产	5～100	20～200	100～200
	中批生产	100～300	200～500	500～5000
	大批生产	300～1000	500～5000	5000～50000
大量生产		>1000	>5000	>50000

表 3-5　不同生产类型的工艺特征

工艺特征	生产类型		
	单件生产	成批生产	大量生产
工件的互换性	没有互换性	部分互换	完全互换
毛坯和加工余量	木模铸造	金属模铸造	金属模机器造型
机床设备	通用机床、数控机床	加工中心或柔性制造单元	专用生产线、自动生产线
夹具	多用标准附件	广泛采用夹具或组合夹具	广泛采用高生产率夹具
刀具与量具	采用通用刀具和万能量具	专用刀具及专用量具	高生产率刀具和量具
工艺规程	工艺过程卡	工艺卡、重要工序明细卡	工艺过程卡、工序卡
对工人的要求	需要技术熟练的工人	需要一定熟练程度的工人	对操作工人的要求较低

3.1.4　机械加工工艺规程

任何零件的机械加工工艺过程具有多样性，但其中总有一种工艺过程是在某一具体条件下最合理的。用规定的图标和文字的形式将其固定下来，并用来指导生产，这些工艺文件就是工艺规程。工艺规程是在总结工人及技术人员实践经验的基础上，依据科学理论和必要的工艺试验制订的。经审定批准的工艺规程是指导生产的工艺文件，企业人员必须严格遵守。

1. 机械加工工艺规程的作用

(1) 指导生产的重要技术文件。

(2) 组织和管理生产的重要依据。

(3) 新建或改、扩建工厂的主要依据。

(4) 有助于技术交流和推广先进经验。

2. 工艺规程制订的原则

在一定的生产条件下，应以最少的劳动量和最低的成本，在规定的时间内，可靠地加工出符合图样及技术要求的零件。制订工艺规程应注意以下问题：

(1) 技术上的先进性。在制订工艺规程时，要了解国内外本行业工艺技术的发展情况，通过必要的工艺试验，尽可能采用先进、适用的工艺和工艺装备。

(2) 经济上的合理性。在一定的生产条件下，可能会出现几种能够保证零件技术要求的工艺方案，此时应通过成本核算或相互对比，选择经济上最合理的方案，使产品生产成本最低。

(3) 具有良好的劳动条件。在制订工艺规程时，要注意保证工人操作时有良好而安全的劳动条件。因此，在工艺方案上要尽量采取机械化或自动化措施，以减轻工人繁重的体力劳动。同时，要符合国家环境保护法的有关规定，避免环境污染。

产品质量、生产率和经济性这三个方面有时相互矛盾，因此，合理的工艺规程应该处理好这些矛盾，体现这三者的统一。

3. 制订工艺规程的原始资料

制订工艺规程的原始资料包括产品的装配图和零件图、产品的验收质量标准、产品或零件的生产纲领、现场的生产条件、有关的工艺手册及图册、国内外工艺技术的发展情况。

4. 制订工艺规程的步骤

制订工艺规程的具体步骤如下：

(1) 计算生产纲领，确定生产类型。

(2) 零件的工艺分析：分析和审查零件图样，审查零件材料是否恰当，分析零件的技术要求，审查零件的结构工艺性。

(3) 毛坯的选择：确定毛坯种类，确定毛坯形状，绘制毛坯零件综合图。

(4) 拟定工艺路线：选择定位基准，确定各表面的加工方法，确定工序分散与集中程度，安排加工顺序，安排热处理及检验工序等。

(5) 确定各工序的设备、夹具、刀具、量具和辅助工具。

(6) 确定各工序加工余量，计算工序尺寸及公差。

(7) 确定切削用量和工时定额。

(8) 确定各主要工序的技术要求及检验方法。

(9) 填写工艺文件。

3.1.5 工艺规程的类型

生产中工艺规程的类型有以下几种：

(1) 机械加工工艺过程卡片(表 3-6)。该卡片以工序为单位，简要列出零件的加工步骤和加工内容，主要用于单件小批量生产，也可用于生产管理。

(2) 机械加工工艺卡片(表 3－7)。该卡片以工序为单位，详细说明零件的加工过程，用以指导生产。卡片中应绘制出零件图，不必绘制出各工序图，多用于不太复杂零件的批量加工。

(3) 机械加工工序卡片(表 3－8)。该卡片以工序为单位，每张卡片都绘制出工序简图并标注该工序加工技术要求，同时用粗实线标出加工部位，用规定符号标出定位及夹紧部位等，还应详细填写各工步内容、加工中所需设备及工装、切削用量及切削液种类等内容。

表 3－6　机械加工工艺过程卡片

<table>
<tr><td rowspan="4">(工厂名)</td><td rowspan="4">机械加工工艺过程卡片</td><td colspan="2">产品名称及型号</td><td></td><td colspan="2">零件名称</td><td colspan="3">零件图号</td><td colspan="3"></td></tr>
<tr><td rowspan="3">材料</td><td>名称</td><td></td><td rowspan="2">毛坯</td><td>种类</td><td></td><td rowspan="2">零件质量/kg</td><td>毛重</td><td></td><td colspan="2">第　页</td></tr>
<tr><td>牌号</td><td></td><td>尺寸</td><td></td><td>净重</td><td></td><td colspan="2">共　页</td></tr>
<tr><td>性能</td><td></td><td colspan="3">每料件数</td><td>每台件数</td><td></td><td>每批件数</td><td colspan="2"></td></tr>
</table>

<table>
<tr><td rowspan="2">工序号</td><td rowspan="2">工序内容</td><td rowspan="2">加工车间</td><td rowspan="2">设备名称及编号</td><td colspan="3">工艺装备名称及编号</td><td rowspan="2">技术等级</td><td colspan="2">时间定额/min</td></tr>
<tr><td>夹具</td><td>刀具</td><td>量具</td><td>单件</td><td>准备—终结</td></tr>
<tr><td></td><td></td><td></td><td></td><td></td><td></td><td></td><td></td><td></td><td></td></tr>
<tr><td rowspan="3">更改内容</td><td colspan="9"></td></tr>
<tr><td colspan="9"></td></tr>
<tr><td colspan="9"></td></tr>
</table>

<table>
<tr><td>编制</td><td></td><td>抄写</td><td></td><td>校对</td><td></td><td>审核</td><td></td><td>批准</td></tr>
</table>

表 3－7　机械加工工艺卡片

<table>
<tr><td rowspan="4">(工厂名)</td><td rowspan="4">机械加工工艺卡片</td><td colspan="2">产品名称及型号</td><td></td><td colspan="2">零件名称</td><td colspan="3">零件图号</td><td colspan="3"></td></tr>
<tr><td rowspan="3">材料</td><td>名称</td><td></td><td rowspan="2">毛坯</td><td>种类</td><td></td><td rowspan="2">零件质量/kg</td><td>毛重</td><td></td><td colspan="2">第　页</td></tr>
<tr><td>牌号</td><td></td><td>尺寸</td><td></td><td>净重</td><td></td><td colspan="2">共　页</td></tr>
<tr><td>性能</td><td></td><td colspan="3">每料件数</td><td>每台件数</td><td></td><td>每批件数</td><td colspan="2"></td></tr>
</table>

<table>
<tr><td rowspan="2">工序</td><td rowspan="2">安装</td><td rowspan="2">工步</td><td rowspan="2">工序内容</td><td rowspan="2">同时加工零件数</td><td colspan="4">切削用量</td><td rowspan="2">设备名称及编号</td><td colspan="3">工艺装备名称及编号</td><td rowspan="2">技术等级</td><td colspan="2">工时定额/min</td></tr>
<tr><td>背吃刀量/mm</td><td>切削速度/(m/min)</td><td>切削速度/(r/min)(或双行程数/min)</td><td>进给量/(mm/r 或 mm/min)</td><td>夹具</td><td>刀具</td><td>量具</td><td>单件</td><td>准备—终结</td></tr>
<tr><td colspan="4"></td><td></td><td></td><td></td><td></td><td></td><td></td><td></td><td></td><td></td><td></td><td></td><td></td></tr>
<tr><td colspan="3" rowspan="3">更改内容</td><td colspan="14"></td></tr>
<tr><td colspan="14"></td></tr>
<tr><td colspan="14"></td></tr>
</table>

<table>
<tr><td>编制</td><td></td><td>抄写</td><td></td><td>校对</td><td></td><td>审核</td><td></td><td>批准</td><td></td></tr>
</table>

表 3-8 机械加工工序卡片

(工厂名)	机械加工工序卡片	产品名称及型号	零件名称	零件图号	工序名称	工序号	第 页
							共 页
(绘制工序简图处)			车间	工段	材料名称	材料牌号	力学性能
			同时加工件数	每料件数	技术等级	单件时间/min	准备—终结时间/min
			设备名称	设备编号	夹具名称	夹具编号	工作液
			更改内容				

工步号	工步内容	计算数据/mm			走刀次数	切削用量				工时定额/min			刀具量具及辅助工具				
		直径或长度	进给长度	单边余量		背吃刀量/mm	进给量/(mm/r或mm/min)	切削速度/(r/min)(或双行程数/min)	切削速度/(m/min)	基本时间	辅助时间	工作地点服务时间	工步号	名称	规格	编号	数量

编制		抄写		校对		审核		批准	

任务 3.2 工件的安装、基准和定位

3.2.1 工件的安装

在机械加工前，必须使工件在机床或夹具上相对于刀具占据某一正确的位置，这个过程称为工件的定位。由于在加工中受到切削力等力的作用，工件定位后还应将工件夹紧，保持工件在加工中的正确位置不变。工件的安装包括定位和夹紧两个方面。随着批量的不同，工件的大小和加工精度要求各不相同，工件的安装方法也有所不同，一般有以下三种方式。

(1) 直接找正安装(图 3.4)。这种方法是将工件直接装在机床上后，用百分表或划针盘上的划针，以目测法校正工件的正确位置，一边校验一边找正，直至符合要求。直接找

正法的定位精度和效率取决于找正精度、找正方法、找正工具和工人的技术水平，仅用于单件、小批量生产中。此外，当对工件的定位精度要求较高且夹具难以达到要求时，就不得不使用精密量具，并由有较高技术水平的工人用直接找正法来定位。

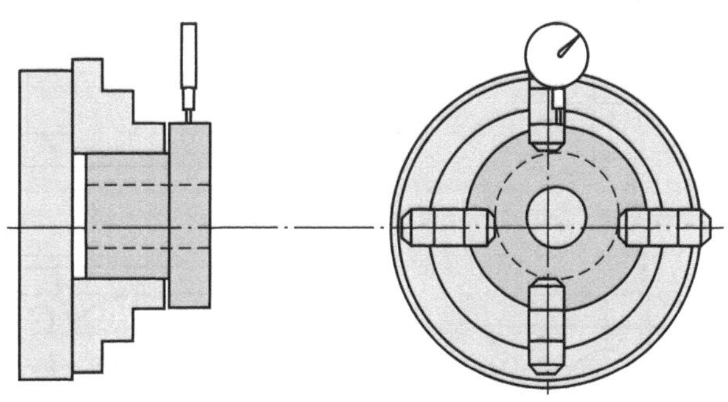

图 3.4　直接找正安装

(2) 划线找正安装(图 3.5)。这种方法是在机床上用划针按毛坯或半成品上所划的线来找正工件，使其获得正确位置的一种方法。由于存在划线误差和校正误差，因此该法多用于生产批量较小、毛坯精度较低及大型工件等不宜使用夹具的粗加工中。

(3) 采用夹具安装(图 3.6)。夹具是机床的一种附加装置，它在机床上相对刀具的位置在工件未安装前已预先调整好，所以在加工一批工件时不必再逐个找正定位，就能保证加工的技术要求，是高效的定位方法，在成批和大量生产中广泛应用。

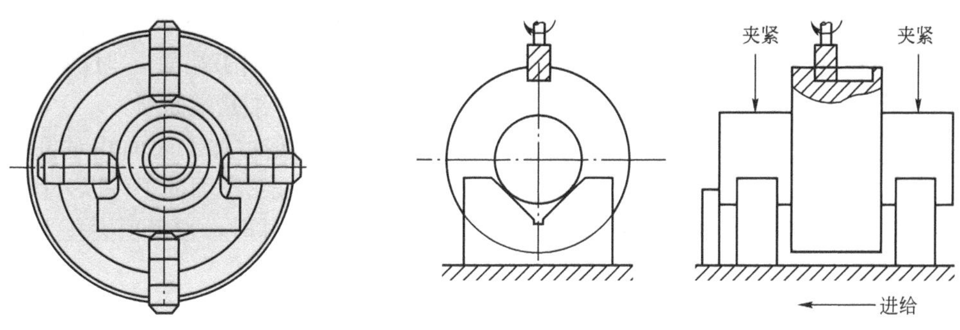

图 3.5　划线找正安装　　**图 3.6　铣键槽工序的安装**

3.2.2　基准及其分类

在零件的设计和制造过程中，要确定一些点、线或面的位置，必须以一些指定的点、线或面作为依据，这些作为依据的点、线或面称为基准。根据基准的用途，可将其分为设计基准和工艺基准两大类。

1. 设计基准

设计人员在零件图上标注尺寸或相互位置关系时所依据的那些点、线、面称为设计基准。如图 3.7(a)中，端面 C 是端面 A、B 的设计基准，中心线 O—O 是外圆柱面 ϕD 和 ϕd 的设计基准，中心 O 是 E 面的设计基准。

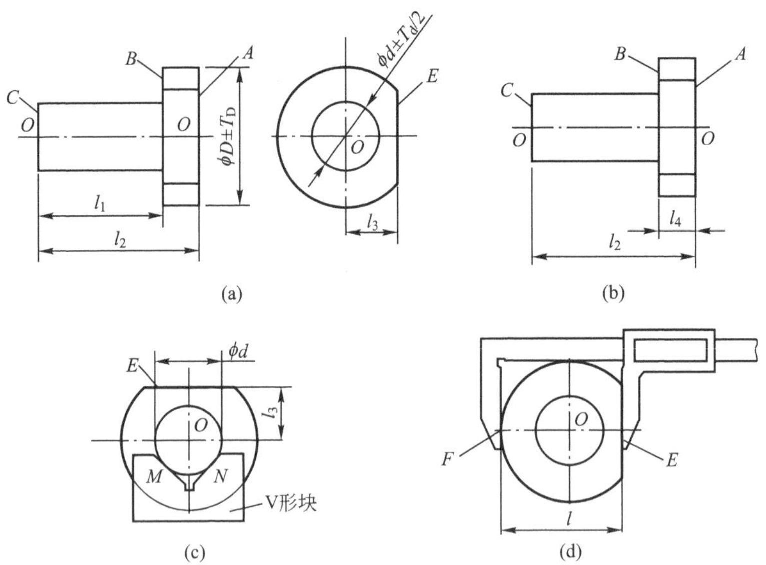

图 3.7　各种基准示例

2. 工艺基准

零件在加工或装配过程中所使用的基准称为工艺基准(也称制造基准)。工艺基准按用途又可分为四类。

(1) 工序基准。在工序图上标注被加工表面尺寸(称工序尺寸)和相互位置关系时，所依据的点、线、面称为工序基准。如图 3.7(a)所示的零件，若加工端面 B 时的工序图为图 3.7(b)，工序尺寸为 l_4，则工序基准为端面 A，而其设计基准是端面 C。

(2) 定位基准。工件在机床上加工时，在工件上用以确定被加工表面相对机床、夹具、刀具位置的点、线、面称为定位基准。在图 3.7(c)中，加工 E 面的工件以外圆 ϕd 在 V 形块上定位，其定位基准则是外圆 ϕd 的母线。加工轴类零件时，常以顶尖孔为定位基准。加工齿轮外圆或切齿时，常以内孔和端面为定位基准。

(3) 测量基准。在工件上用以测量已加工表面位置时所依据的点、线、面称为测量基准。一般情况下常采用设计基准为测量基准。如图 3.7(a)所示，当加工端面 A、B，并保证尺寸 l_1、l_2 时，测量基准是它的设计基准端面 C。但当以设计基准为测量基准不方便或不可能时，也可以其他表面为测量基准。如图 3.7(d)所示，表面 E 的设计基准为中心 O，而测量基准为外圆 ϕD 的母线 F，则此时的测量尺寸为 l。

(4) 装配基准。在装配时，用来确定零件或部件在机器中的位置时所依据的点、线、面称为装配基准。例如，齿轮装在轴上，则内孔是它的装配基准；轴装在箱体孔上，则轴颈是装配基准；主轴箱体装在床身上，则箱体的底面是装配基准。

3.2.3　定位基准的选择

定位基准分为粗基准、精基准和辅助基准。工件在起始工序加工中只能选择未经加工的毛坯表面作为定位基准，这种定位基准称为粗基准。在后续工序中以已加工过的表面进行定位的基准称精基准。为了便于零件的加工而设置的基准称辅助基准，如轴类零件加工

用的顶尖孔等。选择定位基准主要是为了保证零件加工表面之间及加工表面与未加工表面之间的相互位置精度，因此正确选择定位基准对保证零件的加工要求、合理安排加工顺序有着至关重要的影响。

1. 粗基准的选择原则

粗基准选择正确与否，不仅与第一道工序的加工有关，而且将对工件加工的整个过程产生重大影响。粗基准的选择一般应遵循以下原则。

(1) 保证相互位置要求原则(图 3.8)。如果必须保证工件上加工表面和不加工表面之间的位置要求，则应选择工件上的不加工表面为粗基准。

(2) 余量均匀分配原则(图 3.9)。如果要求保证工件上某重要表面加工余量均匀，则应选择该表面作为粗基准。

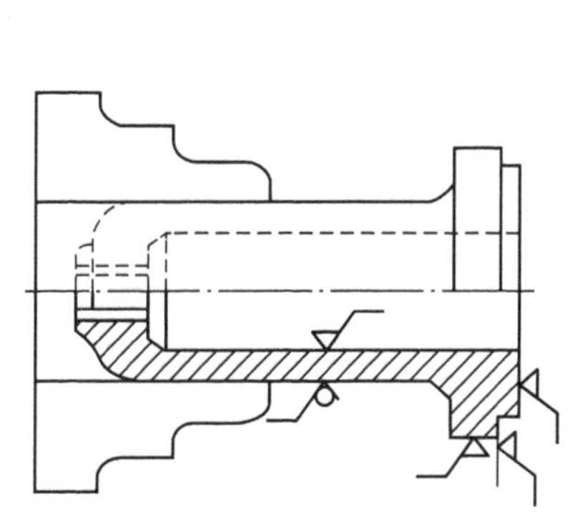

图 3.8　套类零件的粗基准选择

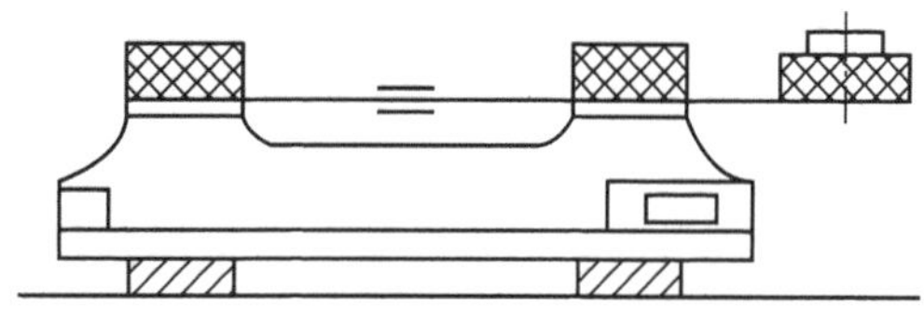

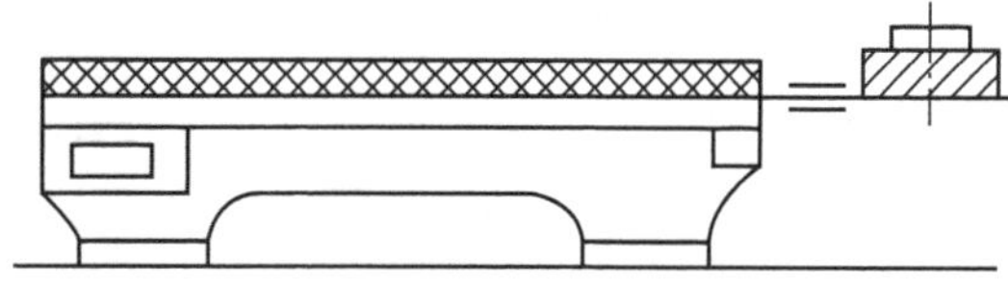

图 3.9　车床床身的粗基准选择

(3) 对于所有表面都要加工的表面，选取余量和公差最小的表面作为粗基准，以避免余量不足而造成废品。

(4) 选择比较平整、光滑、有足够大面积的表面为粗基准。该表面不允许有浇、冒口的残迹和飞边，以确保定位准确、夹紧可靠。

(5) 粗基准在同一定位方向上只允许使用一次，不允许重复使用。因为粗基准的精度和表面粗糙度都很差，如果重复使用，则不能保证工件相对刀具的位置在重复使用粗基准的工序中都一致，因而影响加工精度。

2. 精基准的选择原则

选择精基准时，应重点考虑如何减少工件的定位误差和保证加工精度，并使夹具结构简单、装夹方便。精基准的选择原则如下。

(1) 基准重合原则(图 3.10)。基准重合原则指选择的定位基准与设计基准或工序基准重合，这样可以避免因基准不重合而产生定位误差。

图 3.10(a)是在钻床上成批加工工件孔的工序简图，N 面为尺寸 B 的工序基准。若选择 N 面为尺寸 B 的定位基准并与夹具 1 面接触，钻头相对 1 面位置已调整好且固定不动[图 3.10(b)]，则加工这一批工件时尺寸 B 不受尺寸 A 变化的影响，从而提高了加工尺寸 B 的精度。若选择 M 面为定位基准并与夹具 2 面接触，钻头相对 2 面已调整好且固定不

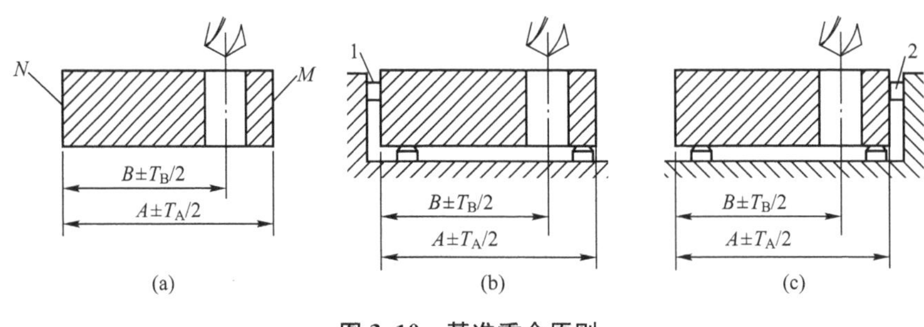

图 3.10　基准重合原则

动［图 3.10(c)］，则加工的尺寸 B 要受尺寸 A 变化的影响，从而使尺寸 B 精度下降。

定位基准和设计基准不重合产生定位误差的问题发生在用调整法获得尺寸的场合。如果用试切法加工，就不存在基准不重合误差的问题。

当采用基准重合原则使得夹具结构复杂及装夹不便时，应放弃该原则而采用其他精基准的选择原则。

(2) 基准统一原则。基准统一原则指在整个工艺过程中，尽可能选择相同的定位基准来加工零件的多个表面。采用基准统一原则能简化夹具的设计和制造工作，还能减少因基准变换带来的误差，较好地保证各加工表面间的位置精度。例如，加工轴类工件的顶尖孔定位，加工箱体类零件的一面两孔定位等。

【案例 3-1】 基准重合和基准统一原则有何不同？

解： 基准重合和基准统一是两个不同的概念；基准重合是针对一道工序来说的，基准重合是针对多道工序或整个工艺过程来说的；采用统一基准时，不一定要基准重合。

(3) 互为基准原则。当两个表面相互位置精度要求较高时，则两个表面互为基准反复加工，可以不断提高定位基准的精度，保证两个表面之间相互位置精度。例如，加工套筒类零件，当内、外圆柱表面的同轴度要求较高时，先以孔定位加工外圆，再以外圆定位加工孔，反复加工几次就可大大提高同轴度精度。

(4) 自为基准原则。当精加工或光整加工工序要求余量小且均匀时，可选择加工表面本身为精基准，以保证加工质量和提高生产率。

【案例 3-2】 试列举自为基准的例子。

解： 精铰孔时，铰刀与主轴采用浮动连接，加工时以孔本身为定位基准；磨削车床床身导轨面时，常在磨头上装百分表以导轨面本身为基准来找正工件，或者用观察火花的方法来找正工件；精镗连杆小头孔，以自身定位，即先在小头孔中安装活动定位销，定位夹紧后，再将定位销从孔中拔出来。以自身为基准加工工件时，只能提高加工表面的尺寸精度，不能提高表面间的相互位置精度，后者应由先行工序保证。

(5) 便于装夹的原则。选择的精基准应能使工件装夹稳定可靠、夹具简单。一般常采用面积大、精度较高和表面粗糙度较低的表面为精基准。加工箱体类和支架类零件时，常选用装配基准为精基准，因为装配基准多数面积大，装夹稳定、方便，设计夹具也较简单。

任务 3.3　工艺路线的拟定

拟定零件机械加工工艺路线时，除选择定位基准外，还应包括加工方法的选择、加工阶段的划分、工序的集中与分散、加工顺序的安排及设备与工装的选择等。机械加工工艺路线的优劣不但影响零件的加工质量和生产效率，而且影响企业的设备投资、生产面积和生产成本。拟定工艺路线是制订工艺规程关键性的步骤，通常应在几种工艺路线方案中，选择最优的方案。

3.3.1　加工方法的选择

零件是由多个表面组成的，每一个表面又可以用多种加工方法获得。因此，应该从零件的结构特点、形状大小、技术要求、材料性能、生产批量、设备现状及经济性等多方面进行分析，选择合适的加工方法。

不同的加工方法，其用途各不相同，所能达到的精度和表面粗糙度也不一样，即使是同一种加工方法，在不同的加工条件下所得到的精度和表面粗糙度也不一样。这是因为在加工过程中，有各种因素会对精度和表面粗糙度产生影响，如工人的技术水平、切削用量、刀具的刃磨质量、机床的调整质量等。

所谓某种加工方法的经济精度，是指在正常的工作条件下(包括完好的机床设备、必要的工艺装备、标准的工人技术等级、标准的耗用时间和生产费用)所能达到的加工精度。与经济精度相似，各种加工方法所能达到的表面粗糙度也有一个较经济的范围。各种加工方法所能达到的经济精度、表面粗糙度、表面形状及位置精度可查阅相关手册。

加工方法和加工方案的选择应根据加工表面的技术要求确定。选择加工方法时不仅要考虑被加工材料的性质、生产率和经济性等问题，而且要考虑本厂(或本车间)的现有设备情况及技术条件。

表 3－9～表 3－11 为常见的外圆、内孔和平面的加工方案，可供制订工艺时参考。

表 3－9　外圆的加工方案

公差等级	表面粗糙度/μm	加工方案	适用范围
IT13～IT11	50～12.5	粗车	适用于淬火钢外的各种金属
IT10～IT8	6.3～3.2	粗车—半精车	
IT8～IT7	1.6～0.8	粗车—半精车—精车	
IT6～IT5	0.8～0.2	粗车—半精车—精车—精细车	主要用于要求高的有色金属
IT8～IT7	0.8～0.4	粗车—半精车—磨削	适用于除有色金属外的各种金属，特别是淬火钢
IT7～IT6	0.4～0.1	粗车—半精车—粗磨—精磨	
IT5～IT3	0.1～0.025	粗车—半精车—粗磨—精磨—超精磨	

表 3-10　内孔的加工方案

公差等级	表面粗糙度/μm	加工方案	适用范围
IT13～IT11	50～12.5	钻	加工除淬火钢外各种金属实心毛坯上较小的孔
IT10～IT9	6.3～3.2	钻—扩	
IT8～IT7	6.3～3.2	钻—扩	
IT7～IT6	0.4～0.2	钻—扩—机铰—手铰	
IT13～IT10	12.5～6.3	粗镗	用于除淬火钢外各种金属，毛坯有铸出孔或锻出孔
IT9～IT8	3.2～1.6	粗镗—精镗	
IT8～IT7	1.6～0.8	粗镗—半精镗—精镗	
IT7～IT6	0.8～0.4	粗镗—半精镗—精镗—精细镗	
IT7～IT6	0.2～0.1	镗—半精镗—粗磨—精磨	用于淬火钢，但不宜用于有色金属

表 3-11　平面的加工方案

公差等级	表面粗糙度/μm	加工方案	适用范围
IT12～IT10	25～12.5	粗车	用于轴、套、盘类等零件未淬火的端面
IT9～IT7	6.3～0.8	粗车—半精车—精车	
IT10～IT8	6.3～1.6	粗刨(铣)—精刨(铣)	用于不淬硬的平面
IT7～IT6	0.8～0.1	粗刨(铣)—精刨(铣)—刮研	
IT7～IT6	0.4～0.05	粗刨(铣)—精刨(铣)—粗磨—精磨	用于高精度、低表面粗糙度的平面

【案例 3-3】 某零件上孔的加工精度为 IT7 级，表面粗糙度为 $Ra1.6\sim3.2\mu m$，确定孔的加工方案。

解： 查表 3-10 可有下面四种加工方案：

(1) 钻—扩—粗铰—精铰；

(2) 粗镗—半精镗—精镗；

(3) 粗镗—半精镗—粗磨—精磨；

(4) 钻(扩)—拉。

方案(1)用得最多，在大批、大量生产中常用在自动机床或组合机床上，在成批生产中常用在立钻、摇臂钻、六角车床等连续进行各个工步加工的机床上。该方案一般用于加工小于 80mm 的孔径，工件材料为未淬火钢或铸铁，不适于加工大孔径孔，否则刀具过于笨重。

方案(2)用于加工毛坯本身有铸出孔或锻出孔，但其直径不宜太小，否则因镗杆太细容易发生变形而影响加工精度。箱体零件的孔加工常用这种方案。

方案(3)适用于淬火的工件。

方案(4)适用于成批或大量生产的中小型零件，其材料为未淬火钢、铸铁及有色金属。

3.3.2　加工阶段的划分

1. 加工阶段及其任务

对于加工精度要求较高和表面粗糙度值要求较低的零件，通常将工艺过程划分为粗加工和精加工两个阶段；对于加工精度要求很高和表面粗糙度值要求很低的零件，则常划分为粗加工阶段、半精加工阶段、精加工阶段和光整加工阶段。

(1) 粗加工阶段：在这个阶段中，尽量将零件各个加工表面的大部分余量从毛坯上切除。这个阶段的主要任务是提高生产效率。

(2) 半精加工阶段：这一阶段为主要表面的精加工做好准备，切去的余量介于粗加工和精加工之间，并达到一定的精度和表面粗糙度值，为精加工留有一定的余量。在此阶段还要完成一些次要表面的加工，如钻孔、攻螺纹、铣键槽等。

(3) 精加工阶段：在这个阶段将切去很少的余量，保证各主要表面达到较高的精度和较低的表面粗糙度值(精度 IT10～IT7 级，Ra3.2～0.8μm)。

(4) 光整加工阶段：主要为了得到更高的尺寸精度和更低的表面粗糙度值(精度 IT9～IT5 级，Ra0.32μm)，只从加工表面上切除极少的余量。

2. 划分加工阶段的目的

(1) 保证加工质量。粗加工阶段容易引起工件的变形，这是由于切除余量大，一方面毛坯的内应力重新分布而引起变形，另一方面由于切削力、切削热及夹紧力都比较大，因而造成工件受力变形和热变形。为了使这些变形充分表现，应在粗加工之后留有一定的时间，然后通过逐步减少加工余量和切削用量的办法消除上述变形。

(2) 合理使用机床。粗加工阶段可以使用功率大、精度较低的机床，精加工阶段可以使用功率小、精度高的机床，这样有利于充分发挥粗加工机床的动力，又有利于长期保持精加工机床的精度。

(3) 便于安排热处理工序。例如，粗加工之后安排时效处理，半精加工后安排淬火处理等。

(4) 及时发现毛坯的缺陷。在粗加工阶段，由于切除大量的多余金属，可以及早发现夹渣、裂纹、气孔等毛坯缺陷，以决定零件是否报废或修补，避免盲目加工造成的浪费。

在某些情况下，划分加工阶段并不是绝对的，例如，加工重型工件时，由于不便于多次装夹和运输，因此不必划分加工阶段，可在一次装夹中完成全部粗加工和精加工。为提高加工的精度，可在粗加工后松开工件，让其充分变形，再用较小的力量夹紧工件进行精加工，以保证零件的加工质量。另外，如果工件的加工质量要求不高、工件的刚度足够、毛坯的质量较好而切除的余量不多，则可不必划分加工阶段。

3.3.3　工序的集中与分散

工序集中和工序分散是拟定工艺路线时确定工序数目的两个不同的原则。

工序集中是将工件的加工集中在少数几道工序内完成，每道工序的加工内容较多。工序集中的特点如下：

(1) 可减少工件装夹次数，易保证位置精度。

(2) 工序数少，减少了设备数量、操作工人和生产面积。

(3) 可采用高效专用设备、工艺装备，提高加工精度和生产率。

(4) 设备的一次性投资大，工艺装备复杂。

工序分散是将工件的加工分散到较多的工序内进行，每道工序的加工内容很少，最少时每道工序仅一个简单工步。工序分散的特点如下：

(1) 设备和工装比较简单，调整、维护方便，生产准备工作量少。

(2) 每道工序的加工内容少，便于选择最合理的切削用量，对操作者的技术水平要求不高。

(3) 工序数多，设备数量多，操作人员多，占用生产面积大。

工序集中和工序分散各有所长，传统的流水线、自动线生产多采用工序分散；而高效自动化机床、加工中心等多采用工序集中，现代生产的发展趋于工序集中。

3.3.4 加工顺序的安排

1. 机械加工工序的安排

(1) 基准先行：选为精基准的表面一般应先加工，以便为其他表面的加工提供基准。

(2) 先主后次：先加工零件上装配基面和工作表面等主要表面，后加工如键槽、紧固用的光孔和螺纹孔等次要表面。

(3) 先粗后精：零件上大部分加工表面的加工过程应该是粗加工工序在前，精加工工序在后。

(4) 先面后孔：对于箱体、支架、连杆等类零件，由于平面的轮廓尺寸较大，用以定位比较稳定、可靠，故一般以平面为精基准来加工，先加工平面，后加工孔。

2. 热处理工序的安排

为了改善工件材料的机械性能和切削性能，在加工过程中常常需要安排热处理工序。

(1) 退火和正火。目的是消除内应力和改善材料的加工性能，一般安排在毛坯制造后、粗加工前进行。

(2) 时效处理。对于大而复杂的铸件，为了尽量减少由于内应力引起的变形，常常在粗加工后进行人工时效处理，粗加工前最好采用自然时效。

(3) 调质处理。目的是改善材料的机械性能，因此许多中碳钢和合金钢常采用这种热处理方法，一般安排在粗加工之后、精加工之前进行。

(4) 淬火或渗碳淬火。目的是提高零件表面的硬度和耐磨性。淬火处理一般安排在磨削之前进行；渗碳淬火一般安排在切削加工后、磨削加工前进行；表面淬火和渗氮等变形小的热处理工序可安排精加工之后进行。

(5) 表面处理(镀铬、镀锌、氧化、发黑等)。目的是提高零件的耐腐蚀能力、增加耐磨性、使表面美观等，一般安排在工艺过程的最后进行。

3. 检验工序的安排

检验工序是保证产品质量和防止产生废品的重要措施。在每道工序中，操作者都必须自行检验，在操作者自检的基础上，在下列场合还要安排独立检验工序：

(1) 重要工序的加工前后。

(2) 不同加工阶段的前后。

(3) 工件从一个车间转到另一个车间的前后。

(4) 零件全部加工结束之后。

某些零件需要的特殊检验(如 X 射线检查、超声波探伤检查)应安排在工艺过程的开始阶段；用于表面质量检验的磁力探伤等安排在精加工前后；密封性检验、平衡和重量检验等通常安排在工艺过程的最后阶段。

4. 其他工序的安排

在工艺过程中，还应根据需要在一些工序的后面安排去毛刺、去磁、清洗等工序。

3.3.5 设备及工装的选择

正确选择机床设备是一件很重要的工作，它不但影响工件的加工质量，而且影响工件的加工效率和制造成本。机床设备的选择除考虑现有生产条件外，还要考虑以下内容。

(1) 机床工作区域的尺寸应当与零件的外廓尺寸相适应，即根据零件的外廓尺寸来选择机床的形式和规格，以便充分发挥机床的使用性能。例如，直径不太大的轴、套、盘类零件一般在普通机床上加工，直径大而短的盘、套类零件一般在端面机床或立式机床上加工。

(2) 机床的精度应该与工件要求的加工精度相适应。机床精度过低，不能满足工件加工精度的要求；过高，则是一种浪费。

(3) 机床的功率、刚度和工作参数应该与最合理的切削用量相适应。粗加工时，选择有足够功率和足够刚度的机床，以免切削深度和进给量的选用受限制；精加工时，选择有足够刚度和足够转速范围的机床，以保证零件的加工精度和表面粗糙度。

(4) 机床生产率应该与工件的生产类型相适应。对于大批、大量生产，宜采用高效率机床、专用机床、组合机床或自动机床；对于单件小批生产，一般选择通用机床。

工艺装备选择合理与否直接影响工件的加工精度、生产效率和经济效益，故应根据生产类型、具体加工条件、工件结构特点和技术要求等选择工艺装备。在中小批量生产条件下，应首先考虑选用通用的工艺装备；在大批大量生产条件下，可根据加工要求设计制造专业工艺装备。

机床和工艺装备的选择不仅要考虑设备投资的当前效益，还要考虑产品改型及转产的可能性，应使其具有较大的柔性。

任务 3.4　加工余量、工序尺寸及其公差

工艺路线制订之后，在进一步安排各工序的具体内容时，应正确确定各工序加工时应达到的尺寸，即工序尺寸。为确定工序尺寸，首先应确定加工余量。

3.4.1 加工余量的概念

加工余量指加工过程中从加工表面上切除的金属层厚度。加工余量分为工序余量和加工总余量。

1. 工序余量

工序余量指某一表面在上一道工序中所切除的金属层厚度。它取决于同一表面相邻工序的工序尺寸之差。

工序余量有单边余量和双边余量之分。

对于非对称表面，其加工余量用单边余量表示。其中，外表面［图 3.11(a)］为

$$Z_b = a - b$$

内表面［图 3.11(b)］为

$$Z_b = b - a$$

对于外圆和内孔即对称表面，其加工余量用双边余量表示。其中，外表面［图 3.11(c)］为

$$Z_b = a - b$$

内表面［图 3.11(d)］为

$$Z_b = b - a$$

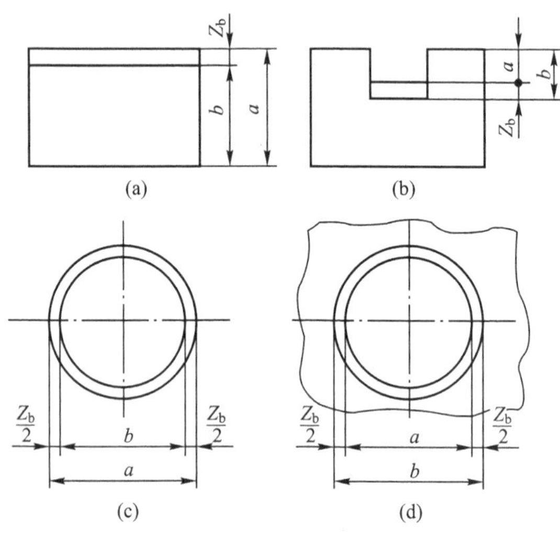

图 3.11　加工余量

由于工序尺寸有偏差，各工序实际切除的余量值是变化的，工序余量有公称余量(简称为余量)、最大余量和最小余量之分。公称余量是前道工序和本道工序基本尺寸之差。最小余量是前一工序最小工序尺寸和本工序最大工序尺寸之差。最大余量是前一工序最大工序尺寸和本工序最小工序尺寸之差。

工序加工余量的变动范围即余量公差，其值等于前一工序和本工序的尺寸公差之和。

工序尺寸的偏差按“入体原则”标注：对于被包容尺寸(如轴径)，上极限偏差为零，最大尺寸为其基本尺寸；对于包容尺寸(如孔径和槽宽)，下极限偏差为零，最小尺寸为其基本尺寸。毛坯尺寸和孔距类尺寸的偏差按“对称偏差”标注。

【案例 3-4】 如图 3.12 所示，以孔和轴为例，列出公称余量、最大最小余量和余量公差的公式。

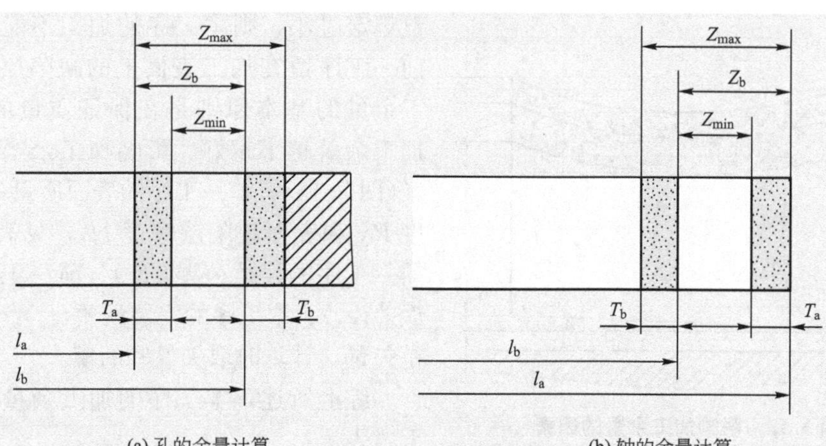

(a) 孔的余量计算　　(b) 轴的余量计算

图 3.12　工序余量

解：对于包容尺寸［图 3.12(a)］：

(1) 本工序的公称余量为

$$Z_b = l_b - l_a$$

(2) 最大余量和最小余量分别为

$$Z_{max} = l_{bmax} - l_{amin} = (l_b + T_b) - l_a = Z_b + T_b$$

$$Z_{min} = l_{bmin} - l_{amax} = l_b - (l_a + T_a) = Z_b - T_a$$

(3) 工序余量变动范围为

$$T_Z = Z_{max} - Z_{min} = T_b + T_a$$

式中：l_a 为上道工序的基本尺寸；l_b 为本道工序的基本尺寸；T_a 为上道工序的公差；T_b 为本道工序的公差。

对于被包容尺寸［图 3.12(b)］：

(1) 本工序的公称余量为

$$Z_b = l_a - l_b$$

(2)最大余量和最小余量分别为

$$Z_{max} = l_{amax} - l_{bmin} = l_a - (l_b - T_b) = Z_b + T_b$$

$$Z_{min} = l_{amin} - l_{bmax} = (l_a - T_a) - l_b = Z_b - T_a$$

(3) 工序余量变动范围为

$$T_Z = Z_{max} - Z_{min} = T_b + T_a$$

2. 加工总余量

加工总余量指零件某一表面从毛坯变为成品所切除掉的金属层厚度。加工总余量等于零件同一表面毛坯尺寸与零件设计尺寸之差，也等于该表面各工序余量之和。加工总余量也是一个变动值，其值及公差可查相关手册或凭经验确定。

3.4.2　影响加工余量的因素

正确规定加工余量的数值十分重要。加工余量规定过大，会造成很大的浪费；加工余

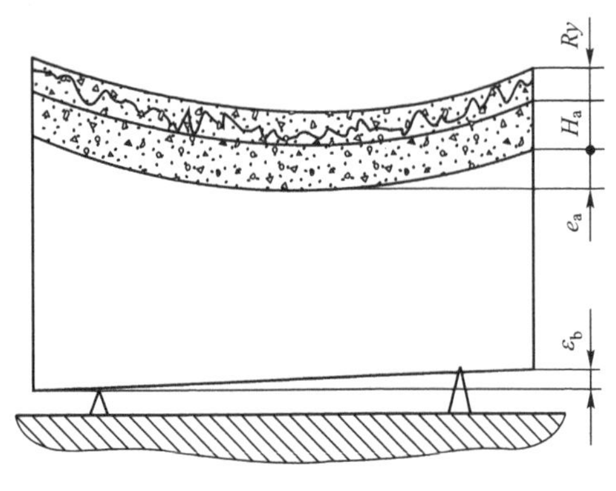

图 3.13 影响加工余量的因素

量规定过小，则本工序的加工不能完全切除前一工序留在加工表面上的缺陷层。确定加工余量的基本原则是在保证质量的前提下，加工余量越小越好。影响加工余量的主要因素(图 3.13)有前一工序的表面质量(表面粗糙度 Ry 和表面缺陷层深度 H_a，见表 3-12)、前一工序的尺寸公差(T_a)、前一工序的位置误差(e_a)、本工序的安装误差(ε_b)。e_a和 ε_b都是矢量，计算时取矢量和的模。

综上所述，本工序的加工余量组成可用下式表示：

用于双边余量时：

$$Z \geqslant 2(Ry+H_a)+T_a+2\,|\,e_a+\varepsilon_b\,|$$

用于单边余量时：

$$Z \geqslant Ry+H_a+T_a+|\,e_a+\varepsilon_b\,|$$

表 3-12　各种加工方法的表面粗糙度 Ry 和表面缺陷层 H_a的值　(单位：μm)

加工方法	Ry	H_a	加工方法	Ry	H_a	加工方法	Ry	H_a
粗车内外圆	15～100	40～60	粗镗	25～225	30～50	粗插	25～100	50～60
精车内外圆	5～40	30～40	精镗	5～25	25～40	精插	5～45	35～50
粗车端面	15～225	40～60	磨外圆	1.7～15	15～25	粗铣	15～225	40～60
精车端面	5～54	30～40	磨内圆	1.7～15	20～30	精铣	5～45	25～40
钻	45～225	40～60	磨端面	1.7～15	15～35	拉	1.7～35	10～20
粗扩孔	25～225	40～60	磨平面	1.7～15	20～30	切断	45～225	60
精扩孔	25～100	30～40	粗刨	15～100	40～50	研磨	0～1.6	3～5
粗铰	25～100	25～30	精刨	5～45	25～40	超精加工	0～0.8	0.2～0.3
精铰	8.5～25	10～20				抛光	0.06～1.6	2～5

3.4.3 确定加工余量的方法

(1) 经验估计法。根据工艺人员或工人的经验来确定加工余量。为避免出现废品，估计余量一般偏大，用于单件小批生产。

(2) 查表修正法。利用各种手册所给的表格数据，再结合实际加工情况进行必要的修正，以确定加工余量。此法方便迅速，生产上应用较多。

(3) 分析计算法。根据一定的试验资料和计算公式，对影响加工余量的各项因素进行分析和综合计算来确定加工余量。该方法比较科学，但需要积累比较全面的资料，目前应用较少。

3.4.4 工序尺寸及其公差的确定

工序尺寸是指在工序图或工艺规程中标注的一些专供加工使用的尺寸。工序尺寸及其公差的确定有两种情况。

1. 基准重合时工序尺寸及其公差的确定

当工序基准与设计基准重合时，工序尺寸及其公差的确定比较简单，一般采用倒推法计算。其过程如下：

(1) 确定该加工表面的总余量，再根据加工路线确定各工序的加工余量，并核对第一道工序的加工余量是否合理。

(2) 从最终加工工序开始，即从设计尺寸开始，逐次加上(对于被包容面)或减去(对于包容面)每道工序的加工余量，分别得到各工序的基本工序尺寸。

(3) 除最终工序外，根据各工序加工方法的加工经济精度确定工序尺寸公差。

(4) 除最终工序外，其余各工序按“入体原则”标注工序尺寸公差。

【案例 3-5】 确定箱体上某孔加工的工序尺寸及其公差。已知毛坯材料为 HT200，其工艺路线为粗镗→半精镗→精镗→精密镗。要求加工后孔的要求达到 $\phi100H7^{+0.035}_{0}$ mm，$Ra0.8\mu m$。

解：根据倒推法计算，各工序的工序尺寸及其公差见表 3-13。

表 3-13　工序尺寸及其公差

工序名称	工序余量	加工经济精度	工序基本尺寸	工序尺寸及偏差
浮动镗	0.1	H7	$\phi100$	$\phi100^{+0.035}_{0}$
精镗	0.5	H8	$\phi99.9$	$\phi99.9^{+0.045}_{0}$
半精镗	2.4	H10	$\phi99.4$	$\phi99.4^{+0.14}_{0}$
粗镗	5	H12	$\phi97$	$\phi97^{+0.35}_{0}$
毛坯	8(总余量)	H17	$\phi92$	$\phi92^{+2.5}_{-1.0}$

2. 基准不重合时工序尺寸及其公差的确定

当工序基准和设计基准不重合时，工序尺寸及其公差需要用尺寸链公式计算确定，详细内容在工艺尺寸链部分介绍，这里不作赘述。

任务 3.5　工艺尺寸链

3.5.1　工艺尺寸链的概念

1. 工艺尺寸链的定义

工艺尺寸链是指零件加工过程中，由相互连接的尺寸所形成的封闭尺寸组。

在图 3.14(a)中，先以 A 面定位加工 C 面，得尺寸 A_1；再以 A 面定位加工 B 面，得尺寸 A_2，要求保证尺寸 A_0；A_1、A_2、A_0 三个尺寸就组成了一个封闭的尺寸组，这就构成了一个工艺尺寸链，如图 3.14(b)所示。

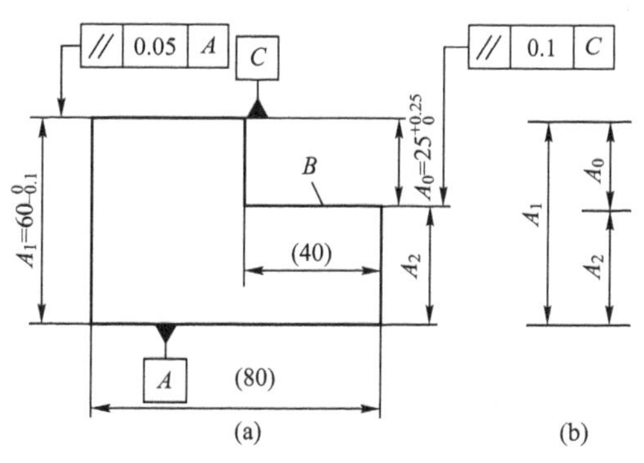

图 3.14　工艺尺寸链示例

2. 尺寸链的组成

组成尺寸链的每一个尺寸称为尺寸链的环，尺寸链的环分为封闭环和组成环两种。

(1) 封闭环。在零件加工过程中间接获得的环或在机器装配过程中最后形成的环称为封闭环。

(2) 组成环。尺寸链中除封闭环以外的其他环都称为组成环。组成环分为增环和减环。

① 增环：尺寸链中的某组成环，如果它的变动引起封闭环同向变动，则该组成环为增环。如图 3.14(b)中的 A_1 为增环。

② 减环：尺寸链中的某组成环，如果它的变动引起封闭环反向变动，则该组成环为减环。如图 3.14(b)中的 A_2 为减环。

3. 尺寸链图

为了能清楚地表示各组成环和封闭环之间的相互关系，常将零件图中的有关尺寸抽出来，画成尺寸链图。尺寸链图对于判断增减环和正确计算尺寸链具有重要意义。

画尺寸链图的步骤如下：

(1) 根据工艺过程，找出间接获得或间接保证的尺寸，作为封闭环。

(2) 从封闭环两端出发，按照工件表面间的尺寸联系，依次画出直接获得的尺寸，形成封闭图形。

按照定义判断增、减环对于少环的尺寸链比较合适，如果尺寸链的环数多，用画箭头的方法比较好。具体方法：在尺寸链图中，从封闭环开始，依次在每一个尺寸上按逆时针或顺时针画箭头，凡组成环箭头方向和封闭环箭头方向相反的为增环，凡组成环箭头方向和封闭环箭头方向相同的为减环。例如，在图 3.14 中，按照画箭头的方法也可确定 A_1 为增环，A_2 为减环。

4. 尺寸链的特性

尺寸链具有封闭性和关联性。

5. 尺寸链的分类

(1) 按尺寸链的形成和应用场合，尺寸链分为零件尺寸链、装配尺寸链和工艺尺寸链。

(2) 按各环所处的空间位置，尺寸链分为直线尺寸链、平面尺寸链和空间尺寸链。

(3) 按各环的几何特征，尺寸链分为长度尺寸链和角度尺寸链。

(4) 按尺寸链间的相互联系，尺寸链分为独立尺寸链和并联尺寸链。

3.5.2 尺寸链的计算

直线尺寸链有极值法和概率法(统计法)两种计算方法。

1. 极值法解尺寸链的基本公式

(1) 封闭环基本尺寸公式为

$$A_0 = \sum_{i=1}^{m} A_Z - \sum_{i=m+1}^{n-1} A_J \tag{3-1}$$

(2) 封闭环的极限尺寸为

$$A_{0\max}=\sum_{i=1}^{m}A_{Z\max}-\sum_{i=m+1}^{n-1}A_{J\min}$$

$$A_{0\min}=\sum_{i=1}^{m}A_{Z\min}-\sum_{i=m+1}^{n-1}A_{J\max} \tag{3-2}$$

(3) 封闭环的极限偏差为

$$ES_0=\sum_{i=1}^{m}ES_Z-\sum_{i=m+1}^{n-1}EI_J$$

$$EI_0=\sum_{i=1}^{m}EI_Z-\sum_{i=m+1}^{n-1}ES_J \tag{3-3}$$

(4)组成环的极限尺寸为

$$A_{Z\max}=A_Z+ES_Z；A_{Z\min}=A_Z+EI_Z$$

$$A_{J\max}=A_J+ES_J；A_{J\min}=A_J+EI_J \tag{3-4}$$

(5) 组成环的中间偏差为

$$\Delta_i=\frac{ES_i+EI_i}{2} \tag{3-5}$$

(6) 组成环的极限偏差为

$$ES_i=\Delta_i+\frac{T_i}{2},\ EI_i=\Delta_i-\frac{T_i}{2} \tag{3-6}$$

(7) 封闭环的中间偏差和极限偏差为

$$\Delta_0=\sum_{i=1}^{m}\Delta_Z-\sum_{m+1}^{n-1}\Delta_J$$

$$ES_0=\Delta_0+\frac{T_0}{2},\ EI_0=\Delta_0-\frac{T_0}{2} \tag{3-7}$$

(8) 封闭环的公差为

$$T_0=\sum_{i=1}^{n-1}T_i \tag{3-8}$$

式中 A_0、$A_{0\max}$、$A_{0\min}$、ES_0、EI_0、Δ_0、T_0 分别表示封闭环的基本尺寸、最大极限尺寸、最小极限尺寸、上极限偏差、下极限偏差、中间偏差和公差；A_Z、$A_{Z\max}$、$A_{Z\min}$、ES_Z、EI_Z、Δ_Z分别表示增环的基本尺寸、最大极限尺寸、最小极限尺寸、上极限偏差、下极限偏差和中间偏差；A_J、$A_{J\max}$、$A_{J\min}$、ES_J、EI_J、Δ_J分别表示减环的基本尺寸、最大极限尺寸、最小极限尺寸、上极限偏差、下极限偏差和中间偏差；ES_i、EI_i、Δ_i、T_i 分别表示组成环的上极限偏差、下极限偏差、中间偏差和组成环公差；$i=1\sim m$ 表示增环的个数，$i=(m+1)\sim(n-1)$表示减环的个数，组成环总数为 $n-1$，封闭环个数为 1，尺寸链总环数为 n。

2. 概率法(统计法)解尺寸链的基本公式

用概率法解算尺寸链时(只考虑正态分布的情况)，除可应用极值法的上述公式即式(3-1)～式(3-7)外，封闭环公差的公式应为

$$T_0=\sqrt{\sum_{i=1}^{n-1}T_i^2} \tag{3-9}$$

3. 尺寸链的计算类型

(1) 正计算：已知各组成环的尺寸和公差，求封闭环的尺寸和公差。这类计算主要用来验算设计的正确性。

(2) 反计算：已知封闭环的尺寸和公差，求各组成环的尺寸和极限偏差。这类计算主要用在产品设计上，主要是将封闭环的公差值合理地分配给各组成环。

(3) 中间计算：已知封闭环和部分组成环的尺寸及公差，求某一组成环的尺寸和公差。这类计算常用于工艺过程中计算工艺尺寸。

正计算又叫校核计算，反计算和中间计算通常称为设计计算。

3.5.3 工艺尺寸链的应用

1. 定位基准和设计基准不重合时工艺尺寸的换算

【案例 3-6】 如图 3.15 所示工件，$A_1=60_{-0.1}^{0}$mm，现以底面 A 定位，用调整法加工 B 面，要求保证尺寸 $A_0=25_{0}^{+0.25}$mm，试确定工序尺寸 A_2。

解 1： 根据图示尺寸的关系，画尺寸链图，确定 A_1 为增环，A_2 为减环，代入极值法的公式，得 $A_2=35_{-0.25}^{-0.10}$mm。

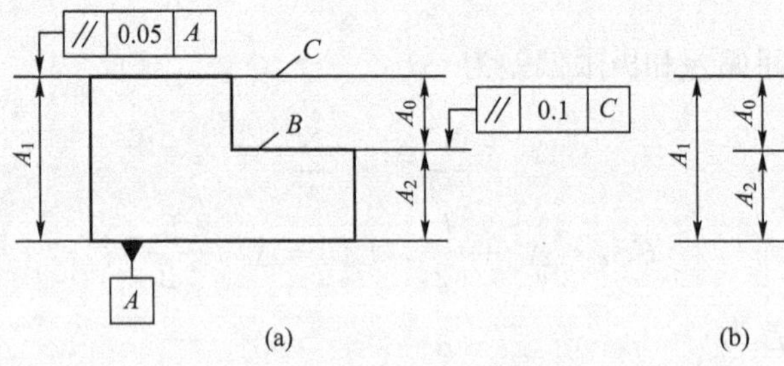

图 3.15 定位基准和设计基准不重合时尺寸链的计算

解 2： 用“竖式法”解极值法尺寸链，竖式法计算的规则如下：

(1) 将增环、减环和封闭环的基本尺寸、上极限偏差和下极限偏差从左到右依次排列。

(2) 减环在排列时，基本尺寸前面加负号，上、下极限偏差位置对调并改变正负号。

(3) 将增、减环的基本尺寸和上、下极限偏差分别相加，即为封闭环的基本尺寸和上、下极限偏差。用竖式法求解的结果见表 3-14(括号内为待求数据)。

表 3-14 用竖式法求解的结果(一) (单位：mm)

环的名称	基本尺寸	上极限偏差	下极限偏差
增环	60	0	−0.1
减环	(−35)	(+0.25)	(+0.10)
封闭环	25	+0.25	0

故 $A_2=35_{-0.25}^{-0.10}$mm，结果和解法 1 一致。

2. 测量基准和设计基准不重合时工艺尺寸的换算

【案例 3-7】 如图 3.16(a)所示零件，尺寸 A_0 不好测量，改测尺寸 A_2，试确定 A_2 的大小和极限偏差。

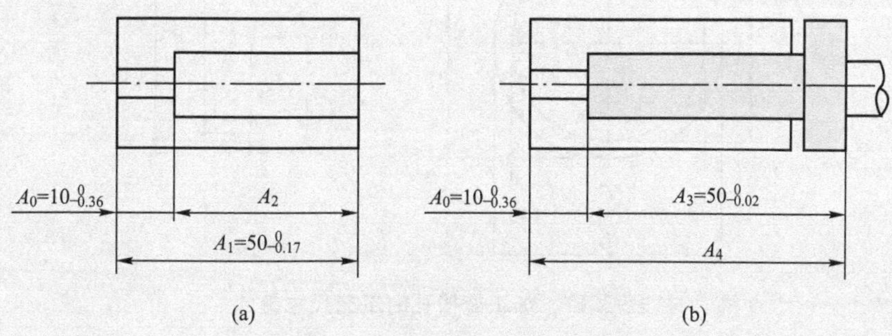

图 3.16　测量基准和设计基准不重合时尺寸链的计算

解：在图 3.16(a)所示的尺寸链中，A_0 为封闭环，A_1 为增环，A_2 为减环，根据"竖式法"求解，得 $A_2=40^{+0.19}_{\ 0}$mm，见表 3-15。

表 3-15　用竖式法求解的结果(二)　　(单位：mm)

环的名称	基本尺寸	上极限偏差	下极限偏差
增环	50	0	−0.17
减环	(−40)	(0)	(−0.19)
封闭环	10	0	−0.36

【分析】 由于要保证的封闭环尺寸是间接得到的，所以在测量中可能会出现误判的情况，即"假废品"问题。例如，实测 $A_2=40.30$mm，按上述要求就可以判为废品，但如果 $A_1=50$mm 刚好为最大值，则实际封闭环尺寸 $A_0=9.7$mm，仍处于合格范围，这就出现了"假废品"。

判断假废品的方法：当测量尺寸超差量小于或等于其他组成环公差之和时，有可能出现假废品，此时应对其他组成环的尺寸进行复检。采用专用检具可减小假废品出现的可能性。当测量尺寸的超差量大于其他组成环公差之和时，肯定是废品，没有必要复检。

如图 3.16(b)所示，设计专用检具的尺寸为 $A_3=50^{\ 0}_{-0.02}$mm，此时通过测量尺寸 A_4 来间接保证尺寸 A_0，用竖式法求解，得 $A_4=60^{-0.02}_{-0.36}$mm。由此可见，采用适当的专用检具，可使测量尺寸获得较大的公差，而且出现假废品的可能性大为降低。

3. 工序基准是尚待加工的设计基准时的尺寸链计算

【案例 3-8】 如图 3.17 所示，键槽孔加工过程如下：①拉内孔至 $D_1=\phi 57.75^{+0.03}_{\ 0}$mm ($R_1=28.875^{+0.015}_{\ 0}$mm)；②插键槽，保证尺寸 H；③热处理；④磨内孔至 $D_2=\phi 58^{+0.03}_{\ 0}$mm ($R_2=29^{+0.015}_{\ 0}$mm)，同时保证键槽深度 $62.6^{+0.25}_{\ 0}$mm。

试确定工序尺寸 H 及其偏差(不考虑同轴度误差和热处理后孔的变形误差)。

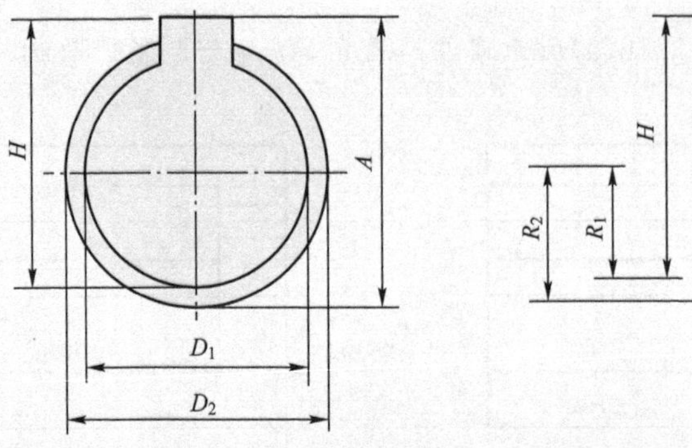

图 3.17 加工键槽孔的工艺尺寸链

解：根据题中条件可知，$A=62.6^{+0.25}_{0}$mm 为封闭环，其余尺寸为组成环，画尺寸链图。用竖式法求解，结果为 $H=62.475^{+0.235}_{+0.015}$mm，见表 3-16。

表 3-16 用竖式法求解的结果(三) (单位：mm)

环的名称	基本尺寸	上极限偏差	下极限偏差
增环 H	(62.475)	(+0.235)	(+0.015)
增环 R_2	29	+0.015	0
减环 R_1	−28.875	0	−0.015
封闭环 A	62.6	+0.25	0

4. 保证渗碳层和渗氮层深度的工序尺寸计算

【案例 3-9】 如图 3.18 所示，某零件内孔尺寸为 $\phi145^{+0.04}_{0}$mm，渗碳层深度要求 $t_0=0.3\sim0.5$mm。加工顺序如下：①磨孔至 $\phi144.76^{+0.04}_{0}$mm；②渗碳处理，深度为 $t/2$；③精磨内孔至 $\phi145^{+0.04}_{0}$mm，同时保证渗碳层深度 $t_0=0.3\sim0.5$mm。求渗碳层深度 t。

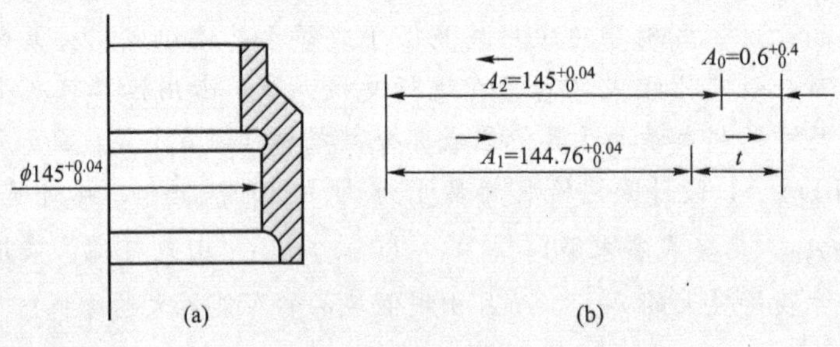

图 3.18 保证渗碳层深度的尺寸链计算

解：根据题意，渗碳层深度 t_0 是单边深度值，双边深度为 $A_0=0.6\sim1.0\text{mm}=0.6^{+0.4}_{0}$mm。在直径方向上的尺寸链图如图 3.18(b)所示。图中 A_1 和 t 为增环，A_2 为减环，按竖式法求解，得 $t=0.84^{+0.36}_{+0.04}\text{mm}=0.88^{+0.32}_{0}$mm(入体原则)。所以，单边渗碳层深度为 $t/2=0.42^{+0.18}_{+0.02}\text{mm}=0.44^{+0.16}_{0}$mm，见表 3-17。

表 3-17　用竖式法求解的结果(四)　(单位：mm)

环的名称	基本尺寸	上极限偏差	下极限偏差
增环 A_1	144.76	+0.04	0
增环 t	(0.84)	(+0.36)	(+0.04)
减环 A_2	−145	0	−0.04
封闭环 A_0	0.6	+0.4	0

任务 3.6　工艺过程的生产率和经济性

3.6.1　时间定额及其组成

时间定额是在一定生产条件下制订的生产一件产品或完成一道工序所消耗的时间，又称工时定额。时间定额是安排作业计划、进行成本核算的重要依据，也是设计或改扩建工厂、车间时计算设备和人员数量的依据。合理的时间定额能调动员工的积极性，提高生产效率和促进生产的发展。时间定额包括以下几项内容：

(1) 基本时间 t_j：直接改变生产对象的尺寸、形状、相互位置和表面质量所消耗的时间。对于车削和磨削加工而言，基本时间就是去除加工余量所花费的时间，通常按式(3-10)计算(图 3.19)：

$$t_j=\frac{l+l_1+l_2}{nf}\cdot i \qquad (3-10)$$

式中：$i=Z/a_p$，其中 Z 为加工余量，a_p 为背吃刀量；l 为工件加工长度；l_1 为刀具切入长度；l_2 为刀具切除长度。

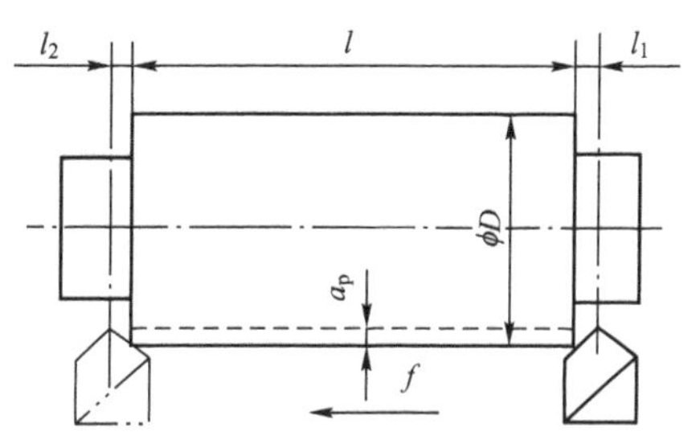

图 3.19　基本时间的计算

(2) 辅助时间 t_f：实现工艺过程所必须进行的各种辅助动作所消耗的时间，如装卸工件、开停机床、改变切削用量、测量加工尺寸、进退刀等动作所消耗的时间。

确定辅助时间的方法与生产类型有关。大批大量生产中，通过实测或查表确定辅助时间；中小批生产中，一般用基本时间的百分比估算辅助时间。

基本时间与辅助时间的总和称为作业时间。

(3) 布置工作地时间 t_b：正常操作服务所消耗的时间，如更换刀具、润滑机床、清理切屑、收拾工具等，一般按操作时间的 2%～7%进行估算。

(4) 休息和生理需要时间 t_x：在工作班内为恢复体力和满足生理需要所消耗的时间，一般按作业时间的 2%进行估算。

(5) 单件时间 t_d：以上四部分时间之和，即 $t_d=t_j+t_f+t_b+t_x$。

(6) 准备和终结时间 t_z：工人为生产一批工件，进行准备和终结工作所消耗的时间。例如，加工前熟悉工艺文件、领取毛坯、安装夹具、调整机床、拆卸夹具等所消耗的时间。

准备和终结时间对一批零件只消耗一次，零件批量 N 越大，分摊到每个零件上的准备和终结时间就越少。因此，成批生产的单件工时定额为 t_d+t_z/N。

大量生产时，每个工作地点只完成一道固定的工序，不需要准备和终结时间，因此，其单件工时定额等于 t_d。

3.6.2 提高工艺过程劳动生产率的途径

劳动生产率是指工人在单位时间内生产合格产品的数量或生产单件产品所消耗的劳动时间。提高劳动生产率是降低成本、增加积累和扩大再生产的根本途径。提高劳动生产率是一个与产品设计、制造工艺和组织管理等方面有关的综合内容，下面就提高生产率的工艺途径进行简要说明。

1. 缩减基本时间

缩减基本时间的工艺途径如下：

(1) 提高切削用量，增大切削速度、进给量和背吃刀量都可以缩短基本时间，从而减少单件时间。

(2) 减少切削行程长度，如多刀同时加工同一表面［图 3.20(a)］，宽砂轮切入磨削［图 3.20(b)］等。

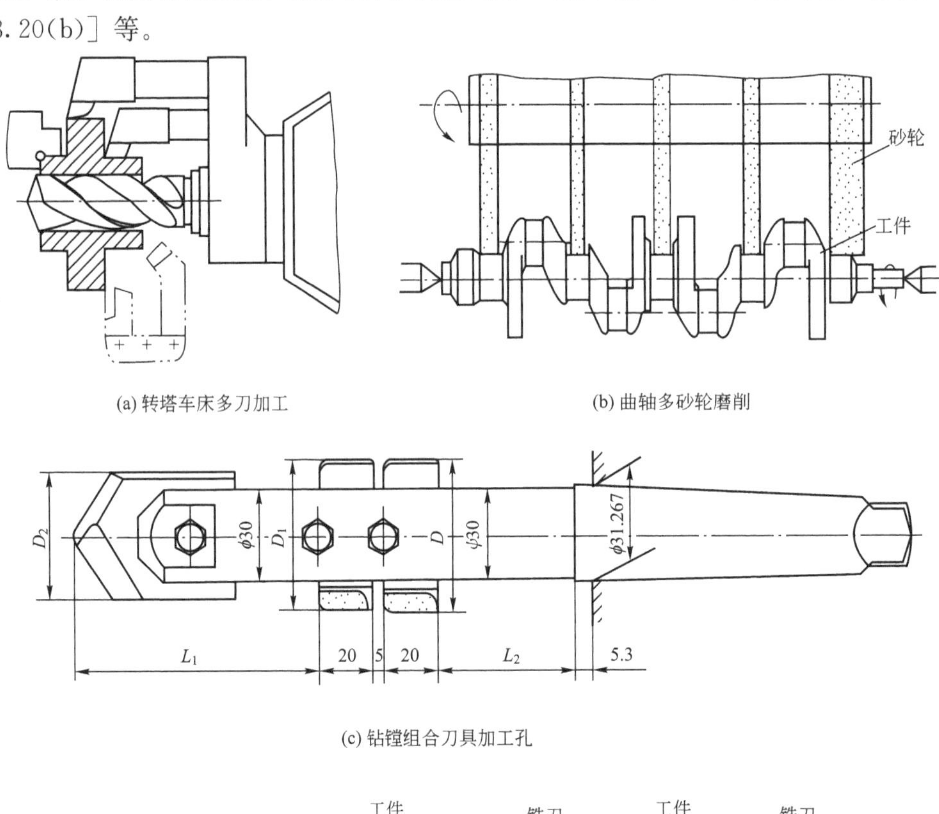

(a) 转塔车床多刀加工

(b) 曲轴多砂轮磨削

(c) 钻镗组合刀具加工孔

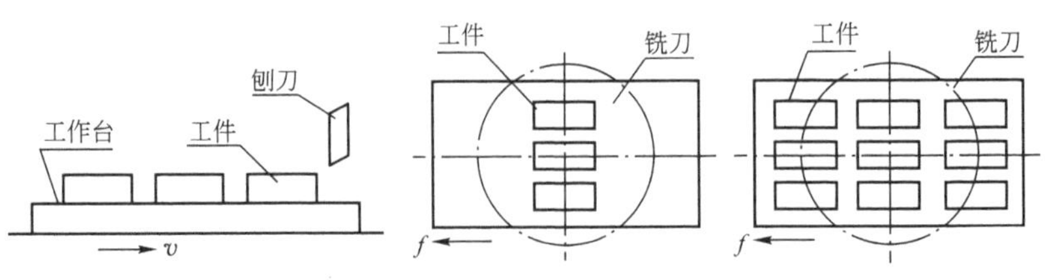

(d) 多件加工

图 3.20 缩短基本时间的工艺途径

(3) 采用复合工步。采用复合工步，可使各工步基本时间全部或部分重合，减少工序的基本时间［图 3.20(c)］。

(4) 采用多件加工。多件加工也是缩短基本时间的有效措施。多件加工有平行加工、顺序加工和平行顺序加工三种方式［图 3.20(d)］。

2. 缩减辅助时间

辅助时间在单件工时内所占的比例较大，有时甚至超出基本时间数倍。当采取一些措施将基本时间缩短以后，辅助时间所占的比例就会变得更大。因此，通过缩短辅助时间来提高劳动生产率也很重要。可以采用以下措施来缩短辅助时间。

(1) 采用先进夹具。例如，成批生产时采用气动或液动快速夹紧装置，多品种小批量生产时采用成组夹具等，这不仅可以保证加工质量，而且能大大地节省装卸和找正工件的时间。

(2) 尽量将辅助时间与基本时间重合。采用可换夹具、转位夹具和回转工作台，可以实现在加工的同时装卸另一个工件，使工件的装卸时间与辅助时间重合(图 3.21)。

(3) 提高机床操作的机械化与自动化水平，实现集中控制、自动调速以缩短开、停机床和改变切削用量的时间。

(4) 采用先进的检测设备，实施在线主动检测。

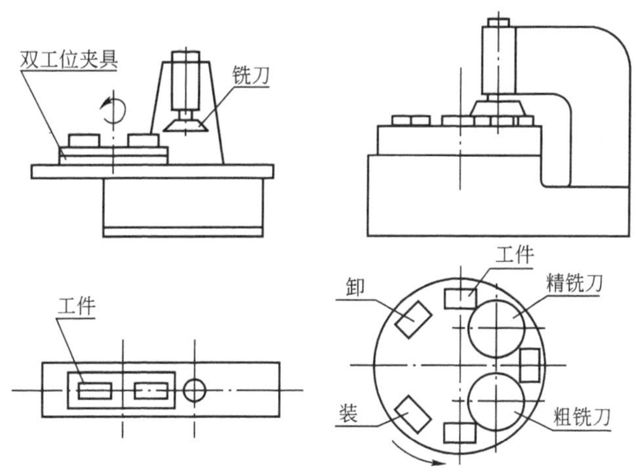

图 3.21　辅助时间和基本时间重合示例

3. 缩减布置工作地时间

(1) 采用各种快换刀夹、刀具微调机构、专用对刀样板及自动换刀装置，可以减少刀具的装卸和对刀所需的时间。

(2) 采用机夹刀具和不重磨硬质合金刀片，以减少换刀和刃磨时间。

(3) 利用压缩空气吹切屑。

4. 缩减准备和终结时间

把结构形状、技术条件和工艺过程相似的工件组织起来，采用成组工艺和成组夹具，可以明显缩短准备和终结时间。有条件时也可选用准备和终结时间极短的先进加工设备，如数控机床、加工中心等。

5. 采用先进工艺方法

(1) 毛坯准备。采用冷热挤压、粉末冶金、精密锻造、爆炸成形等新工艺，能提高毛坯精度，减少切削加工，节约原材料，明显地提高生产效率。

(2) 特种加工。对于难加工材料或复杂型面，采用特种加工方法来提高生产率。例如，用电解加工一般锻模，可以将加工时间从40～50h减少到1～2h。

(3) 采用少无切削加工，如冷挤压齿轮和滚压丝杠等。

(4) 改进加工方法，减少手工和低效率加工方法。例如，大批量生产中以拉削、滚压代替铣、铰、磨削，以精刨、精磨、金刚镗代替刮研等。

6. 采用自动化制造系统

制造自动化是提高劳动生产率的主要发展方向。对于大批、大量生产，采用流水线和自动线的生产方式；对于单件小批生产，采用数控机床、加工中心、柔性制造单元和系统进行生产。

3.6.3 工艺方案的技术经济分析

1. 工艺成本的组成

零件制造过程中所需费用的总和称为生产成本。生产成本中与工艺过程直接相关的费用称为工艺成本。由于在生产成本中与工艺过程无关的费用(如行政人员的工资、厂房折旧维修费等)不会随工艺方案的不同而变化，因此比较工艺方案的经济性，只需比较工艺成本。工艺成本由与年产量 N 有关的可变费用 V、与年产量无关的不变费用 C 组成(表3-18)。

表3-18 零件的生产成本

第一类费用(工艺成本)		第二类费用
与年产量有关的可变费用 V	与年产量无关的不变费用 C	
$S_{材}$—材料费 $S_{资}$—机床工人工资 $S_{护}$—机床维护费 $S_{旧}$—通用机床折旧费 $S_{刀}$—刀具维护及折旧费 $S_{夹}$—通用夹具维护折旧费	$S_{调}$—调整工人工资 $S_{专机}$—专用机床折旧费 $S_{专夹}$—专用夹具维护折旧费	行政总务人员工资及办公费 厂房折旧及维护费 照明、取暖、通风费 运输费

2. 工艺成本的计算

可变费用为

$$V=S_{材}+S_{资}+S_{护}+S_{旧}+S_{刀}+S_{夹}$$

不变费用为

$$C=S_{调}+S_{专机}+S_{专夹}$$

若零件年产量为 N，则该零件的全年工艺成本为

$$E=VN+C$$

若零件年产量为 N，则该零件的单件工艺成本为

$$E_d=V+C/N(\text{元/件})$$

根据上式可以画出 $E-N$ 关系图［图 3.22(a)］和 E_d-N 的关系图［图 3.22(b)］。

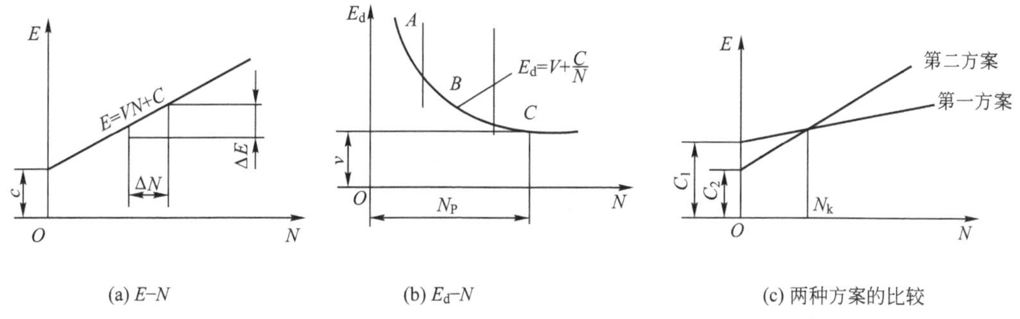

图 3.22　工艺方案的技术经济性分析图

3. 工艺方案的经济性分析

全年工艺成本 E 与年产量的关系为一条直线，而单件工艺成本与年产量的关系为一条曲线。由公式及关系图可以看出，单件工艺成本 E_d 随年产量的增加而降低，全年工艺成本则随着年产量的增加而成比例增加。可见对某一个工艺方案，当不变费用 S 一定时，就有一个与此设备能力相适应的产量，即最佳生产纲领 N_k。

当年产量 N 小于 N_k 时，由于 S/N 增大，工艺成本增加。此时应减少专用设备，降低不变费用，改善其经济效果。

当年产量 N 超过 N_k 时，此时 S/N 变小且趋于稳定。此时应选用生产率高、投资大的设备，即增加不变费用而降低可变费用，最终降低单件工艺成本。

在图 3.22(b)中，A 为单件小批量生产区，B 为中批量生产区，C 为大批大量生产区。

比较不同工艺方案的经济性，有以下两种情况。

1）基本投资相近或都使用现有设备的情况

可将各备选工艺方案的工艺成本进行比较，并选择工艺成本最低的工艺方案作为最终的工艺方案。一般按零件的全年工艺成本进行比较，因为它是直线，使用方便。

假如有两种不同的工艺方案，其全年工艺成本分别为

$$E_1=NV_1+C_1$$

$$E_2=NV_2+C_2$$

当产量 N 一定时，可直接由上式算出 E_1 和 E_2。若 $E_1>E_2$，则第二方案的经济性好；反之，则第一方案的经济性好。

当 N 为一变量时，可根据上述公式作图比较，如图 3.22(c)所示。由图 3.22(c)可知，当 $N<N_k$ 时，宜采用第二方案；当 $N>N_k$ 时，宜采用第一方案。

图中 N_k 为两方案全年工艺成本相等时的年产量，称为临界年产量，它可由下式求得

$$N_k=\frac{C_2-C_1}{V_1-V_2}$$

2）两种方案基本投资相差较大的情况

假如第一方案采用价格较昂贵的高效机床及工艺装备，基本投资 K_1 较大，但其工艺成本 E_1 较低；第二方案则采用了生产率较低但价格较便宜的机床和工艺装备，所以基本投资 K_2 较小，工艺成本 E_2 较高。

显然，在这种情况下，用单纯比较工艺成本大小的方法评价工艺方案的经济性是不全面的，因而也是不合适的。此时，还必须考虑两种方案基本投资差额的回收期。

回收期是指第一方案比第二方案多用的投资需要多长时间才能由于工艺成本的降低获利而收回来。它可由下式求得：

$$\tau=\frac{K_1-K_2}{E_2-E_1}=\frac{\Delta K}{\Delta E}$$

式中：τ 为回收期；ΔK 为基本投资差额(元)；ΔE 为全年生产费用节约额(元/年)。

显然，回收期越短，经济效果越好。工艺成本对工艺方案的经济性分析具有重要意义，但这种方法在有些情况下并不全面，有时还需借助其他指标(如投资回收年限、相对技术经济指标等)综合评价。

项目4

典型零件的机械加工工艺

知识目标

- 掌握轴类零件的加工工艺；
- 掌握套类零件的加工工艺；
- 掌握箱体零件的加工工艺；
- 掌握齿轮零件的加工工艺；
- 掌握连杆零件的加工工艺。

能力目标

- 典型零件的工艺分析能力；
- 编制典型零件工艺规程的能力。

教学重点

- 零件的结构分析，零件的加工工艺分析；
- 定位基准的选择，工艺顺序的合理安排。

任务4.1 轴类零件的加工工艺

4.1.1 轴类零件的结构特点、材料和毛坯

1. 轴类零件的结构特点

轴类零件是机器中的主要零件之一，其作用是支持齿轮、带轮等传动件和传递扭矩。轴类零件是旋转体，其长度大于直径。轴类零件的加工表面有圆柱面、圆锥面、螺纹、花键、孔和沟槽等，根据其形状特点可分为光轴、空心轴、半轴、阶梯轴、花键轴、十字轴、偏心轴、曲轴及凸轮轴等。常见的轴类零件结构如图4.1所示。

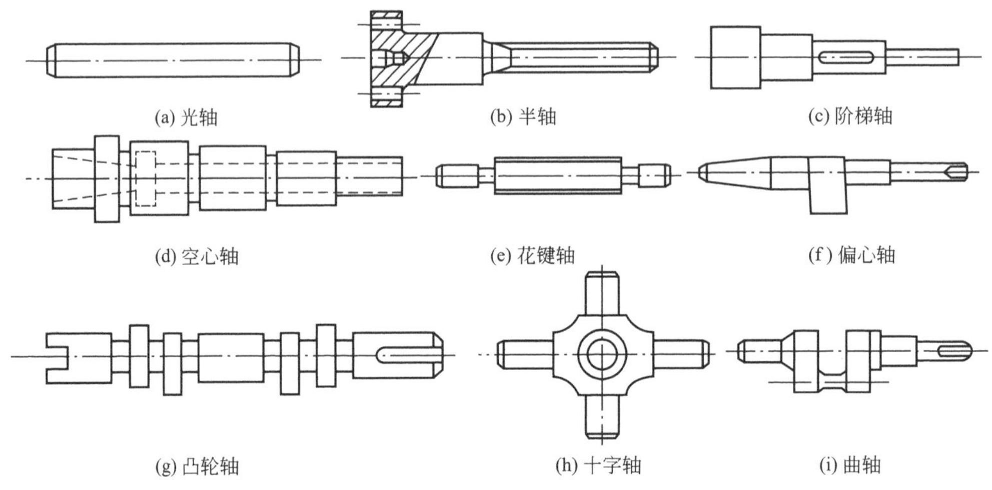

图4.1 轴的种类

2. 轴类零件的材料和毛坯

一般轴类零件选用45钢，根据不同的工况条件选用不同的热处理工艺以获得一定的强度、韧性和耐磨性；对于中等精度和转速较高的轴，可选用40Cr等合金结构钢，热处理工艺采用调质和表面淬火；对于精度要求较高的轴，可选用轴承钢GCr15、弹簧钢65Mn或低变形的CrWMn等材料，热处理工艺为调质和表面淬火；对于高速重载的轴类零件，选用20CrMnTi、20Cr和38CrMoAlA，热处理工艺为渗碳、淬火或调质和表面氮化。

轴类零件的毛坯常用轧制的棒料，大型和结构复杂的轴类零件采用铸件。除光轴和直径相近的阶梯轴采用热轧或冷拉棒料外，一般较重要的轴均采用锻件。

4.1.2 轴类零件的技术要求

1. 尺寸精度

轴颈是轴类零件的主要表面，支承轴颈的尺寸精度通常为IT7～IT5，装配传动件的轴颈部位尺寸精度为IT9～IT6。

2. 形状精度

轴类零件的形状精度主要指支承轴颈的圆度和圆柱度。通常其形状精度应限制在尺寸公差范围之内。

3. 位置精度

轴类零件的位置精度主要指同轴度和跳动量。普通轴类零件的径向跳动量一般规定为0.01～0.03mm，高精度轴的为0.001～0.005mm。

4. 表面粗糙度

与传动件配合的轴颈的表面粗糙度为Ra2.5～0.63μm，与轴承配合的轴颈的表面粗糙度为Ra2.5～0.63μm。

4.1.3　轴类零件的加工工艺过程

【案例4-1】 图4.2为阶梯轴的零件图，编制其机械加工工艺过程。

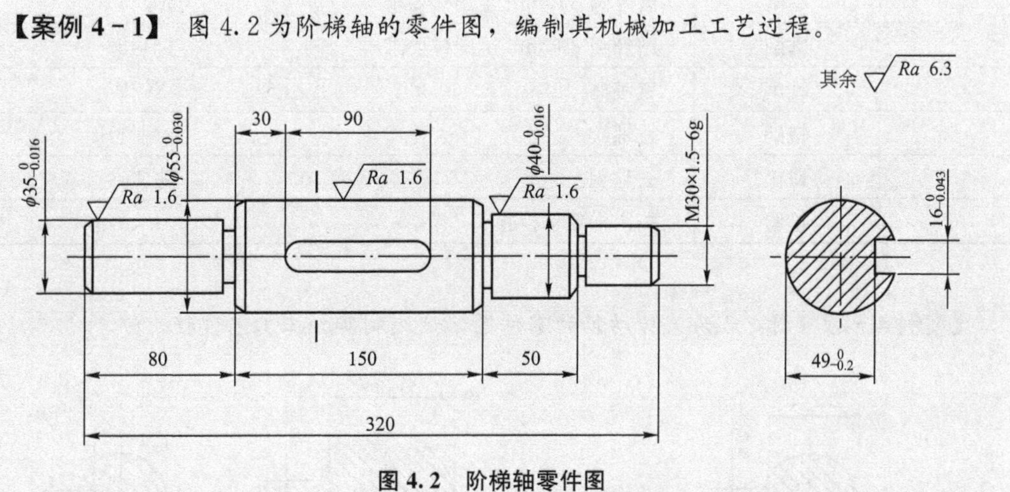

图4.2　阶梯轴零件图

解： 单件小批生产时阶梯轴的加工工艺过程见表4-1，大批大量生产时阶梯轴的加工工艺过程见表4-2。

表4-1　单件小批生产时阶梯轴的加工工艺过程

工序号	工序名称	工序内容	工艺装备
05	备料	下料 ϕ65mm×325mm	锯床
10	车削	车端面，钻中心孔	CA6140、自定心卡盘
		车外圆，留余量	
		切槽，倒角	
		车螺纹	
15	热处理	调质，HRC28～32	
20	磨削	磨外圆至图样要求	M1432
25	铣削	铣键槽，去毛刺	X6132W
30	检验	按图样要求检验	

表 4-2 大批大量生产时阶梯轴的加工工艺过程

工序号	工序名称	工序内容	工艺装备
05	备料	下料 ϕ65mm×325mm	锯床
10	铣面钻孔	铣端面，钻中心孔	专用机床
15	粗车	车右端外圆，留余量	CA6140(一夹一顶)
		切槽倒角	
20	粗车	调头装夹，车外圆，留余量	CA6140(一夹一顶)
		切槽，倒角	
25	热处理	调质，HRC28～32	
30	钳工	研磨中心孔	车床
35	磨削	磨外圆 ϕ55mm 至图样要求	M1432
40	磨削	磨外圆 ϕ40mm 至图样要求	M1432
45	磨削	磨外圆 ϕ35mm 至图样要求	M1432
50	铣削	铣键槽	X62W
55	铣削	铣螺纹	专用铣床
60	钳工	去毛刺	钳工台
65	检验	按图样要求检验	

【案例 4-2】 图 4.3 为某传动轴的零件图，试编制其加工工艺过程。

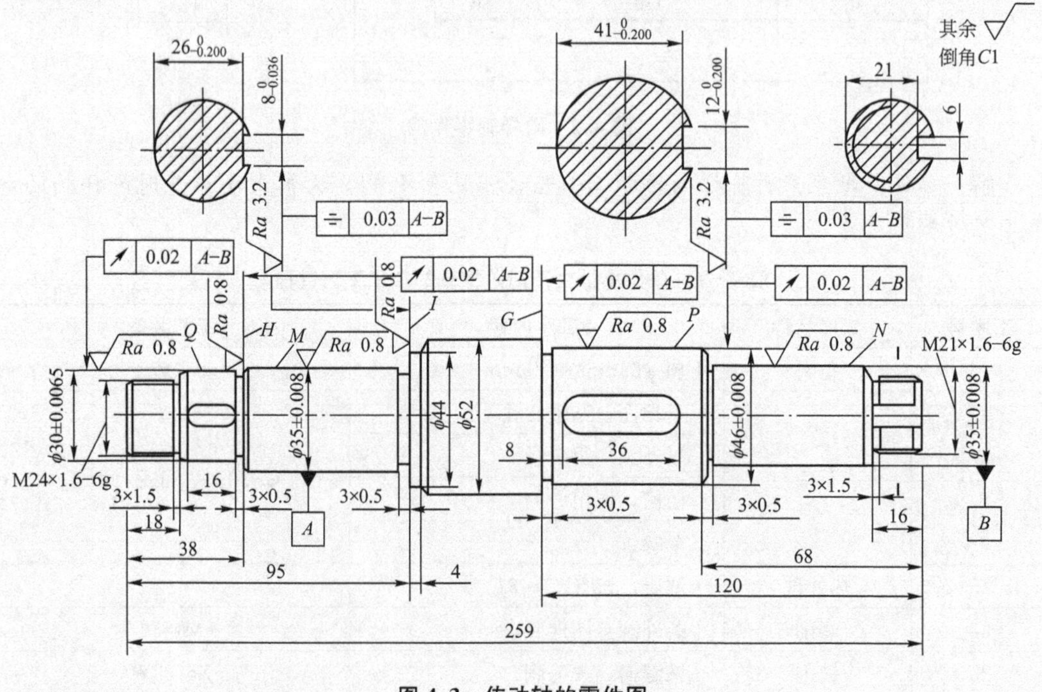

图 4.3 传动轴的零件图

解：传动轴的加工工艺过程见表4－3。

表4－3　传动轴的加工工艺过程

工序号	工序名称	工序内容	工艺装备
05	备料	ϕ60mm×265mm	
10	粗车	自定心卡盘夹持工件，车端面见平 钻中心孔 用尾顶尖顶住，粗车三个台阶，直径、长度均留2mm余量	CA6140(一夹一顶)
15	粗车	调头，自定心卡盘夹持工件另一端，车端面，保证总长259mm 钻中心孔 用尾顶尖顶住，粗车另外四个台阶，直径、长度均留2mm余量	CA6140(一夹一顶)
20	热处理	调质处理硬度HRC24～28	
25	钳工	修研中心孔	车床
30	车	双顶尖装夹，半精车三个台阶，长度达到尺寸要求 螺纹大径车至ϕ24mm，其余两个阶梯轴直径留0.5mm余量 切槽，倒角	CA6140(双顶尖)
35	车	调头，双顶尖装夹，半精车五个阶梯，ϕ44mm、ϕ52mm车至图样尺寸 螺纹大径车至ϕ24mm，其余两个阶梯轴直径留0.5mm余量 切槽、倒角	CA6140(双顶尖)
40	车	双顶尖装夹，车一端螺纹M24×1.6－6g 调头，车另一端M24×1.6－6g	CA6140(双顶尖)
45	钳工	划键槽及一个止动垫圈槽加工线	钳工台
50	铣	铣两个键槽及一个止动垫圈槽，键槽深度留磨削余量0.25mm	铣床
55	钳工	修研中心孔	车床
60	磨	磨外圆Q、M，并用砂轮端面靠磨台肩H、I 调头，磨外圆N、P，靠磨台肩G	磨床
65	检验	按图样要求检验	

4.1.4 轴类零件的加工工艺分析

1. 加工阶段的划分

由于主轴是多阶梯形并带通孔的零件，切除金属后会引起内应力重新分布而变形。因此，安排工序时应粗、精分开，先完成主要表面的粗加工，再完成其他表面的半精加工和精加工；主要表面的精加工应放在最后进行，这样主要表面的精度就不会受到其他表面加工或内应力重新分布的影响。

2. 定位基准的选择与转换

轴类零件的定位基准，常用的是两顶尖孔。采用两顶尖孔作为统一的定位基准加工各外圆表面，符合基准统一原则。这样就能在一次安装中加工出较多的外圆和端面，而且能确保各外圆轴线间的同轴度及端面和轴线之间的垂直度要求，因此，只要有可能，尽量采用中心孔定位。

对于空心轴类零件，由于中心孔因钻出通孔而消失，为了在通孔加工以后还能使用顶尖定位，一般采用带有中心孔的锥堵或锥套心轴(图 4.4)。

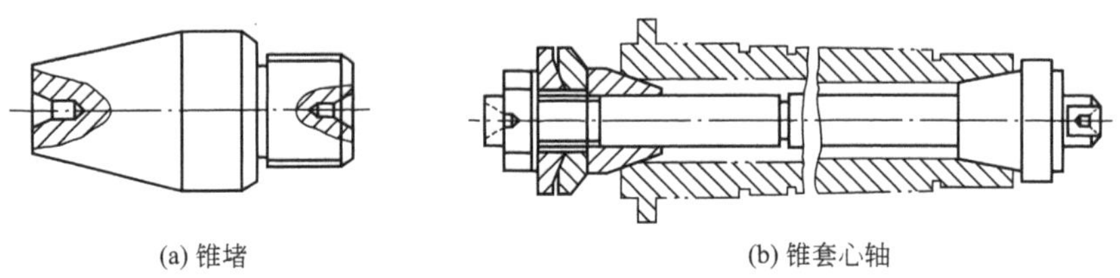

(a) 锥堵　　(b) 锥套心轴

图 4.4　锥堵与锥套心轴

采用锥堵时应注意以下问题：锥堵应有较高的精度；在使用锥堵过程中，应尽量减少锥堵的装拆次数；对于精密主轴，外圆和锥孔要按照互为基准原则反复多次进行磨削加工，这种情况下，重新镶配锥堵时需按外圆进行找正和修磨锥堵上的中心孔；热处理时，中心通孔内气体膨胀会将锥堵推出，因此必须在锥堵上钻轴向透气孔，以便气体膨胀时逸出。

【案例 4-3】 简述主轴零件加工时，定位基准的选择与转换过程。

解： 对于主轴零件的加工，其定位基准的选择与转换过程如下：

(1) 以外圆为粗基准，铣端面钻中心孔，为粗车外圆做准备。

(2) 车大端各部外圆，采用中心孔作为统一基准，为深孔加工做准备。

(3) 车小端各部尺寸，采用外圆和中心孔作为定位基准(一夹一顶)。

(4) 采用前后两端外圆部分作为定位基准(一夹一拖)，钻深孔。

(5) 加工前后锥孔，以便安装锥堵，为精加工外圆做准备。

(6) 精车和磨削外圆，采用两中心孔定位。

3. 工序顺序的安排

(1) 基准先行原则。在毛坯进入加工车间后，首先应加工定位基准面。例如，必须完成中心孔的加工后，才能进行外圆的粗车；完成锥堵的安装之后，才能进行各辅助面和外

圆表面的半精加工；完成锥孔的磨削加工并准确安装锥堵后，才能精磨各外圆表面。

(2) 深孔加工顺序。钻孔安排在调整之后进行，钻深孔安排在外圆粗车或半精车之后。

(3) 次要表面加工顺序。轴类零件上的花键、键槽等次要表面的加工，通常安排在外圆精车和粗磨之后，或者精磨外圆之前进行。车螺纹工序必须安排在局部淬火之后，车螺纹的定位基准应和精磨外圆使用的基准相同。

任务 4.2　套类零件的加工工艺

4.2.1　套类零件的结构特点、材料和毛坯

1. 套类零件的结构特点

套类零件属于回转零件，通常起支承和导向作用。常见的套类零件有轴承、夹具上引导刀具的导向套、内燃机上的气缸套及液压缸等。套类零件的常见结构如图 4.5 所示。

套类零件的结构有共同特点：零件的主要表面为内孔和外圆表面，零件的壁薄易变形，零件长度一般大于直径。

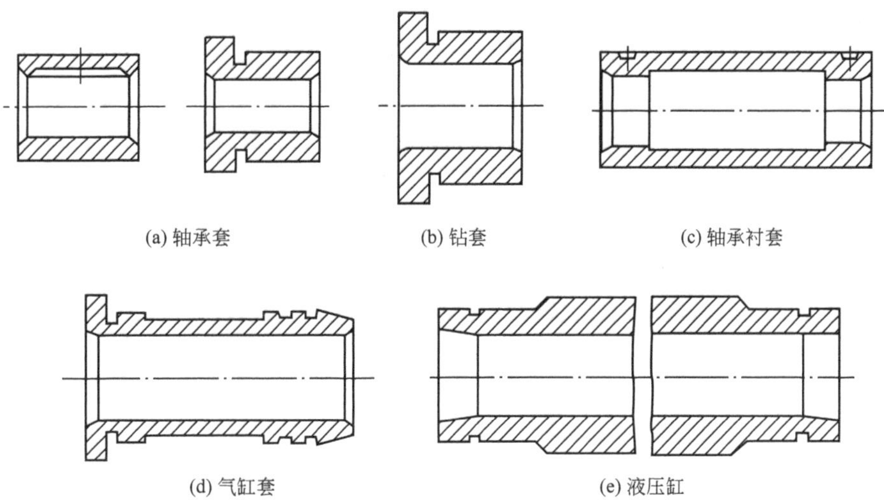

图 4.5　套类零件示意图

2. 套类零件的材料和毛坯

套类零件的材料一般选用碳钢、铸铁、青铜或黄铜。对于强度和硬度要求较高的套类零件，如镗床主轴套筒和伺服阀套等，可选用优质合金结构钢(38CrMoAlA、18CrNiWA)。

套类零件的毛坯选择与材料、结构尺寸及生产纲领有关。孔径小的套类零件一般选择棒料或实心铸件；孔径大的套类零件通常选择无缝钢管或带孔铸件或锻件；生产批量大时，通常采用粉末冶金等先进毛坯制造工艺，既节约材料，又提高了毛坯的制造精度和生产效率。

4.2.2 套类零件的技术要求

内孔表面是套类零件的主要技术表面。内孔直径的尺寸精度一般为 IT7 级；精密级套类零件的内孔尺寸精度取 IT6 级；内孔表面的形状精度一般控制在孔径公差之内，通常为孔径尺寸公差的 1/3～1/2；内孔的表面粗糙度为 Ra2.5～1.6μm，表面质量要求较高时表面粗糙度为 Ra0.04μm。

外圆表面的直径尺寸精度通常取 IT7～IT6，形状精度应控制在直径尺寸精度之内，表面粗糙度为 Ra5～0.63μm。

对于套类零件，内孔和外圆有较高的同轴度位置要求，一般为 0.01～0.05mm；孔的轴线与端面之间有垂直度要求，一般为 0.01～0.05mm。

4.2.3 套类零件的加工工艺过程

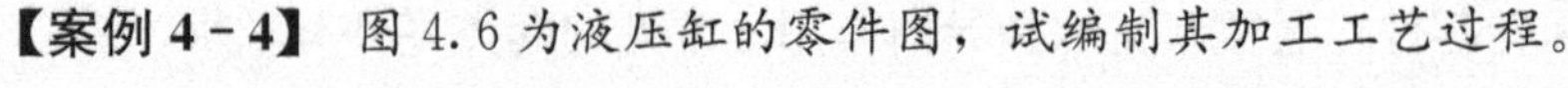
【案例 4-4】 图 4.6 为液压缸的零件图，试编制其加工工艺过程。

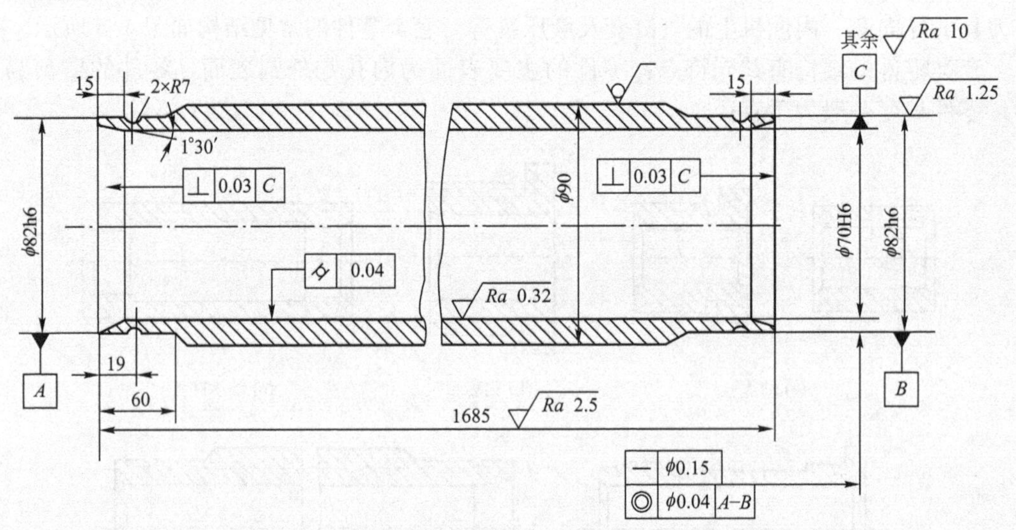

图 4.6 液压缸零件图

解： 液压缸的加工工艺过程见表 4-4。

表 4-4 液压缸的加工工艺过程

工序号	工序名称	工序内容	工艺装备
05	配料	无缝钢管切断 φ90mm×φ65mm×1700mm	
10	粗车	车 φ82mm 外圆到 φ88mm，车螺纹 M88×1.5(工艺用)	自定心卡盘一夹一顶
		车端面及倒角	自定心卡盘夹一端，中心架托 φ88mm 处
		调头，车 φ82mm 外圆到 φ84mm	自定心卡盘一夹一顶
		车端面及倒角	自定心卡盘夹一端，中心架托 φ88mm 处

（续）

工序号	工序名称	工序内容	工艺装备
15	深孔推镗	半精推镗孔到 ϕ68mm	一端用螺纹 M88×1.5 固定在夹具中，另一端搭中心架
		精推镗孔到 ϕ69.86mm	
		浮动镗刀镗孔到 ϕ70mm±0.02mm，表面粗糙度为 Ra2.5μm	
20	滚压孔	用滚压头滚压孔至 $\phi70^{+0.02}_{0}$mm，表面粗糙度为 Ra0.32μm	一端用螺纹 M88×1.5 固定在夹具中，另一端搭中心架
25	精车	车去工艺螺纹，车 ϕ82h6 到要求尺寸，车 R7mm 槽	软爪一夹一顶
		镗内锥孔 1°30′及车端面	软爪夹一端，中心架托另一端（百分表找正孔）
		调头，车 ϕ82h6 到要求尺寸，车 R7mm 槽	软爪一夹一顶
		镗内锥孔 1°30′及车端面，保证总长 1685mm	软爪一夹一顶
30	检验	按图样检查各部尺寸精度	
35	入库	涂油入库	

【案例 4-5】 图 4.7 为缸套的零件图，编制其加工工艺过程。

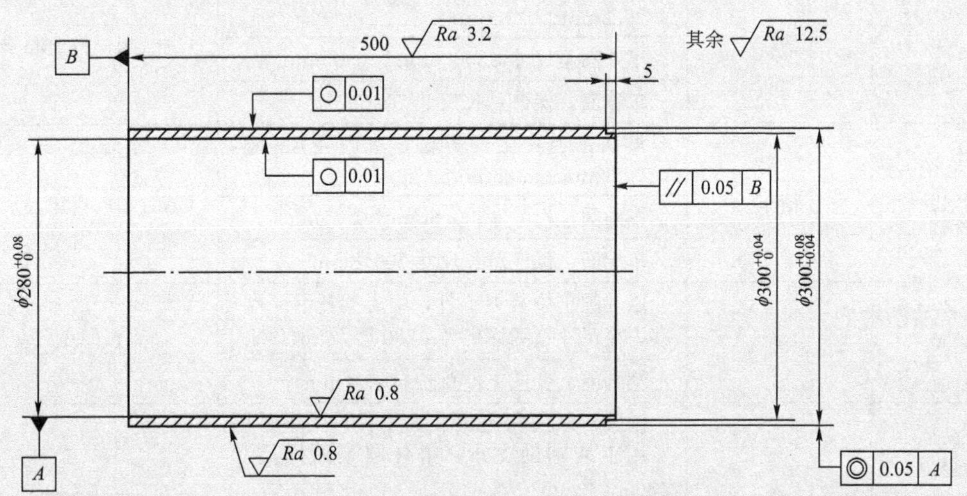

图 4.7 缸套的零件图

解： 缸套的加工工艺过程见表 4-5。

表 4-5　缸套的加工工艺过程

工序号	工序名称	工序内容	工艺装备
05	铸造	铸造尺寸 ϕ315mm×ϕ265mm×515mm	
10	热处理	人工时效处理	
15	粗车	夹工件一端外圆，车内径至尺寸ϕ270mm±1mm	CA6140，自定心卡盘
		车外圆至尺寸 ϕ310mm±1mm	
		车端面见平	
20	粗车	调头，装夹工件外圆，车内径至尺寸ϕ270mm±1mm	CA6140，自定心卡盘
		车外圆至尺寸 ϕ310mm±1mm	
		车端面，保证尺寸总长 508mm	
25	热处理	正火 HBS 190～207	
30	粗车	夹工件一端外圆，车内径尺寸至ϕ275mm±0.5mm	CA6140，自定心卡盘
		车外圆至尺寸 ϕ305mm±0.5mm	
		车端面，保证总长 506mm(注：车内径和外圆时，长度应超过总长的一半)	
35	粗车	调头，装夹工件外圆，车内径尺寸至ϕ275mm±0.5mm	CA6140，自定心卡盘
		车外圆至尺寸 ϕ305mm±0.5mm	
		车端面，保证总长 504mm	
40	精车	夹工件一端外圆，车内径尺寸至ϕ279.2mm±0.05mm	CA6140，自定心卡盘
		车外圆至尺寸 ϕ300.8mm±0.05mm	
		车端面，保证总长尺寸 502mm	
45	精车	调头，装夹工件外圆，车内径尺寸至ϕ279.2mm±0.05mm	CA6140，自定心卡盘
		车外圆至尺寸 ϕ300.8mm±0.05mm	
		车端面，保证总长尺寸 500.8mm	
50	磨	以外圆定位装夹工件，中心架托另一端，磨内径尺寸至图样尺寸 $\phi280^{+0.08}_{0}$ mm	磨床，中心架
		磨端面，保证工件总长 500.4 mm	
55	磨	调头，以内孔定位装夹工件，尾座采用专用工装辅助支承，磨外圆至图样尺寸$\phi300^{+0.08}_{+0.04}$ mm	专用工装
		松开尾座磨端面，保证图样尺寸 500mm	
		磨外圆至尺寸 $\phi300^{+0.04}_{0}$ mm，长度为 5mm	
60	检验	按图样检查各部尺寸精度	
65	入库	涂油入库	

4.2.4　套类零件的加工工艺分析

1. 定位基准的选择

套类零件一般选用外圆表面作为粗基准，先以一外圆表面定位加工出其他的外圆表面、内孔和端面，然后以加工好的其他表面作为精基准进行后续工序的加工。一般分为两种情况：

(1) 以内孔表面为精基准，将内孔装在心轴上，对其他表面进行粗加工或半精加工。这种方法刚性好，应用普遍。

(2) 以外圆表面为精基准，用自定心卡盘夹紧工件，对其他表面进行粗加工或半精加工。这种方法装夹迅速、可靠，但加工精度略低。要想获得较高的同轴度，必须采用定心精度高的夹具，如弹性膜片卡盘、液性塑料夹具、修磨过的自定心卡盘或软爪等。

2. 防止套类零件变形的措施

套类零件壁薄，加工中常因夹紧力、切削力、残余应力和切削热等因素的影响而产生变形。防止套类零件在加工中变形的措施如下：

(1) 减少切削力和切削热的影响。加工中应粗、精分开，使粗加工产生的变形在精加工中能得到纠正。

(2) 减少夹紧力的影响。改变夹紧力的方向使径向夹紧变为轴向夹紧；对于径向夹紧，采用专用的夹紧装置或过渡套、弹簧套来夹紧工件；采用工艺凸台或工艺螺纹来夹紧工件。

(3) 减少热处理的影响。将热处理工序安排在粗加工和精加工之间，使热处理产生的变形在精加工中得以纠正。

3. 套类零件的孔加工方法

内孔是套类零件的主要表面，套类零件的孔加工主要采用以下几种方法：车孔、钻孔、扩孔、镗孔、铰孔、磨孔、拉孔、珩孔、研磨、拉孔和滚压加工等。其中车孔、钻孔、扩孔、镗孔通常用于孔的粗加工和半精加工；铰孔、磨孔、珩孔、研磨、拉孔和滚压加工则用于孔的精加工。孔加工方法的选择，需要根据孔径大小和深度、孔的精度和表面质量、零件的结构形状和材料等要素综合确定。

任务4.3　箱体零件的加工工艺

4.3.1　箱体零件的结构特点、材料和毛坯

1. 箱体零件的结构特点

箱体是机器的基础零件，它将轴、轴承和齿轮等零件连接成一个整体，使这些零件保持正确的相对位置，以传递运动和扭矩。箱体的结构形式多种多样，常见结构如图4.8所示。

箱体零件的结构有共同特点：形状复杂、壁薄且不均匀，内部呈腔形，加工部位多，加工难度大，既有精度要求较高的孔系和平面，也有许多精度要求较低的紧固孔。

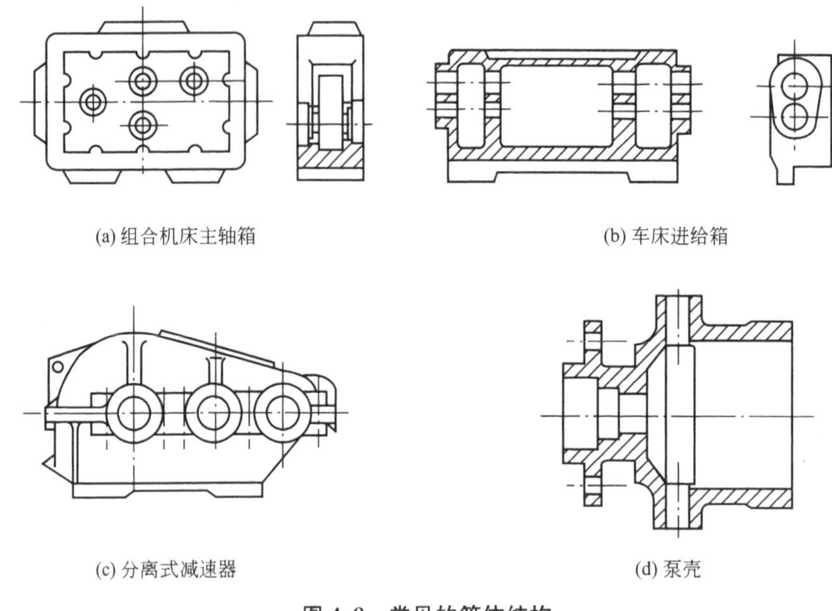

(a) 组合机床主轴箱　　(b) 车床进给箱

(c) 分离式减速器　　(d) 泵壳

图 4.8　常见的箱体结构

2. 箱体零件的材料和毛坯

箱体材料一般选用各种牌号的灰铸铁，灰铸铁不仅成本低，而且具有较好的耐磨性、可铸造性和可切削性等特性，最常用的牌号为 HT200。精度要求较高的镗床主轴箱则选用耐磨合金铸铁，如 MTCrMoCu－300。负荷大的主轴箱也可采用铸钢件。

箱体毛坯根据不同的生产纲领和性能要求采用不同的生产方式。对于批量小、尺寸大和形状复杂的箱体，采用木模铸造；对于尺寸中等以下的箱体，采用砂箱铸造；对于批量较大的箱体，选用金属模铸造；对于受力较大和承受冲击的箱体，尽量采用整体铸造毛坯；单件小批生产时，可采用型材焊接结构的箱体。

4.3.2　箱体零件的技术要求

1. 孔径精度

主轴孔的尺寸公差为 IT6，其余孔为 IT7～IT6。孔的形状公差一般控制在孔径公差范围内。

2. 孔的位置精度

孔的位置精度主要是指同一轴线上孔的同轴度和孔的端面对轴线的垂直度误差，一般要求同轴度公差不大于最小孔尺寸公差的一半。孔系之间的平行度误差会影响齿轮的啮合质量，也应规定相应的精度要求。

3. 孔和平面的位置精度

孔和平面的位置精度指孔和主轴箱安装基面的平行度要求，这项精度是在总装中通过刮研来达到的。为减少刮研量，一般规定主轴轴线对安装基面的平行度公差，在垂直和水平两个方向上，只允许主轴前端向上偏和向前偏。

4. 主要平面的精度

主要平面的精度指装配基面的平面度要求。装配基面的平面度影响主轴箱与床身连接的接触刚度，并且在加工过程中装配基面作为定位基准也影响孔的加工精度，因此规定底面和导向面必须平直。

5. 表面粗糙度

主要孔和表面的表面粗糙度会影响连接面的配合性质和接触刚度，一般要求主轴孔的表面粗糙度为 Ra0.4μm，其余各纵向孔的表面粗糙度为 Ra1.6μm，孔的内端面表面粗糙度为 Ra3.2μm，装配基面和定位基面的表面粗糙度为 Ra2.5～0.63μm，其余表面的表面粗糙度为 Ra10～2.5μm。

4.3.3　箱体零件的加工工艺过程

【案例 4-6】 图 4.9 为某车床主轴箱的零件图，编制其加工工艺过程。

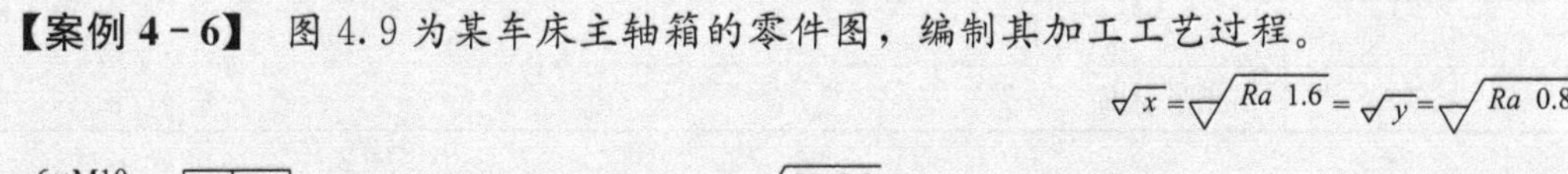

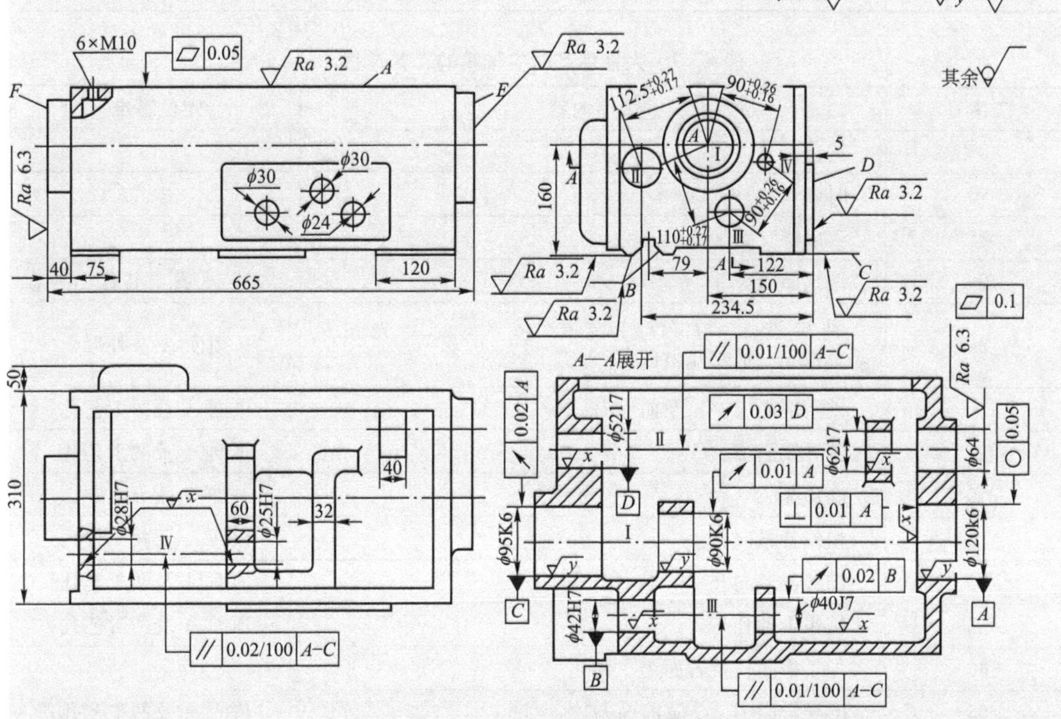

图 4.9　主轴箱箱体零件图

解： 主轴箱单件小批生产时的加工工艺过程见表 4-6，大批生产时的加工工艺过程见表 4-7。

表 4-6　单件小批生产时主轴箱的工艺过程

工序号	工序内容	定位基准
05	铸造	
10	时效	
15	漆底漆	

（续）

工序号	工序内容	定位基准
20	划线：考虑主轴孔有加工余量并尽量均匀。划 C、A、D、E 面加工线	
25	粗、精加工顶面 A	划线找正
30	粗、精加工面 B、C 及侧面 D	顶面 A 并校正主轴轴线
35	粗、精加工两端面 E、F	B、C 面
40	粗、半精加工各纵向孔	B、C 面
45	精加工各纵向孔	B、C 面
50	粗、精加工横向孔	B、C 面
55	加工螺纹孔及各次要孔	
60	清洗，去毛刺	
65	检验入库	

表 4-7　大批生产时主轴箱的工艺过程

工序号	工序内容	定位基准
05	铸造	
10	时效	
15	漆底漆	
20	铣顶面 A	Ⅰ孔与Ⅱ孔
25	钻扩铰 $2\times\phi 8H7$ 工艺孔（将 $6\times M10$ 先钻至 $\phi 7.8mm$，铰 $2\times\phi 8H7$）	顶面 A 及外形
30	铣两端面 E、F 及前面 D	顶面 A 及两工艺孔
35	铣导轨面 B、C	顶面 A 及两工艺孔
40	磨顶面 A	导轨面 B、C
45	粗镗各纵向孔	顶面 A 及两工艺孔
50	精镗各纵向孔	顶面 A 及两工艺孔
55	精镗主轴孔Ⅰ	顶面 A 及两工艺孔
60	加工横向孔及各面上次要孔	
65	磨导轨面 B、C 及前面 D	顶面 A 及两工艺孔
70	将 $2\times\phi 8H7$ 及 $4\times\phi 7.8mm$ 均扩孔至 $\phi 8.5mm$，攻 $6\times M10$ 螺纹	
75	清洗，去毛刺，倒角	
80	检验入库	

【案例 4-7】 图 4.10～图 4.12 所示为减速器箱盖、底座零件图及减速器合箱图，试编制其加工工艺过程。

4. 主要平面的精度

主要平面的精度指装配基面的平面度要求。装配基面的平面度影响主轴箱与床身连接的接触刚度，并且在加工过程中装配基面作为定位基准也影响孔的加工精度，因此规定底面和导向面必须平直。

5. 表面粗糙度

主要孔和表面的表面粗糙度会影响连接面的配合性质和接触刚度，一般要求主轴孔的表面粗糙度为 $Ra0.4\mu m$，其余各纵向孔的表面粗糙度为 $Ra1.6\mu m$，孔的内端面表面粗糙度为 $Ra3.2\mu m$，装配基面和定位基面的表面粗糙度为 $Ra2.5\sim0.63\mu m$，其余表面的表面粗糙度为 $Ra10\sim2.5\mu m$。

4.3.3 箱体零件的加工工艺过程

【案例 4-6】 图 4.9 为某车床主轴箱的零件图，编制其加工工艺过程。

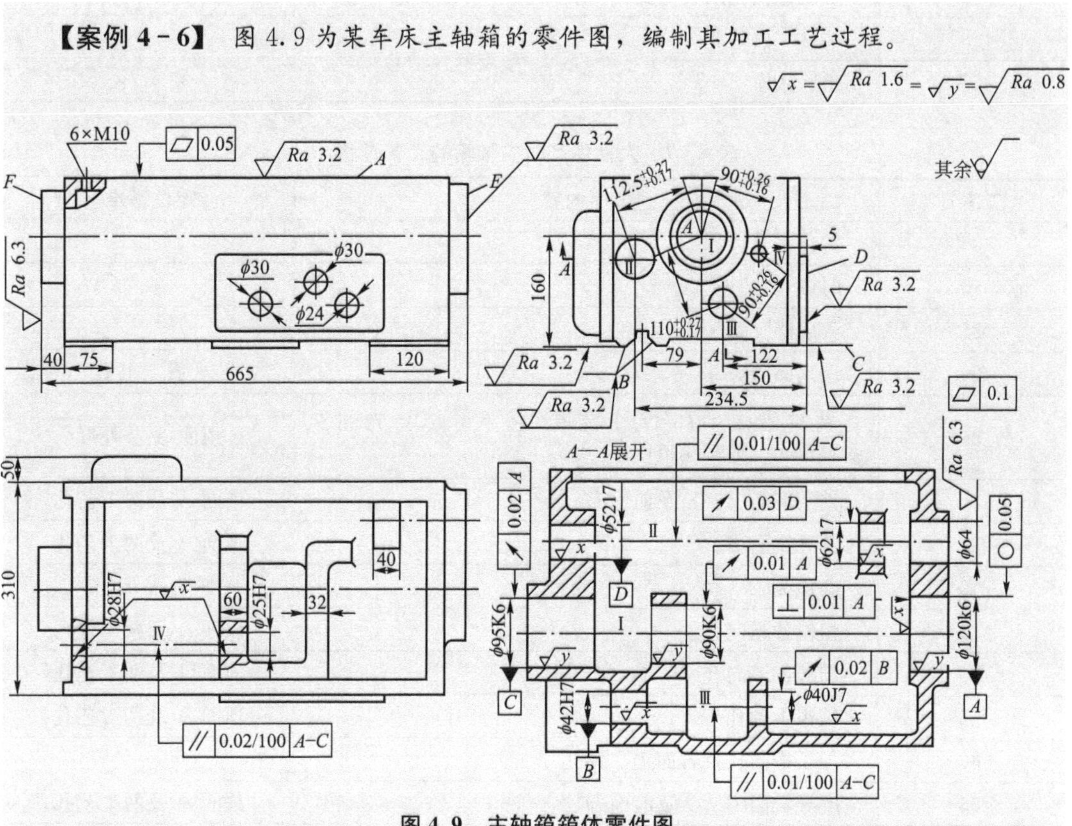

图 4.9 主轴箱箱体零件图

解： 主轴箱单件小批生产时的加工工艺过程见表 4-6，大批生产时的加工工艺过程见表 4-7。

表 4-6 单件小批生产时主轴箱的工艺过程

工序号	工序内容	定位基准
05	铸造	
10	时效	
15	漆底漆	

（续）

工序号	工序内容	定位基准
20	划线：考虑主轴孔有加工余量并尽量均匀。划 C、A、D、E 面加工线	
25	粗、精加工顶面 A	划线找正
30	粗、精加工面 B、C 及侧面 D	顶面 A 并校正主轴轴线
35	粗、精加工两端面 E、F	B、C 面
40	粗、半精加工各纵向孔	B、C 面
45	精加工各纵向孔	B、C 面
50	粗、精加工横向孔	B、C 面
55	加工螺纹孔及各次要孔	
60	清洗，去毛刺	
65	检验入库	

表 4-7　大批生产时主轴箱的工艺过程

工序号	工序内容	定位基准
05	铸造	
10	时效	
15	漆底漆	
20	铣顶面 A	Ⅰ孔与Ⅱ孔
25	钻扩铰 $2\times\phi8$H7 工艺孔（将 $6\times$M10 先钻至 $\phi7.8$mm，铰 $2\times\phi8$H7）	顶面 A 及外形
30	铣两端面 E、F 及前面 D	顶面 A 及两工艺孔
35	铣导轨面 B、C	顶面 A 及两工艺孔
40	磨顶面 A	导轨面 B、C
45	粗镗各纵向孔	顶面 A 及两工艺孔
50	精镗各纵向孔	顶面 A 及两工艺孔
55	精镗主轴孔Ⅰ	顶面 A 及两工艺孔
60	加工横向孔及各面上次要孔	
65	磨导轨面 B、C 及前面 D	顶面 A 及两工艺孔
70	将 $2\times\phi8$H7 及 $4\times\phi7.8$mm 均扩孔至 $\phi8.5$mm，攻 $6\times$M10 螺纹	
75	清洗，去毛刺，倒角	
80	检验入库	

【案例 4-7】 图 4.10～图 4.12 所示为减速器箱盖、底座零件图及减速器合箱图，试编制其加工工艺过程。

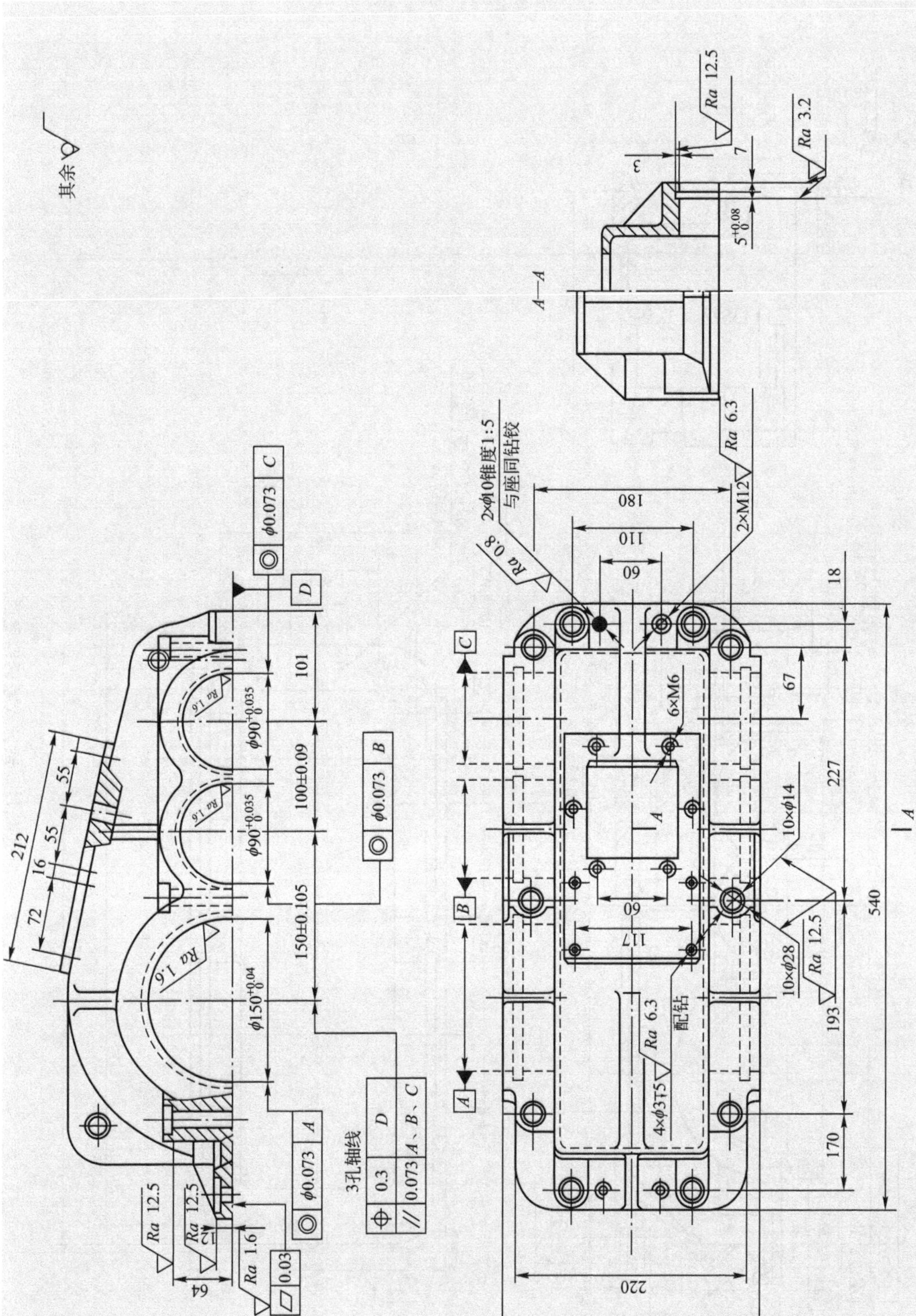

图 4.10　剖分式减速器箱盖

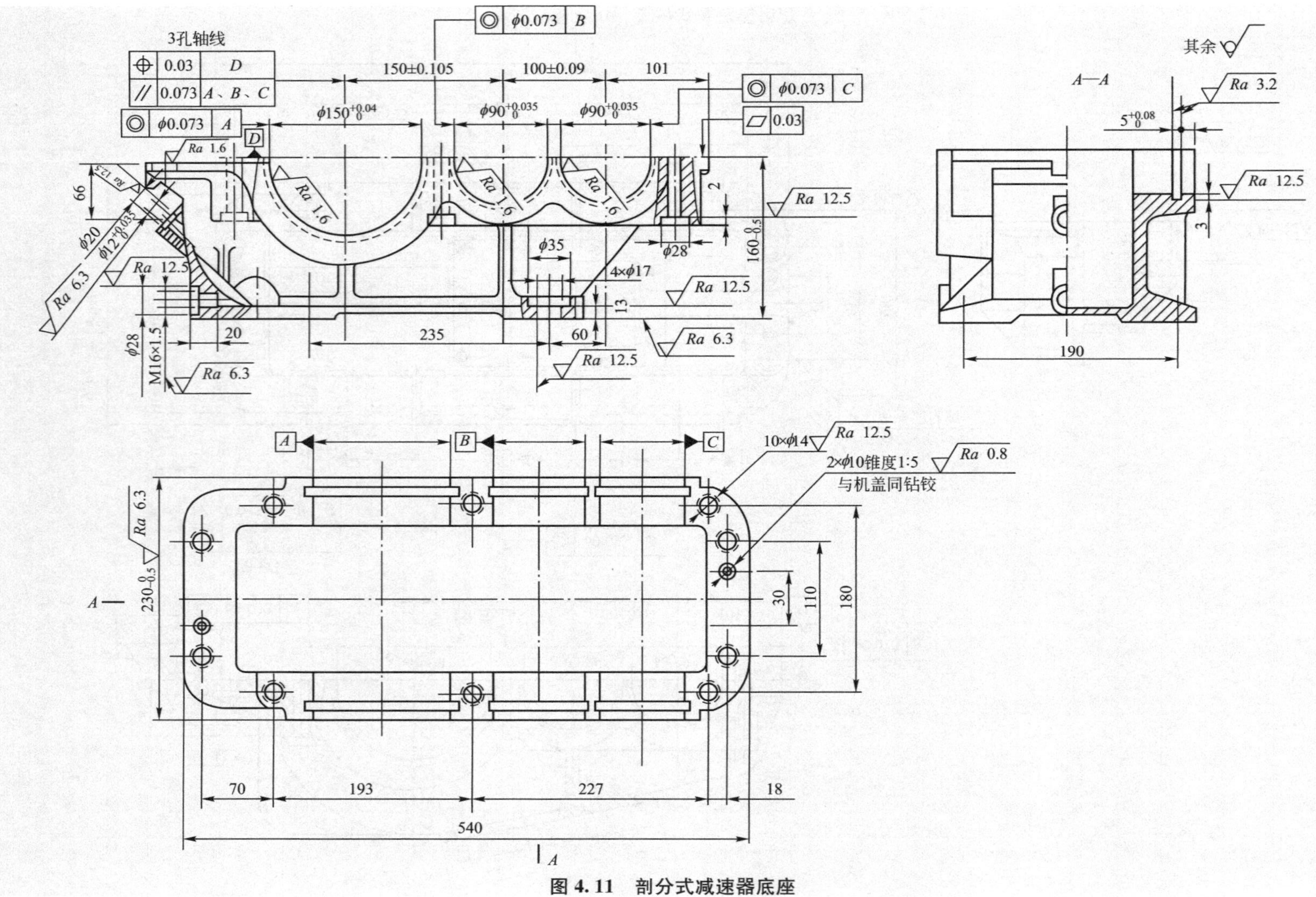

图 4.11 剖分式减速器底座

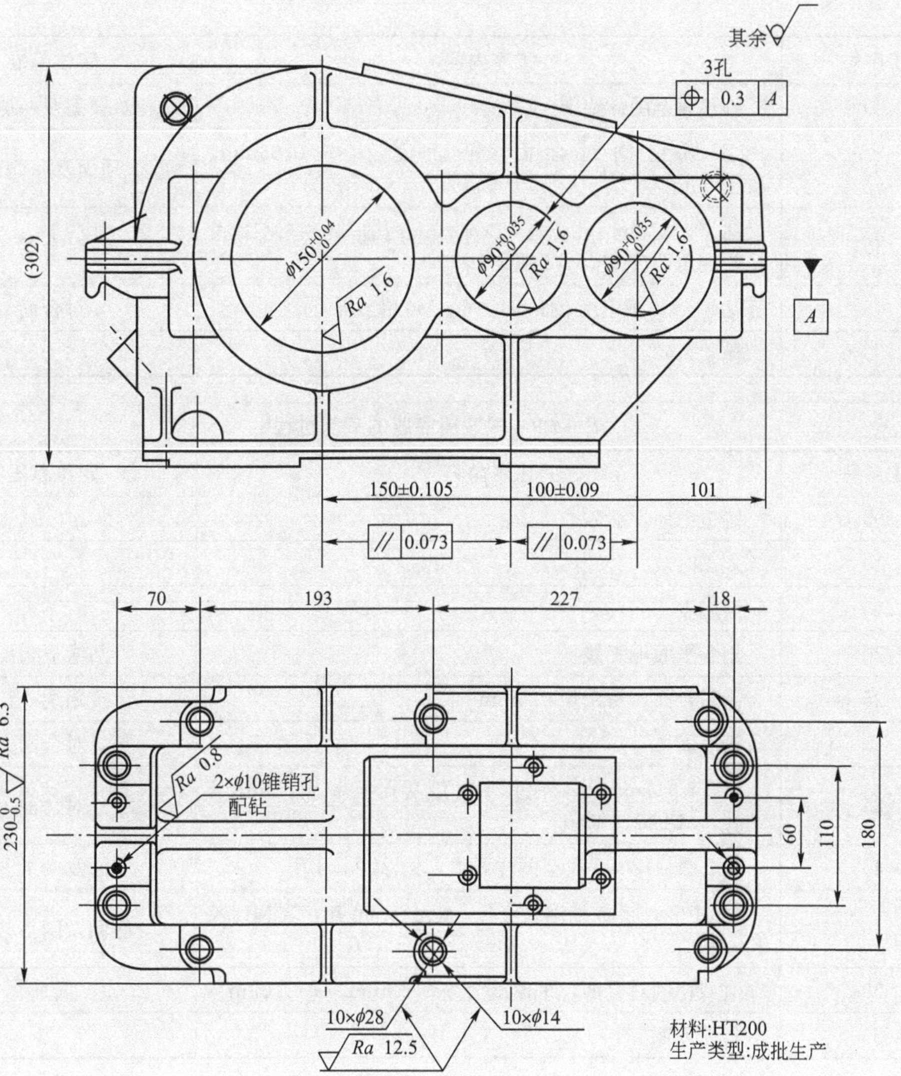

图 4.12　剖分式减速器

解： 减速器箱盖的加工工艺过程见表 4-8，减速器底座的加工工艺过程见表 4-9，减速器整体的加工工艺过程见表 4-10。

表 4-8　减速器箱盖的工艺过程

工序号	工序内容	定位基准
05	铸造毛坯，清砂	
10	人工时效	
15	漆底漆	
20	钳工，划各平面加工线	凸缘上表面
25	刨对合面，留余量 0.5mm	按划线找正

（续）

工序号	工序内容	定位基准
30	刨顶面至图样要求	对合面及一侧面
35	磨或精刨对合面，平面度公差 0.03mm，$Ra1.6\mu m$	顶面及一侧面
40	钻 10×ϕ14mm 孔，锪 10×ϕ28mm 孔，钻 2×M12 底孔并倒角，攻 2×M12 螺纹	对合面
45	钻 6×M6 底孔并倒角，攻 6×M6 螺纹	对合面
50	检验入库	

表 4-9　减速器底座的工艺过程

工序号	工序内容	定位基准
05	铸造毛坯，清砂	
10	人工时效	
15	漆底漆	
20	划各平面加工线	凸缘下表面
25	刨对合面，留余量 0.5mm	按划线找正
30	刨底面	对合面
35	钻 4×ϕ17mm 孔，锪其中对角两孔至 ϕ17.5mm(工艺孔)，锪 4×ϕ35 孔	对合面
40	钻、铰 ϕ12mm 孔至图样要求，锪 ϕ20mm 孔	底面及两工艺孔
45	钻 M16×1.5 放油螺纹底孔，锪 ϕ28mm 孔，攻 M16×1.5 螺纹	底面及两工艺孔
50	磨或精刨对合面，平面度公差 0.03mm，$Ra1.6\mu m$	底面
55	检验入库	

表 4-10　减速器整体的加工工艺过程

工序号	工序内容	定位基准
05	将箱盖、底座对准合拢并夹紧，钻、铰 2×ϕ10mm 锥销孔，打入锥销	
10	钻 10×ϕ14mm 孔，锪 10×ϕ28mm 孔(配钻)	底面和顶面
15	拆箱，分开箱盖与底座，清除对合面上的毛刺与切屑，再合拢箱体，打入锥销，拧紧 2×ϕ12mm 螺栓	
20	铣顶面，保证 230mm	底面及两工艺孔
25	粗镗 3 对轴承孔，留余量 1～1.5mm	底面及两工艺孔
30	精镗 3 对轴承孔至尺寸，镗 6 个卡簧槽 5mm	底面及两工艺孔
35	拆箱，清除切屑和毛刺	
40	检验入库	

4.3.4 箱体零件的加工工艺分析

1. 定位基准的选择

(1) 粗基准的选择。箱体零件一般选择重要孔作为粗基准，但随着生产类型的不同，粗基准的选择也是不同的。中小批量生产时，由于毛坯精度较低，一般采用划线找正；大批大量生产时，毛坯精度较高，以主轴孔作为粗基准定位，采用专用夹具装夹。

(2) 精基准的选择。箱体加工精基准的选择也与生产类型有关。对于单件小批生产，用装配基准作为定位基准，这种定位方式符合基准重合原则，同时，加工各孔时，安装、调整刀具和测量孔径尺寸都比较方便；对于大批大量生产，通常采用箱体顶面和两工艺孔作为定位基准，这种定位方式提高了夹具刚度，有利于保证孔系之间的位置精度，而且工件装卸方便，减少了辅助时间，提高了生产效率，但会出现基准不重合误差。

2. 加工顺序的安排

(1) 先面后孔。箱体类零件的加工顺序均为先加工面，再以加工好的箱体表面定位加工孔。

(2) 粗精分开。箱体的结构复杂，壁厚不均，刚性差，而且加工精度要求又高，因此，箱体重要表面的加工都要粗、精分开。

(3) 时效处理。由于箱体结构复杂，壁厚不均，铸造残余应力较大。为消除残余应力，减少加工后的变形和保证精度稳定，铸造之后要安排人工时效处理。对于普通精度的箱体，一般在铸造之后安排一次时效处理；对于精度要求高或形状特别复杂的箱体，在粗加工之后还要安排时效处理，以消除粗加工造成的残余应力。

(4) 设备选择。箱体加工所用设备依批量不同而异。单件小批生产一般选择通用机床进行加工，除个别重要工序外，一般不采用专用夹具；大批量生产箱体则广泛采用专用机床，如多轴龙门铣床和组合磨床等，各主要孔的加工多采用多工位组合机床和专用镗床，夹具多采用专用夹具，以提高生产效率。

任务 4.4 齿轮零件的加工工艺

4.4.1 齿轮零件的结构特点、材料、热处理和毛坯

1. 齿轮零件的结构特点

齿轮的作用是按规定的传动比传递运动和动力。圆柱齿轮一般分为齿圈和轮体两部分，在齿圈上切出齿形。按照齿圈上轮齿的分布形式，齿轮可分为直齿、斜齿和人字形齿轮等、圆柱齿轮的结构如图 4.13 所示。

2. 齿轮的材料、热处理和毛坯

1) 齿轮的材料

齿轮的材料应根据齿轮的用途和工作条件来选择。

对于低速、重载的齿轮，一般选用综合机械性能好的材料，如 20CrMnTi；对于高速传动齿轮，通常选渗氮钢，如 38CrMoAlA；对于承受冲击的齿轮，通常选低碳合金钢，如 20Cr、18CrMnTi；对于轻载传动齿轮，可选用铸铁及其他非金属材料。

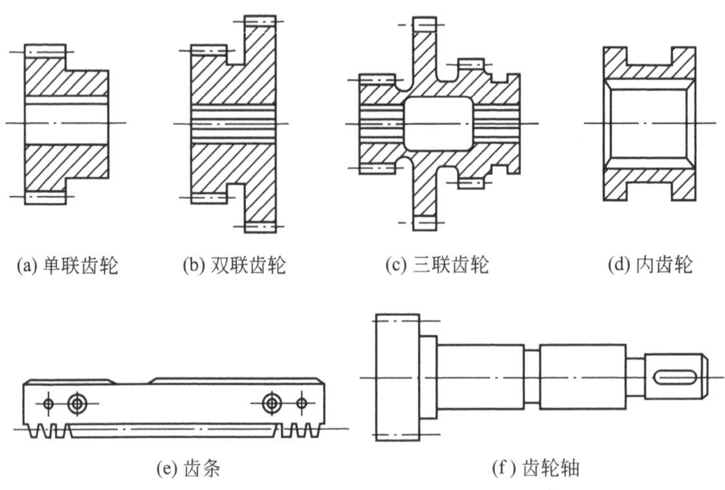

图 4.13 圆柱齿轮的结构

对于普通精度的齿轮，通常选用中碳结构钢，如 45 钢；对于精度较高的齿轮，通常选用中碳合金结构钢，如 40Cr。

2）齿轮的热处理

齿轮的热处理可分为两类。

(1) 毛坯热处理：在齿坯加工前后安排预先热处理——正火或退火，目的是消除残余应力，改善切削加工性能和提高综合机械性能。

(2) 齿面热处理：齿形加工完成后，为提高齿面的硬度和耐磨性，常进行渗碳淬火、高频淬火、碳氮共渗和渗氮处理等热处理工序。

3）齿轮的毛坯

齿轮毛坯的形式主要有棒料、锻件和铸件。棒料用于小尺寸、结构简单且对强度要求不高的齿轮，锻件用于对硬度、耐磨性和强度要求高的齿轮，铸件用于直径大于 400～600mm 的齿轮。

4.4.2 齿轮零件的技术要求

齿轮传动精度的高低，直接影响机器的工作性能、承载能力和使用寿命，齿轮传动的精度要求主要包括传递运动的准确性、传递运动的平稳性和载荷分布的均匀性三个方面。为此，齿轮制造应符合一定的技术要求，渐开线圆柱齿轮的国家标准对齿轮和齿轮副规定了 12 个精度等级，其中 1 级精度最高，12 级精度最低。根据误差特性和对传动性能的影响，将齿轮公差分为三个公差组，各公差组对传动性能的影响见表 4－11。

表 4－11 各公差组对传动性能的影响

公差组	公差和极限偏差项目	误差特性	对传动性能的影响
Ⅰ	F_i'，F_p，F_{pk}，F_i''，F_r，F_w	齿轮一转内的周期误差	传递运动的准确性
Ⅱ	f_i'，f_i''，f_f，f_{pt}，f_{pb}，$f_{f\beta}$	齿轮一转内多次周期重复的误差	传递运动的平稳性
Ⅲ	F_β，F_b，F_{px}	齿向和接触线误差	载荷分布的均匀性

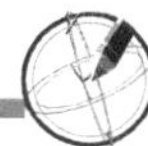

4.4.3　齿轮零件的加工工艺过程

【案例 4 - 8】 如图 4.14 为某齿轮的零件图，试编制其加工工艺过程。

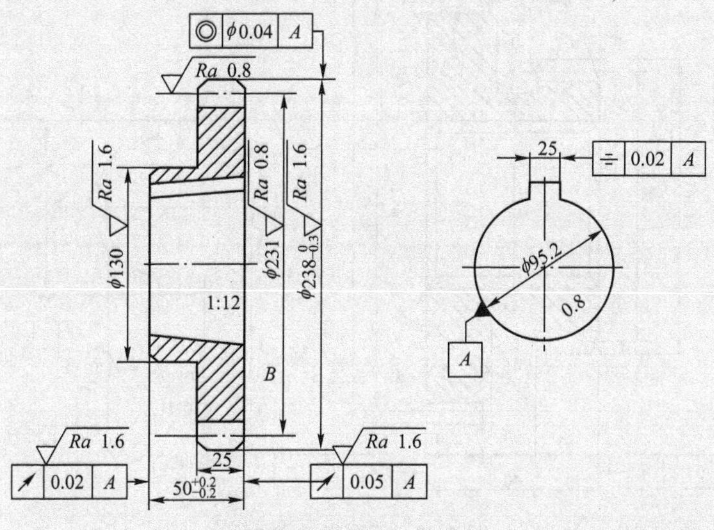

图 4.14　齿轮的零件图

解： 该齿轮的加工工艺过程见表 4 - 12。

表 4 - 12　齿轮的加工工艺过程

序号	工序内容	定位基准
10	毛坯锻造	
15	正火	
20	粗车各部，均留余量 1.5mm	外圆、端面
25	精车各部，内孔至锥孔塞规刻划线外露 6～8mm，其余至图样要求	外圆、内孔和端面
30	滚齿，$F_w=0.036$mm，$F''_i=0.10$mm，$f''_i=0.022$mm，$F_\beta=0.011$mm　$W=80.84^{-0.14}_{-0.19}$mm，$Ra2.5\mu m$	内孔、端面 B
35	倒角	内孔、端面 B
40	插键槽至图样要求	内孔、端面 B
45	去毛刺	
50	剃齿	内孔、端面 B
55	热处理，齿面淬火后硬度至 HRC50～55	
60	磨内锥孔，磨至锥孔塞规小端平	内孔、端面 B
65	珩齿至图样要求	内孔、端面 B
70	检验	

【案例 4-9】 图 4.15 为某双联齿轮的零件图，编制其加工工艺过程。

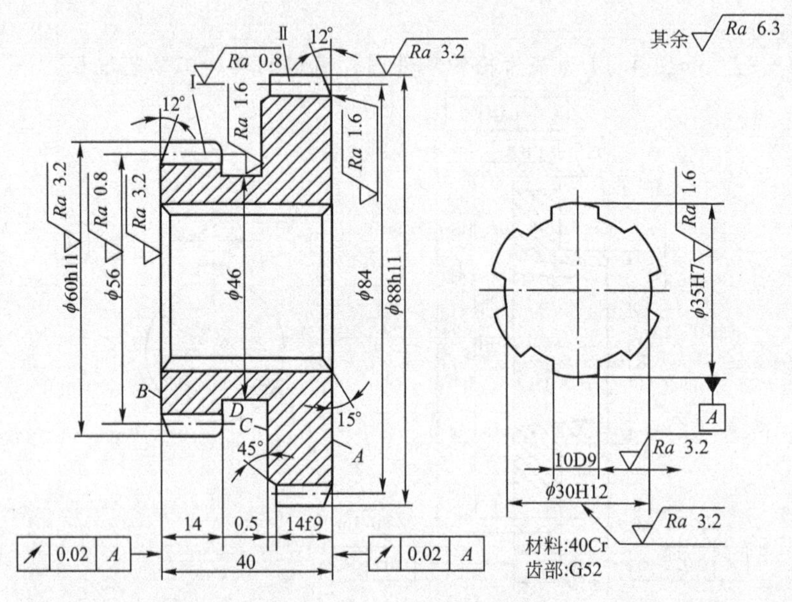

图 4.15 双联齿轮零件图

解： 双联齿轮的加工工艺过程见表 4-13。

表 4-13 双联齿轮的加工工艺过程

序号	工序内容	定位基准
10	毛坯锻造	
15	正火	
20	粗车外圆和端面(留余量 1～1.5mm)，钻、镗花键底孔至尺寸 ϕ30H12	外圆和端面
25	拉花键孔	ϕ30H12 孔和 A 面
30	精车外圆、端面及槽至图样要求	花键孔和 A 面
35	检验	
40	滚齿($z=42$)留剃量 0.07～0.10mm	花键孔和 A 面
45	插齿($z=28$)留剃量 0.03～0.05mm	花键孔和 A 面
50	倒角(Ⅰ、Ⅱ齿圈 12°牙角)	花键孔和端面
55	钳工去毛刺	
60	剃齿($z=42$)公法线长度至尺寸上限	花键孔和 A 面
65	剃齿($z=28$)剃齿刀螺旋角 5°，公法线长度至尺寸上限	花键孔和 A 面
70	齿部高频感应加热淬火：G52	
75	推孔	花键孔和 A 面
80	珩齿(Ⅰ、Ⅱ)至尺寸要求	花键孔和 A 面
85	检验	

4.4.4 齿轮零件的加工工艺分析

1. 定位基准的选择

齿轮加工时尽可能采用基准重合原则，以避免基准不重合误差；在整个齿轮的加工过程中，应尽量采用基准统一原则。

对于小直径的轴齿轮，一般采用两端中心孔或锥孔作为定位基准，符合基准统一原则；对于大直径的轴齿轮，通常采用轴颈和端面进行组合定位，符合基准重合原则；对于带孔的齿轮，采用内孔和端面进行组合定位，既符合基准重合原则，又符合基准统一原则。

2. 齿坯的加工

齿形加工前的齿轮加工称为齿坯加工。齿坯的外圆、端面或孔径常作为基准使用，所以齿坯的精度对整个齿轮的精度影响很大；另外，齿坯加工在整个齿轮加工中所占的比例很大，因此，齿坯加工的地位很重要。

齿坯加工的主要内容包括齿坯的内孔加工、端面和顶尖孔加工、齿圈外圆和端面加工，齿坯的加工工艺与齿轮的结构和生产类型有很大关系。

(1) 单件小批生产。单件小批生产时，齿坯的内孔、端面及外圆的粗、精加工都在通用车床上经两次装夹完成，但孔和基准端面的精加工应在一次装夹中完成，以保证位置精度。

(2) 成批生产。成批生产时，齿坯加工常采用“车—拉—车”的工艺方案，即先以齿坯外圆或轮毂定位，粗车外圆、端面和内孔；再以端面定位拉孔或花键孔；最后以孔定位精车外圆和端面。

(3) 大批大量生产。大批大量生产时，齿坯加工多采用“钻—拉—车”的工艺方案，即先以毛坯外圆及端面定位，进行钻孔或扩孔；其次进行拉孔；最后以孔定位，在多刀车床上粗精车外圆、端面、切槽和倒角。

3. 齿形加工

齿形加工是整个齿轮加工的核心和关键。齿形加工的方案主要取决于齿轮的精度等级、生产类型、热处理及生产工厂的现有条件等。常见的齿形加工方案如下：

(1) 8级精度以下的齿轮。对于调质齿轮，采用滚齿或插齿进行齿形加工；对于淬硬齿轮，其齿形加工方案为“滚(插)齿—剃齿(冷挤)—齿端加工—淬火—校正内孔”，但在淬火前，齿形加工精度应提高一级。

(2) 6～7级精度的齿轮。对于齿面不需淬硬的齿轮，其齿形加工方案为“滚(插)齿—齿端加工—剃齿”；对于齿面需淬硬的齿轮，其齿形加工方案为“滚(插)齿—齿端加工—齿面淬火—校正基准—磨齿”，这种方案加工精度稳定，但生产率低；也可采用“滚(插)齿—齿端加工—剃齿(冷挤)—表面淬火—校正基准—珩齿”的加工方案，这种方案生产率高，加工精度稳定。

(3) 5级以上精度的齿轮。一般采用“粗滚齿—精滚齿—齿端加工—表面淬火—校正基准—粗磨齿—精磨齿”的加工方案。

4. 齿端加工

齿轮的齿端加工方式有倒圆、倒尖、倒棱和去毛刺。经倒圆、倒尖和倒棱后的齿轮，沿轴向移动时容易进入啮合，齿端倒圆应用最广。齿端加工必须安排在齿形加工淬火之前，滚(插)齿之后。图 4.16 所示为齿端形状，图 4.17 所示为齿端倒圆。

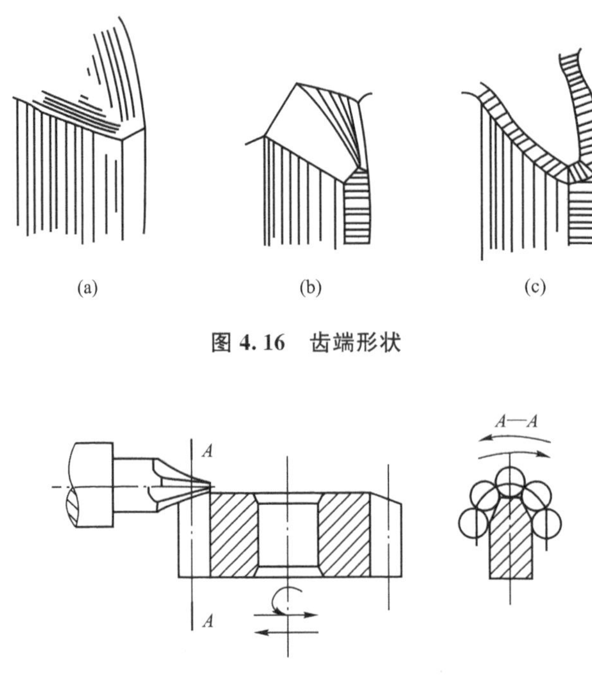

图 4.16　齿端形状

图 4.17　齿端倒圆

5. 精基准的修正

齿轮淬火后，其内孔易产生变形，为保证齿形精度，必须对基准孔进行修整，修整的方法有推孔和磨孔。以大径定心的花键孔、未淬硬的圆柱齿轮内孔常采用推孔，以小径定心的花键孔、已淬硬的齿轮内孔或内孔较大、壁厚较薄的齿轮宜采用磨孔。

任务 4.5　连杆零件的加工工艺

4.5.1　连杆的结构特点、材料和毛坯

1. 连杆的结构特点

连杆是活塞式发动机和压缩机的重要零件之一，其作用是将活塞的气体压力传给曲轴，并在曲轴的驱动下带动活塞压缩气缸中的气体。连杆是细长的变截面非圆形杆件，其杆身截面从大到小变化，以承受工作中急剧变化的动载荷。连杆由连杆体和连杆盖两部分组成，连杆体和连杆盖通过螺栓与曲轴轴颈装配在一起。图 4.18 为某机器连杆总成图。

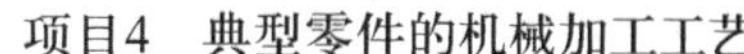

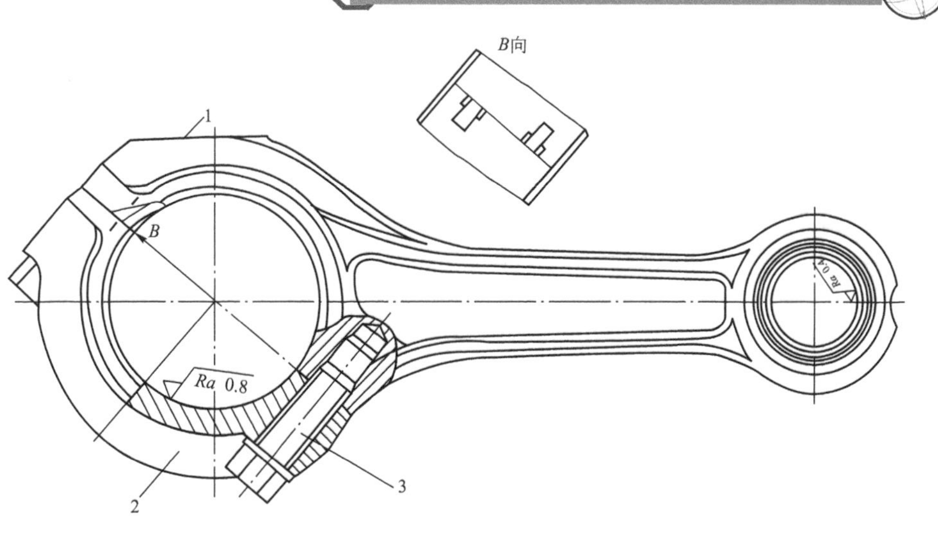

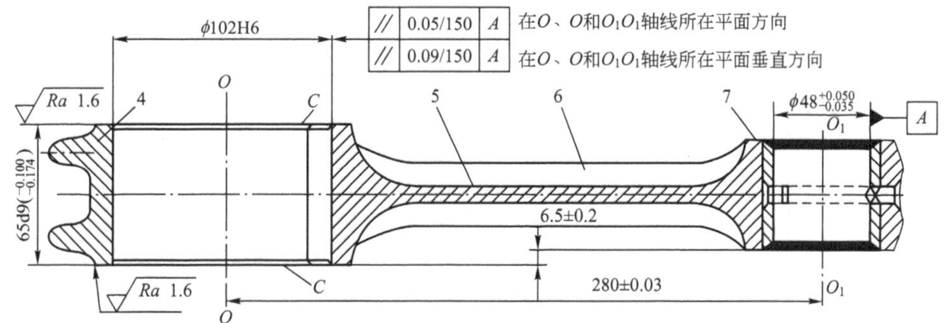

图 4.18　某机器连杆总成图

1—连杆体；2—连杆盖；3—紧固螺钉；4—连杆大头；

5—连杆截面；6—连杆杆身；7—连杆小头

2. 连杆的材料和毛坯

连杆材料一般采用 45 钢或 40Cr 等优质碳素结构钢或合金钢。连杆毛坯一般采用锻件。锻造工艺分为两种：一种是将连杆体和连杆盖分开锻造，另一种是整体锻造。

4.5.2　连杆的主要技术要求

1. 尺寸精度

连杆的尺寸精度主要指大、小头孔的尺寸精度，一般规定为 IT6 级。孔距的尺寸精度一般为±0.03～±0.05mm。

2. 形状精度

形状精度指孔的圆度和圆柱度误差，通常为 0.004～0.006mm。

3. 位置误差

位置误差指两孔轴线在两相互垂直方向上的平行度和大头孔两端面对其轴线的垂直度及两螺孔的位置精度等。

4. 表面粗糙度

主要表面的表面粗糙度一般为 Ra 3.2～0.4μm。

4.5.3 连杆的加工工艺过程

【案例 4－10】 图 4.19 为连杆体零件图，试编制其加工工艺过程。

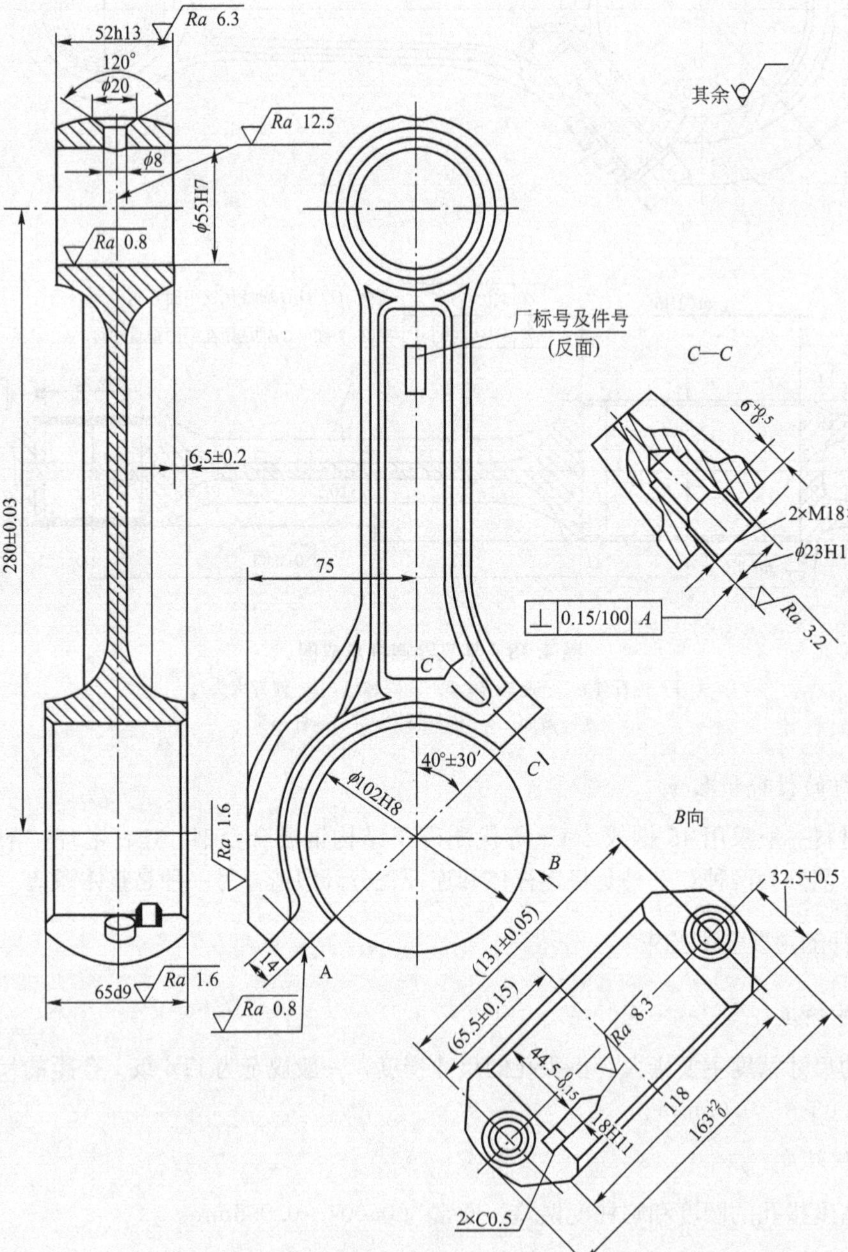

图 4.19 连杆体零件图

解：连杆体的加工工艺过程见表4-14。

表4-14　连杆体的加工工艺过程

序号	工序内容	定位基准
10	模锻	
15	调质	
20	磁性探伤	
25	粗、精铣两平面	大头孔壁，小头外廓，端面
30	磨两平面	端面
35	钻、扩、铰小头孔，孔口倒角	大、小头端面，小头外廓，工艺凸台
40	粗、精铣工艺凸台及结合面	大、小头端面，小头孔，大头孔壁
45	粗镗两件连杆体大头孔，倒角	大、小头端面，小头孔，工艺凸台
50	磨结合面	大、小头端面，小头孔，工艺凸台
55	钻、攻螺纹孔，钻、铰定位孔	小头孔，端面，工艺凸台
60	精镗定位孔	定位孔，结合面
65	清洗	
70	打印件号	
75	检验	

【案例4-11】　图4.20为连杆盖零件图，试编制其加工工艺过程。

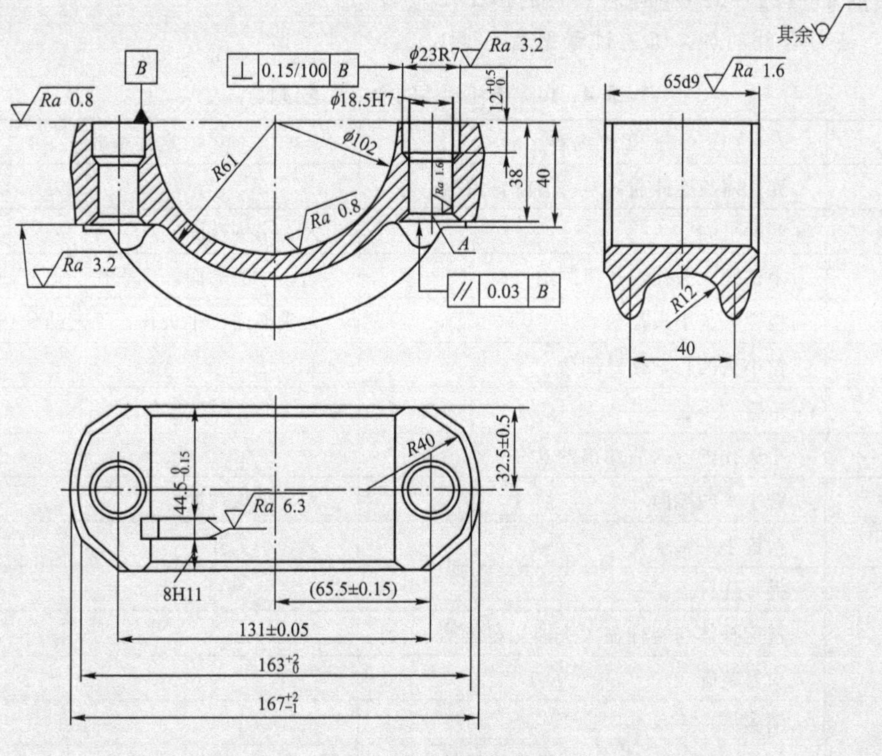

图4.20　连杆盖零件图

解：连杆盖的加工工艺过程见表 4－15。

表 4－15　连杆盖的加工工艺过程

序号	工序内容	定位基准
10	模锻	
15	调质	
20	磁性探伤	
25	粗、精铣两平面	端面，结合面
30	磨两平面	端面
35	粗、精铣结合面	端面，肩胛面
40	粗镗两件连杆盖大头孔，倒角	肩胛面，螺钉孔外侧
45	磨结合面	肩胛面
50	钻、扩沉头孔，钻铰定位孔	端面，大头孔壁
55	精镗定位孔	定位孔，结合面
60	清洗	
65	打印件号	
70	检验	

【案例 4－12】 试编制连杆合件的加工工艺过程。

解：连杆合件的加工工艺过程见表 4－16。

表 4－16　连杆合件的加工工艺过程

序号	工序内容	定位基准
10	连杆体与连杆盖对号，清洗，装配	
15	磨两平面	大、小头端面
20	半精镗大头孔，孔口倒角	大、小头端面，小头孔，工艺凸台
25	精镗大、小头孔	大头端面，小头孔，工艺凸台
30	钻小头油孔，孔口倒角	
35	珩磨大头孔	
40	小头孔内压入活塞销轴承	
45	铣小头两端面	大、小头端面
50	精镗小头轴承孔	大、小头孔
55	拆开连杆盖	
60	铣连杆体与连杆盖大头轴瓦定位槽	
65	对号装配	
70	消磁	
75	检验	

【案例 4-13】 图 4.21 所示为拨叉零件图，已知拨叉的材料为材料 KTH350-10。试编制其加工工艺过程。

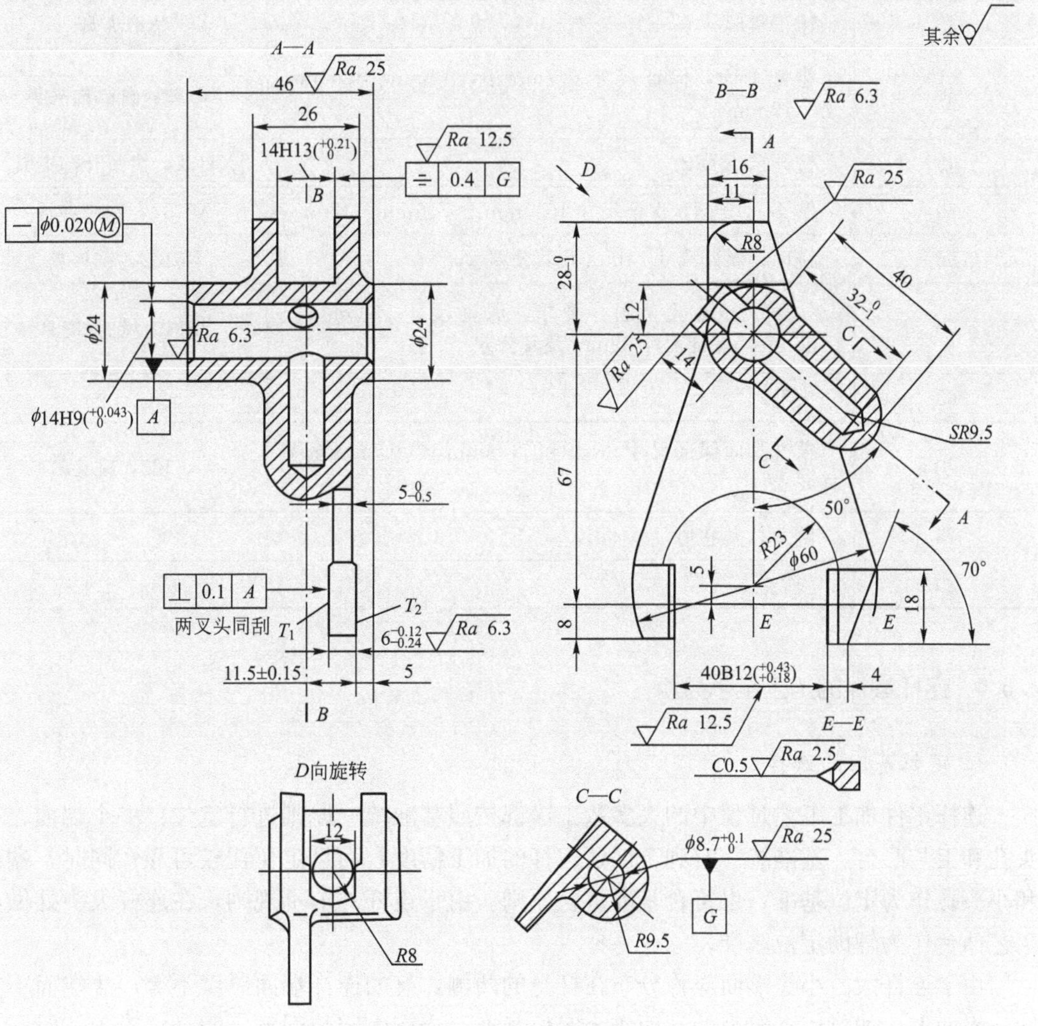

图 4.21　拨叉零件图

解： 拨叉零件的加工工艺过程见表 4-17。

表 4-17　拨叉零件的加工工艺过程

序号	工序内容	设备及工装
10	钳工整形	钳工台
15	钻 ϕ13.5mm 孔，刮 ϕ24mm 面，保证尺寸 46.5mm	C6136，车孔夹具
20	拉 ϕ14H9 孔	拉床，拉孔夹具
25	车平端面，保证尺寸 40.5mm，倒角至图样要求	车床，车端面夹具
30	车平端面，保证尺寸 46mm 和 5.5mm，倒角至图样要求	车床，车端面夹具

（续）

序号	工序内容	设备及工装
35	钳工整形	整形夹具
40	粗铣脚面，保证尺寸 6.7mm±0.12mm、4.65mm±0.12mm	X6132，铣脚面夹具
45	铣开档 40B12	X6132，拨叉开档夹具
50	铣 14H13 槽，保证尺寸 16.5mm±0.16mm、12mm	X6132，铣槽夹具
55	铣面，保证尺寸 14mm 及其公差	X6132，铣夹具
60	钻 ϕ8.7mm 孔至图样要求，保证尺寸 16.5mm±0.06mm；保证尺寸 32mm 及其公差	Z5140，钻孔夹具
65	去毛刺	
70	精铣脚面保证尺寸 6mm 和 11.5mm±0.15mm 至图样要求	X6132，铣夹具
75	倒角，去毛刺	
80	检验	

4.5.4 连杆零件的加工工艺分析

1. 定位基准的选择

连杆零件加工工艺过程中的大多数工序都按照基准统一原则进行定位：一个端面、小头孔和工艺凸台。基准统一有利于保证连杆的加工精度，而且定位比较可靠；同时，端面和小头孔作为定位基准，也符合基准重合原则。由于连杆外形不规则，在连杆大头处做出工艺凸台作为辅助定位基准。

由于连杆大、小头端面对称分布在杆身的两侧，有的连杆端面厚度不等，故端面不在同一平面上，如果用不等高的端面作为定位基准，会产生定位误差。制订加工工艺时，可先将大、小头端面加工成同一厚度，在加工的最后阶段再铣出阶梯端面。

连杆端面方向的粗基准的选择：一是选择中间不加工毛坯面作为粗基准，可保证对称和便于夹紧；二是选择要加工的端面作为粗基准，可保证余量均匀。

2. 加工阶段的划分

连杆本身刚性较差，切削加工时产生的残余应力使得连杆易产生变形。因此，安排加工工艺时，应将各主要表面的粗、精加工分开，连杆的加工工艺过程可分为以下三个阶段：

(1) 粗加工阶段。粗加工阶段是连杆体和连杆盖合并前的加工阶段，主要包括基准面的加工、准备连杆体和盖合并所进行的加工。

(2) 半精加工阶段。半精加工阶段是连杆体和盖合并后的加工，主要为精加工大、小头孔做准备。

(3) 精加工阶段。最终保证连杆的主要表面全部达到图样要求，如大、小头孔的加工等。

3. 加工顺序的安排

连杆加工顺序的安排同样遵守基准先行、先面后孔、先主后次和先粗后精的原则。例如，端面的铣和磨工序放在加工过程的前面，这样既符合基准先行原则，又符合先面后孔原则。

4. 夹紧方法的确定

连杆的刚性很差，应确定合理的夹紧方法，以免因夹紧不当而产生变形，降低加工精度。

项目5

机械加工质量及其控制

知识目标

- 掌握机械加工精度和加工误差的概念；
- 掌握加工误差产生的原因及解决措施；
- 掌握工艺系统刚度的概念及相关计算；
- 掌握误差复映规律及其在生产中的应用；
- 掌握工艺系统受力变形对加工精度的影响；
- 掌握工艺系统受热变形对加工精度的影响；
- 掌握工艺系统残余应力对加工精度的影响；
- 掌握加工误差的分布图和点图分析方法；
- 掌握表面质量对机器使用性能和寿命的影响；
- 掌握表面粗糙度的成因、影响因素及其控制；
- 掌握加工硬化的成因、影响因素及其控制；
- 掌握残余应力的成因、影响因素及其控制；
- 掌握机械加工中的振动及对加工精度的影响。

能力目标

- 加工误差的分析能力，刚度和误差复映的计算能力；
- 影响加工精度的分析能力，点图和分布图的计算能力；
- 影响加工表面质量的分析能力，表面粗糙度的计算能力。

教学重点

- 加工误差产生的原因及解决措施，工艺系统对加工精度的影响；
- 加工误差的分布图和点图统计分析，表面质量的影响因素分析。

任务 5.1　机械加工精度概述

5.1.1　加工精度和加工误差

1. 加工精度

加工精度是指零件经过加工后的尺寸、几何形状及各表面相互位置等参数的实际值与理想值的符合程度。加工精度包括尺寸精度、几何形状精度和相互位置精度。

(1) 尺寸精度：限制加工表面与其基准间尺寸误差不超过一定的范围。

(2) 几何形状精度：限制加工表面宏观几何形状误差，如圆度、平面度等。

(3) 相互位置精度：限制加工表面与其基准间的相互位置误差，如平行度、垂直度等。

2. 加工误差

加工误差是指零件经过加工后的尺寸、几何形状及各表面相互位置等参数的实际值与理想值的偏离程度。加工误差包括以下几方面。

(1) 系统误差和随机误差。

① 系统误差指误差的大小和方向均已被人们掌握。它又分为常值系统误差和变值系统误差两种。

常值系统误差是指加工误差的大小和方向都不变，如采用近似加工方法带来的加工理论误差、工艺系统的制造误差等；变值系统误差是指误差的大小和方向按一定规律变化，如刀具的磨损误差，以及机床、夹具和刀具在热平衡前的热变形等。

② 随机误差(偶然误差)是指误差的大小和方向是随机变化的，如毛坯或零件本身的误差、机床热平衡后的温度波动以及工件残余应力所引起的变形等。

(2) 静态误差和切削状态误差。

① 静态误差是指工艺系统在不切削状态下的误差，如机床的几何精度和传动精度等。

② 切削状态误差是指工艺系统在切削状态下出现的误差，如机床在切削状态下的受力变形和热变形等。

加工精度和加工误差两者的概念是相关联的，是同一问题的不同说法。精度越高，误差越小；精度越低，误差越大。

5.1.2　获得加工精度的方法

1. 获得尺寸精度的方法

(1) 试切法：使刀具逐渐逼近并准确达到加工尺寸的方法。试切法效率低，对操作者的技术要求高，常用于单件小批生产或高精度零件的加工。

(2) 调整法：按工件规定的尺寸预先调整好刀具相对于机床或夹具的位置后，再连续加工一批工件，从而获得加工精度的方法。调整法效率高，多用于成批和大量生产。

① 静调整法(样件法)：在不切削的条件下，用对刀块或样件来调整刀具的位置。

② 动调整法(尺寸调整法)：按试切零件进行调整，直接测量试切零件的尺寸，可以试切一件或一组零件，所有零件试切合格，即调整完毕。

(3) 定尺寸刀具法：用定尺寸的孔加工刀具进行加工，从而获得规定尺寸的加工表面的方法，如孔、槽和成形表面的加工，常用于大批大量生产。

(4) 自动控制法(主动测量法)：在加工过程中，边加工边自动测量加工尺寸，直至符合尺寸要求的加工方法。自动控制法实质上是实现了自动化的试切法。这种方法精度高，质量稳定，生产率高，多用于大批量生产。

2. 获得几何形状精度的方法

(1) 轨迹法：依靠刀具与工件的相对运动轨迹获得几何形状精度的方法。例如，普通的车削、铣削、刨削、磨削等均属于轨迹法。

(2) 展成法(范成法)：利用刀具的切削刃和工件加工表面之间连续保持一定的相互位置和运动关系，刀具的一系列包络线就构成了加工表面的形状的加工方法。例如，滚齿、插齿、磨齿、滚花键等属于展成法。

(3) 成形法：用成形刀具相对工件加工表面运动，直接获得工件的几何形状精度的方法。例如，用曲面成形车刀车削曲面，用花键拉刀拉花键等。

(4) 仿形法：刀具按照仿形装置进给，对工件进行切削加工的方法。仿形法所获得的几何形状精度取决于仿形装置的精度和其他成形运动精度，如仿形车和仿形铣等。

3. 获得相互位置精度的方法

零件的相互位置精度主要由机床和夹具及工件的安装精度来保证。工件的装夹方式主要有直接找正安装、划线找正安装和利用夹具安装三种。

实际上，在加工过程中，零件的尺寸精度、形状和位置精度都是同时获得的。

任务 5.2 工艺系统的几何误差

零件的加工精度主要由机床、夹具、刀具和工件组成的工艺系统的结构要素及运行方式决定。因此，工艺系统中的各种误差，在不同条件下会以不同的形式和程度反映到加工工件上形成加工误差。影响加工精度的主要因素有以下几方面：

(1) 工艺系统的几何误差，包括机床、夹具和刀具等的制造误差及磨损。

(2) 工艺系统受力变形引起的加工误差。

(3) 工艺系统受热变形引起的加工误差。

(4) 工件内应力重新分布引起的变形。

(5) 加工原理误差。

(6) 加工过程中的其他误差，包括工件的装夹误差、调整和测量误差。

5.2.1 机床的几何误差

在机械加工中，刀具相对于工件的运动都是通过机床来完成的。工件的加工精度在很大程度上取决于机床的精度。对工件加工精度影响较大的机床的几何误差主要有以下三项。

1. 主轴回转误差

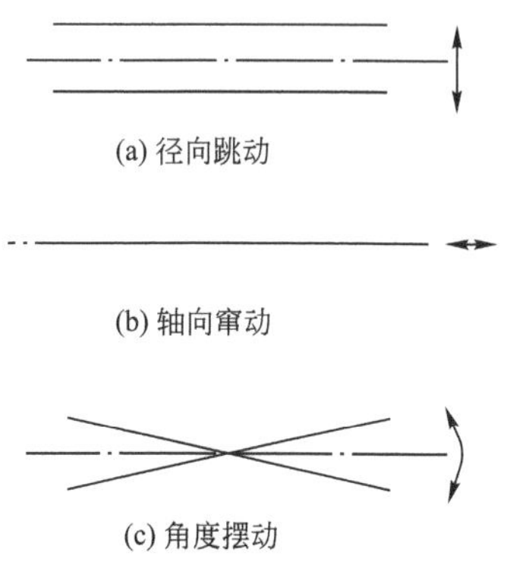

图 5.1　主轴回转误差的三种基本形式

机床主轴是工件或刀具的位置基准和运动基准，它的误差直接影响工件的加工精度。主轴回转误差是指主轴实际回转轴线相对其平均回转轴线的变动量。主轴回转误差通常分解为径向跳动、轴向窜动和角度摆动三种基本形式(图 5.1)。不同形式的主轴回转误差对加工精度的影响不同；即使是同一形式的主轴回转误差，在不同的加工方式中对加工精度的影响也不同。

(1) 径向跳动。它是主轴回转轴线相对于平均回转轴线的径向变动量。产生径向跳动的主要原因是主轴轴承副的制造误差。

【案例 5-1】　分析车外圆时主轴径向跳动时对工件表面产生的误差。

解： 由于径向跳动，车外圆时产生圆度和圆柱度误差，但影响较小。

【案例 5-2】　分析机床主轴采用滑动轴承和滚动轴承时，对车削外圆和镗削内孔的影响。

解： (1) 当机床主轴采用滑动轴承结构时，主轴轴颈的圆度误差将引起轴线位置的变化而造成径向跳动，在车外圆时会使工件的半径产生变化，形成圆度误差；对于镗孔而言，由于切削力作用方向的变化，当滑动轴承内孔有圆度误差时，会引起镗孔的圆度误差。

(2) 当机床主轴采用滚动轴承结构时，影响径向跳动的因素比较复杂，主要有轴承外圈与箱体孔的配合、内圈与主轴轴颈的配合、内外圈滚道自身的圆度、外圈滚道对外圆和内圈滚道对内孔的同轴度、滚动体的形状精度和尺寸精度等。滚动轴承外圈滚道和内圈滚道的形状精度对主轴径向跳动影响与滑动轴承相似。车削时，内圈滚道形状精度对加工精度影响较大；镗削时，外圈滚道几何形状精度对加工精度影响较大，如图 5.2～图 5.5所示。

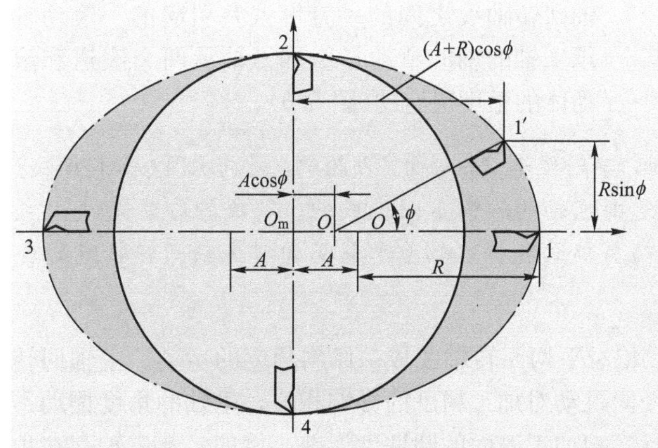

图 5.2　纯径向跳动对镗孔的影响

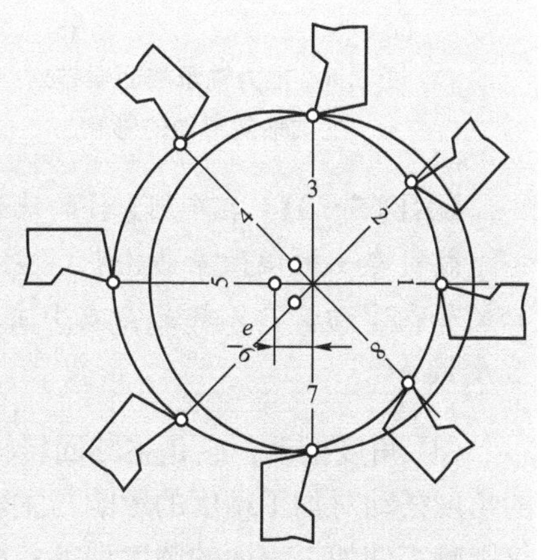

图 5.3　纯径向跳动对车削的影响

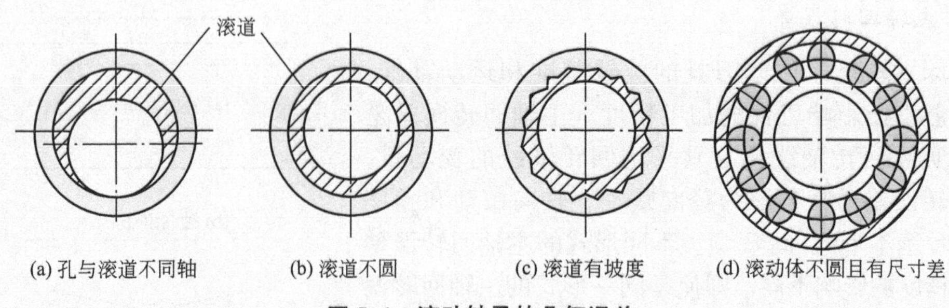

(a) 孔与滚道不同轴　(b) 滚道不圆　(c) 滚道有坡度　(d) 滚动体不圆且有尺寸差

图 5.4　滚动轴承的几何误差

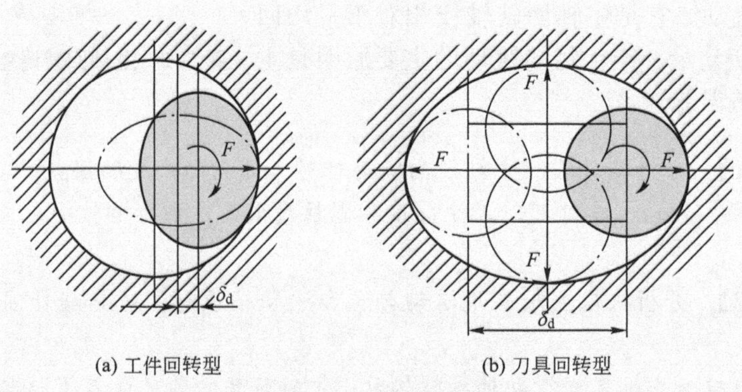

(a) 工件回转型　(b) 刀具回转型

图 5.5　采用滑动轴承时主轴的径向跳动

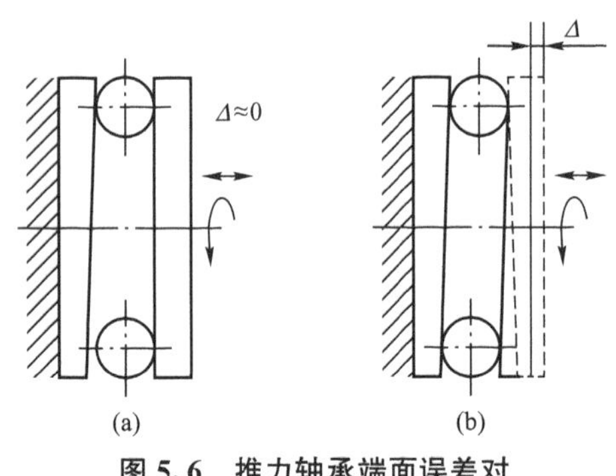

(a)　(b)

图 5.6　推力轴承端面误差对主轴轴向窜动的影响

(2) 轴向窜动。它是主轴回转轴线沿平均回转轴线方向的变动量。主轴的轴向窜动对孔加工和外圆加工没有影响；车端面时会造成工件端面的平面度误差及端面对内、外圆的垂直度误差；车螺纹时，会造成螺距误差。

滑动轴承主轴的轴向窜动，主要是由主轴轴颈的轴向承载面或主轴轴承的承载端面与主轴回转轴线之间的垂直度误差引起的。滚动轴承主轴的轴向窜动是由推力轴承两个滚道和滚动体的精度决定的(图 5.6)。

【案例 5-3】 在车削零件的端面时，有时候车出的端面呈凸轮状，是何原因？如何解决？

解： 车出的端面呈凸轮状，主要是由主轴的轴向窜动造成的。解决的办法是减小主轴的轴向窜动。具体就是要减小主轴轴肩端面和推力轴承承载端面对主轴回转轴线的垂直度误差。

(3) 角度摆动。它是主轴回转轴线相对平均回转轴线成一倾斜角度的运动。主轴回转的角度摆动对加工精度的影响与主轴径向跳动对加工精度的影响相似，主轴的角度摆动不仅影响工件加工表面的圆度误差，而且影响加工表面的圆柱度误差。例如，若主轴存在角度摆动，车削时，工件的外圆带有锥度；镗削时，镗出的孔呈椭圆形。

主轴的回转精度和主轴部件的制造精度与切削过程中主轴的受力和受热变形有关。选用液体或气体静压轴承，可以大幅提高主轴的回转精度；提高主轴和箱体的制造精度及主轴部件的装配精度，也可以提高主轴的回转精度；对高速主轴部件进行动平衡，对精密滚动轴承采取预加载荷等工艺措施都是提高主轴回转精度的有效方法。

2. 导轨误差

导轨是机床中确定主要部件相对位置和运动的基准，它的各项误差对加工工件的精度影响很大。

(1) 导轨在垂直面内的直线度误差。导轨在垂直面内的直线度误差对工件加工精度影响很小，一般可忽略不计。

(2) 导轨在水平面内的直线度误差。导轨在水平面内的直线度误差将直接反映到被加工工件表面的法线方向，即误差的敏感方向上(图 5.7)，对工件加工精度的影响最大。当导轨向后凸出时，产生鞍形加工误差；当导轨向前凸出时，产生鼓形加工误差。

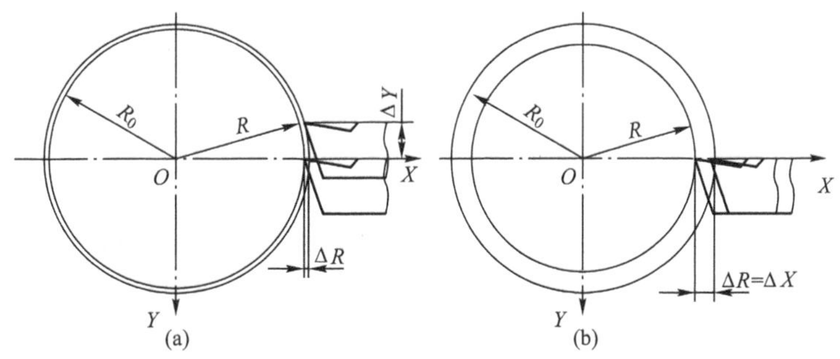

图 5.7　误差敏感方向

(3) 导轨间的平行度误差。当前后导轨在垂直面内存在平行度误差(扭曲误差)时，刀架将产生摆动。刀架沿导轨作纵向进给运动时，刀尖的运动轨迹为一条空间曲线，使工件产生圆柱度误差。

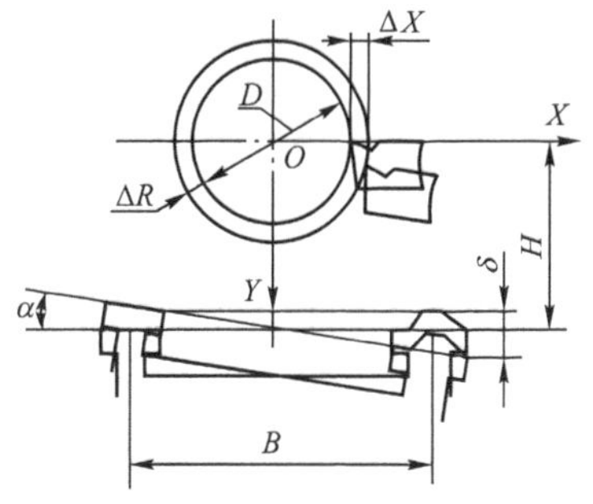

图 5.8　导轨扭曲对加工精度的影响

在机床安装时，由于安装水平和调整不当，也会使床身产生扭曲，破坏导轨原有的制造精度，从而影响工件的加工精度。机床在使用过程中，由于导轨磨损不均，会使导轨产生直线度误差和扭曲变形，这些误差对工件的加工精度影响很大，如图 5.8 所示。

主轴回转误差对工件加工精度的影响见表 5－1。

表 5－1　主轴回转误差对工件加工精度的影响

基本形式	车床上车削			镗床上镗削	
	内、外圆	端面	螺纹	孔	端面
径向跳动	影响极小	无影响		圆度误差	无影响
轴向窜动	无影响	平面度误差 垂直度误差	螺距误差	无影响	平面度误差 垂直度误差
角度摆动	圆柱度误差	影响极小	螺距误差	圆柱度误差	平面度误差

车床的床身导轨，在水平面内有误差后，在纵向切削过程中，刀尖的运动轨迹相对于工件轴线之间不能保持平行。当导轨向后凸出时，加工工件上产生鞍形误差；当导轨向前凸出时，则在加工工件上产生鼓形误差。

3. 传动链误差

传动链误差是指传动链始末两端传动元件间相对运动的误差，一般用传动链末端元件的转角误差来衡量。对于车螺纹、滚齿和插齿这类加工方法，要求刀具和工件之间必须具有严格的速比关系，这些运动间的速比关系是由机床的传动链来保证的。当传动链中的传动元件有制造误差、装配误差及有磨损时，就会产生传动链误差，从而影响加工精度。

减少传动链中传动元件的数目、提高传动元件的制造和装配精度、消除传动间隙及采用误差校正系统等均可减小传动链误差。

5.2.2 刀具的几何误差

刀具的几何误差对加工精度的影响因刀具种类的不同而不同。

一般的定尺寸刀具如钻头、铰刀和圆孔拉刀等，其制造误差和磨损将直接影响工件的尺寸精度。

一般的成形刀具如成形车刀、成形铣刀、齿轮模数铣刀和成形砂轮等，其形状误差和磨损将直接影响工件的形状精度。

一般的刀具如车刀、镗刀和铣刀等，其制造误差和磨损对加工精度无直接影响。

选用耐磨性好的刀具材料、合理选用刀具几何参数和切削用量、正确刃磨刀具和选用切削液、进行刀具尺寸磨损的自动补偿等都能减少刀具尺寸磨损对加工精度的影响。

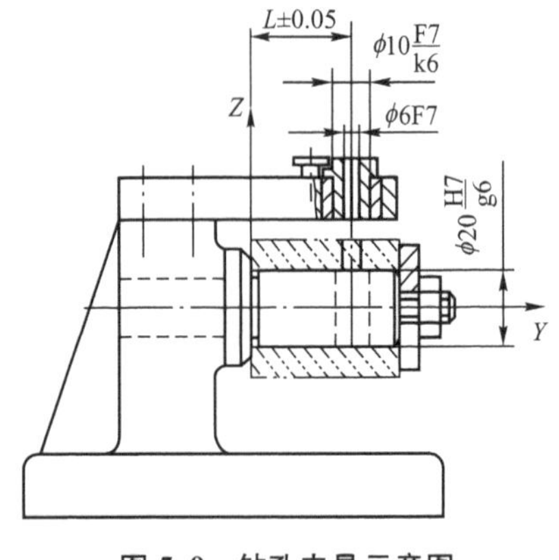

图 5.9 钻孔夹具示意图

5.2.3 夹具的几何误差

夹具的几何误差是指夹具由于制造、安装、磨损等原因，使工件或刀具在定位、导向等方面的实际状态与理想状态不一致所产生的误差，如图 5.9 所示。

夹具的几何误差直接影响工件加工表面的位置精度或尺寸精度，尤其对加工表面的位置精度影响最大。在设计夹具时，凡影响工件精度的尺寸应严格控制其制造误差，精加工用夹具一般可取工件相应尺寸或位置公差的 1/2 或 1/3，粗加工用夹具取工件相应尺寸或位置公差的 1/5 或 1/10。

5.2.4 加工原理误差

加工原理误差是指由于采用了近似的成形运动或近似的刀具轮廓而产生的误差。例如，在普通公制丝杠的车床上加工英制螺纹，用阿基米德蜗杆滚刀切削渐开线齿轮，在数控机床上用插补原理加工复杂曲面等。

在实际生产中，采用近似的加工方法，虽然会由此产生一定的原理误差，但可以简化机床结构和刀具数量，工艺容易实现，有利于从总体上提高加工精度和降低生产成本。因

此，只要加工误差能控制在允许的公差范围内，采用近似的加工方法就是合理的。

5.2.5 其他误差

1. 调整误差

调整误差是指在机械加工过程中，由于调整所造成的误差。例如，夹具在机床上的调整，刀具相对于工件的调整，刻度盘、样板或样件的调整，测量仪器、仪表的调整等。

2. 测量误差

测量误差是指工件的测量尺寸与实际尺寸之间的差值。产生测量误差的主要原因有量具、量仪本身的制造和磨损误差，测量过程中环境变化的影响，测量人员的视力、判断能力和测量经验等。

3. 装夹误差

装夹误差包括定位误差和夹紧误差两部分。定位误差是因定位不正确引起的误差，夹紧误差是由于夹紧方式不当引起的工件或夹具变形。

任务5.3 工艺系统的受力变形

5.3.1 基本概念

在机械加工过程中，工艺系统在切削力和其他外力的作用下会产生相应的变形，从而破坏刀具和工件之间已经调整好的相对位置，使加工后的工件产生尺寸误差和形状误差。工艺系统受力变形通常是弹性变形。一般来说，工艺系统抵抗弹性变形的能力越强，则加工精度越高。工艺系统抵抗变形的能力用刚度 k 描述。

工艺系统的刚度是指工件加工表面在切削力法向分力 F_y 作用下，刀具相对工件在该方向上位移 y 的比值。

$$k=F_y/y(\mathrm{N/mm}) \tag{5-1}$$

刚度的倒数是柔度，柔度是指工艺系统受单位力时在受力方向上的位移。

$$G=y/F_y$$

必须指出，在刚度的定义中，相对位移 y 不只是 F_y 作用的结果，而是由总切削力所产生的。

5.3.2 工艺系统刚度的计算

1. 工艺系统刚度

在机械加工中，工艺系统在切削力和其他外力的作用下，都会产生不同程度的变形，使刀具和工件的相对位置发生变化，从而使工件产生加工误差。工艺系统在外力作用下产生变形的大小，不仅取决于作用力的大小，还取决于工艺系统的刚度。

工艺系统在法向上的总变形是工艺系统各个组成部分法向变形之和，即

$$y=y_{jc}+y_{jj}+y_{dj}+y_{gj} \tag{5-2}$$

式中：y_{jc}、y_{jj}、y_{dj}、y_{gj}分别表示机床、夹具、刀具和工件的受力变形。

由工艺系统刚度的定义可知 $k=F_y/y$。同理，机床、夹具、刀具和工件的刚度分别为

$$k_{jc}=F_y/y_{jc},\ k_{jj}=F_y/y_{jj},\ k_{dj}=F_y/y_{dj},\ k_{gj}=F_y/y_{gj}$$

将上式代入(5-2)中，得

$$\frac{1}{k}=\frac{1}{k_{jc}}+\frac{1}{k_{jj}}+\frac{1}{k_{dj}}+\frac{1}{k_{gj}} \tag{5-3}$$

由式(5-3)可知，工艺系统刚度的倒数等于系统各组成部分刚度的倒数之和。工艺系统刚度主要取决于薄弱环节的刚度。

2. 机床部件刚度

机床由许多零部件组成，结构较为复杂，其刚度值迄今为止尚无合适的计算方法，目前主要采用实验方法进行测定。测得机床部件主轴、尾座和刀架的刚度之后，通过计算可以求得机床刚度。

图 5.10 所示为某机床刀架部件的刚度实测曲线，分析图示刚度实验曲线可知，机床刀架部件刚度具有以下特点：

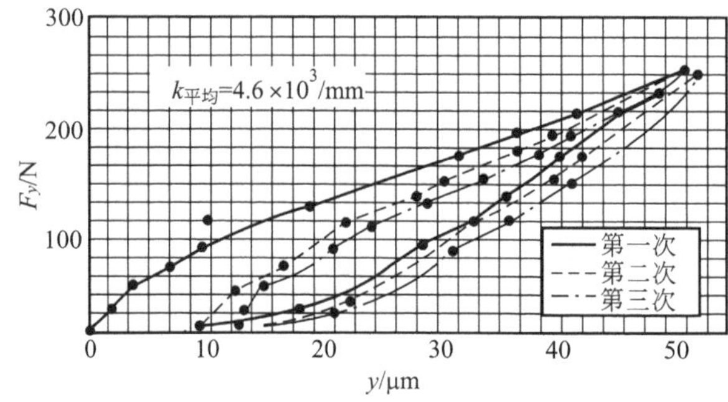

图 5.10　机床刀架部件的刚度曲线

(1) 载荷和变形呈非线性关系，曲线上各点处的刚度不同。这反映了部件的变形不完全是弹性变形。

(2) 加载曲线和卸载曲线不重合，卸载曲线滞后于加载曲线。两曲线间包容的面积代表了加载和卸载循环中损失的能量，即消耗在克服零件间摩擦和接触塑性变形所做的功。

(3) 卸载后曲线不能回到原点，说明有残余变形。在反复加载和卸载后，残留变形逐渐趋于零。

(4) 部件实测刚度远小于实体结构估算值。

影响机床部件刚度的因素如下：连接表面间的接触变形、薄弱零件本身的变形、零件间摩擦力的影响、接合面间隙的影响。

5.3.3　工艺系统刚度对加工精度的影响

1. 切削力作用点位置变化对加工精度的影响

切削过程中，工艺系统的刚度会随切削力作用点位置的变化而变化，因此使工艺系统受力变形也随之变化，引起工件形状误差。下面以在车床两顶尖间加工光轴为例说明。

1）机床的变形

假定工件短而粗，同时车刀的悬伸长度很短，即工件和刀具的刚度很好，其受力变形忽略不计，只考虑机床的变形；同时假定工件的加工余量均匀和车刀进给过程中切削力稳定。

如图 5.11 所示，刀具在切削点处工件轴线的位移 y_x 为

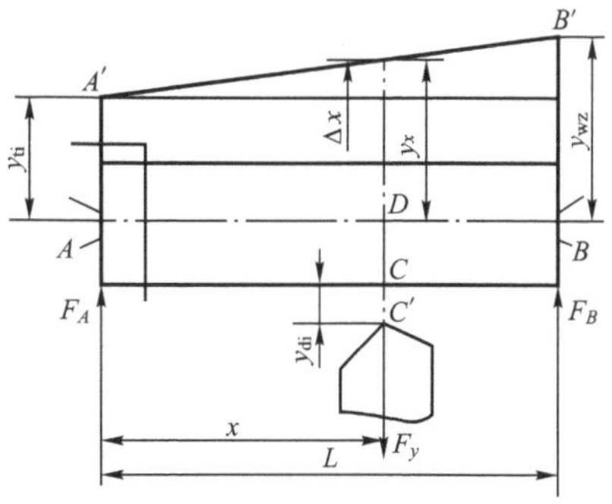

图 5.11　切削力作用点位置变化对加工精度的影响

$$y_x = y_{tj} + \Delta x = y_{tj} + (y_{wz} - y_{tj}) \cdot \frac{x}{L}$$

机床的总变形 y_{jc} 为

$$\begin{aligned} y_{jc} &= y_x + y_{dj} = y_{tj} + (y_{wz} - y_{tj}) \cdot \frac{x}{L} + y_{dj} \\ &= \frac{F_y}{k_{tj}}\left(\frac{L-x}{L}\right) + \left[\frac{F_y}{k_{wz}}\left(\frac{x}{L}\right) - \frac{F_y}{k_{tj}}\left(\frac{L-x}{L}\right)\right] \cdot \frac{x}{L} + \frac{F_y}{k_{dj}} \\ &= F_y\left[\frac{1}{k_{tj}}\left(\frac{L-x}{L}\right)^2 + \frac{1}{k_{wz}}\left(\frac{x}{L}\right)^2 + \frac{1}{k_{dj}}\right] \end{aligned} \tag{5-4}$$

式中：y_{tj}、y_{wz}、y_{dj}分别为主轴箱、尾座、刀架的受力变形；k_{tj}、k_{wz}、k_{dj}分别为主轴箱、尾座、刀架的刚度。

由式(5-4)可知，机床的总变形随着切削力作用点位置的变化而变化，这是工艺系统的刚度随切削力作用点的变化影响所致。

当 $x=0$ 时，$y_{jc} = F_y\left(\frac{1}{k_{tj}} + \frac{1}{k_{dj}}\right)$；

当 $x=L$ 时，$y_{jc} = y_{max} = F_y\left(\frac{1}{k_{wz}} + \frac{1}{k_{dj}}\right)$；

当 $x=L/2$ 时，$y_{jc} = F_y\left(\frac{1}{4k_{tj}} + \frac{1}{4k_{wz}} + \frac{1}{k_{dj}}\right)$；

当 $x = \left(\frac{k_{wz}}{k_{tj}+k_{wz}}\right)L$，机床的变形最小 $y_{jc} = y_{min} = F_y\left(\frac{1}{k_{tj}+k_{wz}} + \frac{1}{k_{dj}}\right)$。

在车削过程中，由于工艺系统刚度随刀架位置变化产生的加工误差为 $\Delta y = y_{max} - y_{min}$。如图 5.11 所示，变形大的地方，从工件上切去的金属层薄；变形小的地方，切去的金属层厚，加工出来的工件呈两端粗、中间细的马鞍形。

2）工件的变形

当在两顶尖间车削刚性很差的细长轴时，则必须考虑工艺系统中的工件变形。忽略机床和刀具的变形，由材料力学的公式计算工件在切削点的变形量 y_{gj}

$$y_{gj} = \frac{F_y}{3EI} \cdot \frac{(L-x)^2 x^2}{L}$$

当 $x=0$ 和 $x=L$ 时，$y_{gj}=0$；当 $x=L/2$ 时，工件刚度最小，变形最大，最大变形量为

$$y_{gjmax} = \frac{F_y L^3}{48EI}$$

根据计算结果可知，加工后的工件呈鼓形。

3）工艺系统的总变形

当同时考虑机床和工件的变形时，工艺系统的总变形为机床变形和工件变形之和。

【案例 5-4】 已知卧式车床的 $k_{tj}=300000\text{N/mm}$，$k_{wz}=56600\text{N/mm}$，$k_{dj}=30000\text{N/mm}$，径向切削分力为 $F_y=4000\text{N}$。设工件、刀具和夹具的刚度很大，试计算加工长为 L 的光轴由于工艺系统刚度变化引起的加工误差。

解： 根据工艺系统的最大变形和最小变形公式，可以求出

$$y_{max}=F_y\left(\frac{1}{k_{wz}}+\frac{1}{k_{dj}}\right)=4000\times\left(\frac{1}{30000}+\frac{1}{56600}\right)\approx 0.204(\text{mm})$$

$$y_{min}=F_y\left(\frac{1}{k_{tj}+k_{wz}}+\frac{1}{k_{dj}}\right)=4000\times\left(\frac{1}{300000+56600}+\frac{1}{30000}\right)\approx 0.144(\text{mm})$$

由于工艺系统刚度变化引起的加工误差为 $\Delta y=y_{max}-y_{min}=0.204-0.144=0.06(\text{mm})$。

2. 切削力大小变化对加工精度的影响

1）误差复映现象

由于毛坯加工余量和材料硬度的变化，引起切削力及工艺系统受力变形，从而使工件产生尺寸误差和形状误差。例如，车削带有椭圆形圆度误差的毛坯，由于工艺系统受力变形的变化，车削后使毛坯误差复映到加工后的工件表面上，这种现象叫作“误差复映”。

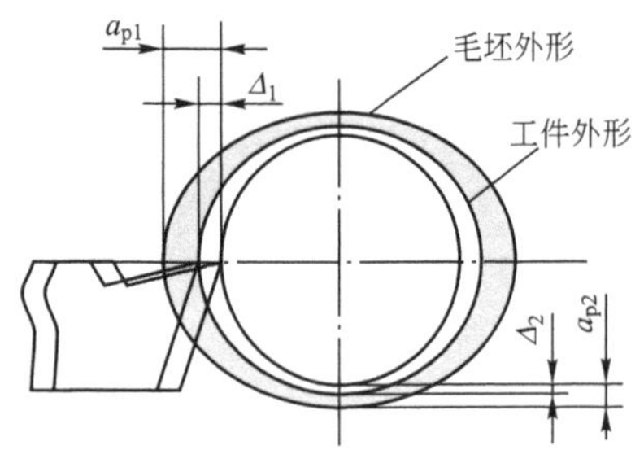

图 5.12　毛坯几何形状误差的复映

2）误差复映系数

图 5.12 所示为车削外圆的加工示意图，毛坯存在椭圆度误差。在工件的每一转过程中，背吃刀量将发生变化，当背吃刀量由最大变到最小时，切削力也由最大变到最小，从而引起工艺系统变形从最大变到最小。

工件误差 Δ_g 与毛坯误差 Δ_m 之比称为误差复映系数，用 ε 表示。

$$\varepsilon=\frac{\Delta_g}{\Delta_m}=\frac{\Delta_1-\Delta_2}{a_{p1}-a_{p2}}=\frac{F_{p1}-F_{p2}}{k(a_{p1}-a_{p2})}$$

$$=\frac{\lambda C_F f^{0.75}(a_{p1}-a_{p2})}{k(a_{p1}-a_{p2})}=\frac{\lambda C_F f^{0.75}}{k} \tag{5-5}$$

式中：λ 为切削为修正系数，通常取 1.0；C_F 为与切削用量有关的常数，通常取 530。

3）误差复映规律

误差复映系数总是小于 1 的正数，定量地反映了毛坯误差经加工后减少的程度。误差复映系数与工艺系统刚度成反比，刚度越大，误差复映系数就越小，加工后复映到工件上的误差就小。

当工件表面加工精度要求高时，增加走刀次数可以大大减小工件的复映误差。多次走刀后的总误差复映系数等于每次走刀误差复映系数的乘积。

$$\varepsilon=\varepsilon_1\varepsilon_2\varepsilon_3\cdots\varepsilon_n$$

因每次走刀的误差复映系数小于 1，故总误差复映系数将远远小于 1。虽然多次走刀可以提高加工精度，但会降低生产率。

尺寸误差几何和形状误差都存在误差复映现象。

【案例5-5】 在车床上用硬质合金刀具镗削内孔，加工前内孔的圆度误差为0.5mm，加工后要求圆度误差小于0.01mm，已知工艺系统刚度为$k=2790\text{N/mm}$，进给量$f=0.05\text{mm/r}$，$\lambda=1.0$，工件材料硬度为190HBS。此镗孔工序能否达到加工精度要求？

解： 根据工艺手册，查得$C_F=530$，将上述数值代入式(5-5)得

$$\varepsilon=\frac{\lambda C_F f^{0.75}}{k}=\frac{1.0\times530\times0.05^{0.75}}{2790}\approx0.02$$

$$\Delta_g=\Delta_m\varepsilon=0.5\times0.02=0.01$$

计算结果表明，该工序能够达到加工精度要求。

3. 工艺系统其他作用力对加工精度的影响

1）传动力对加工精度的影响

当车床上用单爪拨盘带动工件时，传动力在拨盘的每一转中不断改变方向，因此造成工艺系统受力变形发生变化，产生加工误差。一些论著认为车削工件的截面呈心脏形的圆柱度误差，也有些论著认为车削工件的截面没有误差。为避免单爪拨盘传动力对加工精度的影响，可采用双爪拨盘。

2）惯性力对加工精度的影响

在加工中，当旋转的机床零件、夹具或工件的质量不平衡时会产生离心惯性力，而且在每转中不断地改变方向，从而引起工艺系统受力变形发生变化。惯性力对加工精度的影响与传动力的影响相似。通常采用“对重平衡”的方法来消除这种不平衡现象。必要时适当降低转速以减小离心力对加工精度的影响。

3）夹紧力对加工精度的影响

工件在装夹时，由于工件刚度较低或夹紧力作用点选择不当，会使工件产生变形（图5.13），造成加工误差。

4）重力对加工精度的影响

工艺系统零部件自身的重力所引起的受力变形，也会造成加工误差。对于像磨削床身导轨面这类大型工件的加工，工件自重引起的变形有时会成为产生加工误差的主要原因。为了减少自重对加工精度的影响，解决措施是改进机床的结构设计和提高机床部件的刚度。减少龙门铣床的横梁变形及其解决措施分别如图5.14和图5.15所示。

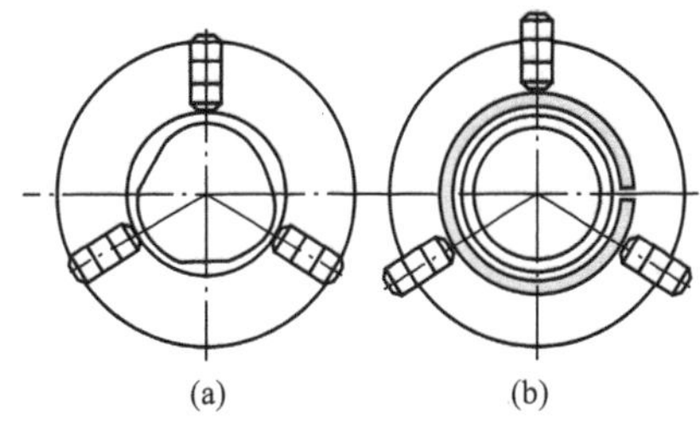

图5.13　夹紧变形及预防措施

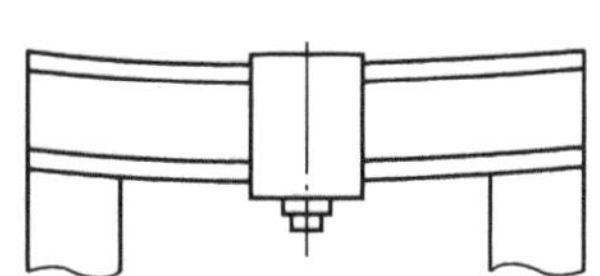

图5.14　龙门铣床的横梁变形

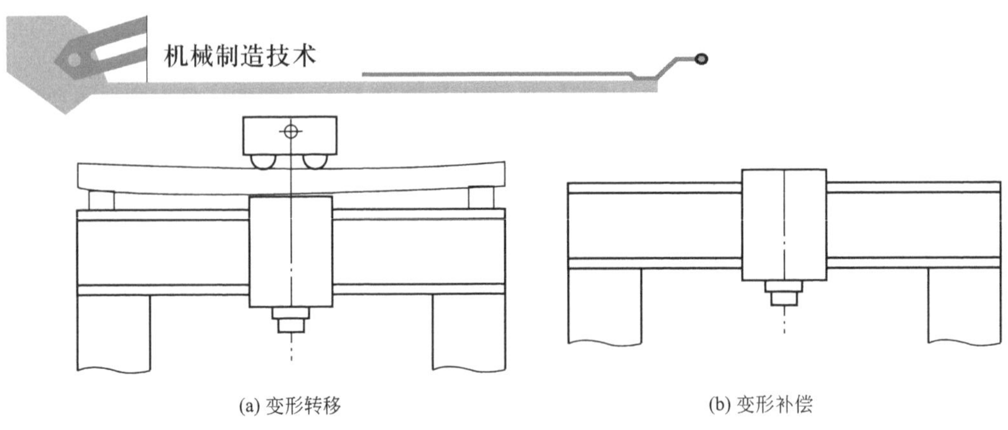

图 5.15　减少龙门铣床横梁变形的措施

5.3.4　减小工艺系统受力变形的措施

(1) 提高机床部件和夹具部件的刚度。

(2) 提高零件间连接表面的接触刚度。

(3) 采用合理的加工方法或装夹以提高工件刚度。

(4) 减少切削力及其变化对加工精度的影响。

任务 5.4　工艺系统的热变形和内应力

在机械加工中，工艺系统在热源作用下会产生热变形，这种变形会破坏刀具与工件的正确位置关系，造成工件的加工误差。热变形对加工精度影响较大，尤其是在精密加工和大件加工中，热变形引起的加工误差通常占工件加工总误差的 40%～70%。随着高精度、高效率和自动化技术的发展，工艺系统热变形问题更加突出，成为现代机械加工技术发展必须研究的重要问题。

5.4.1　工艺系统的热源

工艺系统的热源分为内部热源和外部热源两大类。内部热源指切削热和摩擦热，它们产生于工艺系统内部，主要以热传导的形式传递；外部热源主要指产生于工艺系统外部的热源，以对流的形式传递，包括环境温度和各种辐射热(如阳光、照明和暖气设备等辐射的热)。

切削热是加工中最主要的热源，对工件加工精度的影响最直接。在切削和磨削过程中，消耗于切削层的弹性、塑性变形及刀具与工件、切屑间摩擦的机械能，绝大部分转变成切削热。在车削加工中，传给工件的热量比例占总切削热的 30%左右，切削速度越快，切屑带走的热量越多，传给工件的热量就越少；在铣、刨加工中，传给工件的热量比例小于总切削热的 30%；在钻、镗加工中，传给工件的热量比例超过 50%；磨削加工中，传给工件的热量比例有时多达 80%以上，磨削区温度达 800～1000℃。

工艺系统的摩擦热主要是由机床和液压系统中的运动部件产生的，如电动机、轴承、齿轮、丝杠副、导轨副、离合器、液压泵等。摩擦热在工艺系统中是局部发热，会引起局部温升和变形，是机床热变形的主要热源，对加工精度带来严重影响。

外部热源的热辐射及环境温度的变化对机床热变形的影响，有时也是不可忽视的。

工艺系统在工作状态下，一方面经受各种热源的作用使温度升高，另一方面同时也

通过各种传热方式向周围介质散发热量。当单位时间内传出的热量和传入的热量接近相等时，工艺系统就达到了热平衡状态，在热平衡状态下，工艺系统的热变形趋于相对稳定。

5.4.2　工艺系统热变形对加工精度的影响

1. 工件热变形对加工精度的影响

(1) 工件均匀受热。车削或磨削轴类零件外圆时，可认为是工件均匀受热的情况。工件均匀受热只影响工件的尺寸精度，变形量公式为

$$\Delta L = \alpha L \Delta t \tag{5-6}$$

式中：α、L、Δt、ΔL 分别为工件材料的热膨胀系数、工件尺寸、工件温升和热变形量。

【案例 5-6】 磨削一长为 3m 的钢制丝杠，每磨一次温度升高 3℃，求丝杠的伸长量。

解： 由相关表格，查得 $\alpha = 1.17\times10^{-5}$，代入式(5-6)，得

$\Delta L = \alpha L \Delta t = 1.17\times10^{-5}\times3000\times3\approx0.1(\text{mm})$

(2) 工件不均匀受热。磨削薄片类工件的表面就属于不均匀受热的情况。上下表面间的温升导致工件中部凸起，在加工中凸起部分被磨掉，冷却后加工表面呈中凹形，产生形状误差，如图 5.16 所示。

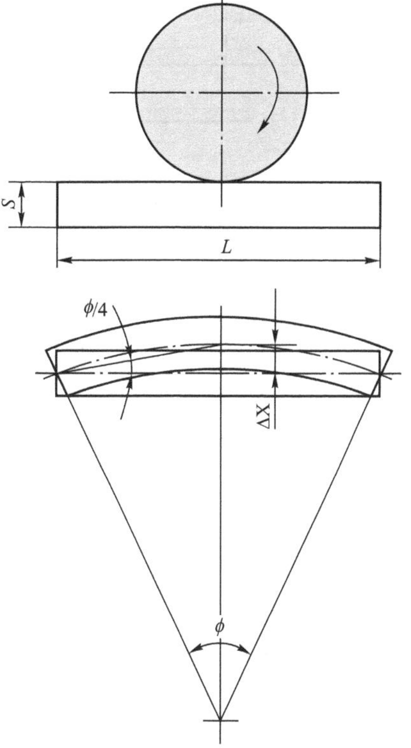

图 5.16　工件不均匀受热对加工精度的影响

2. 刀具的热变形

刀具热变形的热源主要是切削热。通常传入刀具的热量并不太多，但由于热量集中在切削部分，以及刀体小、热容量小，所以仍然有很高的温升。例如，高速钢车刀粗加工时，刀刃温度可达 700～800℃，刀具热变形伸长量达 0.03～0.05mm。车刀的热变形曲线如图 5.17 所示。

连续切削时，刀具的热变形在切削开始阶段增加很快，随后变得较缓慢，经过 10～20min 后便趋于热平衡状态，此后热变形量非常小。

间断切削时，由于刀具有短暂的冷却时间，其热变形曲线具有热胀冷缩双重特性，且总变形量比连续切削时要小些，最后趋于稳定。

切削停止后，刀具温度立即下降，开始冷却很快，以后逐渐减慢。

粗加工时，刀具热变形对加工精度的影响可以忽略不计；对于加工要求较高的零件，刀具热变形对加工精度的影响较大，会使加工表面产生尺寸误差和形状误差。

为了减小刀具的热变形，应合理选择切削用量和刀具几何参数，并给予充分的冷却和

润滑以减少切削热和降低切削温度。

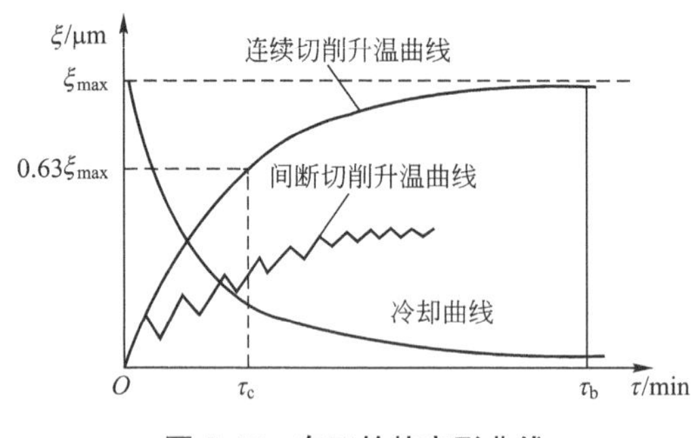

图 5.17　车刀的热变形曲线

3. 机床的热变形

机床热变形的热源主要是摩擦热、传动热和外界热源传入的热量。机床在工作过程中，受到内、外热源的影响，各部分温度逐渐升高。由于各部件的热源不同、分布不均及机床结构的复杂性，因此不仅各部件的温升不同，而且同一部件不同位置的温升也不相同，形成不均匀的温度场，使机床各部件之间的相互位置发生变化，破坏了机床原有的几何精度而造成加工误差。不同类型的机床，其主要热源各不相同，热变形对加工精度的影响也不相同。车床的热变形及温升曲线如图 5.18 所示。

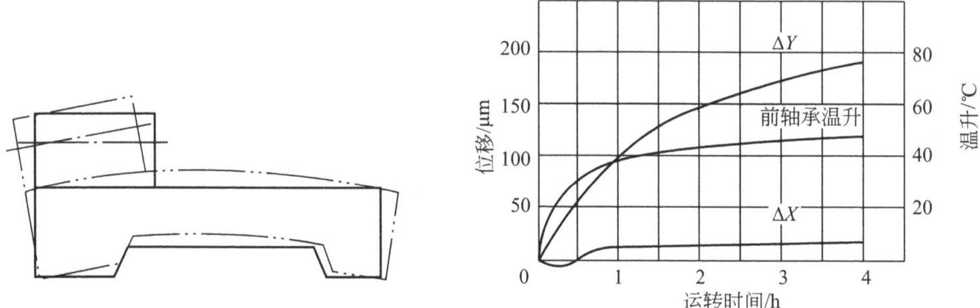

图 5.18　车床的热变形及温升曲线

对于车、铣、钻、镗类机床，主轴箱中的齿轮、轴承摩擦发热、润滑油发热是其主要热源。主轴箱的温升将使主轴升高；由于主轴前端轴承的发热量大于后端轴承的发热量，因此主轴前端比后端高；主轴箱的热量传给床身，还会使床身和导轨向上凸起。各种机床的热变形如图 5.19 所示。

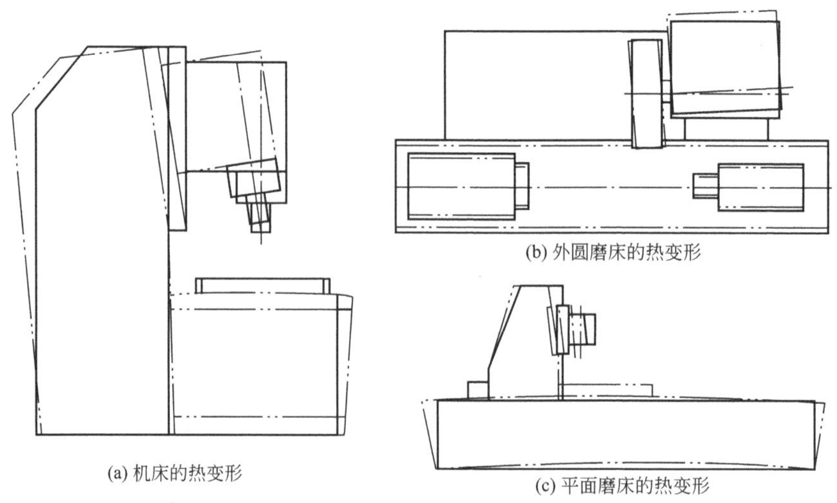

(a) 机床的热变形

(b) 外圆磨床的热变形

(c) 平面磨床的热变形

图 5.19　机床的热变形

各种磨床通常都有液压传动系统和高速回转磨头，并且使用大量的切削液，它们都是磨床的主要热源。砂轮主轴轴承的发热，将使主轴轴线升高并使砂轮架向工件方向趋近；由于主轴前后轴承温升不同，主轴轴线还会出现倾斜；液压系统的发热使床身各处温升不同，导致床身的弯曲和前倾。

减少机床热变形的措施：在机床的结构设计上，将热源从工艺系统中分离出去，使之成为独立的单元；尽量消除或减小关键部件在误差敏感方向的热位移；均衡关键部件的温度场；采用必要的冷却和通风散热措施；精密机床应安装在恒温室中使用；让机床空转一段时间，达到或接近热平衡时再进行加工。

5.4.3 工艺系统内应力对加工精度的影响

1. 内应力的概念

内应力也叫残余应力，是指在没有外加载荷或去除外加载荷后，工件内部仍存在的应力。具有内应力的零件处于一种不稳定的状态，它的内部组织有强烈的要恢复到稳定的无应力状态的倾向。

具有内应力的零件，在外观上一般没有什么表现，只有当内应力超过材料的强度极限时，零件才会出现裂纹。当带有内应力的工件受到力或热的作用而失去原有的平衡时，内应力就将重新分布以达到新的平衡，并伴随有变形产生，使工件产生加工误差。

2. 内应力产生的原因

(1) 毛坯制造和热处理过程中产生的内应力。在铸造、锻压、焊接和热处理过程中，各部分冷、热收缩不均及金相组织转变等原因都会使工件产生内应力。毛坯结构越复杂，各部分厚度越不均匀，则在毛坯内部产生的内应力也越大。例如，铸造后的机床床身，其导轨面和冷却快的地方都会出现压应力，带有压应力的导轨表面在粗加工中被切去一层后，内应力重新分布，结果使导轨中部小凹。

(2) 冷校直产生的内应力。冷校直就是在原有变形的相反方向施加载荷，使工件向反方向弯曲并产生塑性变形，以达到校直的目的。对于一些刚度较差、容易变形的轴类零件，常采用冷校直的方法使其变直。冷校直后的工件虽然减少了弯曲，但是仍然处于不稳定状态，再加工后又会产生新的弯曲变形。对于高精度的丝杠，为了从根本上消除冷校直带来的不稳定缺点，通常采用加粗的棒料经过多次车削和时效处理来消除内应力；或采用热校直工艺来代替冷校直工艺，即工件在正火温度下放到平台上用手动压力机进行校直。

(3) 内应力重新分布引起的变形。如果工件内部存在相互平衡的拉应力和压应力，加工后，原有的内应力平衡状态受到破坏，工件将通过变形重新建立新的应力平衡。

3. 减少或消除内应力的措施

(1) 增加消除内应力的热处理工序。如对铸、锻、焊毛坯件进行退火或回火；零件淬火热处理后进行回火；对于精度要求高的零件，如床身、丝杠、精密主轴等，在粗加工后进行时效处理。

(2) 合理安排工艺过程。如粗、精加工分开在不同的工序中进行，使粗加工后的零件有时间让残余应力重新分布，以减少对精加工的影响；在加工大型工件时，粗、精加工一般安排在一道工序中进行，这时应在粗加工后松开工件，然后用较小的夹紧力夹紧工件后进行精加工；对于精密零件，在加工过程中不允许进行冷校直。

(3) 改善零件结构、提高零件的刚度、使零件的壁厚均匀等均可减少残余应力的产生。

任务 5.5 加工误差的统计分析

在实际生产中，常用统计法研究加工误差。统计法以现场观察所得资料为基础，主要包括分布曲线法和点图分析法。

5.5.1 分布曲线法

1. 实际分布曲线

成批加工某种零件，抽取其中一定数量进行测量，抽取的这批零件称为样本，其件数称为样本容量。由于存在各种误差的影响，加工尺寸或偏差总是在一定的范围内变动，即尺寸分散，用 x 表示。

样本尺寸或偏差的最大值和最小值之差，称为极差 $R=x_{\max}-x_{\min}$。

将样本尺寸或偏差按大小顺序排列，并将它们分为 k 组，组距为 $d=R/(k-1)$。

同一尺寸或误差组的零件数量 m_i，称为频数。频数与样本容量 n 之比称为频率 $f=m_i/n$。

以工件尺寸或误差为横坐标，以频数或频率为纵坐标，就可作出该批工件加工尺寸或误差的实际分布曲线，即直方图。

组数 k 和组距 d 对实际分布曲线的显示有很大影响。尺寸分组数和样本容量的对应关系见表 5-2。

表 5-2 尺寸分组数和样本容量的关系

n	25～40	40～60	60～100	100	100～160	160～250	250～400	400～630	630～1000
k	6	7	8	10	11	12	13	14	15

为了分析该工序的加工误差，可在直方图上标出该工序的公差带位置，并计算该样本的统计数字特征、平均值和标准差。

样本的平均值 $\bar{x}$ 表示该样本的尺寸分散中心。它主要由调整尺寸的大小和常值系统误差决定，其公式为

$$\bar{x}=\frac{1}{n}\sum_{i=1}^{n}x_i \tag{5-7}$$

样本的标准差 S 反映了该批工件的尺寸分散程度。它是由变值系统误差和随机误差决定的，其公式为

$$S=\sqrt{\frac{1}{n-1}\sum_{i=1}^{n}(x_i-\bar{x})^2} \tag{5-8}$$

当样本的容量比较大时，可直接以 n 代替式(5-8)中的 $n-1$ 进行简化计算。

为了使分布曲线能代表该工序的加工精度，不受组距和样本容量的影响，纵坐标应改成频率密度。

$$频率密度=\frac{频率}{组距}=\frac{频数}{样本容量\times组距}$$

【案例5-7】 磨削一批轴颈为$\phi60^{+0.06}_{+0.01}$mm的工件，绘制工件加工尺寸的直方图。轴颈尺寸误差的实测数据见表5-3。

表5-3　轴颈尺寸误差的实测数据　　（单位：μm）

44	20	46	32	20	40	52	33	40	25	43	38	40	41	30	36	49	51	38	34
22	46	38	30	42	38	27	49	45	45	38	32	45	48	28	36	52	32	42	38
40	42	38	52	38	36	37	43	28	45	36	50	46	33	30	40	44	34	42	47
22	28	34	30	36	32	35	22	40	35	36	42	46	42	50	40	36	20	16	53
32	46	20	28	46	28	54	18	32	35	26	45	47	36	38	30	49	18	38	38

解： 计算过程如下：

(1) 取样本容量$n=100$，$R=x_{max}-x_{min}=54-16=38(\mu m)$。

(2) 确定分组数和组距，根据表5-3和公式，可得$k=9$，$d=R/(k-1)=4.75$，取$d=5$。根据下述公式计算各组数据的下界和上界以及各组的中值。

组界公式　　$x_{min}+(j-1)d\pm\frac{d}{2}(j=1, 2, 3, \cdots, k)$

中值公式　　$x_{min}+(j-1)d$

第一组下界值为　　$x_{min}-d/2=16-2.5=13.5(\mu m)$

第一组上界值为　　$x_{min}+d/2=16+2.5=18.5(\mu m)$

第一组中值为　　$x_{min}+(j-1)d=16+(1-1)\times5=16(\mu m)$

其余各组的数据以此类推，计算结果列于表5-4中。

表5-4　组界和频数分布表

分组号	组界	中心值	频数	频率/(%)	频率密度/(%)
1	13.5～18.5	16	3	3	0.6
2	18.5～23.5	21	7	7	1.4
3	23.5～28.5	26	8	8	1.6
4	28.5～33.5	31	13	13	2.6
5	33.5～38.5	36	26	26	5.2
6	38.5～43.5	41	16	16	3.2
7	43.5～48.5	46	16	16	3.2
8	48.5～53.5	51	10	10	2
9	53.5～58.5	56	1	1	0.2

(3) 根据表 5-4 数据，画出直方图(图 5.20)。

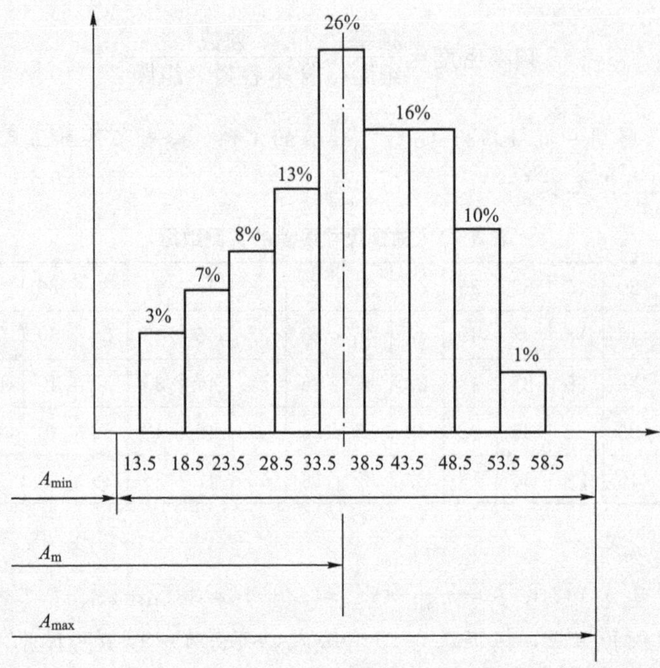

图 5.20 直方图

(4) 在直方图上作出工序尺寸的最大极限尺寸和最小极限尺寸，根据式(5-7)和式(5-8)计算样本值的平均值和标准差，分别为$\bar{x}=37.00$，$S=9.06$。

(5) 直方图 5.20 分析：由图 5.20 可以看出工件尺寸误差的分布情况，该批工件的尺寸有一定的分散，尺寸偏大和偏小的很少，多数居中；尺寸分散范围略大于公差值，说明本工序加工精度不足；分散中心与公差带中心基本重合，说明机床调整误差即常值系统误差较小。

2. 理论分布曲线

1) 正态分布曲线及其数学模型

在机械加工中，用调整法加工一批零件，其尺寸误差是由很多相互独立的随机误差综合作用的结果，如果其中没有一个是起决定作用的随机误差，则加工后的零件尺寸将呈正态分布，如图 5.21 所示，其概率密度函数为

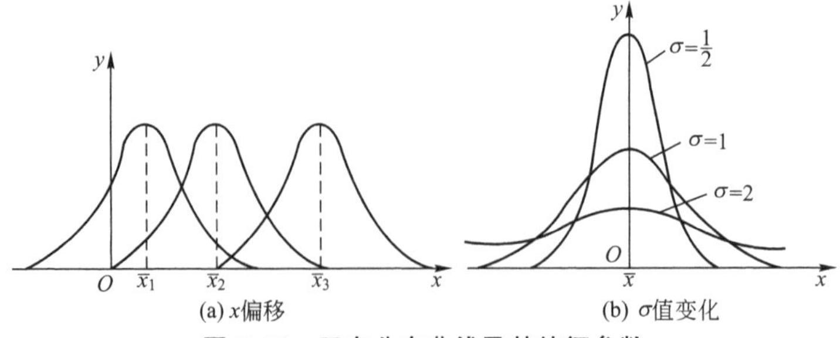

图 5.21 正态分布曲线及其特征参数

$$y(x)=\frac{1}{\sqrt{2\pi}\sigma}e^{-\frac{1}{2}\left(\frac{x-\mu}{\sigma}\right)^2}\quad(-\infty<x<+\infty,\ \sigma>0)\tag{5-9}$$

$$\mu=\frac{1}{n}\sum_{i=1}^{n}x_i,\quad \sigma=\sqrt{\frac{1}{n}\sum_{i=1}^{n}(x_i-\mu)^2}\tag{5-10}$$

式中：y、x、μ、σ 分别表示尺寸分布的概率密度、随机变量、正态分布随机变量的平均值、正态分布随机变量的标准差。

正态分布曲线具有以下特点：

(1) 曲线呈中间高、两边低的形状，远离分散中心的工件占少数。

(2) 曲线相对于随机变量平均值对称分布，表明相对均值对称的左、右区间的概率相等。

(3) 均值 μ 和标准差 σ 是分布曲线的两个特征参数。μ 值取决于机床调整尺寸和常值系统误差，确定工件尺寸分散中心的位置，只影响曲线的位置，不影响曲线的形状。σ 值取决于随机误差和变值系统误差，只影响曲线的形状，不影响尺寸的位置，反映了工艺系统误差分散的程度。σ 值越大，尺寸分散范围越大，分布曲线越平坦；σ 值越小，尺寸分散范围越小，分布曲线越陡而窄。

当 $x=\mu$ 时，概率密度具有最大值；当 $x=\mu\pm\sigma$ 时，分布曲线具有拐点。最大值和拐点为

$$y_{\max}=\frac{1}{\sigma\sqrt{2\pi}},\quad y_{\mu\pm\sigma}=\frac{1}{\sigma\sqrt{2\pi}}e^{-\frac{1}{2}}$$

正态分布曲线所包含的总面积就是正态分布函数，即正态分布概率密度函数的积分，它代表了全部工件。正态分布函数的公式为

$$F(x)=\frac{1}{\sigma\sqrt{2\pi}}\int_{-\infty}^{x}e^{-\frac{1}{2}\left(\frac{x-\mu}{\sigma}\right)^2}dx\tag{5-11}$$

$\mu=0$，$\sigma=1$ 时的正态分布，称为标准正态分布。任何正态分布都可以通过坐标变换 $z=(x-\mu)/\sigma$ 变为标准正态分布。标准正态分布函数为

$$F(z)=\frac{1}{\sqrt{2\pi}}\int_{0}^{z}e^{-\frac{z^2}{2}}dz\tag{5-12}$$

对于不同 z 值对应的 $F(z)$，可由表 5-5 查出。由表 5-5 可知：

当 $z=\pm1$，即 $x=\mu\pm\sigma$ 时，查表得 $2F(1)=2\times0.3413\approx68.26\%$；

当 $z=\pm2$，即 $x=\mu\pm2\sigma$ 时，查表得 $2F(2)=2\times0.4772\approx95.44\%$；

当 $z=\pm3$，即 $x=\mu\pm3\sigma$ 时，查表得 $2F(3)=2\times0.49865\approx99.73\%$。

计算结果表明，工件尺寸落在($\mu\pm3\sigma$)范围内的概率为 99.73%，而落在($\mu\pm3\sigma$)之外的概率仅为 0.27%，可以认为正态分布的范围为($\mu\pm3\sigma$)，这就是“$\pm3\sigma$”原则，或称为“千分之三”原则。

表 5-5 标准正态分布概率密度函数的积分值

z	$F(z)$	z	$F(z)$	z	$F(z)$	z	$F(z)$
0.01	0.0040	0.29	0.1141	0.64	0.2389	1.50	0.4332
0.02	0.0080	0.30	0.1179	0.66	0.2454	1.55	0.4394
0.03	0.0120	0.31	0.1217	0.68	0.2517	1.60	0.4452
0.04	0.0160	0.32	0.1255	0.70	0.2580	1.65	0.4502
0.05	0.0199	0.33	0.1293	0.72	0.2642	1.70	0.4554
0.06	0.0239	0.34	0.1331	0.74	0.2703	1.75	0.4599
0.07	0.0279	0.35	0.1368	0.76	0.2764	1.80	0.4641
0.08	0.0319	0.36	0.1406	0.78	0.2823	1.85	0.4678
0.09	0.0359	0.37	0.1443	0.80	0.2881	1.90	0.4713
0.10	0.0398	0.38	0.1480	0.82	0.2939	1.95	0.4744
0.11	0.0438	0.39	0.1517	0.84	0.2995	2.00	0.4772
0.12	0.0478	0.40	0.1554	0.86	0.3051	2.10	0.4821
0.13	0.0517	0.41	0.1591	0.88	0.3106	2.20	0.4861
0.14	0.0557	0.42	0.1628	0.90	0.3159	2.30	0.4893
0.15	0.0596	0.43	0.1641	0.92	0.3212	2.40	0.4918
0.16	0.0636	0.44	0.1700	0.94	0.3264	2.50	0.4938
0.17	0.0675	0.45	0.1736	0.96	0.3315	2.60	0.4953
0.18	0.0714	0.46	0.1772	0.98	0.3365	2.70	0.4965
0.19	0.0753	0.47	0.1808	1.00	0.3413	2.80	0.4974
0.20	0.0793	0.48	0.1844	1.05	0.3531	2.90	0.4981
0.21	0.0832	0.49	0.1879	1.10	0.3643	3.00	0.49865
0.22	0.0871	0.50	0.1915	1.15	0.3749	3.20	0.49931
0.23	0.0910	0.52	0.1985	1.20	0.3849	3.40	0.49966
0.24	0.0948	0.54	0.2054	1.25	0.3944	3.60	0.499841
0.25	0.0987	0.56	0.2123	1.30	0.4032	3.80	0.499928
0.26	0.1023	0.58	0.2190	1.35	0.4115	4.00	0.499968
0.27	0.1064	0.60	0.2257	1.40	0.4192	4.50	0.499997
0.28	0.1103	0.62	0.2324	1.45	0.4265	5.00	0.49999997

2）非正态分布曲线

工件尺寸的实际分布有时并不近似于正态分布曲线。图 5.22 所示为非正态分布曲线的几种情况。

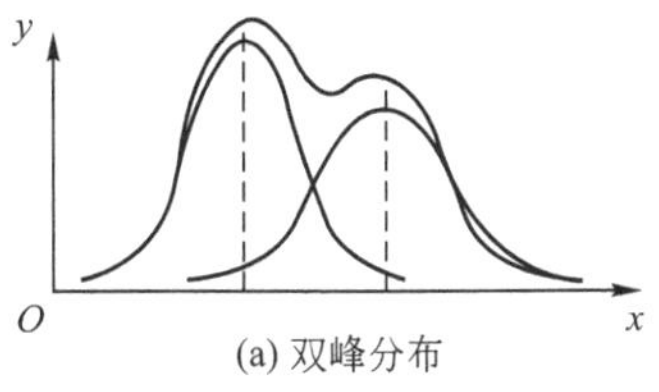

(a) 双峰分布

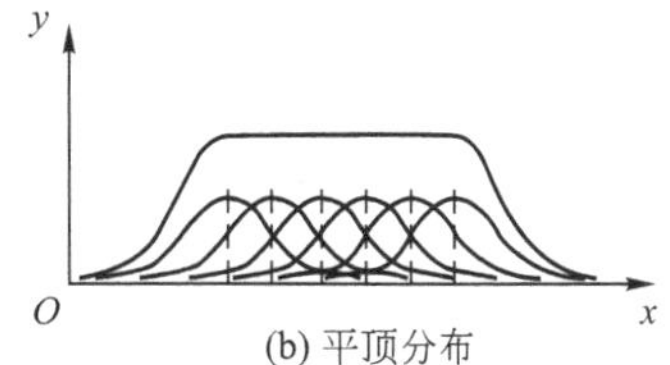

(b) 平顶分布

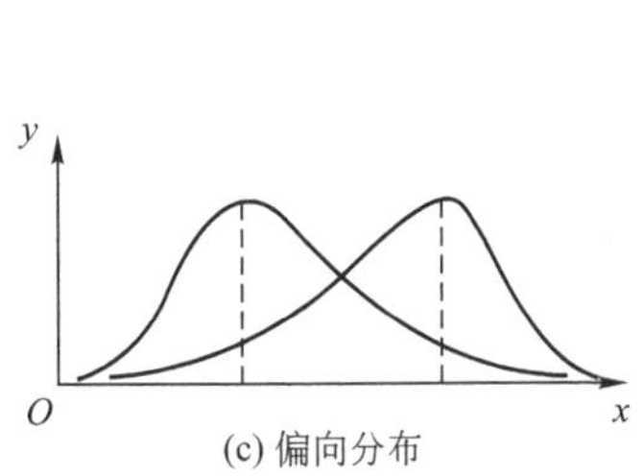

(c) 偏向分布

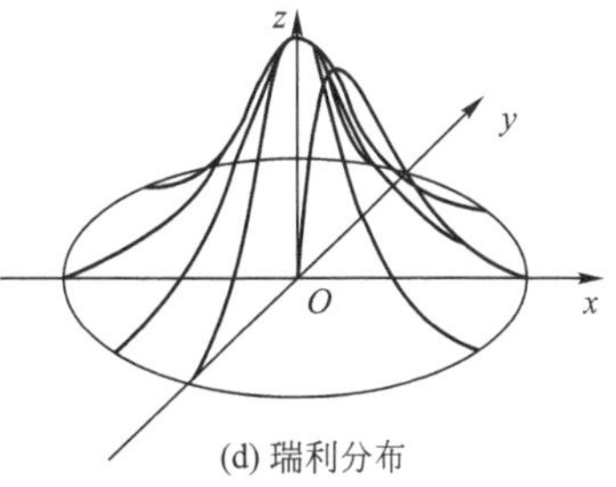

(d) 瑞利分布

图 5.22　非正态分布曲线

图 5.22(a)所示为双峰分布。由两台机床同时加工某一批零件，如果机床的精度不同或者调整尺寸不一样，就会得到双峰分布。

图 5.22(b)所示为平顶分布。当加工过程中存在比较显著的变值系统误差(如刀具的线性磨损)时，会引起正态分布曲线分布中心随时间平移，出现平顶分布的情况。

图 5.22(c)所示为不对称分布。当工艺系统存在显著的热变形时，分布曲线往往不对称。如果刀具热变形严重，加工轴线时曲线凸峰偏左，加工孔时曲线凸峰偏右。

图 5.23(d)所示为瑞利分布。对于跳动一类的误差，一般不考虑正、负号，所以接近零值的误差较多，远离零值的误差较少，会呈现瑞利分布，也是不对称分布。

3. 分布曲线的应用

1) 进行误差分析

从分布曲线的形状和位置可以分析各种误差的影响。常值系统误差不影响分布曲线的形状，只影响它的位置，当分布曲线的中心和公差带的中心不重合时，说明加工中存在常值系统误差；变值系统误差和随机误差只影响分布曲线的形状，不影响曲线的位置，这有可能造成分布曲线分散范围 6σ 大于公差带，出现废品，也可能出现非正态分布曲线，并可从其形状初步分析形成原因。

2) 计算工序能力系数 C_p，确定工序能力

$$C_p = T/6\sigma \tag{5-13}$$

式中：T 为工件公差。根据工序能力系数的值，将工序能力分为五级(表 5-6)，生产中工序能力不得低于二级。

3) 计算一批工件的合格率和废品率

分布曲线分析法能比较客观地反映工艺过程的总体情况，且能把工艺过程中存在的常值系统误差从误差中区分开。但这种方法要等一批工件加工结束并统计数据后才能进行分析，不能反映出零件加工的先后顺序，不能在加工过程中及时提供控制精度的信息，只适合在工艺过程比较稳定的场合应用。

表 5-6 工序能力等级

工序能力系数 C_p	工序能力等级	说明
$C_p>1.67$	特级	工艺能力过高，允许有异常波动
$1.67\geqslant C_p>1.33$	一级	工艺能力足够，可以有一定的异常波动
$1.33\geqslant C_p>1.00$	二级	工艺能力勉强，必须密切注意
$1.00\geqslant C_p>0.67$	三级	工艺能力不足，出现少量不合格品
$0.67\geqslant C_p$	四级	工艺能力很差，必须改进

【案例 5-8】 在卧式镗床上镗削一批箱体零件的内孔，孔径尺寸要求为 $\phi 70^{+0.20}_{0}$ mm，已知孔径尺寸按正态分布，$\mu=70.08$mm，$\sigma=0.04$mm，试计算这批加工工件的不合格品率和合格品率。

解：作镗削内孔的正态分布曲线图(图 5.23)，通过 $z=(x-\mu)/\sigma$ 进行坐标变换，得

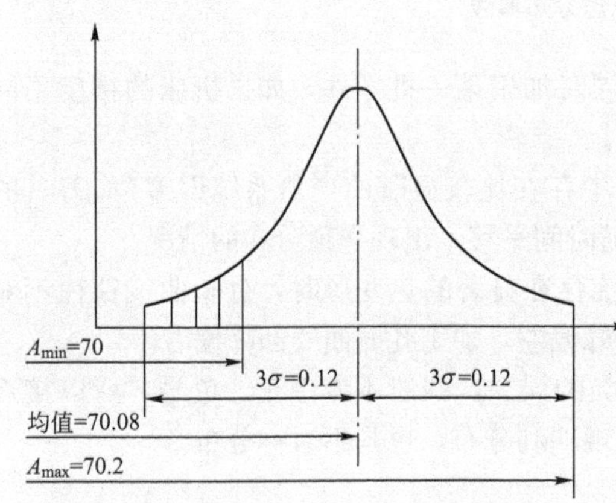

图 5.23 镗内孔的正态分布图

$z_{左}=(\mu-x)/\sigma=(70.08-70.00)/0.04=2$

$z_{右}=(x-\mu)/\sigma=(70.20-70.08)/0.04=3$

查表 5-5，得 $F(2)=0.4772$，$F(3)=0.49865$。

尺寸偏小的不合格品率：$0.5-F(2)=0.5-0.4772=0.0228=2.28\%$，不合格品可修复；

尺寸偏大的不合格品率：$0.5-F(3)=0.5-0.49865=0.00135=0.135\%$，不合格品不可修复。

合格品率：$F(2)+F(3)=0.4772+0.49865=0.97585=97.585\%$。

5.5.2 点图分析法

点图是定期地按加工顺序逐个测量一批工件的尺寸，以加工尺寸或误差为纵坐标，以工件的加工序号为横坐标，将检验结果绘制成工件加工尺寸或误差随时间变化的图形。点图分为单值点图和均值-极差点图两种。

1. 单值点图

按加工顺序逐个测量一批工件的尺寸，以工件序号为横坐标，以工件尺寸或误差为纵坐标，并根据“千分之三”原则加上五条线，即可作出单值点图(图 5.24)。

$$CL=\bar{x},\ UCL=\bar{x}+3\sigma,\ LCL=\bar{x}-3\sigma$$

$$UT=\bar{x}+T/2,\ LT=\bar{x}-T/2$$

式中：UCL、LCL、CL、UT、LT 分别表示均值的上控制线、下控制线、中心线及公差带的上限、公差带的下限。

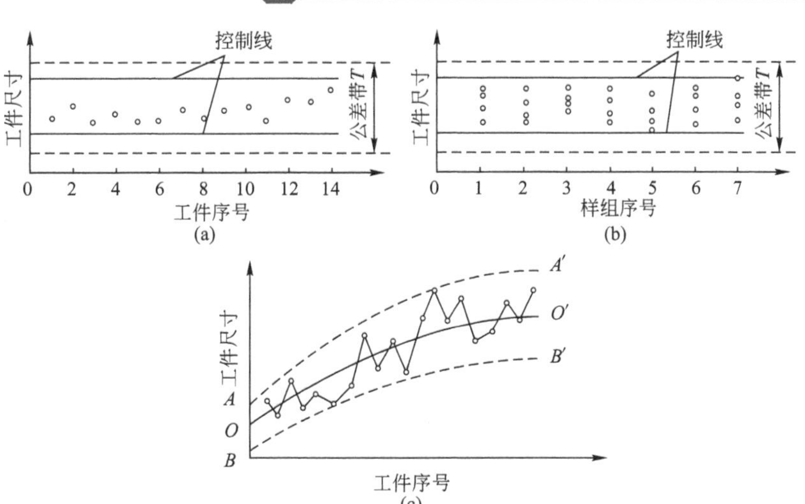

图 5.24　单值点图

单值点图一般用于单件加工时间长和希望尽早发现并消除异常现象的场合。但此图需逐件画点，长度过大，并可能因个别工件受偶然因素影响而判定工艺过程失调，不太合理。

2. 均值-极差点图

均值-极差点图($\bar{x}-R$)是均值图和极差图联合使用的统称(图 5.25)。均值-极差点图的横坐标是按时间顺序采集的小样本的组序号，纵坐标为各小样本的均值和极差。

在均值图上有三根控制线，即$\bar{\bar{x}}$(样本平均值的均值线)、UCL(均值图的上控制线)、LCL(均值图的下控制线)。

$$\bar{\bar{x}}=\frac{1}{n}\sum_{i=1}^{n}\bar{x}_i,\quad \mathrm{UCL}=\bar{\bar{x}}+A_2\bar{R},\quad \mathrm{LCL}=\bar{\bar{x}}-A_2\bar{R},\quad \bar{R}=\frac{1}{n}\sum_{i=1}^{n}R_i \tag{5-14}$$

在极差图上也有三根控制线，即$\bar{R}$(样本极差 R 的均值线)、R_s(极差图的上控制线)、R_x(极差图的下控制线)。

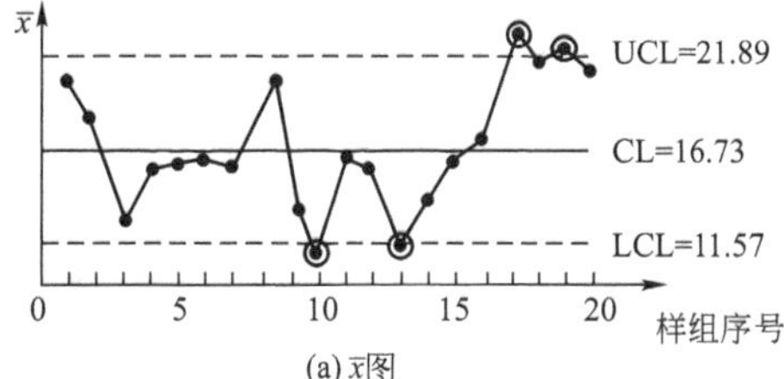

(a) $\bar{x}$图

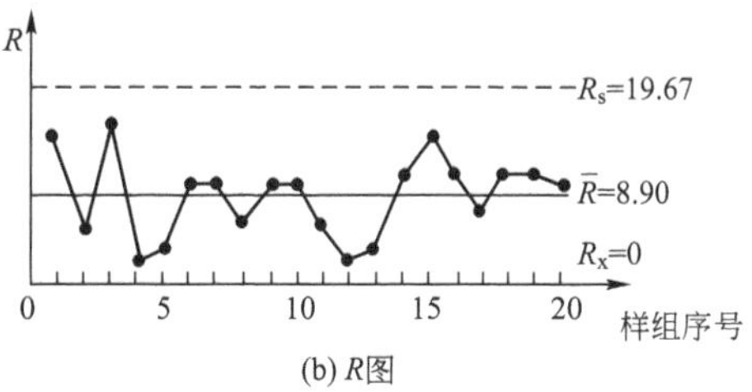

(b) R图

图 5.25　均值-极差点图

$$R_s=D_1\bar{R},\quad R_x=D_2\bar{R},\quad \bar{R}=\frac{1}{n}\sum_{i=1}^{n}R_i \tag{5-15}$$

式(5-14)和式(5-15)中的系数见表 5-7。

表 5-7　均值-极差公式中的系数

n(件数)	A_2	D_1	D_2
4	0.73	2.28	0
5	0.58	2.11	0
6	0.48	2.00	0

均值点图控制工艺过程质量指标的分布中心，主要反映系统误差及其变化趋势；极差点图控制工艺过程质量指标的分散程度，主要反映随机误差及其变化趋势。单独的均值点图和极差点图不能全面反映加工误差的情况，必须联合使用。

值得注意的是，工艺过程稳定性与是否产生废品是不同的概念，工艺过程的稳定性用均值-极差点图判断，而是否产生废品用公差衡量，两者没有必然的联系。

任务 5.6　保证和提高加工精度的措施

对加工误差进行分析计算，找出影响加工误差的主要因素，然后采取措施来控制和减少这些因素的影响。在实际生产中，从技术上减少误差的方法和措施主要有以下两大类。

1. 误差预防

误差预防指减少原始误差及其影响，即减少或改变原始误差源到加工误差之间的数量转换关系。常用的工艺方法有合理采用先进的工艺设备、直接减少原始误差、误差转移法(图 5.26)、误差分组法、就地加工法、误差平均法(图 5.27)。

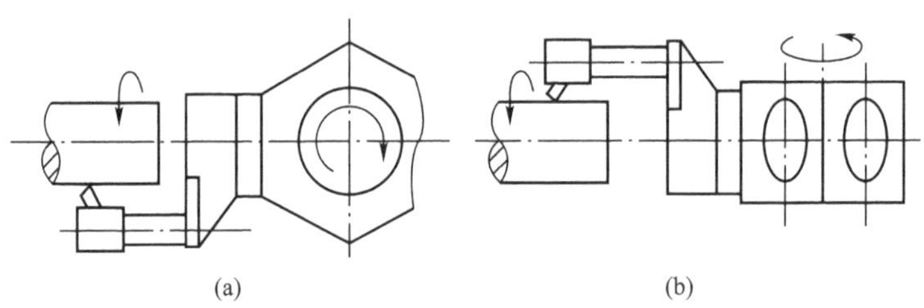

图 5.26　转塔车床刀架转位误差的转移

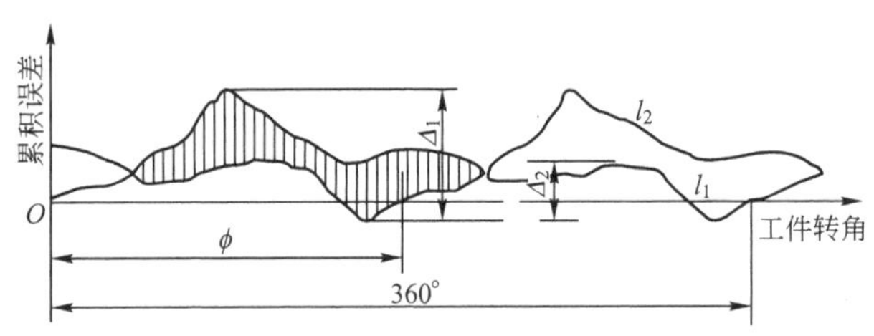

图 5.27　易位法加工时误差均化过程

2. 误差补偿

误差补偿指在现存的表现误差条件下，通过分析测量和建立数学模型，以这些信息为依据，人为地在系统中引入附加的误差源，使之与系统中现存的表现误差相抵消，以减少或消除零件的加工误差。误差补偿技术是一种有效的技术手段，尤其是借助计算机辅助技术，可以达到更好的效果。常用的工艺方法有在线检测(图 5.28)、偶件自动配磨(图 5.29)。

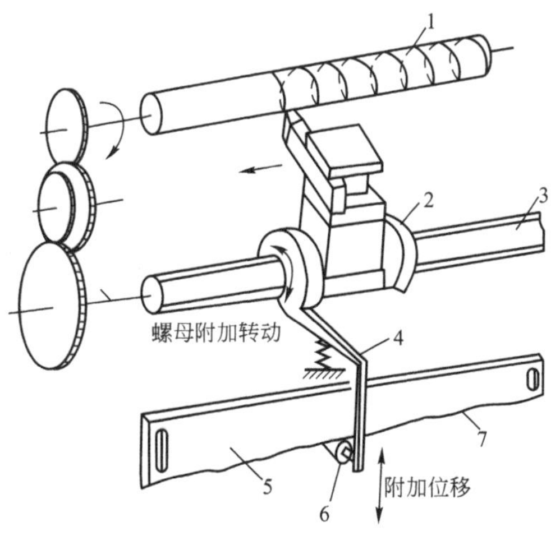

图 5.28　丝杠加工误差补偿装置

1—工件；2—螺母；3—母丝杠；4—杠杆；
5—校正尺；6—触头；7—校正曲线

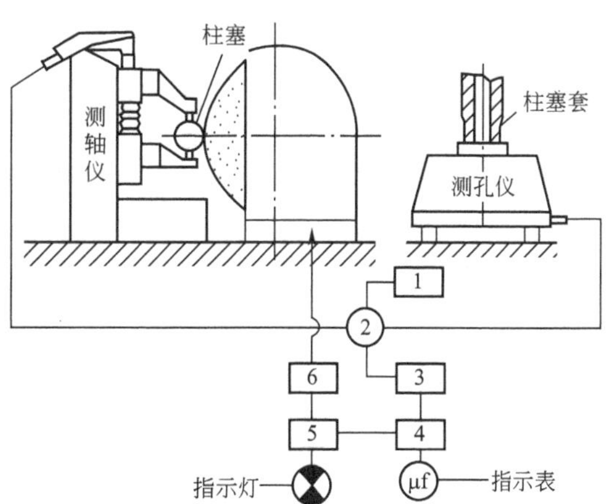

图 5.29　高压油泵偶件自动配磨装置图

1—高频振荡发生器；2—电桥；3—三级放大器；
4—相敏检波；5—直流放大器；6—执行机构

任务 5.7　机械加工表面质量

5.7.1　机械加工表面质量概述

1. 加工表面的几何形状误差

表面粗糙度：加工表面的微观几何形状误差，其波长与波高比值一般小于 50。

波度：加工表面不平度中波长 L 与波高 H 的比值等于 50～1000 的几何形状误差，它是由机械加工中的振动引起的。

纹理方向：表面刀纹的方向，它取决于表面形成过程中所采用的机械加工方法。

伤痕：加工表面上一些个别位置上出现的缺陷，如砂眼、气孔和裂痕等。

加工表面的几何形状如图 5.30 所示。

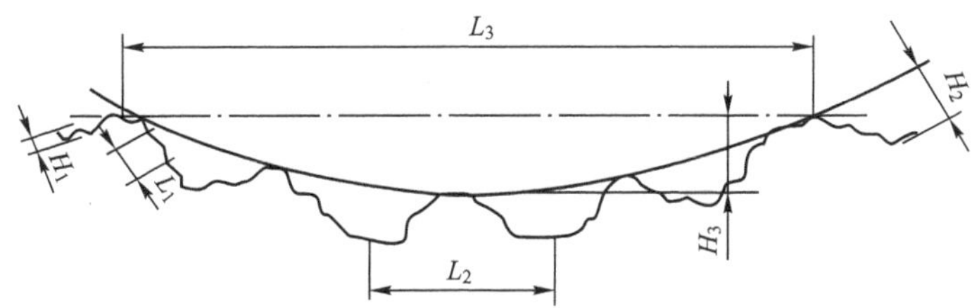

图 5.30　加工表面的几何形状

2. 表面层金属的物理力学性能和化学性能

表面层金属的物理力学性能和化学性能包括表面层因塑性变形引起的冷作硬化、表面层因力和热的作用引起的残余应力和表面层因热引起的金相组织变化。

5.7.2 加工表面质量对机器使用性能的影响

1. 表面质量对耐磨性的影响

零件的磨损可分为三个阶段。第一阶段是初期磨损阶段。随着磨损的发展，有效接触面积不断增大，压强也逐渐减小，磨损将以较慢的速度进行，进入磨损的第二阶段，即正常磨损阶段。在这之后，由于有效接触面积越来越大，零件间的金属分子亲和力增加表面的机械咬合作用增大，使零件表面又产生急剧磨损，从而进入磨损的第三阶段，即快速磨损阶段，此时零件将不能使用。

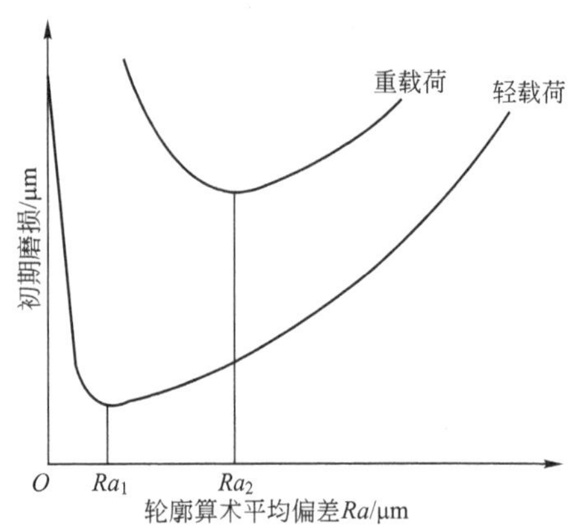

图 5.31 表面粗糙度数值与起始磨损量的关系曲线

一般说来，表面粗糙度值越小，其耐磨性越好。但是表面粗糙度值太小，因接触面容易发生分子黏接，且润滑液不易储存，磨损反而增加。因此，就磨损而言，存在一个最优表面粗糙度值。表面粗糙度的最优数值与机器零件工况有关。图 5.31 给出了不同工况下表面粗糙度数值与起始磨损量的关系曲线。

表面轮廓形状和表面加工纹理对零件的耐磨性也有影响。因为表面轮廓形状及表面加工纹理影响零件的实际接触面积与润滑情况。轻载时，摩擦副表面纹理方向与相对运动方向一致时，磨损最小。重载时，由于压强、分子亲和力和储存润滑油等因素的变化，当摩擦副的两个表面纹理相垂直且运动方向平行于下表面的纹路方向时，磨损最小。而两个表面纹理方向均与运动方向一致时易发生咬合，故磨损量反而最大。

表面层的加工硬化使零件的表面层硬度提高，从而使表面层处的弹性变形和塑性变形减小，磨损减少，使零件的耐磨性提高。但硬化过度时，会使零件的表面层金属变脆，磨损会加剧，甚至出现剥落现象。当表面层残余应力为压应力时，耐磨性高。

2. 表面质量对疲劳强度的影响

零件在交变载荷的作用下，其表面微观不平的凹谷处和表面层的缺陷处容易引起应力集中而产生疲劳裂纹，造成零件的疲劳破坏。试验表明，减小零件表面粗糙度值可以使零件的疲劳强度有所提高。因此，对于一些承受交变载荷的重要零件，如曲轴的曲拐与轴颈交界处，精加工后常进行光整加工，以减小零件的表面粗糙度值，提高其疲劳强度。

加工硬化对零件的疲劳强度影响也很大。表面层的适度硬化可以在零件表面形成一个硬化层，能阻碍表面层疲劳裂纹的出现，从而使零件疲劳强度提高。但零件表面层硬化程度过大，反而易产生裂纹，故零件的硬化程度与硬化深度也应控制在一定的范围内。

表面层的残余应力对零件疲劳强度也有很大影响，当表面层为残余压应力时，能延缓疲劳裂纹的扩散，提高零件的疲劳强度；当表面层为残余拉应力时，容易使零件表面产生裂纹而降低其疲劳强度。

3. 表面质量对耐腐蚀性的影响

零件的表面粗糙度在一定程度上影响零件的耐蚀性。零件表面越粗糙，越容易积聚腐蚀性物质，凹谷越深，渗透与腐蚀作用越强烈。因此，减小零件表面粗糙度值，可以提高零件的耐蚀性。

零件表面残余压应力使零件表面紧密，腐蚀性物质不易进入，可增强零件的耐蚀性，而表面残余拉应力则降低零件的耐蚀性。

4. 表面质量对零件配合性质的影响

表面粗糙度越高，在摩擦过程中零件越容易失去原有的尺寸精度。故在间隙配合中，会使配合间隙过大，改变原有的配合性质。在过盈配合中，会减少实际过盈量，影响配合的可靠性。此外，表面质量对装配后的接触刚度、运动平稳性、噪声，甚至对机器的正常使用都会产生影响。

5.7.3　影响表面粗糙度的工艺因素

1. 几何因素

(1) 刀具的几何形状。刀具相对于工件作进给运动时，在加工表面留下了切削层残留面积，其形状是刀具几何形状的复映。

车削时，工件表面的残留高度 H 如图 5.32 所示。

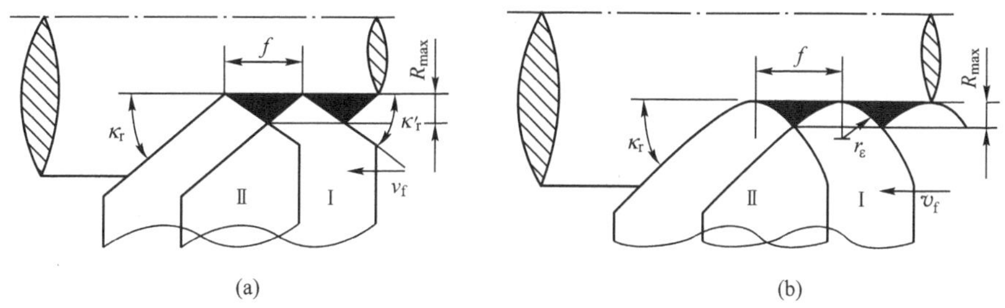

图 5.32　车削时工件表面的残留高度

对于车削而言，当背吃刀量较大时，残留高度 H 为

$$H=\frac{f}{\cot\kappa_r+\cot\kappa_r'}$$

对于车削而言，当背吃刀量较小时，残留高度 H 为

$$H=r_\varepsilon(1-\cos\alpha)=2r_\varepsilon\sin^2(\alpha/2)\approx f^2/(8r_\varepsilon)$$

减小进给量、主偏角和副偏角及增大刀尖圆弧半径 r_ε，均可减小残留面积的高度。此外，适当增大刀具的前角以减小切削时的塑性变形程度，合理选择润滑液及提高刀具刃磨质量以减小切削时的塑性变形和抑制刀瘤、鳞刺的生成，也是减小表面粗糙度值的有效措施。

(2) 工件材料的性质。加工塑性材料时，因刀具对金属的挤压产生了塑性变形，加之刀具迫使切屑与工件分离的撕裂作用，使表面粗糙度值加大。工件材料韧性越好，金属的塑性变形越大，加工表面就越粗糙。加工脆性材料时，其切屑呈碎粒状，由于崩碎切屑在加工表面留下许多麻点而使表面粗糙。

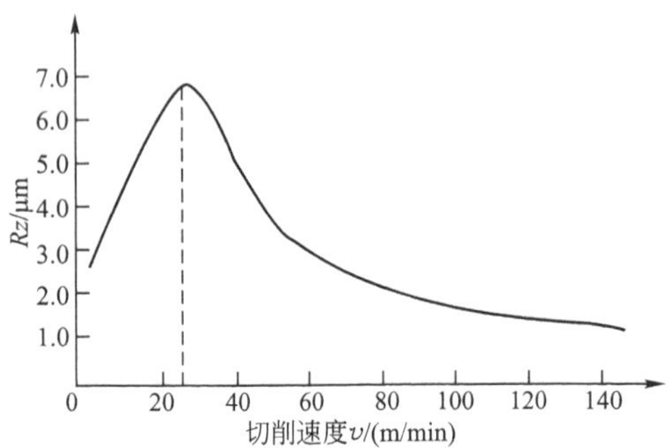

图 5.33　切削速度对表面粗糙度的影响曲线

(3) 切削用量的选择。

① 切削速度对表面粗糙度的影响很大(图 5.33)。加工塑性材料时，如果切削速度选在产生积屑瘤和鳞刺的范围内，加工表面粗糙度值增大；如果切削速度选在产生积屑瘤和鳞刺的范围外，则表面粗糙度值明显减小。

② 进给量对表面粗糙度影响较大。进给量较小时，虽然有利于表面粗糙度值的降低，但影响生产率。增大刀尖圆弧半径，有利于降低表面粗糙度值，但刀尖圆弧半径的增加，会引起吃刀抗力的增加，从而造成工艺系统的振动。

③ 一般而言，背吃刀量对表面粗糙度的影响是不明显的。但当 a_p<0.02～0.03mm 时，由于刀刃具有一定的刃口半径，常出现挤压、打滑和周期性地切入加工表面的情况，从而使表面粗糙度值增大。为降低加工表面粗糙度值，应根据刀具刃口刃磨的锋利情况选取相应的背吃刀量。

2. 物理因素

切削过程中，刀具的刃口圆角及刀具后刀面的挤压与摩擦使金属材料发生塑性变形，从而使理论残留面积挤歪或沟纹加深，使表面质量严重恶化。

在加工塑性材料时，在刀具前刀面上容易形成硬度很高的积屑瘤，其轮廓很不规则，它可以代替切削刃进行切削，使刀具的几何角度、背吃刀量发生变化，因而使工件表面上出现深浅和宽窄不断变化的刀痕，有些积屑瘤嵌入工件表面，增大了表面粗糙度值。

切削加工时的振动，使工件表面粗糙度值增大。

3. 磨削加工中影响表面粗糙度的因素

磨削加工表面粗糙度的形成与磨削过程中的几何因素、物理因素和工艺系统振动等有关。从纯几何角度考虑，可以认为在单位加工面积上，由磨粒的刻划和切削作用形成的刻痕数越多、越浅，则表面粗糙度值越小。或者说，通过单位加工面积的磨粒数越多，表面粗糙度值越小。磨削加工中影响表面粗糙度的因素有以下几方面。

1) 磨削用量

提高砂轮速度，砂轮速度越高，通过单位加工面积的磨粒数越多，表面粗糙度值越小。

降低工件速度，工件速度越低，砂轮相对工件的进给量越小，则磨削后的表面粗糙度值越小。

选择小的磨削深度，由于磨削深度对加工表面粗糙度有较大的影响，在精密磨削加工的最后几次走刀总是采用极小的磨削深度。实际上这种极小的磨削深度不是靠磨头进给获得的，而是靠工艺系统在前几次进给走刀中磨削力作用下的弹性变形逐渐恢复实现的，在这种情况下的走刀常称为空走刀或无进给磨削。精密磨削的最后阶段，一般均应进行这样的几次空走刀，以便得到较小的表面粗糙度值。增加无进给磨削次数可使表面粗糙度值由 $Ra0.05\mu m$ 降到 $Ra0.04\mu m$ 以下。采用细粒度磨轮需进行 20～30 次无进给磨削才能使加

工表面的表面粗糙度值降到 $Ra0.01\mu m$ 以下的镜面要求。

2）砂轮

(1) 选择适当粒度的砂轮。砂轮粒度对加工表面粗糙度影响较大。砂轮越细磨削表面粗糙度值越小，但砂轮太细易被堵塞而造成工件烧伤。为此，一般磨削所采用的砂轮粒度号都不超过 80 号，常用的是 40～60 号。

(2) 精细修整砂轮工作表面。应当在磨削加工的最后几次走刀之前，对砂轮进行一次精细修整，使每个磨粒产生多个等高的微刃，从而使工件的表面粗糙度值降低。

3）工件材料

工件材料太硬，磨粒易钝化，表面粗糙度值增大；材料太软，易堵塞砂轮，也难以获得较小的表面粗糙度值。韧性大、导热性差的耐热合金易使砂粒早期脱落，使砂轮表面不平，导致表面粗糙度值增大。

此外，在磨削过程中，切削液的成分和洁净程度、工艺系统的抗振性能等对加工表面粗糙度的影响也是不容忽视的。

5.7.4　影响表面层物理力学性能的因素

1. 表面层金属的冷作硬化

机械加工中，工件表面层金属受切削力的作用，产生塑性变形，使晶格扭曲，晶粒间产生滑移剪切，晶粒被拉长、纤维化甚至碎化，从而引起表面层金属的强度和硬度增加，塑性降低，这种现象称为冷作硬化，又称加工硬化。

冷作硬化的评定指标(图 5.34)有表面层金属的显微硬度 HV、硬化层深度 h 和硬化程度 N ［$N=(HV-HV_0)/HV_0\times100\%$，式中 HV_0 为工件内部金属的显微硬度］。

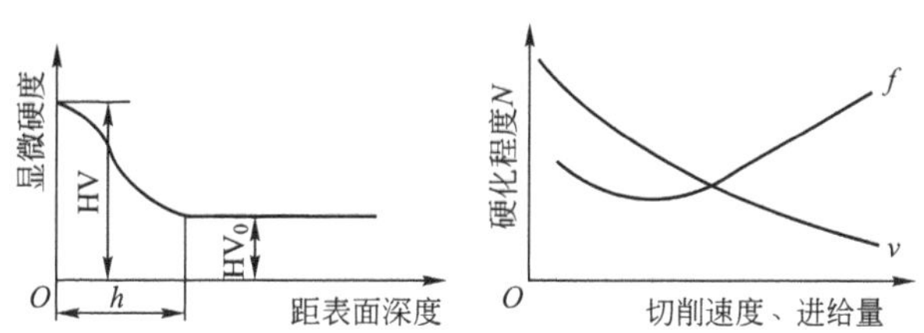

图 5.34　冷作硬化的指标

影响冷作硬化的因素如下：

(1) 刀具的影响。切削刃钝圆半径增大，塑性变形加剧，冷作硬化程度增加；刀具后刀面磨损增加，塑性变形增大，冷作硬化程度增加。

(2) 切削用量的影响。切削速度增大，刀具与工件的作用时间缩短，塑性变形减小，硬化层深度减小；切削速度增大后，切削热在表面层上的时间也缩短，又增加了冷硬程度。进给量增大，切削力增大，冷硬程度增加。

(3) 工件材料的影响。工件材料的塑性越大，冷硬程度越大；工件材料的塑性越小，冷硬程度越小。有色金属的再结晶温度低，容易弱化，冷作硬化程度比钢小。

2. 表面层金属的金相组织变化

磨削加工时所消耗的能量绝大部分转化为热并传给工件，当加工表面温度超过相变温度时，表面层金属的金相组织就会发生变化，这种现象称为磨削烧伤。磨削淬火钢时，磨削烧伤有以下三种形式。

(1) 退火烧伤。在磨削时，如果工件表面层温度超过相变临界温度，则马氏体转变为奥氏体。如果磨削区域没有切削液进入，表面层金属冷却比较缓慢而形成退火组织，造成工件硬度和强度大幅下降，这种现象称为退火烧伤。工件干磨时易发生退火烧伤。

(2) 回火烧伤。磨削时，工件表面温度未达到相变温度，但超过马氏体的转变温度，这时马氏体组织将转变为硬度较低的回火屈氏体或索氏体，这种现象称为回火烧伤。

(3) 淬火烧伤。磨削时，如果工件表面层温度超过相变临界温度，则马氏体转变为奥氏体。如果磨削区域有充足的切削液进入，表面层金属将产生二次淬火，其硬度高于原来的回火马氏体；里层金属由于冷却速度慢，出现了硬度比原来回火马氏体低的回火索氏体和屈氏体组织。这种现象称为淬火烧伤。

磨削烧伤与温度有十分密切的关系，影响磨削烧伤的因素如下：

(1) 磨削用量。当磨削深度增大时，工件表面及表面下不同深度的温度都将提高，容易造成烧伤。工件速度增大时，磨削区表面温度会增高，可减轻烧伤。但提高工件速度导致表面粗糙度值变大，可提高砂轮速度。

当工件纵向进给量增大时，工件表面及表面下不同深度的温度都将降低，可减轻磨削烧伤。但进给量增大会导致工件表面粗糙度值变大，因此，可采用较宽的砂轮来弥补。

(2) 工件材料。工件材料硬度高、强度高、韧性和密度大都会使磨削区温度升高，因而容易产生磨削烧伤；导热性能比较差的材料，如耐热钢、轴承钢、不锈钢等，在磨削时也容易产生烧伤。

(3) 砂轮特性。提高砂轮磨粒的硬度和强度，可提高磨粒的切削性能。采用粗粒度和较软的砂轮可提高砂轮自锐性，同时砂轮也不易堵塞，因此可避免磨削烧伤的发生。

(4) 冷却条件。采用高压大流量切削液、采用内冷却砂轮、切削液喷嘴加装空气挡板都能获得良好的冷却效果。

3. 表面层金属的残余应力

表面残余应力的产生有以下三种原因。

1) 冷态塑性变形

机械加工时，在加工表面金属层内发生塑性变形，使表面金属的比容加大，体积膨胀，则因受基体材料制约就会在表层产生残余压应力，而在里层金属中产生残余拉应力。

2) 热态塑性变形

机械加工时，切削区会有大量的切削热产生，表面层金属与里层金属间产生很大的温度梯度。冷却时，表面层金属收缩从而形成较大的残余拉应力，而在里层金属中产生残余压应力。

3) 金相组织变化

切削时的高温会引起表面层金相组织变化。不同金相组织具有不同的密度，即具有不同的比容。如果表层金属体积膨胀，则因受基体材料制约就会在表层产生残余压应力；相反，则表层产生残余拉应力，当残余拉应力超过材料屈服极限时，产生表面裂纹。

机械加工后的表面层残余应力及其分布是上述三方面因素综合作用的结果。在一定条件下，可能是某一种或某两种因素起主导作用。例如，切削时，若切削热不多，则以冷态

塑性变形为主；若切削热多，则以热态塑性变形为主。

轻磨削条件下产生浅而小的残余压应力，因为此时没有金相组织变化，温度影响也很小，主要是塑性变形的影响在起作用；中等磨削条件下产生浅而大的拉应力；淬火钢重磨削条件下产生深而大的拉应力(最外表面可能出现小而浅的压应力)，它主要是热态塑性变形和金相组织变化的影响在起作用。

影响残余应力的工艺因素主要是刀具的前角、切削速度及工件材料的性质和冷却润滑液。具体的情况则视其对切削时的塑性变形、切削温度和金相组织变化的影响程度而定。一般来说，低速车削时，切削热的作用起主导作用；高速切削时，表层金属的淬火进行得较充分，金相组织变化因素起主导作用。工件材料的强度越高，导热性越差，塑性越低，在磨削时表面金属产生残余拉应力的倾向就越大。

采用研磨、珩磨、超精加工及抛光等光整加工方法可以减小表面粗糙度值。采用喷丸、滚压、流体磨料强化等表面强化工艺可以改善表面层物理力学性能。

项目6

机器的装配工艺

知识目标

- 掌握零件、套件、组件、部件的概念；
- 掌握装配系统图的表示方法及画法；
- 掌握装配精度和零件精度的相互关系；
- 掌握装配尺寸链的建立及相关计算；
- 掌握保证装配精度的常用方法；
- 掌握装配工艺规程的制订原则和内容。

能力目标

- 绘制装配系统图的能力；
- 计算装配尺寸链的能力；
- 编制装配工艺规程的能力。

教学重点

- 机器的装配和装配系统图；
- 装配尺寸链的建立及计算；
- 装配工艺规程的制订原则及内容。

任务6.1　机器装配概述

6.1.1　机器的装配和装配系统图

1. 机器的装配

任何机器都是由零件、套件、组件、部件等组成的，零件是组成机器的最小单元。为保证有效地进行装配工作，通常将机器划分为若干能进行独立装配的部分，称为装配单元。

套件是在基准零件上装上一个或若干个零件构成的，它是最小的装配单元［图6.1(a)］。

组件是在基准零件上装上若干套件和零件构成的，如机床主轴箱中的主轴［图6.1(b)］。

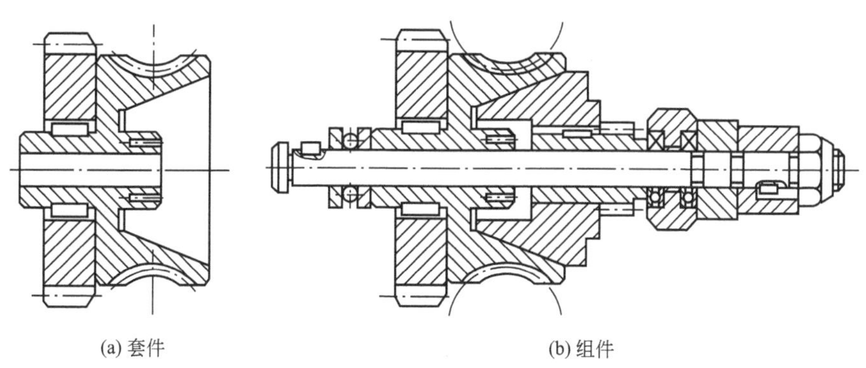

(a) 套件　　(b) 组件

图6.1　套件和组件示例

部件是在基准零件上装上若干组件、套件和零件构成的，如机床的主轴箱。

按照规定的技术要求，将零件、组件和部件进行配合和连接，使之成为半成品和成品的工艺过程称为装配。将零件、套件和组件装配成部件的过程称为部件装配。将零件、套件、组件和部件装配成机器的过程称为总装配。

装配是机器制造过程中的最后一个阶段。为了使产品达到规定的技术要求，装配不仅包括零、部件的结合过程，而且包括调整、检验、试验、油漆和包装等工作。

机器的质量不仅取决于零件的加工质量，而且还取决于机器的装配质量。机器的质量最终是通过装配质量来保证的。如果装配不当，即使零件的加工质量合格，也不一定能够装配出合格的高质量的机器；反之，当零件的加工质量不太好时，只要采取合适的装配工艺措施，也能使机器达到规定的技术要求。因此，装配工艺对保证机器的质量起到十分重要的作用。

2. 装配系统图

在制订装配工艺规程的过程中，常用装配系统图表示零、部件的装配流程和相互装配关系。在装配系统图上，每一个单元用一个长方形方格来表示，在方格上标明零件、套件、组件和部件的名称、编号及数量。图6.2为产品和部件的装配系统图。

装配系统图的画法：先绘制一条水平线，水平线的右端箭头指向表示装配单元的长方形方格，水平线的左端是表示基准件的长方形方格；然后按装配顺序由基准件开始沿水平线自左向右进行，一般将零件绘制在线的上方，套件、组件和部件绘制在线的下方。装配系

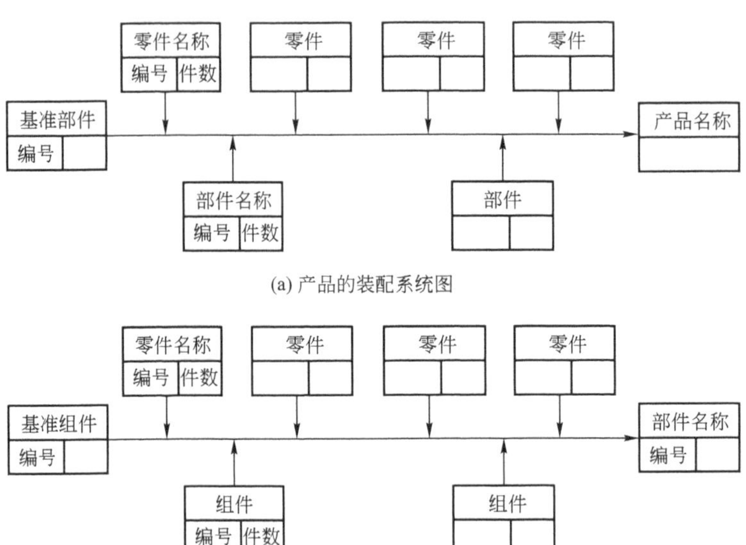

(a) 产品的装配系统图

(b) 部件的装配系统图

图 6.2　产品和部件的装配系统图

统图上加注必要的工艺说明，如焊接、配钻、冷压和检验等，就形成了装配工艺系统图。它是装配工艺规程中的主要文件，也是划分装配工序的依据。装配工艺系统图主要用于大批大量生产中，用来指导组织平行流水装配，分析装配工艺问题，很少用于单件小批量生产中。

6.1.2　机器的装配精度

装配精度是装配工艺的质量指标。正确地规定机器和部件的装配精度不仅关系产品质量，也影响产品制造的经济性。装配精度是制订装配工艺规程的主要依据，也是选择合理的装配方法和确定零件加工精度的依据。

机器的装配精度包括相互位置精度、相对运动精度和相互配合精度。

1. 相互位置精度

相互位置精度是指机器相关零、部件间的距离精度和位置精度。距离精度包括轴向距离精度、轴线距离精度等；位置精度包括平行度、垂直度、同轴度和各种跳动量等。

2. 相对运动精度

相对运动精度是指机器中有相对运动的零、部件之间在运动方向和运动位置上的精度。运动方向上的精度包括零、部件间相对运动时的直线度、平行度和垂直度等，如机床溜板箱在导轨上的移动精度、溜板箱移动轨迹对主轴中心线的平行度。运动位置上的精度即传动精度，是指内联系传动链始末两端传动元件间的相对运动(转角)精度，如滚齿机滚刀主轴与工作台的相对运动精度，车螺纹时主轴与刀架移动的相对运动精度等。

3. 相互配合精度

相互配合精度包括配合表面间的配合质量和接触质量。配合质量是指零件配合表面之间达到规定的配合间隙和过盈的程度，它影响配合的性质。接触质量是指配合面或连接表面间达到规定的接触面积大小和接触点分布情况，影响接触刚度和配合质量。

不难看出，各装配精度之间存在一定的联系。相互配合精度是相互位置精度的基础，

而相互位置精度是相对运动精度的基础。

6.1.3　装配精度和零件精度的关系

机器是由零件装配而成的，机器的装配精度和零件的加工精度有着密切的关系。零件的加工精度是保证装配精度的基础，但装配精度并不完全取决于零件的加工精度。装配精度的合理保证，应从产品结构、机械制造和装配工艺等方面综合考虑。

机器的装配精度是根据机器的使用性能要求提出的。对于某些装配精度项目来说，如果完全由相关零件的加工精度来直接保证，则加工精度将规定得很高、很不经济，甚至会因制造公差太小而无法加工制造。这种情况通常按经济加工精度来确定零件的精度要求，使之易于加工，而在装配时采用一定的工艺措施来保证装配精度，这样虽然增加了装配劳动量和装配成本，但就整个机器的制造来说是经济可行的。

因此，正确地规定机器的装配精度是机械产品设计所要解决的较为重要的问题之一，它不仅关系产品质量，也关系制造的难易和成本的高低。

任务 6.2　装配尺寸链

6.2.1　装配尺寸链的建立

建立装配尺寸链是指在完整的装配图或示意图上，根据装配精度和相关零件精度的关系，找出相关的尺寸并绘出相应的尺寸链图。

1. 建立装配尺寸链的步骤

(1) 确定封闭环。装配尺寸链的封闭环是装配精度。

(2) 查找组成环。装配尺寸链的组成环是零件的相关尺寸。

(3) 绘制尺寸链图。根据封闭环和组成环之间的关系，绘制出尺寸链图。

【案例 6-1】 如图 6.3 所示，A_1 是主轴中心线对床身导轨面的垂直距离，A_2 是底板对床身导轨面的垂直距离，A_3 是尾座中心线对底板的垂直距离，A_0 是装配精度要求，装配要求为车床主轴中心线和尾座中心线对机床导轨的等高度要求，只允许尾座中心线比主轴中心线高 0～0.06mm。试建立车床主轴中心线和尾座中心线对床身导轨等高性要求的装配尺寸链。

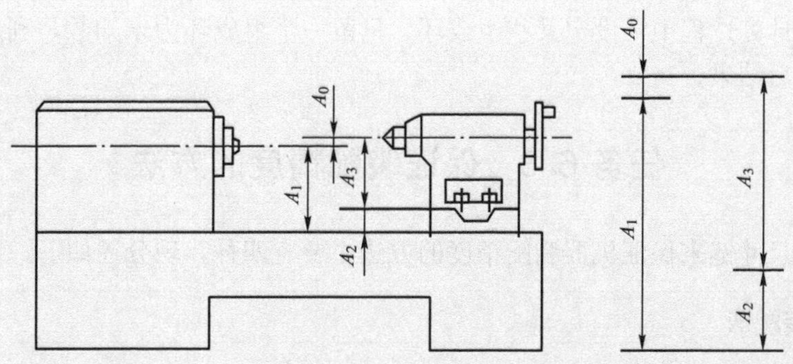

图 6.3　车床主轴中心线和尾座中心线的装配要求

解：建立装配尺寸链步骤如下：

(1) 确定封闭环。封闭环为装配精度要求，A_0 为封闭环，$A_0=0\sim0.06$mm。

(2) 查找组成环。从图 6.3 中可以看出，与装配精度要求有关的零件尺寸为组成环。本图中的组成环为 A_1、A_2、A_3。

(3) 绘制尺寸链图。根据上述尺寸之间的关系，绘制尺寸链图，并判断增、减环。图中 A_3、A_2 为增环，A_1 为减环。

2. 查找装配尺寸链的原则

(1) 简化原则。机器的结构通常比较复杂，对装配精度有影响的因素很多，查找尺寸链时，在保证装配精度的前提下，可以不考虑那些影响较小的因素，使装配尺寸链简化。

(2) “一件一环”原则。在装配精度既定的条件下，组成环数越少，则各组成环所分配到的公差值就越大，零件加工越容易、越经济。

在查找装配尺寸链时，每个相关的零、部件只应有一个尺寸作为组成环列入装配尺寸链中，即将连接两个装配基准面间的位置尺寸直接标注在零件图上。这样组成环的数目就等于有关零、部件的数目，即“一件一环”，这就是装配尺寸链的“路线最短”或“环数最少”原则。

(3) 装配尺寸链的“方向性”。在同一装配结构中，在不同位置方向都有装配精度的要求时，应按不同方向分别建立装配尺寸链。

6.2.2 装配尺寸链的计算

1. 装配尺寸链的计算方法

装配尺寸链的计算方法有极值法和概率法两种，其公式参见工艺尺寸链的相关内容。

2. 装配尺寸链的计算形式

(1) 正计算。已知各组成环的尺寸和公差，求封闭环的尺寸及公差。在装配工作中，正计算用来校验产品装配后精度是否达到规定要求。

(2) 反计算。已知装配精度要求，求解各组成环的尺寸和公差。反计算用于产品的设计工作，因未知数较多，求解比较复杂。

(3) 中间计算。已知装配精度要求和部分组成环的尺寸和公差，求其余组成环的尺寸和公差。具体计算过程中常设定某些组成环，只留一个组成环为未知数，利用尺寸链的计算公式求出最后结果。

任务 6.3 保证装配精度的方法

利用装配尺寸链来保证机器装配精度的方法主要有四种，现分述如下。

6.3.1 互换装配法

互换装配法的装配精度主要取决于零件的加工精度，根据零件的互换程度，互换装配法可分为完全互换装配法和不完全互换装配法两种。

1. 完全互换装配法

在全部产品中，装配时各组成环不需要挑选或改变其大小和位置，装入后就能达到规定的装配精度要求，这种方法称为完全互换装配法。

完全互换装配法采用极值法解算装配尺寸链。为保证装配精度要求，尺寸链中封闭环公差和各组成环公差之间应满足以下关系

$$\sum_{i=1}^{m} T_i \leqslant T_0 \tag{6-1}$$

式中：m、T_i、T_0 分别表示组成环的环数、组成环的公差和封闭环的公差。

反计算时，可按等公差法先求出各组成环的平均公差 T_{av}

$$T_{av}=\frac{T_0}{m} \tag{6-2}$$

然后根据生产经验，结合各组成环尺寸的大小和加工的难易程度进行调整；对尺寸大和加工困难的组成环应给予较大公差，对尺寸小和加工容易的组成环给予较小公差；如果组成环是标准件，其尺寸公差不变；当组成环是几个尺寸链中的公共环时，其公差值应按要求最严的尺寸链确定。调整后，仍应满足式(6-1)。

确定组成环公差后，按入体原则确定极限偏差。但是，当各组成环都按入体原则确定极限偏差时，就不能满足式(6-1)对封闭环公差的要求。因此，通常选一个组成环作为“协调环”。协调环的极限偏差是通过计算得到的。一般情况下，协调环通常选易制造并可用通用量具测量的尺寸，不能选择标准件或公共组成环作为协调环。

完全互换装配法的特点：装配质量稳定可靠；对工人的技术水平要求较低；装配过程简单，装配效率高；易于实现自动化装配；产品更换维修方便。但当装配精度要求较高和组成环环数较多时，组成环的制造公差规定过严，零件制造困难，加工成本高。

完全互换装配法适用于成批生产和大量生产中组成环数较少或组成环数多但装配精度要求不高的场合，如汽车、拖拉机、轴承、缝纫机、自行车等产品。

【案例6-2】 图6.4所示为齿轮部件，齿轮空套在轴上，要求齿轮与挡圈的轴向间隙为0.10～0.35mm。已知各零件有关的基本尺寸为 $A_1=30$mm，$A_2=5$mm，$A_3=43$mm，$A_4=3_{-0.05}^{\ 0}$mm(标准件)，$A_5=5$mm。现用完全互换法装配，试确定各组成环的公差和极限偏差。

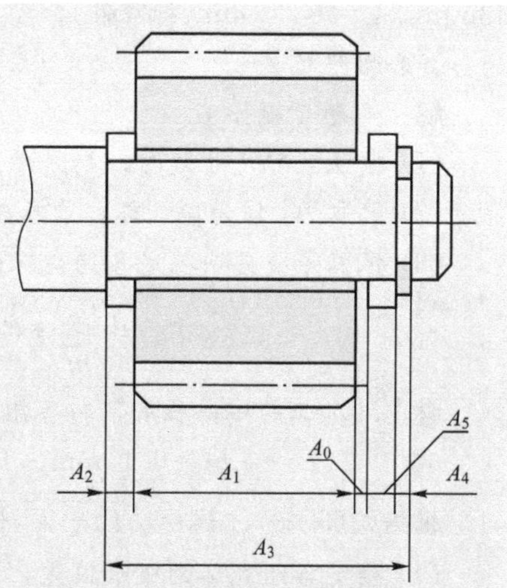

图6.4　齿轮部件装配示意图

解：解题步骤如下：

(1) 建立装配尺寸链图，如图6.4所示。

(2) 根据等公差法确定各组成环的平均公差：

$$T_{av}=\frac{T_0}{m}=\frac{0.35-0.10}{5}=\frac{0.25}{5}=0.05(\text{mm})$$

考虑到加工的难易程度，对各组成环的公差进行适当调整，保持标准件的公差不变，有

$$T_1=0.06\text{mm}，T_2=T_5=0.02\text{mm}，T_3=0.1\text{mm}，T_4=0.05\text{mm}(标准件)$$

(3) 确定各组成环的偏差，并取 A_5 为协调环，按入体原则标注

$$A_1=30_{-0.06}^{\ 0}\text{mm},\ A_2=5_{-0.02}^{\ 0}\text{mm},\ A_3=43_{\ 0}^{+0.10}\text{mm},\ A_4=3_{-0.05}^{\ 0}\text{mm}。$$

(4)计算协调环的偏差：根据极值法的公式，求得 $A_5=5_{-0.12}^{-0.10}\text{mm}$。

2. 不完全互换装配法

不完全互换装配法又称大数互换装配法或统计互换装配法。它是指在绝大多数产品中，装配时的各组成环不需挑选或改变其大小或位置，装入后就能达到规定的装配精度要求。

不完全互换装配法采用概率法解算装配尺寸链，为保证绝大多数产品的装配精度要求，在正态分布情况下，尺寸链中封闭环公差和各组成环公差之间应满足以下关系

$$\sqrt{\sum_{i=1}^{m}T_i^2}\leqslant T_0 \tag{6-3}$$

反计算时，可按等公差法先求出各组成环的平均公差 T_{av}

$$T_{av}=\frac{T_0}{\sqrt{m}} \tag{6-4}$$

然后根据生产经验，结合各组成环尺寸的大小和加工的难易程度进行调整，调整方法同完全互换装配法。调整后，仍应满足式(6-3)。

不完全互换装配法的特点：将组成环的制造公差适当放大，便于零件的加工，这会使极少数产品的装配精度超出规定要求，因此需采取相应的返修措施。

不完全互换装配法多用于生产要求不是很严格的大批量生产中，装配那些精度要求较高且组成环数较多的机器，如机床、仪器和仪表产品等。

【案例6-3】 如图6.4所示的齿轮部件，齿轮空套在轴上，要求齿轮与挡圈的轴向间隙为0.10～0.35mm。已知各零件有关的基本尺寸为 $A_1=30\text{mm}$，$A_2=5\text{mm}$，$A_3=43\text{mm}$，$A_4=3_{-0.05}^{\ 0}\text{mm}$(标准件)，$A_5=5\text{mm}$。现用不完全互换法装配，试确定各组成环的公差和极限偏差。

解：解题步骤如下：

(1) 建立装配尺寸链图，判断增、减环，如图6.4所示。

(2) 选取 A_3 作为协调环，最后确定其公差。

(3) 根据等公差法确定各组成环的平均公差：

$$T_{av}=\frac{T_0}{\sqrt{m}}=\frac{0.35-0.10}{\sqrt{5}}=\frac{0.25}{\sqrt{5}}\approx 0.11(\text{mm})$$

考虑到加工的难易程度，对各组成环的公差进行适当调整，取

$$T_1=0.14\text{mm},\ T_2=T_5=0.05\text{mm},\ T_4=0.05\text{mm}$$

根据式(6-3)，$T_0=\sqrt{T_1^2+T_2^2+T_3^2+T_4^2+T_5^2}$，求出 $T_3\approx 0.18\text{mm}$。

(4) 确定各组成环的极限偏差，按入体原则标注

$$A_1=30_{-0.14}^{\ 0}\text{mm},\ A_2=A_5=5_{-0.05}^{\ 0}\text{mm},\ A_4=3_{-0.05}^{\ 0}\text{mm}。$$

(5) 根据中间偏差公式，求出协调环的尺寸和极限偏差：$A_3=43_{-0.01}^{+0.17}\text{mm}$。

通过上述两个案例可以看出，当封闭环公差一定时，用不完全互换法可以扩大各组成环公差，从而降低制造成本。

6.3.2　分组装配法

当封闭环公差要求很严时，采用互换装配法会使组成环的制造公差过小，造成加工困难或不经济。当尺寸链环数不多时，可采用分组装配法装配。

采用分组装配法装配时，先将组成环公差放大一定的倍数，使其能按加工经济精度加工；然后将各组成环按实际尺寸大小分为若干组，对各对应组进行装配，使其满足装配精度要求。由于分组装配法中同组的零件具有互换性，因此分组装配法又称分组互换法。分组装配法采用极值法进行计算。

【案例6-4】 在汽车发动机中，活塞销与活塞销孔的配合精度要求很高。图6.5所示为某厂汽车发动机活塞销与活塞销孔的装配关系，若活塞销孔与活塞销直径的基本尺寸为ϕ28mm，在冷态装配时，要求有0.0025～0.0075mm的过盈量，加工经济公差为0.01mm。现采用分组装配法进行装配，试确定活塞销孔与活塞销直径的分组数目和分组尺寸。

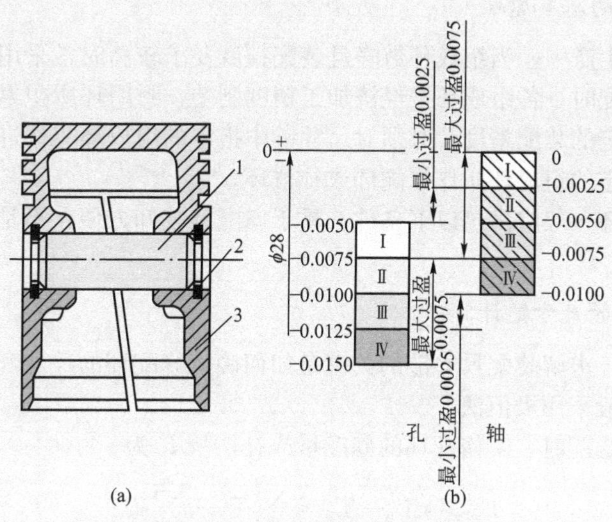

图6.5　活塞销与活塞销孔的装配关系

1—活塞销；2—挡圈；3—活塞

解： 分组装配法的求解过程如下：

(1) 建立装配尺寸链，如图6.6所示。

(2) 确定分组数。平均公差为0.0025mm，经济公差为0.01mm，可确定分组数为4。

(3) 确定各组尺寸。如果活塞销直径定为$A_1=\phi 28_{-0.01}^{\ 0}$mm，并将其分为4组，解图6.6所示的尺寸链，可求得活塞销孔与之对应的分组尺寸，见表6-1。

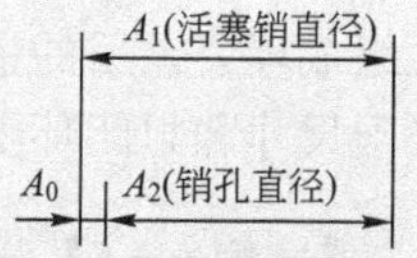

A_1(活塞销直径)
A_0　A_2(销孔直径)

图6.6　活塞销与活塞销孔的装配尺寸链

表 6-1 活塞销孔与之对应的分组尺寸 (单位：mm)

组号	1	2	3	4
活塞销直径	$\phi=28_{-0.0025}^{0}$	$\phi=28_{-0.0050}^{-0.0025}$	$\phi=28_{-0.0075}^{-0.0050}$	$\phi=28_{-0.0100}^{-0.0075}$
活塞销孔直径	$\phi=28_{-0.0075}^{-0.0050}$	$\phi=28_{-0.0100}^{-0.0075}$	$\phi=28_{-0.0125}^{-0.0100}$	$\phi=28_{-0.0150}^{-0.0125}$

分组装配法必须满足以下几个条件：

(1) 配合件的公差应相等，公差应同向增大，增大的倍数与分组数相等。

(2) 配合件具有完全相同的对称尺寸分布曲线，否则，将产生剩余零件。

(3) 配合件的表面粗糙度和几何公差应与分组公差相适应，不能随尺寸公差的增大而放大。

分组装配法降低了对组成环的加工要求而不降低装配精度，但增加了测量、分组和配套工作。当组成环数较多时，生产组织工作将变得复杂。分组装配法适用于成批、大量生产中封闭环公差要求很严、尺寸链组成环数很少的装配尺寸链中，如精密偶件的装配、精密机床中精密件的装配和滚动轴承的装配等。

6.3.3 修配装配法

1. 修配装配法的基本原理

在单件、小批生产中，当组成环数多且装配精度要求较高时常采用修配装配法。采用修配装配法进行装配时，各组成环按经济加工精度制造，封闭环所积累的误差必然超出其公差。为了达到规定的装配精度，必须对尺寸链中指定的组成环零件进行修配，以补偿超差部分的误差，指定的组成环叫作修配环或补偿环。

合理选用修配环一般应满足以下条件：易于修配且装卸方便，不是公共环，零件不进行表面处理。

2. 修配装配法的尺寸链计算

选定补偿环后，求解装配尺寸链的关键是如何确定修配环的尺寸和验算修配量是否合适，其计算方法一般采用极值法。

用修配装配法修配时，其修配环的修配量或补偿量 F 为

$$F_{\max}=T_0'-T_0=\sum_{i=1}^{m}T_i'-\sum_{i=1}^{m}T_i$$

式中：T_0'、T_i'表示按修配法放大组成环公差后的封闭环公差和组成环公差；T_0、T_i表示按设计要求确定的封闭环公差和组成环公差。

修配环被修配后(指修配环尺寸减小)对封闭环的影响有两种情况：

(1) 修配环被修配后，使封闭环尺寸变大，简称“越修越大”。此时，为保证修配量足够和最小，必须满足 $A_{0\max}'\leqslant A_{0\max}$，即 $ES_0'\leqslant ES_0$，其中，$A_{0\max}'$、ES_0'表示按修配法放大组成环公差后的最大极限尺寸和封闭环上偏差；$A_{0\max}$、ES_0表示按设计要求确定的最大极限尺寸和封闭环上偏差。

【案例 6-5】 如图 6.4 所示的齿轮部件，齿轮空套在轴上，要求齿轮与挡圈的轴向间隙为 0.10～0.35mm。已知各零件有关的基本尺寸为 $A_1=30$mm，$A_2=5$mm，$A_3=43$mm，$A_4=3_{-0.05}^{0}$mm(标准件)，$A_5=5$mm。现用修配装配法，试确定各组成环的公差和极限偏差。

解：修配装配法的求解过程如下：

(1) 建立装配尺寸链和选择修配环。建立装配尺寸链，如图6.4所示。由于A_5为一垫圈，装拆和修配容易，而且不是公共环，故选择A_5为修配环。由于A_5修配后，封闭环尺寸变大，属于"越修越大"情况。

(2) 按修配法确定各组成环公差和极限偏差。根据经济加工精度分配各组成环公差，$T_1'=T_3'=0.20$mm，$T_2'=T_5'=0.10$mm，$T_4'=0.05$mm(标准件)，各组成环公差约为IT11。

极限偏差为：$A_1'=30_{-0.20}^{\ 0}$mm，$A_2'=5_{-0.10}^{\ 0}$mm，$A_3'=43_{\ 0}^{+0.20}$mm，$A_4'=3_{-0.05}^{\ 0}$mm。

(3) 计算修配环的极限偏差A_5'。根据中间偏差公式$\Delta_i'=\dfrac{ES_i'+EI_i'}{2}$，故$\Delta_1'=-0.10$mm，$\Delta_2'=-0.05$mm，$\Delta_3'=+0.10$mm，$\Delta_4'=-0.025$mm，$\Delta_0'=+0.225$mm。

根据装配尺寸链中间偏差公式$\Delta_0'=\Delta_3'-(\Delta_1'+\Delta_2'+\Delta_4'+\Delta_5')$

$$\Delta_5'=\Delta_3'-\Delta_0'-(\Delta_1'+\Delta_2'+\Delta_4')$$

$$\Delta_5'=+0.10-(+0.025)-[(-0.10)+(-0.05)+(-0.025)]=0.05(\text{mm})$$

$$ES_5'=\Delta_5'+T_5'/2=0.05+0.10/2=0.10(\text{mm})$$

$$EI_5'=\Delta_5'-T_5'/2=0.05-0.10/2=0$$

故调整环的尺寸为$A_5'=5_{\ 0}^{+0.10}$mm。

(4) 计算修配环的最大补偿量。

$$\begin{aligned}F_{\max}&=T_0'-T_0=\sum_{i=1}^{5}T_i'-T_0\\&=(0.20+0.10+0.20+0.05+0.10)-(0.35-0.10)\\&=0.40(\text{mm})\end{aligned}$$

(5) 验算装配后封闭环的极限偏差。

$$ES_0'=\Delta_0'+T_0'/2=0.225+0.65/2=0.55(\text{mm})$$

$$EI_0'=\Delta_0'-T_0'/2=0.225-0.65/2=-0.10(\text{mm})$$

由于，装配尺寸链的精度要求为$ES_0=+0.35$mm，$EI_0=+0.10$mm，根据计算结果可以看出，按修配法装配后的封闭环公差ES_0'超过了设计时的装配精度要求ES_0，因此，必须调整修配环的尺寸，才能保证装配精度要求。

(6) 确定修配环A_5的尺寸。本题属于"越修越大"的情况，必须满足$A_{0\max}'\leqslant A_{0\max}$，即$ES_0'\leqslant ES_0$。为保证修配量足够和最小，取装配后的$ES_0'$等于装配精度要求$ES_0$，即$ES_0'=ES_0=0.35$mm。

当按修配法确定的修配环尺寸为$A_5'=5_{\ 0}^{+0.10}$mm时，装配后的封闭环公差$ES_0'=0.55$mm，超出了封闭环的设计要求，只有当修配环A_5'增大后，封闭环ES_0'才能减小，为满足上述等式，修配环A_5'的尺寸应增加0.20mm，封闭环ES_0'将减小0.20mm，才能保证装配精度要求。

所以，修配环的最终尺寸为$A_5'=(5+0.20)_{\ 0}^{+0.10}=5.20_{\ 0}^{+0.10}$(mm)。

(2) 修配环被修配后，使封闭环尺寸变小，简称"越修越小"。此时，为保证修配量足够和最小，必须满足$A_{0\min}'\geqslant A_{0\min}$，即$EI_0'\geqslant EI_0$。

【案例6-6】 如图6.3所示，卧式车床装配时要求尾座中心线比主轴中心线高0～0.06mm，已知$A_1=202$mm，$A_2=46$mm，$A_3=156$mm。现采用修配装配法，试确定各组成环的公差及偏差。

解： 修配装配法的求解过程如下：

(1) 建立装配尺寸链和选择修配环。建立装配尺寸链，如图6.3所示。由于A_2为尾座底板，装拆和修配容易，故选择A_2为修配环。由于A_2是增环，修配后封闭环尺寸变小，属于“越修越小”情况。

(2) 按修配法确定各组成环公差和极限偏差。如果按完全互换法极值公式计算各组成环的平均公差T_{av}

$$T_{av}=\frac{T_0}{m}=\frac{0.06-0}{3}=0.02(\text{mm})$$

显然各组成环公差太小，零件加工困难。

现采用修配法装配，根据各组成环加工方法，按经济加工精度分配各组成环公差，$T'_1=T'_3=0.10$mm，$T'_2=0.15$mm。由于A'_1、A'_3都是表示孔位置的尺寸，此处公差选为对称分布，极限偏差为

$$A'_1=202\text{mm}\pm0.05\text{mm},\quad A'_3=156\text{mm}\pm0.05\text{mm}$$

(3) 计算修配环的极限偏差。各组成环的极限偏差为$\Delta'_1=0$，$\Delta'_3=0$，$\Delta'_0=+0.03$mm。

由于
$$\Delta'_0=(\Delta'_2+\Delta'_3)-\Delta'_1$$

故
$$\Delta'_2=\Delta'_1+\Delta'_0-\Delta'_3=0+0.03-0=0.03\ (\text{mm})$$

所以修配环的极限偏差为

$$ES'_2=\Delta'_2+T'_2/2=0.03+0.15/2=+0.105(\text{mm})$$
$$EI'_2=\Delta'_2-T'_2/2=0.03-0.15/2=-0.045(\text{mm})$$

故修配环的尺寸为$A'_2=46^{+0.105}_{-0.045}$mm。

(4) 计算修配环的最大补偿量。

$$F_{max}=T'_0-T_0=\sum_{i=1}^{3}T'_i-T_0$$
$$=(0.10+0.15+0.10)-0.06=0.29(\text{mm})$$

(5) 验算装配后封闭环的极限偏差。

$$ES'_0=\Delta'_0+T'_0/2=+0.205\text{mm};\ EI'_0=\Delta'_0-T'_0/2=-0.145\text{mm}$$

由于，按设计要求装配尺寸链的精度要求为$ES_0=+0.06$mm，$EI_0=0$，根据计算结果可以看出，按修配法装配后的封闭环公差EI'_0超过了设计时的装配精度要求EI_0，因此，必须调整修配环的尺寸，才能保证装配精度要求。

(6) 确定修配环的尺寸。本题属于“越修越小”的情况，必须满足$A'_{0min}\geqslant A_{0min}$，即$EI'_0\geqslant EI_0$。根据前面的计算可知

$$ES'_0-ES_0=0.205-0.06=+0.145(\text{mm})$$
$$EI'_0-EI_0=-0.145-0=-0.145(\text{mm})$$

为满足上述等式，修配环A'_2的尺寸应增加0.145mm，封闭环最小尺寸A'_{0min}才能从

-0.145mm(尾座中心低于主轴中心)增加到0(尾座中心与主轴中心等高)，以保证足够的修配量。所以，修配环的最终尺寸为 $A_2'=(46+0.145)_{-0.045}^{+0.105}=46_{+0.10}^{+0.25}$(mm)。

由于本装配有特殊的工艺要求，即底板的底面在总装时必须留有一定的修刮量，上述修配环的尺寸是按 $A_{0\min}'=A_{0\min}$ 计算出来的。此时的最大修配量为0.29mm，符合总装要求，但最小修刮量为0，不符合总装要求。从底板修刮工艺来看，最小修刮量可留0.1mm，所以，最终修配环尺寸为 $A_2=(46+0.1)_{+0.10}^{+0.25}=46_{+0.20}^{+0.35}$(mm)。

3. 修配装配法的种类

实际生产中，通过修配达到装配精度的方法有以下三种。

(1) 单件修配法。单件修配法常用于多环装配尺寸链中，选定某一固定的零件作为修配件，装配时用去除金属层的方法改变其尺寸，以满足装配精度要求。这种修配装配法在生产中应用最广。

(2) 合并加工修配法。这种方法是先将两个或多个零件合并在一起再进行加工修配，合并后的尺寸可看作一个组成环，这样就减少了装配尺寸链中的组成环数，并可以相应减少修配的劳动量。合并加工修配法由于零件合并后再加工和装配，给组织装配生产带来很多不便，多用于单件小批生产中。

(3) 自身加工修配法。在机床制造业中，常用利用机床本身有切削加工的能力，在装配中采用自己加工自己的方法来保证某些装配精度，称为自身加工修配法。例如，平面磨床装配时自己磨削自己的工作台面，以保证工作台面与砂轮轴平行；牛头刨床、龙门刨床等总装时，用自刨工作台平面的方法来达到滑枕或导轨与工作台面的平行度。自身加工修配法效果理想，加工也较为方便，但必须是具有切削能力的产品才能采用，所以常用于成批生产的机床制造中。

修配装配法最大的优点是各组成环均可按经济精度制造，而且可获得较高的装配精度。但由于产品需逐个修配，所以没有互换性，而且装配劳动量大，生产率低，对装配工人技术水平要求高，因而修配法主要用于单件小批生产和中批生产中装配精度要求较高的情况下。

6.3.4 调整装配法

对于精度要求较高而组成环数又多的产品或部件，在不能采用互换法装配时，除了采用修配装配法外，还可以采用调整装配法来保证装配精度。

调整装配法的基本原理与修配装配法相同，即各零件公差仍按经济加工精度确定，选择一个组成环作为调整环(或称补偿环)，通过调整方法改变补偿环的实际尺寸或位置，使封闭环达到装配精度要求。调整装配法一般以螺栓、斜面、挡环、垫片等作为调整环，用来补偿其他各组成环由于公差放大后所产生的累积误差。调整装配法采用极值法进行计算。

调整装配法和修配装配法的不同之处在于：调整装配法采用改变调整环零件的位置或更换新的补偿零件的方法达到装配精度要求；修配装配法采用机械加工的方法去除修配环上的金属层达到装配精度要求。

常见的调整装配法有固定调整法、可动调整法和误差抵消调整法三种。

1. 固定调整法

在装配尺寸链中，选择某一零件为调整件，根据各组成环形成累积误差的大小来更换不同尺寸的调整件，以保证装配精度的要求的方法称为固定调整法。

【案例6-7】 如图6.4所示的齿轮部件，齿轮空套在轴上，要求齿轮与挡圈的轴向间隙为0.1～0.35mm。已知各零件有关的基本尺寸为$A_1=30$mm，$A_2=5$mm，$A_3=43$mm，$A_4=3_{-0.05}^{0}$mm(标准件)，$A_5=5$mm。现采用固定调整法装配，试确定各组成环的公差和极限偏差，并求调整环的分组数及尺寸系列。

解：固定调整装配法的求解过程如下：

(1) 建立装配尺寸链和选择调整环。建立的装配尺寸链如图6.4所示。由于A_5为一垫圈，其加工和装卸比较方便，故选择A_5为调整环。

(2) 确定各组成环公差和极限偏差。根据经济加工精度分配各组成环公差，$T'_1=T'_3=0.20$mm，$T'_2=T'_5=0.10$mm，$T'_4=0.05$mm(标准件)。各组成环公差约为IT11，可以经济加工。按入体原则确定各组成环的极限偏差为

$$A'_1=30_{-0.20}^{0}\text{mm},\ A'_2=5_{-0.10}^{0}\text{mm},\ A'_3=43_{0}^{+0.20}\text{mm},\ A'_4=3_{-0.05}^{0}\text{mm}$$

(3) 计算调整环的极限偏差。根据极值法可以求出$A'_5=5_{0}^{+0.10}$mm。

(4) 计算调整环的最大补偿量。

$$F_{\max}=T'_0-T_0=\sum_{i=1}^{5}T'_i-T_0$$

$$=(0.20+0.10+0.20+0.05+0.10)-0.25=0.40(\text{mm})$$

(5) 确定调整环的分组数z。取封闭环公差和调整环公差之差作为调整环各组之间的尺寸差$S=0.25-0.10=0.15$(mm)。

调整环分组数$z=F/S+1=0.40/0.15+1=3.66\approx4$。当实际计算的分组数和圆整数相差较大时，可通过改变各组成环公差或调整环公差的方法使分组数近似为整数。分组数不宜过多，否则会给生产组织工作带来困难。由于分组数随调整环公差的减小而减少，因此，应使调整环公差尽量小些，一般分组数$z=3$～4。

(6) 确定各组调整件的尺寸。确定各组调整件尺寸的原则如下：

① 当调整环的分组数为奇数时，预先确定的调整件尺寸是中间的一组尺寸，其余各组尺寸相应增加或减少尺寸差S。

② 当调整环的分组数为偶数时，预先确定的调整件尺寸为对称中心，再根据尺寸差S确定各组尺寸。

本题中分组数为偶数，故以$A'_5=5_{0}^{+0.10}$mm为对称中心，各组尺寸差为$S=0.15$mm，则各组尺寸为

$$A_5=(5-0.075-0.15)_{0}^{+0.10}$$

$$=(5-0.075)_{0}^{+0.10}$$

$$\cdots\cdots\cdots\cdots 5_{0}^{+0.10}$$

$$=(5+0.075)_{0}^{+0.10}$$

$$=(5+0.075+0.15)_{0}^{+0.10}(\text{mm})$$

所以，$A_5=5_{-0.225}^{-0.125}$mm、$5_{-0.075}^{+0.025}$mm、$5_{+0.075}^{+0.175}$mm、$5_{+0.225}^{+0.325}$mm。

固定调整法多用于大批大量生产中。在产量大、装配精度要求高的生产中，固定调整

件可以采用多件组合的方式，如预先将调整垫做成不同的厚度，然后制作一些更薄的金属片，装配时根据尺寸组合原理把不同厚度的垫片组合成各种不同的尺寸，以满足装配精度要求。这种调整方法比较简单，在汽车、拖拉机生产中广泛应用。

2. 可动调整法

采用改变调整件的相对位置来保证装配精度的方法称为可动调整法(图 6.7)。在机械产品的装配中，可动调整的方法很多。可动调整法不但装配方便，可以获得很高的装配精度，而且可以通过调整件来补偿由于磨损、热变形等引起的误差，使设备恢复原有的精度，因此在生产实际中应用广泛。

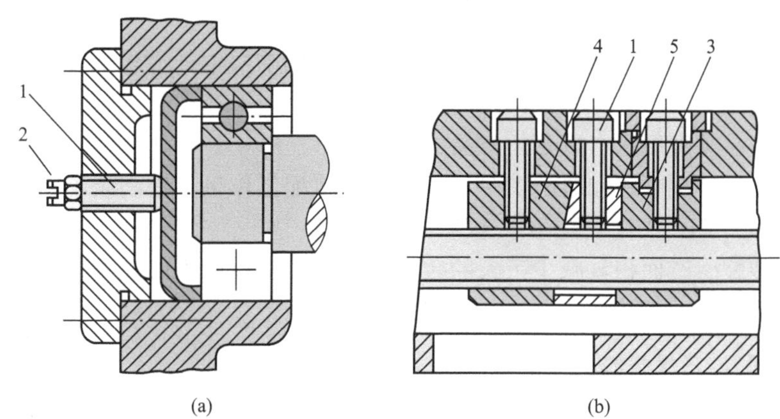

图 6.7　可动调整法示意图

1—螺钉；2—螺母；3、4—丝杠螺母；5—支承垫

3. 误差抵消调整法

在产品或部件装配时，通过调整有关零件的相互位置，使其加工误差相互抵消一部分，以提高装配精度，这种方法在机床装配时应用较多。例如，组装机床主轴时，通过调整前后轴承的径向跳动方向来控制主轴的径向跳动；在滚齿机工作台分度蜗轮装配中，采用调整偏心方向来抵消误差以提高二者的同轴度。

6.3.5　装配方法的选择

上述保证装配精度的方法各有特点，选择装配方法的出发点是使产品制造的全过程达到最优。具体考虑的因素有封闭环的公差要求、结构特点、生产类型和具体生产条件等。常见装配方法的特点及使用范围见表 6-2。

表 6-2　常见装配方法的特点及使用范围

工艺特点	零件精度	装配精度	互换性	组成环环数	生产类型	技术要求
完全互换装配法	高	不太高	完全互换	少	大批大量	低
不完全互换装配法	较高	不太高	不完全互换	较少	大批大量	低
分组装配法	经济精度	高	组内互换	少	大批大量	低
修配装配法	经济精度	高	无互换	多	成批或单件	高
调整装配法	经济精度	高	无互换	多	大批大量	高

任务 6.4　装配工艺规程的制订

装配工艺规程是指导装配生产的主要技术文件，制订装配工艺规程是生产技术准备工作中的一项重要工作。装配工艺规程对保证装配质量、提高装配效率、缩短装配周期、减轻劳动强度和降低生产成本等都有着重要的意义。

6.4.1　制订装配工艺规程的原则和原始资料

1. 制订工艺规程的原则

制订装配工艺规程的基本原则是在保证装配质量的前提下，尽量提高劳动生产率和降低成本。

(1) 保证产品装配质量，以延长产品的使用寿命。

(2) 合理安排装配顺序和装配工序，尽量减少装配工作量，提高装配机械化和自动化程度，缩短装配周期，提高装配生产率。

(3) 减少装配生产面积，减少工人的数量和降低装配对工人的技术要求，减少装配投资，提高单位面积的生产率。

2. 制订装配工艺规程的原始资料

制订装配工艺规程的原始资料包括产品的装配图及验收技术标准、产品的生产纲领、现有的生产条件。

6.4.2　制订装配工艺规程的步骤和内容

1. 分析产品的装配图和技术条件

审核产品图样的完整性和正确性，分析产品的装配结构工艺性，审核产品装配的技术要求和验收标准，研究保证装配精度的方法，并进行装配尺寸链计算。

2. 确定装配方法和组织形式

装配方法和组织形式取决于产品的结构特点和生产纲领，并应考虑现有的生产条件。各种生产类型的装配工艺特点见表 6-3。

表 6-3　各种生产类型的装配工艺特点

生产类型	大批大量生产	成批生产	单件小批生产
装配特点	产品固定，生产活动长期重复，生产节拍严格	产品分批交替生产，生产活动在一定时期内重复	产品经常变化，不定期重复生产
组织形式	流水装配线，自动装配线，自动装配机装配	批量不大时采用固定流水装配，批量较大时采用流水装配，多品种平行生产时采用变节奏流水装配	固定装配，固定流水线装配

续表

生产类型	大批大量生产	成批生产	单件小批生产
装配工艺	按完全互换装配法装配，组成环较多时采用不完全互换装配法；封闭环精度很高、组成环数少时采用分组装配法	主要采用互换装配法，但可以灵活运用修配装配法、调整装配法、合并加工法等其他方法	以修配装配法和调整装配法为主，互换装配法比例较小
工艺过程	工艺过程划分很细，严格规定时间定额和生产节拍，编制详细的装配工艺过程卡片、工序卡片和调整卡片	工艺过程的划分与具体的生产批量有关，尽量使生产均衡，编制详细的装配工艺过程卡片、关键工序的工序卡片和调整卡片	一般不制订详细的工艺文件，工艺可以灵活掌握，工序可以适当调度
工艺装备	采用专用高效的工艺装备，易于实现机械化、自动化	通用设备较多，也采用一定数量的专用工艺装备，以保证装配质量和提高工效	一般采用通用工艺装备
操作要求	手工操作比例很小，对装配操作工人的技术要求不高	手工操作比例较大，对装配操作工人的技术水平要求较高	手工操作比例大，对操作工人技术水平要求很高
应用范围	汽车、拖拉机、内燃机、滚动轴承、缝纫机、电气开关等行业	机床、机车车辆、中小型锅炉、矿山机械等行业	重型机床、重型机器、汽轮机、大型内燃机和锅炉等行业

3. 划分装配单元和确定装配顺序

将产品划分为能进行独立装配的装配单元是制订装配工艺规程中最重要的一个步骤，这对于大批大量生产中装配那些结构较为复杂的产品尤为重要。无论是哪一级装配单元，都要选定某一零件或比它低一级的装配单元作为装配基准件。装配基准件通常应是产品的基体或主干零、部件，基准件应有较大的体积和质量，应有足够大的承压面。

在划分装配单元并确定装配基准件之后即可安排装配顺序，并以装配系统图的形式表示出来。安排装配顺序的原则是：先下后上，先内后外，先难后易，先精密后一般。

4. 划分装配工序和设计工序内容

(1) 划分装配工序，确定工序内容。

(2) 确定各工序所需设备和工具，如需专用夹具和设备，须提交设计任务书。

(3) 制订各工序装配操作规范，如过盈配合的压入力、装配温度、拧紧固件的额定扭矩等。

(4) 规定装配质量要求与检验方法。

(5) 确定时间定额和平衡各工序的装配节拍。

5. 编制装配工艺文件

单件小批生产时，通常只绘制装配系统图，装配时按产品装配图及装配系统图规定的装配顺序进行。成批生产中，通常还要编制部装、总装工艺卡，按工序标明工序内容、设备名称、工具和夹具名称与编号、工人技术等级和时间定额等。大批大量生产中，不仅要编制装配工艺卡，还要编制装配工序卡，用来指导工人的装配作业。此外，还应按产品装配要求，制订检验卡、试验卡等工艺文件。

装配工艺卡和装配工序卡的格式可参考相关资料。

【案例 6-8】 图 6.8 所示为卧式车床床身装配简图，绘制床身部件的装配工艺系统图。

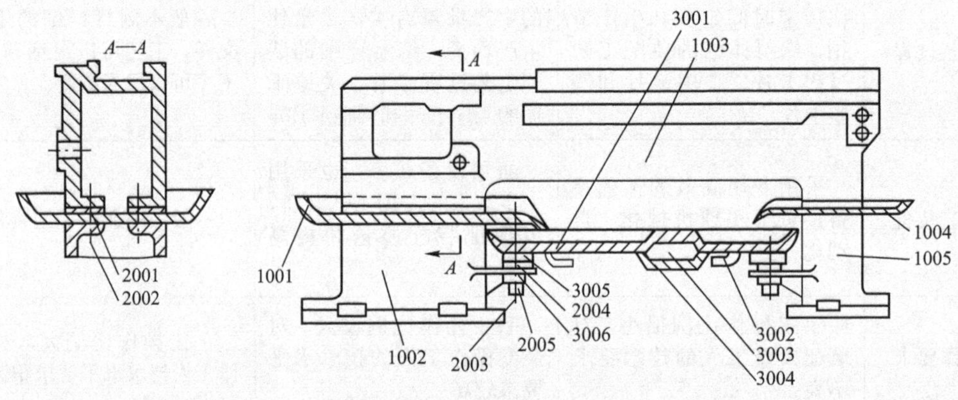

图 6.8　卧式车床床身装配简图

解：绘制床身部件装配工艺系统图，如图 6.9 所示。

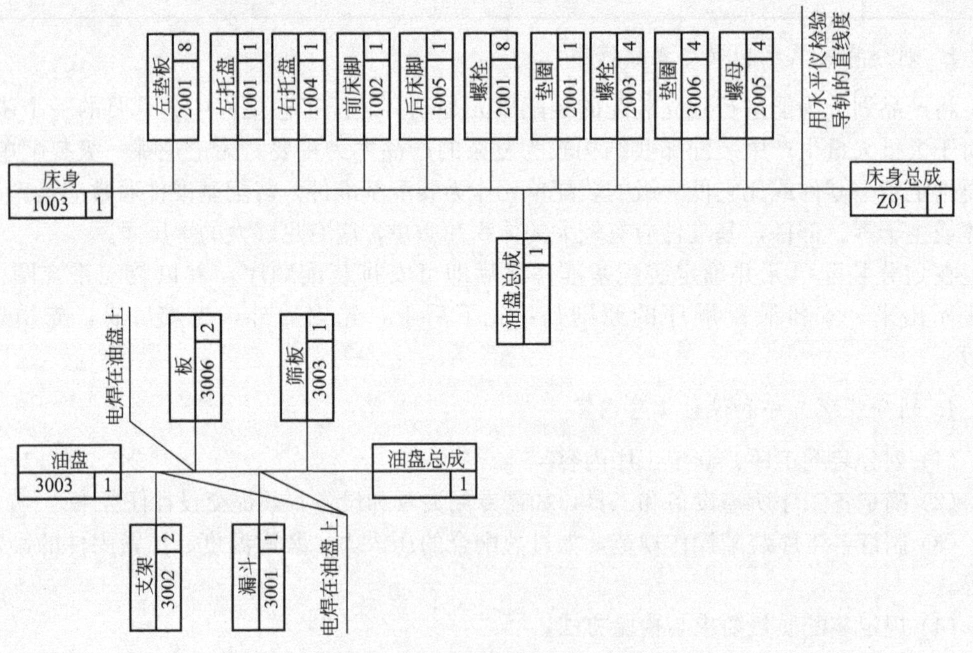

图 6.9　车床部件装配工艺系统图

项目 7

机床夹具设计基础

知识目标

- 掌握机床夹具的分类及主要组成；
- 掌握夹具的六点定位原理及应用；
- 掌握定位误差的产生原因及计算；
- 掌握工件在夹具中的夹紧及原理；
- 掌握典型夹紧机构的原理及应用；
- 掌握典型机床专用夹具的设计方法。

能力目标

- 六点定位的分析能力，定位误差的计算能力；
- 典型夹紧机构的选择能力，专用夹具的设计能力。

教学重点

- 六点定位原理，定位误差的计算；
- 对刀和导向装置设计，专用夹具设计。

任务 7.1　机床夹具概述

1. 机床夹具及其组成

机床夹具是机床上装夹工件的一种装置，目的是使工件相对于机床或刀具占有一个正确的相对位置，并且在加工过程中保持正确位置不变。图 7.1 所示为钻孔专用夹具。

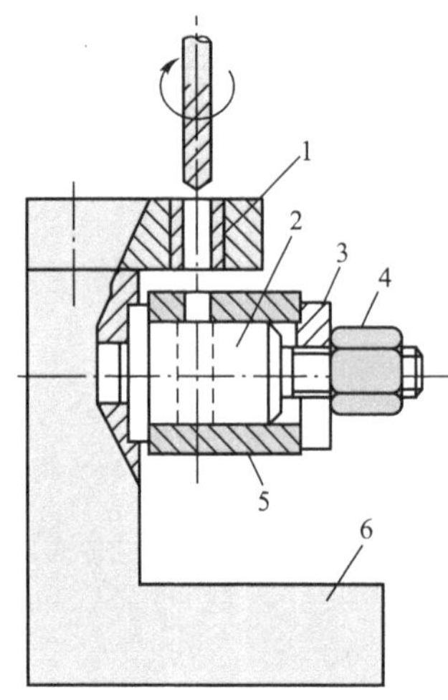

图 7.1　钻孔专用夹具

1—钻套；2—销轴；3—开口垫圈；4—螺母；5—工件；6—夹具体

机床夹具的结构虽然复杂，但它们的组成均可概括为下面几个部分。

(1) 定位元件或装置：使工件在夹具中占有正确的位置，如图 7.1 中的销轴 2。

(2) 夹紧元件或装置：在定位的基础上，夹紧装置将工件压紧夹牢，保证工件在加工过程中受到外力作用时正确位置不改变。如图 7.1 中的开口垫圈 3、螺母 4 即为夹紧元件，通过它们保持定位时的正确位置不变。

(3) 对刀或导向装置：用来确定刀具相对定位元件的正确位置，如图 7.1 中的钻套 1。在铣床夹具上设置的对刀块和塞尺为对刀装置。

(4) 连接元件：用来确定夹具在机床上的正确位置并与机床相连接的元件，如车床夹具上的过渡盘、铣床夹具上的定位键等。

(5) 夹具体：机床夹具的基础件，通过夹具体将机床夹具的所有元件连接成一个整体，如图 7.1 中的元件 6。

(6) 其他元件或装置：除上述元件和装置之外的元件或装置，如分度装置、防错装置和安全保护装置等。

2. 机床夹具的分类

1) 按夹具的使用范围划分

(1) 通用夹具：如车床上常用的自定心卡盘、单动卡盘，以及铣床上的平口虎钳、分度头、回转工作台等。这类夹具一般已经标准化，并由专门的专业化工厂生产。

(2) 专用夹具：专为某一工件的某道工序设计制造的夹具，一般用于批量化生产中。

(3) 可调夹具：夹具的部分元件可以更换，部分装置可以调整，以适应不同零件的加工。可调夹具又分为通用可调夹具和成组夹具。成组夹具用于相似零件的加工，通用可调夹具的加工范围比成组夹具更广一些。

(4) 组合夹具：由完全标准化的元件，按照零件的加工要求拼装而成的夹具。这类夹具灵活多变、万能性强、制造周期短、元件可以重复使用，特别适合新产品开发和单件小批量生产。

(5) 随行夹具：在自动线和柔性制造系统中使用的夹具。

2) 按使用机床划分

机床夹具按使用机床可分为车床夹具、铣床夹具、钻床夹具、镗床夹具及其他机床夹具。

3）按夹紧装置的动力源划分

机床夹具按夹紧装置的动力源可分为手动夹具、气动夹具、液压夹具、气液增力夹具、电磁夹具及真空夹具等。

3. 机床夹具的作用

(1) 保证工件的加工精度。

(2) 提高劳动生产率，降低生产成本。

(3) 扩大机床的工艺范围，实现一机多能。

(4) 减轻工人劳动强度，保证生产安全。

(5) 减少生产准备时间，缩短新产品试制周期。

任务 7.2 工件在夹具中的定位

7.2.1 工件的定位原理

1. 六点定位原理

任何一个工件，它在空间直角坐标系中均有六个自由度，即沿 X、Y、Z 坐标轴的移动自由度（$\overrightarrow{X}$，$\overrightarrow{Y}$，$\overrightarrow{Z}$）和绕 X、Y、Z 坐标轴的转动自由度（$\overset{\curvearrowright}{X}$，$\overset{\curvearrowright}{Y}$，$\overset{\curvearrowright}{Z}$），如图 7.2 所示。

如果要使工件在某方向上有确定的位置，就必须限制该方向上的自由度。当工件的六个自由度完全被限制后，则该工件在空间的位置就完全被确定了。限制自由度的方法是采用定位支承点，每一个定位支承点限制工件的一个自由度。

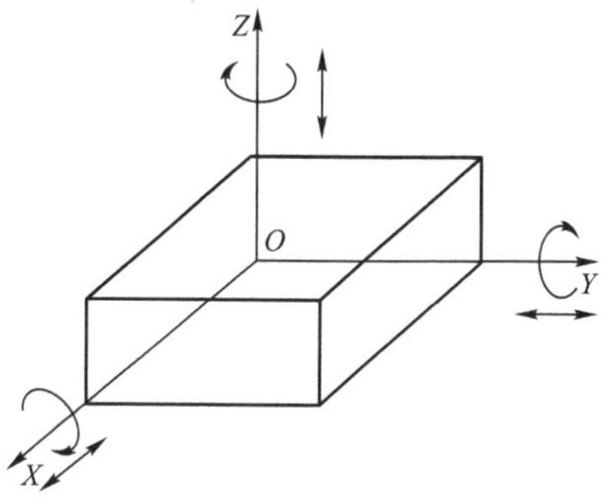

图 7.2 工件在空间的六个自由度

采用六个按一定规则合理布置的支承点，限制工件的六个自由度，使工件在机床或夹具中占有正确的位置，这就是“六点定位原理”。

【案例 7-1】 分析图 7.3 所示长方体的六点定位。

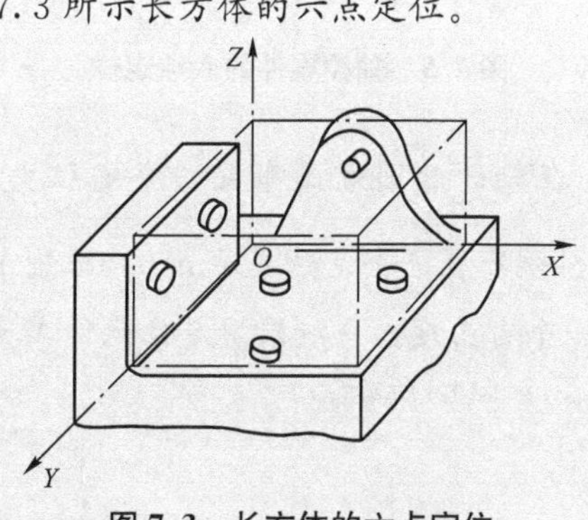

图 7.3 长方体的六点定位

解：在底面布置三个不共线的支承点限制$\vec{Z}$、$\overset{\curvearrowright}{X}$、$\overset{\curvearrowright}{Y}$三个自由度；侧面沿 Y 轴布置两个支承点，限制$\vec{X}$、$\overset{\curvearrowright}{Z}$两个自由度；端面布置一个支承点，限制$\vec{Y}$一个自由度。

【案例 7-2】 分析图 7.4 所示盘类零件的六点定位。

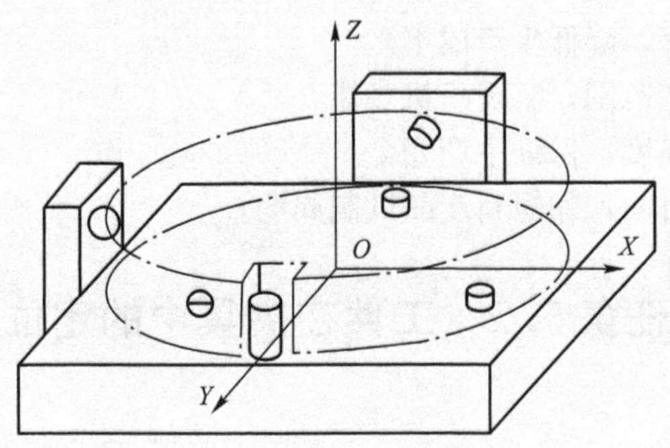

图 7.4 盘类零件的六点定位

解：在圆盘底面布置三个不共线的支承点限制$\vec{Z}$、$\overset{\curvearrowright}{X}$、$\overset{\curvearrowright}{Y}$三个自由度；在圆柱侧面布置两支承点，限制$\vec{X}$、$\vec{Y}$两个自由度；在槽侧布置一个支承点，限制$\overset{\curvearrowright}{Z}$一个自由度。

【案例 7-3】 分析图 7.5 所示轴类零件的六点定位。

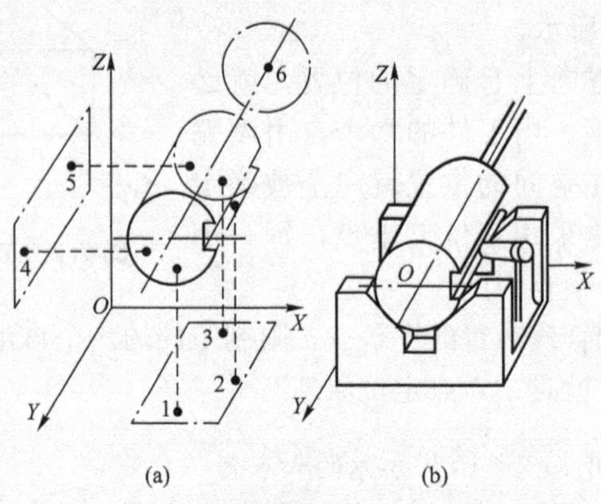

图 7.5 轴类零件的六点定位

解：如图 7.5(a)所示，在轴的外圆表面布置四个定位支承点 1、3、4、5 限制$\vec{X}$、$\vec{Z}$、$\overset{\curvearrowright}{X}$、$\overset{\curvearrowright}{Z}$四个自由度；在轴端布置一个定位支承点 6，限制$\vec{Y}$一个自由度；在槽侧布置一个定位支承点 2，限制$\overset{\curvearrowright}{Y}$一个自由度。一般采用定位元件 V 形块代替四个定位支承点来限制工件的四个自由度，如图 7.5(b)所示。

2. 工件定位的四种情况

(1) 完全定位。完全定位即工件的六个自由度全部被限制，如图 7.6(a)所示的在铣床上铣削工件的沟槽。

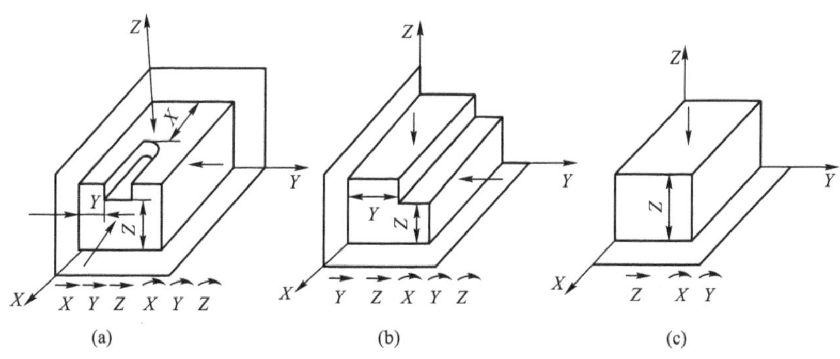

图 7.6　工件应限制自由度数的确定

(2) 部分定位。根据工件的加工要求，应限制的自由度数少于六个的称为部分定位，也称不完全定位。图 7.6(b)所示为铣削工件的台阶面，只需限制$\overrightarrow{Y}$、$\overrightarrow{Z}$、$\overset{\frown}{X}$、$\overset{\frown}{Y}$、$\overset{\frown}{Z}$五个自由度；图 7.6(c)所示为铣削工件的平面，只需限制$\overrightarrow{Z}$、$\overset{\frown}{X}$、$\overset{\frown}{Y}$三个自由度。

(3) 欠定位。工件定位时，应限制的自由度数少于按加工要求所必须限制的自由度数，工件定位不足，称为欠定位。在图 7.6(a)中，如果沿 X 轴方向的移动自由度没有被限制，则 X 轴方向的沟槽尺寸就无法保证，故欠定位是不允许的。

(4) 过定位。工件定位时，多个定位支承点重复限制同一自由度的情况，称为过定位或重复定位。

【案例 7-4】 图 7.7(a)所示为套类零件的定位示意图，分析其限制的自由度数，如果是重复定位，提出改进措施。

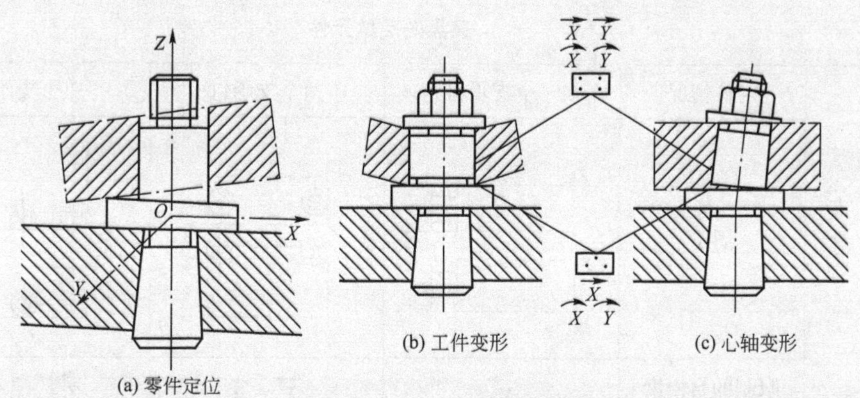

图 7.7　套类零件的定位分析

解： 如图 7.7(a)所示，工件以内孔套在长心轴上，以端面靠在支承凸台上，需限制$\overrightarrow{X}$、$\overrightarrow{Y}$、$\overrightarrow{Z}$、$\overset{\frown}{Y}$、$\overset{\frown}{Z}$五个自由度。长心轴相当于四个定位支承点，限制$\overrightarrow{X}$、$\overrightarrow{Y}$、$\overset{\frown}{X}$、$\overset{\frown}{Y}$四个自由度；支承凸台相当于三个定位支承点，限制$\overrightarrow{Z}$、$\overset{\frown}{X}$、$\overset{\frown}{Y}$三个自由度。当长心轴和支承凸台组合在一起定位时，相当于七个定位支承点，其中$\overset{\frown}{X}$、$\overset{\frown}{Y}$自由度被重复限制，属于过定位。过定位造成的后果如图 7.7(b)和图 7.7(c)所示。

避免套类零件过定位的措施如图7.8所示。图7.8(a)采用长心轴和小端面支承凸台组合，长心轴限制$\vec{X}$、$\vec{Z}$、$\hat{X}$、$\hat{Z}$四个自由度，小端面支承凸台限制$\vec{Y}$自由度；图7.8(b)采用短心轴和大端面支承凸台组合，大端面支承凸台限制$\vec{Y}$、$\hat{X}$、$\hat{Z}$三个自由度，短心轴限制$\vec{X}$、$\vec{Z}$两个自由度；图7.8(c)采用长心轴和浮动端面组合，长心轴限制$\vec{X}$、$\vec{Z}$、$\hat{X}$、$\hat{Z}$四个自由度，浮动端面只限制$\vec{Y}$一个自由度。

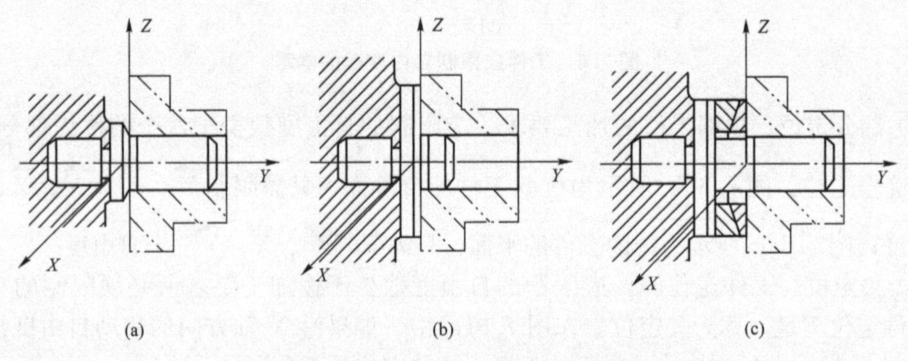

图7.8 避免套类零件过定位的措施

典型定位元件限制的自由度数见表7-1。

表7-1 典型定位元件限制的自由度数

工件的定位面	夹具的定位元件				
平面	支承钉	定位情况	一个支承钉	两个支承钉	三个支承钉
		图示	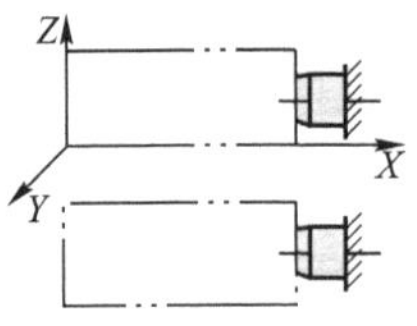	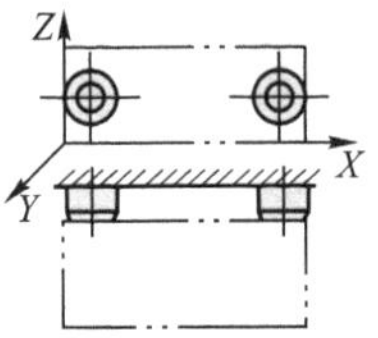	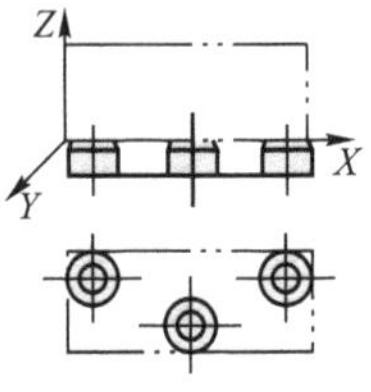
		限制的自由度	$\vec{X}$	$\vec{Y}$ $\vec{Z}$	$\vec{Z}$ $\hat{X}$ $\hat{Y}$
	支承板	定位情况	一块条形支承板	两块条形支承板	一块条形支承板
		图示	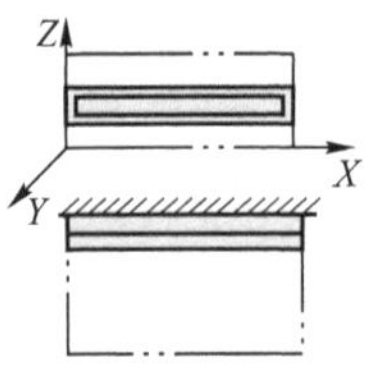	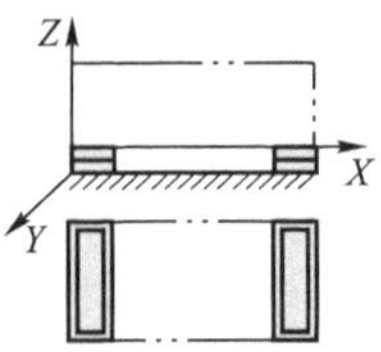	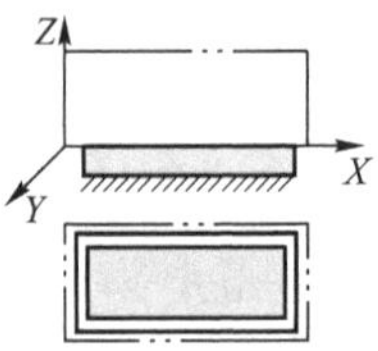
		限制的自由度	$\vec{Y}$ $\vec{Z}$	$\vec{Z}$ $\hat{X}$ $\hat{Y}$	$\vec{Z}$ $\hat{X}$ $\hat{Y}$

（续）

工件的定位面	夹具的定位元件				
圆孔	圆柱销	定位情况	短圆柱销	长圆柱销	两段短圆柱销
		图示	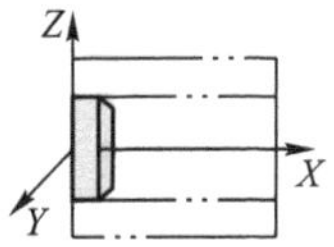	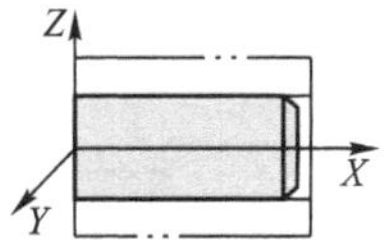	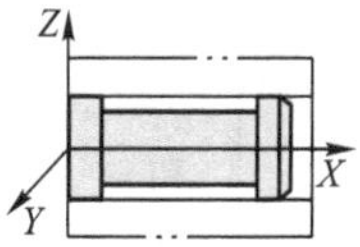
		限制的自由度	$\vec{Y}$ $\vec{Z}$	$\vec{Y}$ $\vec{Z}$ $\overset{\frown}{Y}$ $\overset{\frown}{Z}$	$\vec{Y}$ $\vec{Z}$ $\overset{\frown}{Y}$ $\overset{\frown}{Z}$
		定位情况	菱形销	长销小平面组合	短销大平面组合
		图示	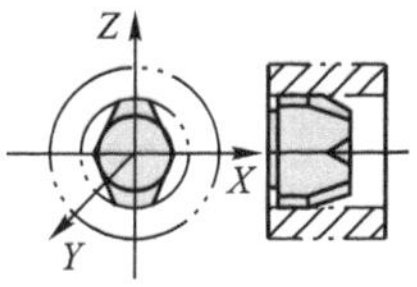	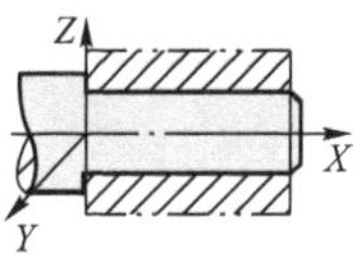	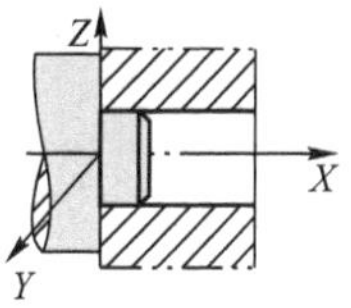
		限制的自由度	$\overset{\frown}{Z}$	$\vec{X}$ $\vec{Y}$ $\vec{Z}$ $\overset{\frown}{Y}$ $\overset{\frown}{Z}$	$\vec{X}$ $\vec{Y}$ $\vec{Z}$ $\overset{\frown}{Y}$ $\overset{\frown}{Z}$
	圆锥销	定位情况	固定锥销	浮动锥销	固定锥销与浮动锥销组合
		图示	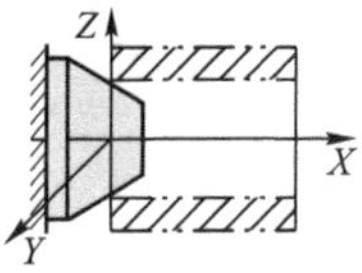	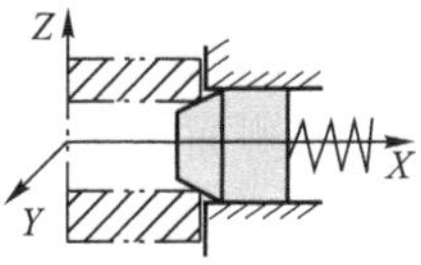	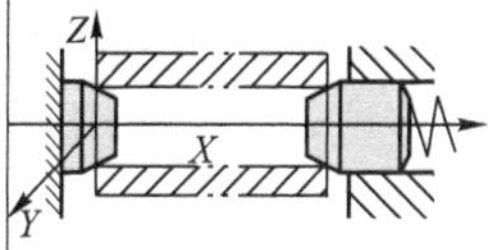
		限制的自由度	$\vec{X}$ $\vec{Y}$ $\vec{Z}$	$\vec{Y}$ $\vec{Z}$	$\vec{X}$ $\vec{Y}$ $\vec{Z}$ $\overset{\frown}{Y}$ $\overset{\frown}{Z}$
	心轴	定位情况	长圆柱心轴	短圆柱心轴	小锥度心轴
		图示	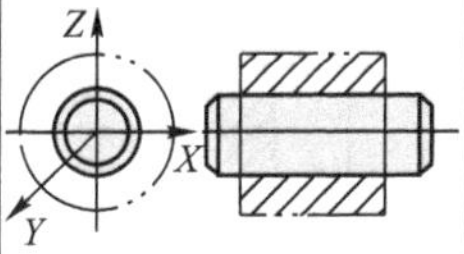	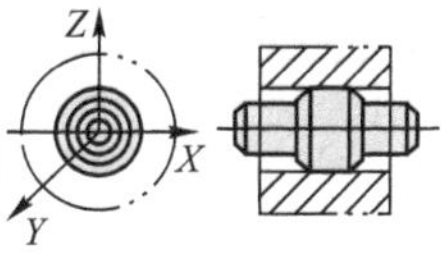	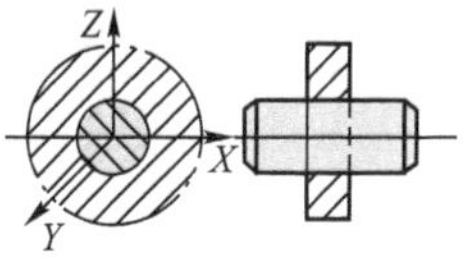
		限制的自由度	$\vec{X}$ $\vec{Z}$ $\overset{\frown}{X}$ $\overset{\frown}{Z}$	$\vec{X}$ $\vec{Z}$	$\vec{X}$ $\vec{Z}$
外圆柱面	V形块	定位情况	一块短 V 形块	两块短 V 形块	一块长 V 形块
		图示	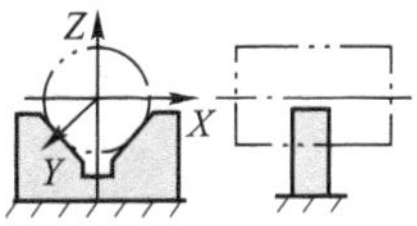	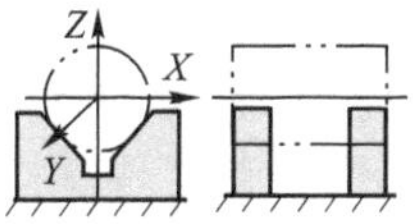	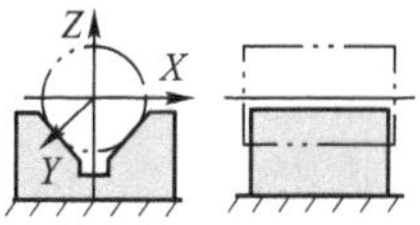
		限制的自由度	$\vec{X}$ $\vec{Z}$	$\vec{X}$ $\vec{Z}$ $\overset{\frown}{X}$ $\overset{\frown}{Z}$	$\vec{X}$ $\vec{Z}$ $\overset{\frown}{X}$ $\overset{\frown}{Z}$
	定位套	定位情况	一个短定位套	两个短定位套	一个长定位套
		图示	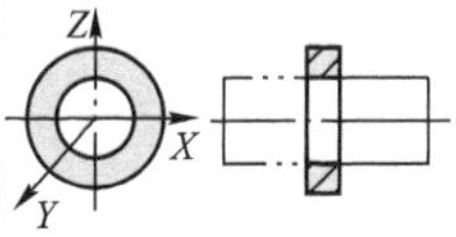	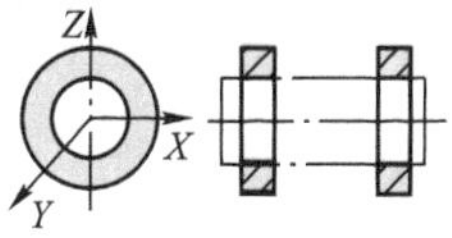	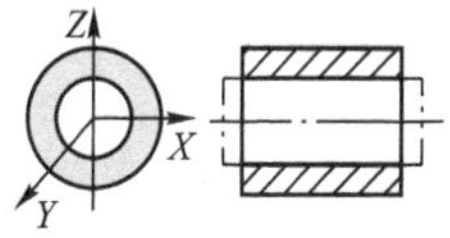
		限制的自由度	$\vec{X}$ $\vec{Z}$	$\vec{X}$ $\vec{Z}$ $\overset{\frown}{X}$ $\overset{\frown}{Z}$	$\vec{X}$ $\vec{Z}$ $\overset{\frown}{X}$ $\overset{\frown}{Z}$

（续）

工件的定位面	夹具的定位元件				
圆锥孔	锥顶尖和锥度心轴	定位情况	固定顶尖	浮动顶尖	锥度心轴
		图示			
		限制的自由度	$\vec{X}$ $\vec{Y}$ $\vec{Z}$	$\vec{Y}$ $\vec{Z}$	$\vec{X}$ $\vec{Y}$ $\vec{Z}$ $\overset{\frown}{Y}$ $\overset{\frown}{Z}$

7.2.2 工件以平面定位

工件以平面定位的主要方式是支承定位，夹具上常见的支承元件有以下几种。

1. 固定支承

固定支承有支承钉和支承板两种形式。

图 7.9 所示为支承钉的国家标准，其中 A 型多用于精基准的定位，B 型多用于粗基准的定位，C 型多用于工件的侧面定位。

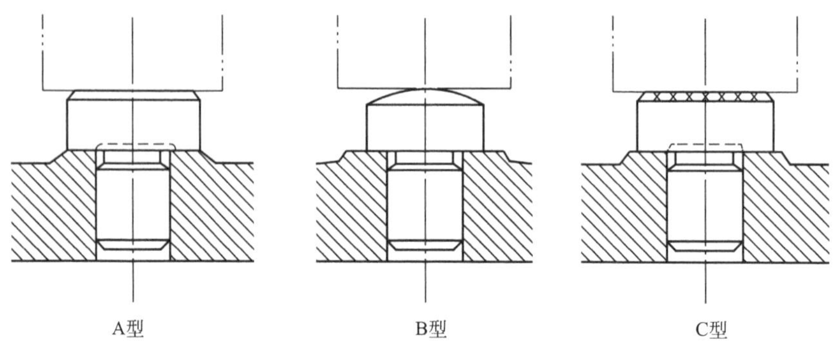

图 7.9 支承钉的国家标准

图 7.10 所示为支承板的国家标准，其中 A 型因不便清理切屑，多用于侧面定位；B 型应用较多。

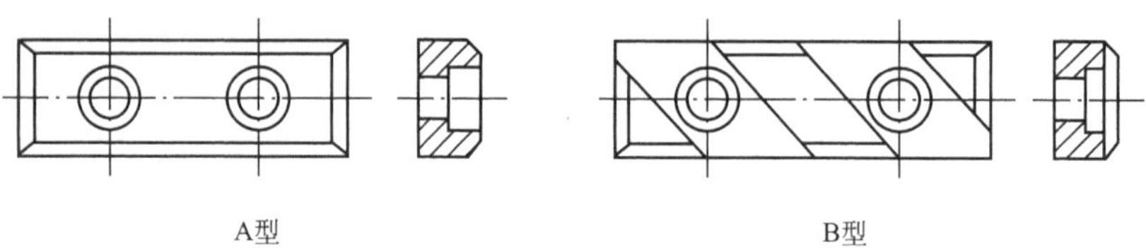

图 7.10 支承板的国家标准

2. 可调支承

支承点的位置可以调整的支承为可调支承。可调支承多用于工件以粗基准定位和毛坯余量变化较大的情况。图 7.11 所示为常见的可调支承结构，这类支承的结构基本上为螺钉、螺母形式。图 7.11(a)所示结构一般用于轻型工件；图 7.11(b)和图 7.11(c)所示结构用于重型工件。

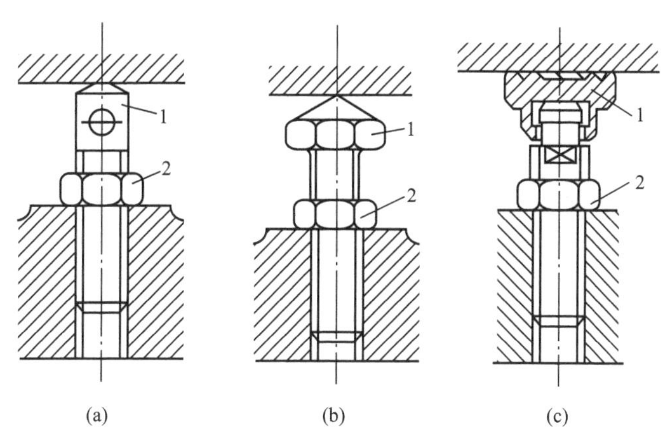

图 7.11　可调支承

1—螺钉；2—螺母

3. 自位支承

具有几个活动支承点的支承称为自位支承，也称浮动支承。自位支承活动支承点在定位过程中能随着工件定位基准面的位置变化而自动调整并与之相适应。自位支承只限制一个自由度，常用于毛坯表面、断续表面、阶梯表面及有角度误差的平面定位。图 7.12 所示为自位支承的结构。

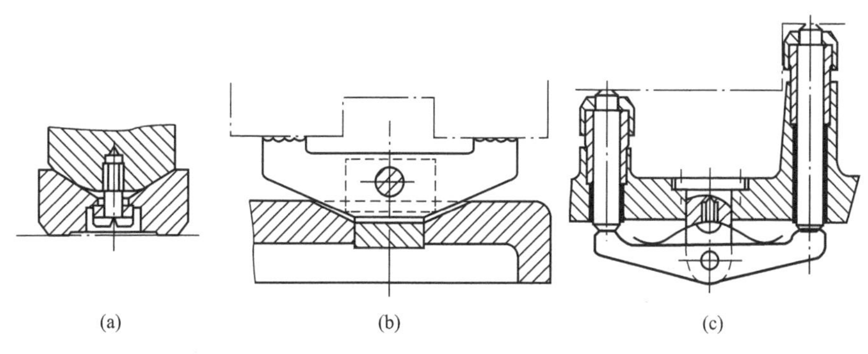

图 7.12　自位支承

4. 辅助支承

辅助支承是在工件定位后才参与支承的元件，主要用来提高工件的装夹刚度和稳定性，不起定位作用。图 7.13 所示为辅助支承示例。

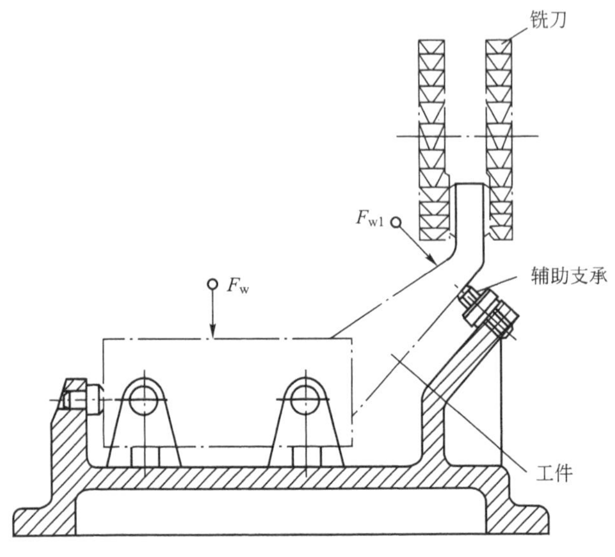

图 7.13　辅助支承

7.2.3　工件以圆柱孔定位

工件以圆柱孔定位常用的定位元件有定位销和心轴。

1. 定位销

(1) 圆柱销。图 7.14 所示为几种常用的圆柱定位销，其工作部分直径 d 通常根据加工要求和考虑便于装夹，按 g5、g6、f6 或 f7 制造。图 7.14(a)～图 7.14(c)所示定位销为固定式定位销，其与夹具体的连接采用过盈配合。图 7.14(d)所示定位销为带衬套的可换式圆柱销结构，这种定位销与衬套的配合采用间隙配合，故其位置精度比固定式定位销低，一般用于大批大量生产中。

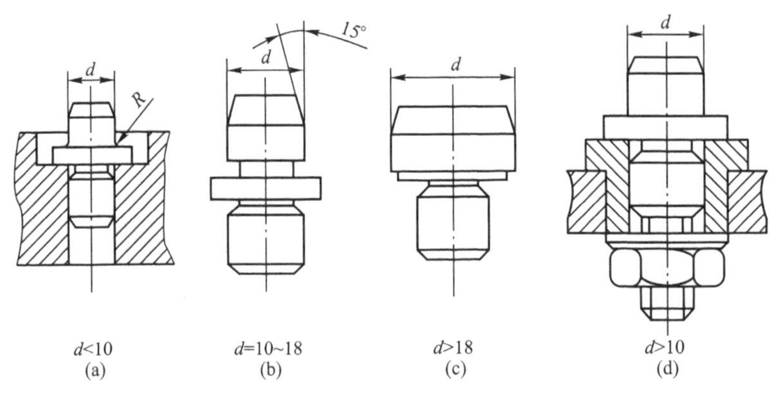

图 7.14　定位销

(2) 圆锥销。图 7.15 为工件以圆孔在圆锥销上定位的示意图，它限制三个移动自由度。图 7.15(a)所示结构多用于毛坯孔定位，图 7.15(b)所示结构多用于光孔定位。

2. 心轴

心轴主要用于机床上加工套筒和盘类工件。

(1) 圆柱心轴。图 7.16 所示为典型圆柱心轴的结构。图 7.16(a)所示为间隙配合心轴，工件装卸方便，但定心精度不高。图 7.16(b)所示为过盈配合心轴，这种心轴制造简单、定心准确，不用另设夹紧装置，但工件装卸不便，易损坏工件定位孔，多用于定心精度要求高的场合。图 7.16(c)所示为花键心轴，用于加工以花键孔定位的工件。

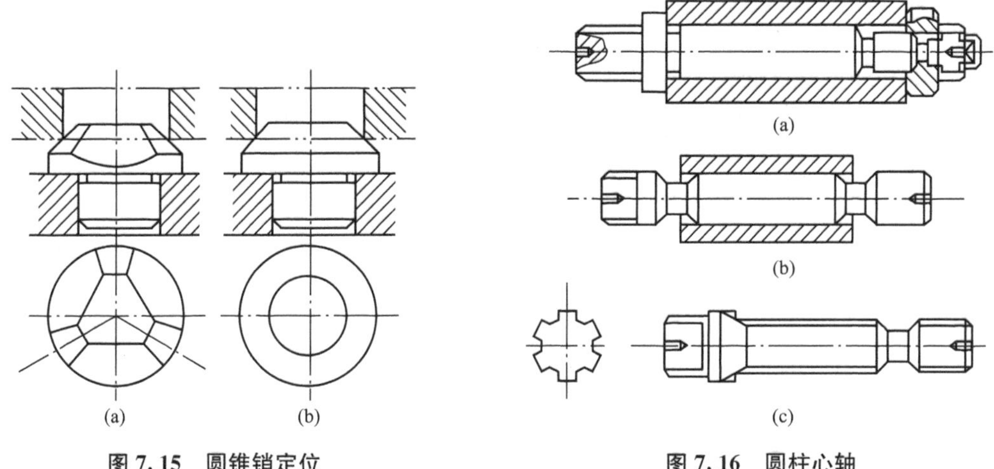

图 7.15 圆锥销定位

图 7.16 圆柱心轴

(2) 锥度心轴。图 7.17 为工件在锥度心轴上的定位图。这种定位方式的定心精度高，但轴向位移大，适用于工件定位孔精度高的精车和磨削加工，不能加工端面。锥度心轴的结构尺寸可参阅《机床夹具设计手册》。

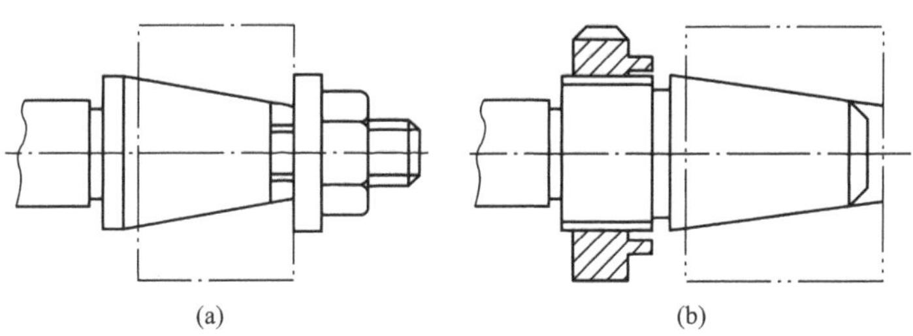

图 7.17 锥度心轴

(3) 弹性心轴。为了提高定心精度，而且使工件装卸方便，常使用弹性心轴。图 7.18 为弹簧心轴的定位图。

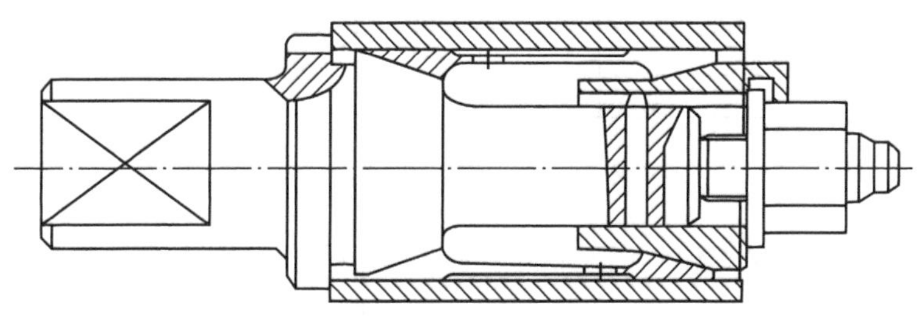

图 7.18 弹簧心轴

7.2.4 工件以外圆柱面定位

工件以外圆柱面定位有两种基本形式：定心定位和支承定位。常用的定位元件有V块形、定位套和半圆套。

1. V形块

圆柱形工件采用V形块定位应用最广。V形块不仅适用于完整的外圆柱面定位，而且适用于非完整的外圆柱面定位。V形块定位的对中性非常好。图7.19所示为常用V形块的结构。其中，图7.19(a)所示结构用于较短的精基准定位，图7.19(b)所示结构用于两段精基准相距或基准面较长时的定位，图7.19(c)所示结构用于较长的粗基准或阶梯形圆柱面定位，图7.19(d)所示为采用铸铁底座上镶淬火钢支承板的V形块结构。

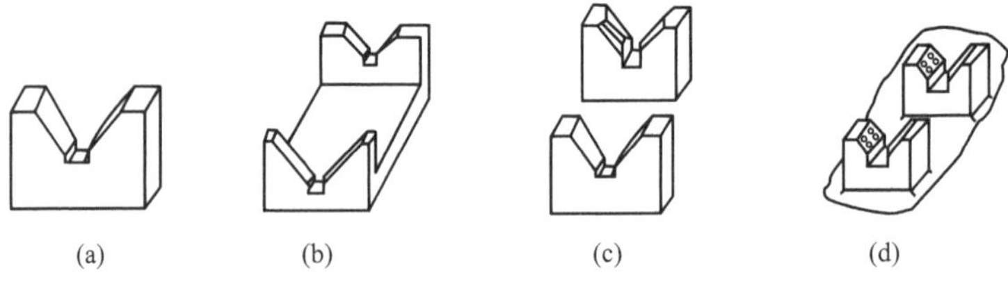

图7.19 常用V形块的结构

V形块的斜面夹角 α 一般取60°、90°和120°，其中以90°应用最多。90°夹角的V形块结构已标准化，自行设计非标准V形块时，可参照图7.20进行相关尺寸的计算。V形块的安装尺寸 T 是主要设计参数，该尺寸常用做V形块检验和调整的依据，必须进行计算。

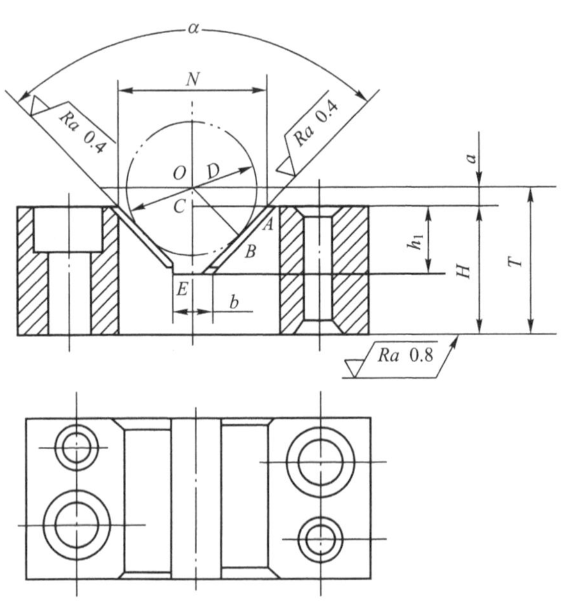

图7.20 V形块的结构尺寸

在设计V形块时，V形块的标准心轴直径 D 已知，V形块的开口尺寸 N 与高度尺寸 H 可参照标准先行确定，然后求出V形块的标准定位高度尺寸 T。

$$T=H+\frac{1}{2}\left(\frac{D}{\sin(\alpha/2)}-\frac{N}{\tan(\alpha/2)}\right)$$

N 与 H 可参照标准选定，也可按下列关系式进行计算确定：

当 $\alpha=60°$时，$N=1.16D-1.15a$；当 $\alpha=90°$时，$N=1.41D-2.0a$；当 $\alpha=120°$时，$N=2D-3.46a$。其中，$a=(0.14\sim0.16)D$；大直径时，$H\leqslant0.5D$；小直径时，$H\leqslant1.2D$。

V形块有活动式、固定式和可调整式之分，活动V形块除限制一个自由度外，有时还兼有夹紧作用。

2. 定位套

当工件定位的外圆直径较小时，可用定位套作为定位元件。图7.21所示为各种定位套的结构。定位套在夹具体上的安装一般用螺钉紧固或采用过盈配合。定位套的内孔轴线和工件轴线应重合，故只用于精基准定位。为限制工件的自由度，定位套常与端面组合定位，这样就要求定位套的端面与其内孔轴线具有较高的垂直度。

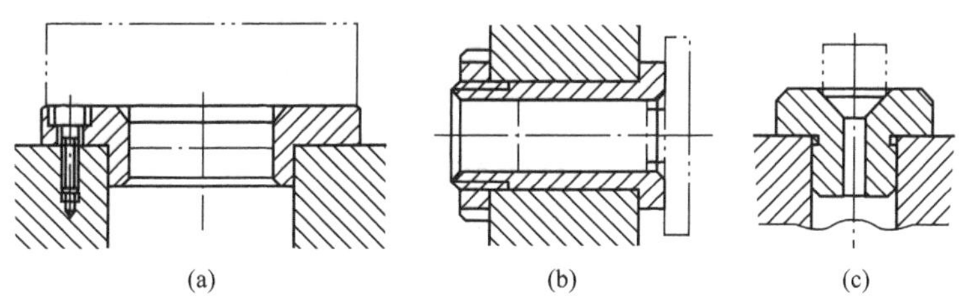

图7.21　定位套

在工件以端面为主要定位基面的场合，短定位套孔限制工件的两个自由度，如图7.21(a)所示；在工件以外圆柱表面为主要定位基面的场合，长定位套孔限制工件的四个自由度，如图7.21(b)所示；在工件以圆柱面端部轮廓为定位基面的场合，锥孔限制工件的三个自由度，如图7.21(c)所示。

3. 半圆套

工件在半圆套中的定位如图7.22所示。下面的半圆套是定位元件，上面的半圆套是夹紧元件。半圆套定位主要用于不适宜用内孔定位的大型轴类零件，如曲轴和蜗轮轴等。

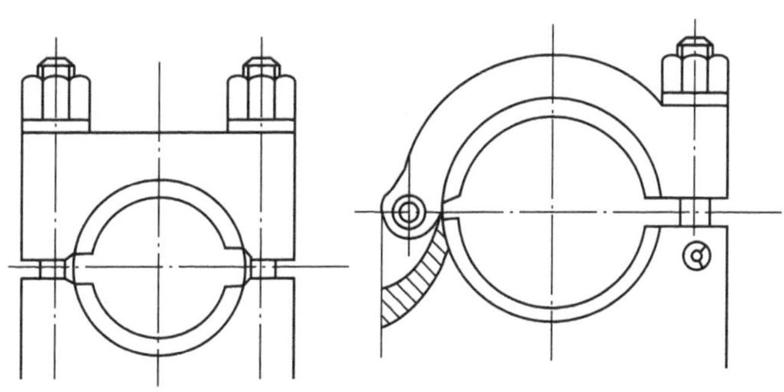

图7.22　半圆套

7.2.5 工件以组合表面定位

当工件以单一表面定位不能满足要求时，常以组合表面定位来限制相应的自由度。常见的组合定位方式有以下几种。

1. 圆锥销与其他元件的组合定位

工件在单个圆锥销上定位容易倾斜，为此，圆锥销一般与其他定位元件组合起来定位。图 7.23 所示为圆锥销组合定位的几种情况，图 7.23(a)所示为圆锥-圆柱组合心轴定位；图 7.23(b)所示为工件以底面和活动圆锥销组合定位，工件底面为主定位基准；图 7.23(c)所示为工件在双圆锥销上定位。该组合定位均限制工件的五个自由度。

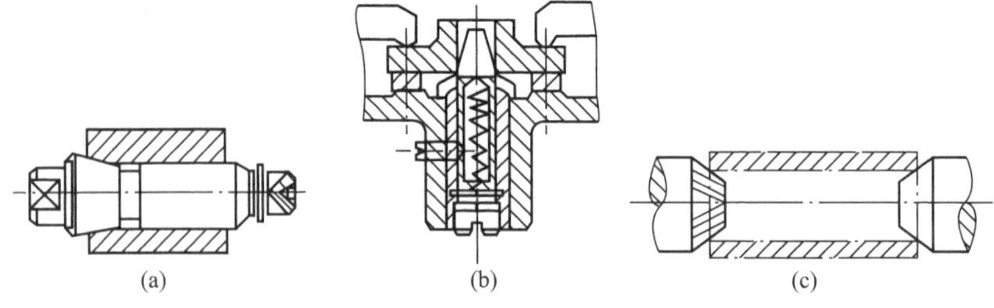

图 7.23　圆锥销组合定位

2. 一面两孔组合定位

在加工箱体类零件时，通常采用“一面两孔”组合定位(图 7.24)，夹具上对应的定位元件是“一面两销”。为了避免由于过定位而引起工件安装时的干涉，其中一个应采用削边的菱形销。削边销已标准化，其结构尺寸可参考《机床夹具设计手册》。需要特别注意的是，削边销削边的方向应垂直于两定位孔间的连心线。

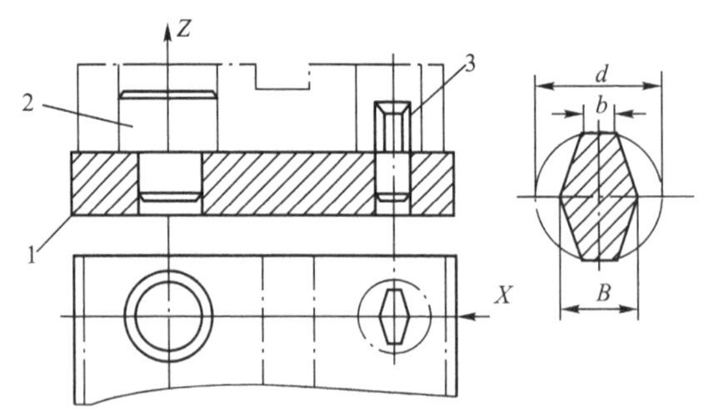

图 7.24　一面两孔组合定位

1—平面；2—圆柱销；3—菱形销；

d—圆柱销直径；b—修圆后留下圆柱部分宽度；B—菱形销宽度

3. 工件在两顶尖上组合定位

图 7.25 所示为轴类零件在机床前、后顶尖上组合定位的情况。分析组合定位所限制的自由度时，分清主次定位面是非常重要的，不能孤立地分析定位元件所限制的自由度。

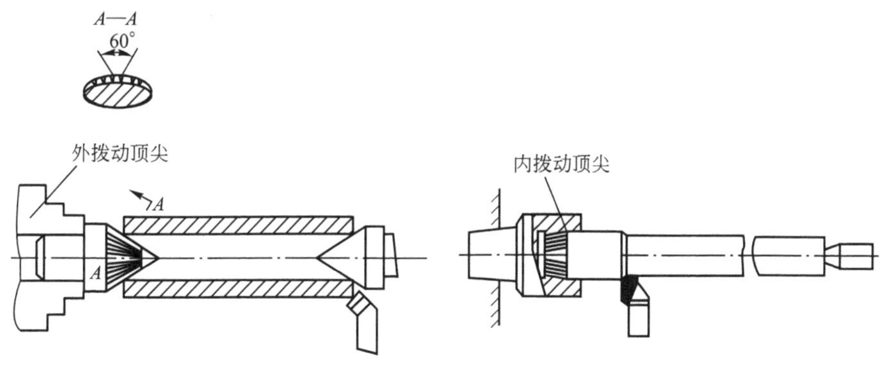

图 7.25　工件在两顶尖上的组合定位

任务 7.3　定位误差的分析与计算

7.3.1　定位误差的概念及产生原因

定位误差是由于工件在夹具上定位不准确而引起的加工误差，用符号 Δ_{DW} 表示。在采用调整法加工时，工件的定位误差实质上是工序基准在加工尺寸方向上的最大变动量。产生定位误差的原因主要由两部分组成：基准不重合误差 Δ_B 和基准位移误差 Δ_Y。

1. 基准不重合误差 Δ_B

【案例 7-5】 图 7.26(a)所示为在工件上铣缺口的工序简图，加工尺寸为 A 和 B。图 7.26(b)所示为铣缺口的加工示意图，工件的定位面是底面和 E 面。C 是对刀尺寸，在一批工件的加工过程中，其大小不变。求加工尺寸 A 和 B 的基准不重合误差。

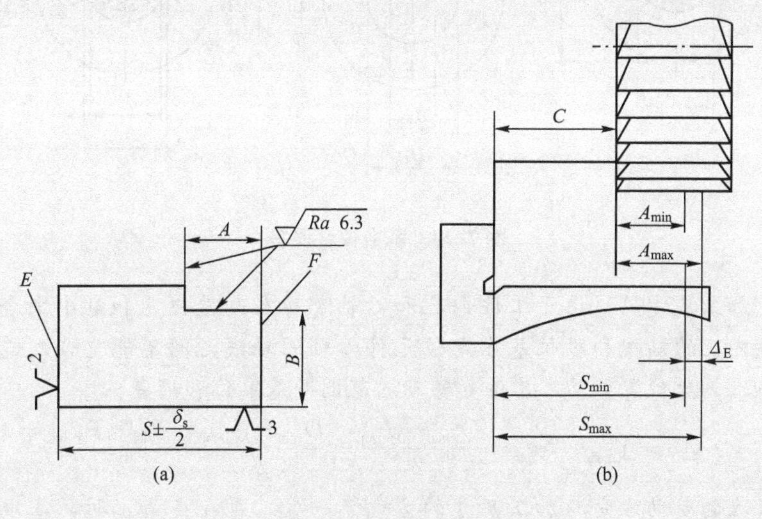

图 7.26　基准不重合误差

解：对于加工尺寸A，其工序基准为F面，定位基准为E面，工序基准和定位基准二者不重合。工序基准F受尺寸$S\pm\delta_s/2$的影响，位置是变动的。由于F的位置变动造成加工尺寸A产生误差，这个误差就是基准不重合误差。

基准不重合误差的大小等于工序基准和定位基准不重合造成的加工尺寸的变动范围。工序基准和定位基准之间的联系尺寸称为定位尺寸。很显然，基准不重合误差大小等于定位尺寸的变动范围，即定位尺寸的公差值。

由图7.26(b)可知，加工尺寸A的基准不重合误差$\Delta_B=(S+\delta_s/2)-(S-\delta_s/2)=\delta_s$。

当工序基准的变动方向与加工尺寸的方向不一致，存在夹角α时，基准不重合误差等于定位尺寸的变动范围在加工尺寸方向上的投影，即

$$\Delta_B=\delta_s\cos\alpha$$

对于加工尺寸B，由于其工序基准和定位基准均为底面，基准重合，故$\Delta_B=0$。

2. 基准位移误差Δ_Y

工件在夹具中定位时，由于存在定位副制造公差和最小配合间隙，从而使一批工件在夹具中定位时，工件的定位基准相对于定位元件的限位基准发生位置移动，此位置移动会造成加工尺寸的误差，这个误差就是基准位移误差。

【案例7-6】 图7.27(a)为圆套铣键槽的工序简图，工序尺寸为A和B。图7.27(b)为其加工示意图，工件以内孔D在圆柱心轴上定位，定位基准为O_1，限位基准为定位元件心轴的中心O，C是对刀尺寸。求尺寸A和B的基准位移误差。

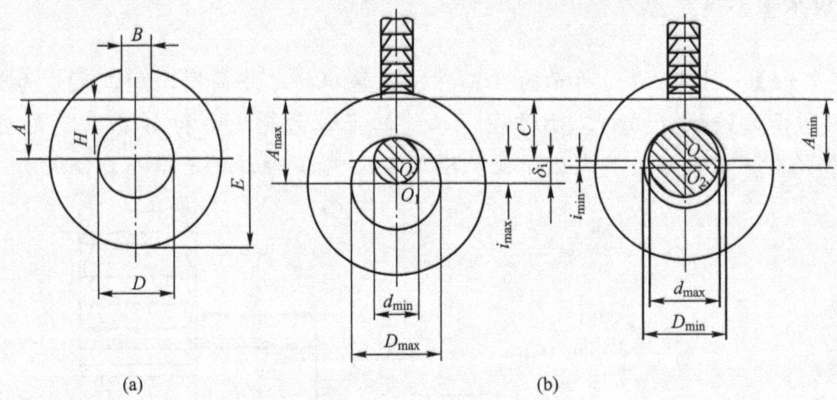

图7.27 基准位移误差

解：对于加工尺寸A，由于工件内孔和心轴都存在制造公差和最小配合间隙，使得定位基准工件内孔的轴线和限位基准定位元件心轴的轴线之间不能重合，造成定位基准相对于限位基准产生位置移动，其位置移动的范围即基准位移误差。

$$\Delta_Y=A_{max}-A_{min}=\frac{D_{max}-d_{min}}{2}-\frac{D_{min}-d_{max}}{2}=\frac{T_D+T_d}{2}$$

当定位基准的变动方向与加工尺寸的方向不一致，存在夹角α时，基准位移误差等于定位基准的变动范围在加工尺寸方向上的投影。

对于加工尺寸B，基准位移误差为0。

综上所述，定位误差的特点如下：

(1) 定位误差只产生在按调整法加工一批工件的过程中，如果按试切法逐渐加工，则不存在定位误差问题。

(2) 定位误差是工件定位时由于定位不准确产生的加工误差。其表现形式为工序基准在加工尺寸方向上相对加工表面可能产生的最大尺寸或位置变动量。

(3) 定位误差由基准不重合误差和基准位移误差两部分组成，它们是彼此独立的加工误差。基准不重合误差取决于工序基准和定位基准之间的联系尺寸，即定位尺寸的误差；基准位移误差只与定位副的制造精度有关。

(4) 求解定位误差时，先分别求解基准不重合误差和基准位移误差的大小，然后根据它们的作用方向将其合成为定位误差。

(5) 在确定定位方案和选择定位元件时，允许的定位误差值可按工序尺寸公差的1/5～1/3计算。

7.3.2　定位误差的计算方法

1. 合成法

(1) 若工序基准不在定位基面上，即 Δ_B 和 Δ_Y 无相关的公共变量，则 $\Delta_{DW}=\Delta_Y+\Delta_B$。

(2) 若工序基准在定位基面上，即 Δ_B 和 Δ_Y 有相关的公共变量，则 $\Delta_{DW}=\Delta_Y\pm\Delta_B$。式中“±”的判断方法如下：

① 分析定位基面直径由小到大或由大到小变化时，判断定位基准的变动方向。

② 当定位基面直径做相同变化(由小到大或由大到小)时，假设定位基准的位置不动，判断工序基准的变动方向。

③ 如果定位基准和工序基准的变动方向相同，取“+”；反之，则取“−”。

【案例 7-7】 如图 7.27 所示，轴套外圆直径为 $\phi d_{0}{}_{-\delta d}^{\ 0}$ mm，轴套内孔直径为 $\phi D_{\ 0}^{+\delta D}$，心轴直径为 $\phi d_{-\delta d}^{\ 0}$ mm。用合成法求工序尺寸 A、E、H 的定位误差。

解： (1) 求工序尺寸 A 的定位误差。

① 分别求出基准不重合误差和基准位移误差

$$\Delta_B=0,\ \Delta_Y=\frac{\delta D+\delta d}{2}$$

② 按照合成法，将上述误差合成，$\Delta_{DW}=\Delta_Y\pm\Delta_B=\dfrac{\delta D+\delta d}{2}$。

(2) 求工序尺寸 E 的定位误差。

① 分别求出基准不重合误差和基准位移误差

$$\Delta_B=\frac{\delta d_0}{2},\ \Delta_Y=\frac{\delta D+\delta d}{2}$$

② 按照合成法，将上述误差合成。因工序基准不在定位基面上，即 Δ_B 和 Δ_Y 无相关的公共变量，则定位误差为

$$\Delta_{DW}=\Delta_Y+\Delta_B=\frac{\delta D+\delta d}{2}+\frac{\delta d_0}{2}$$

(3) 求工序尺寸 H 的定位误差。

① 分别求出基准不重合误差和基准位移误差

$$\Delta_B=\frac{\delta D}{2},\Delta_Y=\frac{\delta D+\delta d}{2}$$

② 按照合成法，将上述误差合成。因工序基准在定位基面上，即 Δ_B 和 Δ_Y 有相关的公共变量，则定位误差为 $\Delta_{DW}=\Delta_Y\pm\Delta_B$。根据正负号的判断方法：当定位基面直径由小到大变化时，定位基准向下移动；当定位基面直径由小到大变化时，假设定位基准位置不变，则工序基准向上移动；因二者移动方向相反，所以取"—"，则

$$\Delta_{DW}=\Delta_Y-\Delta_B=\frac{\delta D+\delta d}{2}-\frac{\delta D}{2}=\frac{\delta d}{2}$$

因合成法直观易懂，有助于初学者理解和掌握定位误差的产生原因及计算，故本书采用合成法计算定位误差。

2. 微分法

微分法也叫尺寸链分析法，其方法为：先作工件的定位图，确定加工尺寸 y 与相关的工件和夹具相应几何参数 x_i 的尺寸链关系式 $y=f(x_1, x_2, \cdots, x_m)$；然后对尺寸链关系式求全微分，即可求出加工尺寸的定位误差 $\mathrm{d}y$：

$$\mathrm{d}y=\frac{\partial f}{\partial x_1}\mathrm{d}x_1+\frac{\partial f}{\partial x_2}\mathrm{d}x_2+\cdots+\frac{\partial f}{\partial x_m}\mathrm{d}x_m$$

如果组成环内有公共变量，应按公共变量对封闭环的影响方向求代数和，其他无公共变量项求绝对值和。

【案例 7-8】 图 7.28 为工件在 V 形块上铣键槽的定位示意图，按微分法计算 H、H_1、H_2 的定位误差。

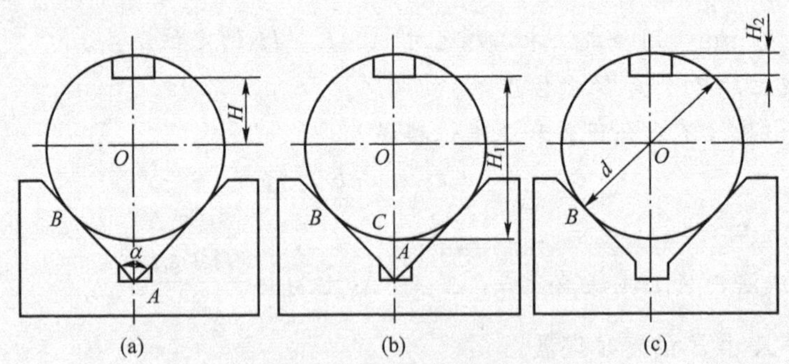

图 7.28　用微分法求定位误差

解：(1) 求工序尺寸 H 的定位误差。如图 7.28 所示，加工尺寸 H 的工序基准为圆心 O，根据图中几何关系写出圆心 O 到加工尺寸方向上某固定点 A 的距离

$$OA=\frac{OB}{\sin(\alpha/2)}=\frac{d}{2\sin(\alpha/2)}$$

对上式求全微分，可得

$$d(OA)=\frac{1}{2\sin(\alpha/2)}dd-\frac{d\cos(\alpha/2)}{4\sin^2(\alpha/2)}d\alpha$$

用微小增量代替微分，忽略V形块的角度误差，即可得到加工尺寸 H 的定位误差为

$$\Delta_{DW}=\frac{T_d}{2\sin(\alpha/2)}$$

(2) 求工序尺寸 H_1 的定位误差。

同理，写出工序基准 C 到固定点 A 的距离

$$CA=OA-OC=\frac{d}{2\sin(\alpha/2)}-\frac{d}{2}$$

取全微分，并忽略V形块的角度误差，可得到工序尺寸 H_1 的定位误差

$$\Delta_{DW}=\frac{T_d}{2\sin(\alpha/2)}-\frac{T_d}{2}=\frac{T_d}{2}\left(\frac{1}{\sin(\alpha/2)}-1\right)$$

(3) 求工序尺寸 H_2 的定位误差。

同理，可求出工序尺寸 H_2 的定位误差，读者可自行求解。

$$\Delta_{DW}=\frac{T_d}{2\sin(\alpha/2)}+\frac{T_d}{2}=\frac{T_d}{2}\left(\frac{1}{\sin(\alpha/2)}+1\right)$$

使用微分法计算定位误差，在有些情况下比几何方法简单。

7.3.3 典型表面定位时的定位误差计算

1. 平面定位时的定位误差计算

工件以平面定位时，基准位移误差是由定位表面的平面度误差引起的。一般情况下，用已加工过的平面作为定位基准，其基准位移误差可以不予考虑，即 $\Delta_Y=0$。

【案例7-9】 图7.29为工件铣45°平面的定位示意图。计算加工尺寸 A 的定位误差。

解：(1) 工件的定位基准为底面，工序基准为圆孔中心，存在基准不重合误差。定位尺寸为50mm±0.1mm，公差值为0.2mm。由于工序基准的变动方向与加工尺寸的方向存在45°夹角，基准不重合误差等于定位尺寸的变动范围在加工尺寸方向上的投影，即

$$\Delta_B=0.2\cos45°=0.1414(mm)$$

(2) 因定位基准和限位基准重合，故 $\Delta_Y=0$。

(3) 根据合成法，$\Delta_{DW}=\Delta_Y\pm\Delta_B=0.1414(mm)$。

小结：

(1) 平面定位时，一般可取 $\Delta_Y=0$。

(2) 当工序基准的变动方向与加工方向不一致时，需向加工尺寸方向投影。

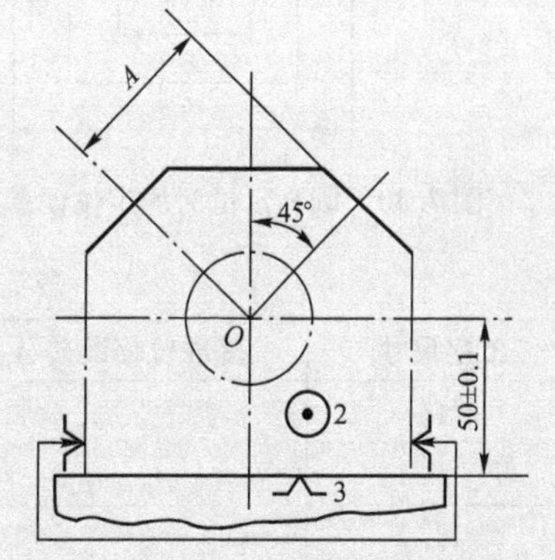

图7.29 平面定位时的定位误差计算

2. 圆孔表面定位时的定位误差计算

圆孔表面定位的主要方式是定心定位，常用的定位元件是定位销和心轴。工件在夹具中以圆孔表面定位时，其产生的定位误差随定位方式和定位副的配合性质的不同而不同。下面对工件以圆孔表面定位时的基准位移误差进行分析和计算，基准不重合误差随实际情况不同而不同，在此不做计算。

(1) 工件以圆孔表面在过盈配合心轴上定位。因为是过盈配合，定位副无间隙，所以基准位移误差 $\Delta_Y=0$。

(2) 工件以圆孔表面在间隙配合心轴上定位。工件以圆孔表面在间隙配合心轴上定位时，因心轴的放置位置不同或工件所受外力的作用方向不同，定位基面圆孔和定位元件心轴之间有两种接触方式。

① 圆孔与心轴固定单边接触。例如，工件在水平放置的心轴上定位就属于这种情况。由于定位副的制造误差和工件的自重作用，工件圆孔与心轴固定单边接触，其基准位移误差等于定位副最大间隙的一半，即

$$\Delta_Y=\frac{1}{2}X_{\max}=\frac{1}{2}(D_{\max}-d_{\min})=\frac{1}{2}(T_D+T_d)$$

② 圆孔与心轴任意边接触。例如，定位心轴垂直放置时就属于这种情况。当心轴垂直放置时，由于定位副存在制造公差和最小配合间隙，且最小配合间隙无法通过调整刀具预先予以补偿，故无法消除其对基准位移误差的影响。因此，圆孔与心轴任意边接触时的基准位移误差为

$$\Delta_Y=T_D+T_d+\Delta_{\min}$$

式中：T_D、T_d、$\Delta_{\min}$分别为圆孔的公差、心轴的公差和定位副最小配合间隙。

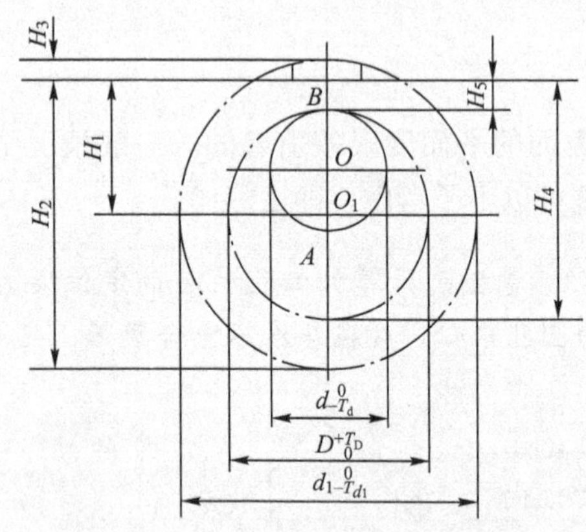

图 7.30 圆孔定位时的定位误差计算

【案例 7-10】 图 7.30 为在轴套上铣键槽的定位示意图。设定位心轴水平放置，工件在垂直外力作用下固定单边接触，求工序尺寸 H_1、H_2、H_3、H_4、H_5 及键槽相对于轴套中心对称度的定位误差。

解： 由于圆孔表面与心轴固定单边接触，当定位方式确定以后，其基准位移误差就确定了。对于不同的工序尺寸，其基准不重合误差是不同的，两者都求出后，按照合成法对二者进行合成，不同工序尺寸的定位误差见表 7-2。

表 7-2 不同工序尺寸的定位误差

工序尺寸	基准位移误差 Δ_Y	基准不重合误差 Δ_B	定位误差 $\Delta_{DW}=\Delta_Y\pm\Delta_B$
H_1	$\frac{T_D+T_d}{2}$	0	$(T_D+T_d)/2$
H_2、H_3		$T_{d1}/2$	$(T_D+T_d)/2+T_{d1}/2$
H_4		$T_D/2$	$(T_D+T_d)/2+T_D/2$
H_5		$T_D/2$	$(T_D+T_d)/2-T_D/2$

3. 外圆表面定位时的定位误差计算

外圆表面的定位方式是定心定位或支承定位，常用的定位元件为定位套、支承板和V形块。采用定位套定位时，定位误差的分析、计算与圆孔表面定位相同；采用支承板定位时，定位误差的分析、计算与平面定位相同。现重点分析V形块定位时的定位误差计算。

V形块是一种对中定心元件，考虑到定位副的制造误差，工件以外圆柱面定位时只在V形块对称平面垂直方向上产生基准位移误差，在水平方向上没有基准位移误差。

【案例7-11】 图7.31为工件在V形块上铣键槽的定位示意图，按合成法计算 H_1、H_2、H_3 的定位误差。

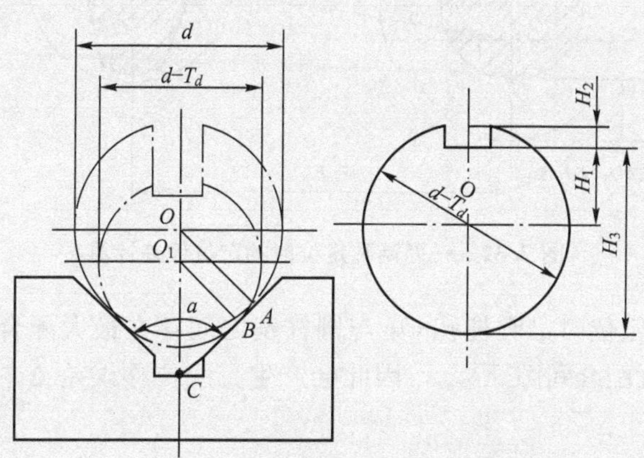

图7.31　外圆表面定位时的定位误差计算

解：(1) 先计算基准位移误差。工件以外圆面在V形块上定位，由于存在定位副制造误差，会造成定位基准相对于限位基准发生位置移动，定位基准 O 位置移动的最大值为基准位移误差，即

$$\Delta_Y = OO_1 = OC - O_1C = \frac{OA}{\sin(\alpha/2)} - \frac{O_1B}{\sin(\alpha/2)} = \frac{\frac{d}{2}}{\sin(\alpha/2)} - \frac{\frac{d-T_d}{2}}{\sin(\alpha/2)}$$

$$= \frac{d}{2\sin(\alpha/2)} - \frac{d-T_d}{2\sin(\alpha/2)} = \frac{T_d}{2\sin(\alpha/2)}$$

(2) 分别求工序尺寸 H_1、H_2、H_3 的基准不重合误差。

(3) 将基准位移误差和基准不重合误差进行合成，得到定位误差，合成结果见表7-3。

表7-3　定位误差

工序尺寸	基准位移误差 Δ_Y	基准不重合误差 Δ_B	定位误差 $\Delta_{DW}=\Delta_Y \pm \Delta_B$
H_1	$\frac{T_d}{2\sin(\alpha/2)}$	0	$\Delta_{DW}=\Delta_Y$
H_2		$T_d/2$	$\Delta_{DW}=\Delta_Y+\Delta_B$
H_3		$T_d/2$	$\Delta_{DW}=\Delta_Y-\Delta_B$

4. 一面两孔定位时定位误差的计算

工件以一面两孔在平面支承和两个圆柱销上定位时，两销在连心线方向上会出现过定位。为了防止工件定位孔无法装入夹具定位销的情况，必须用削边的菱形销代替其中的一个圆柱销，如图 7.32 所示。

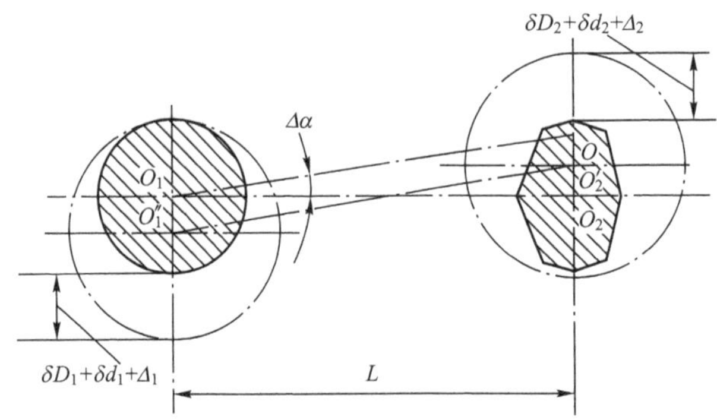

图 7.32　一面两孔定位时的定位误差计算

工件以一面两孔定位时，圆柱孔 O_1 与圆柱销之间存在最大配合间隙 $X_{1\max}$，圆柱孔 O_2 与菱形销存在最大配合间隙 $X_{2\max}$，因此会产生直线位移误差 Δ_{Y1} 和 Δ_{Y2}，二者组成基准位移误差 $\Delta_Y=\Delta_{Y1}+\Delta_{Y2}$。

因 $X_{1\max}<X_{2\max}$，所以直线位移误差 Δ_{Y1}受 $X_{1\max}$的控制，当工件在外力作用下单向位移时，$\Delta_{Y1}=X_{1\max}/2$；当工件在任意方向位移时，$\Delta_{Y1}=X_{1\max}$。

工件以一面两孔定位时，有可能出现图 7.32 所示工件轴线偏斜的极端情况。工件轴线相对于两销轴线的偏转角为

$$\Delta\alpha=\arctan\frac{O_1O_1'+O_2O_2'}{L}$$

$$O_1O_1'=\frac{1}{2}(\delta_{D1}+\delta_{d1}+\Delta_{1\min})$$

$$O_2O_2'=\frac{1}{2}(\delta_{D2}+\delta_{d2}+\Delta_{2\min})$$

式中：δ_D、δ_d、$\Delta_{\min}$分别为内孔直径、定位销直径和最小配合间隙。

5. 工件以一面两孔定位时的设计步骤

这里只介绍定位元件为圆柱销、削边销和平面支承的情况。设计步骤如下：

(1) 确定两定位销的中心距和尺寸公差。销间距的基本尺寸和孔间距相同，销间距的公差 δ_{Ld}是孔间距公差 δ_{LD}的 1/5～1/3。

$$\delta_{Ld}=\left(\frac{1}{5}\sim\frac{1}{3}\right)\delta_{LD}$$

(2) 确定圆柱销的尺寸及公差。圆柱销直径的基本尺寸是定位孔的最小极限尺寸，配合按 g6 或 f7 选取。

(3) 按表 7-4 选取削边销留下的宽度尺寸 b_1 或削边销修圆后留下的圆柱部分宽度 b 及削边销的宽度 B，其中 d 为削边销工作部分直径，单位为 mm。

表 7-4　参数的选取　　（单位：mm）

d	>3～6	>6～8	>8～20	>20～25	>25～32	>32～40	>40～50	>50
B	$d-0.5$	$d-1$	$d-2$	$d-3$	$d-4$	$d-5$	$d-5$	—
b	1	2	3	3	3	4	5	—
b_1	2	3	4	5	5	6	8	14

（4）确定削边销的直径尺寸和公差以及销与孔的配合性质。首先根据公式求出削边销的最小配合间隙 $X_{2\min}$，然后求出削边销工作部分直径 $d_{2\max}$，削边销与孔的配合按 h6 选取（a 为补偿值）。

$$a=\delta_{LD}+\delta_{Ld}\text{，}\ X_{2\min}=\frac{2ab_1}{D_{2\min}}$$

$$d_{2\max}=D_{2\min}-X_{2\min}$$

（5）计算定位误差，分析定位精度。

【案例 7-12】 图 7.33 所示为工件以 $2\times\phi 12^{+0.027}_{0}$ mm 孔定位的方案。已知两定位孔的中心距为 59mm±0.1mm，设计两定位销的尺寸及公差并计算定位误差。

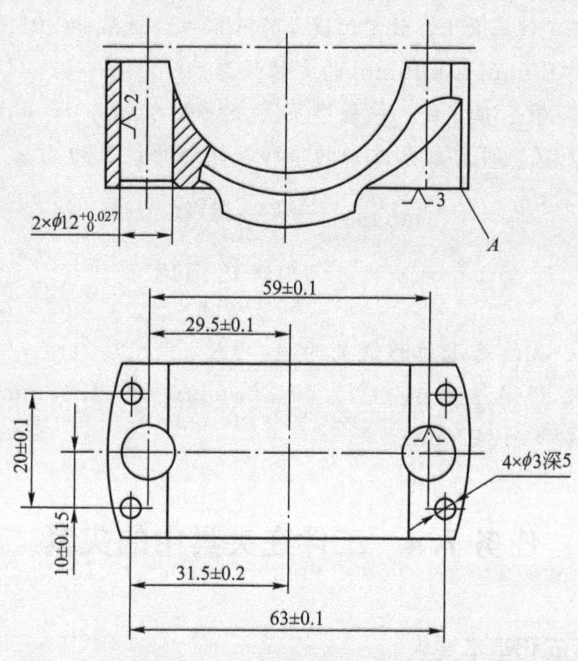

图 7.33　一面两孔定位时的设计

解： 根据工件以一面两孔定位时的设计步骤来设计定位销的尺寸及公差。

（1）确定定位销的中心距及其公差。取 $\delta_{Ld}=\frac{1}{5}\delta_{LD}=\frac{1}{5}\times 0.1=0.02$(mm)。故定位销的中心距为 59mm±0.02mm。

（2）确定圆柱销的尺寸及其公差。取圆柱销的尺寸及公差为 $\phi 12\text{g}6=\phi 12^{-0.006}_{-0.017}$(mm)。

（3）根据表 7-4 选取 b_1 和 B。取 $b_1=4$mm，$B=d-2=12-2=10$(mm)。

（4）确定削边销的直径尺寸及公差。

$$a=\delta_{LD}+\delta_{Ld}=0.1+0.02=0.12(mm)$$

$$X_{2min}=\frac{2ab_1}{D_{2min}}=\frac{2\times0.12\times4}{12}=0.08(mm)$$

$$d_{2max}=D_{2min}-X_{2min}=12-0.08=11.92(mm)$$

削边销与孔的配合取h6，其下极限偏差为−0.011mm，故削边销直径为

$$d_{2max}=\phi11.92_{-0.011}^{\ 0}=\phi12_{-0.091}^{-0.080}(mm)$$

$$X_{2max}=D_{2max}-d_{2min}=T_{D2}+T_{d2}+X_{2min}$$
$$=0.027+[-0.08-(-0.091)]+0.08=0.118\ (mm)$$

(5) 计算尺寸31.5mm±0.2mm的定位误差。

对于尺寸31.5mm±0.2mm，其定位尺寸为29.5mm±0.1mm，故基准不重合误差为$\Delta_B=0.2mm$；

对于尺寸31.5mm±0.2mm，由于加工尺寸方向与连心线方向平行，故基准位移误差为$X_{1max}=\Delta_Y=\delta_{D1}+\delta_{d1}+X_{1min}=0.027+[(-0.006)-(-0.017)]+[0-(-0.006)]=0.044(mm)$。

由于工序基准不在定位基面上，故定位误差为$\Delta_{DW}=\Delta_Y+\Delta_B=0.044+0.2=0.244(mm)$。

(6) 计算加工尺寸10mm±0.15mm的定位误差。

由于定位基准和工序基准重合，故基准不重合误差为$\Delta_B=0$；由于定位基准和限位基准不重合，定位基准O_1O_2可作任意方向的位移，故转角误差为

$$\tan\Delta\alpha=\frac{X_{1max}+X_{2max}}{2L}$$
$$=\frac{0.044+0.118}{2\times59}\approx0.00137$$

查表，求得左边小孔的基准位移误差为$\Delta_Y=X_{1max}+2L_1\tan\Delta\alpha=0.05(mm)$；同理，求得右边小孔的基准位移误差为$\Delta_Y=X_{2max}+2L_2\tan\Delta\alpha=0.124(mm)$。定位误差取最大值，得$\Delta_{DW}=\Delta_Y+\Delta_B=0.124(mm)$。

任务7.4 工件在夹具中的夹紧

7.4.1 夹紧装置的组成和基本要求

1. 夹紧装置的组成

(1) 动力装置：能够产生原始作用力的装置称为动力装置。常用的动力装置包括气动装置、液压装置、气-液联动装置、电动装置、电磁装置及真空装置等。

(2) 夹紧机构：接受和传递原始作用力，并使之变为夹紧力和执行夹紧任务的机构。它包括中间递力机构和夹紧元件。中间递力机构的作用是把原始作用力传递给夹紧元件，再由夹紧元件对工件进行夹紧，最终完成夹紧任务。

中间递力机构在传递夹紧力的过程中，可以起到以下作用：改变作用力的方向，改变作用力的大小，保证夹紧机构安全、可靠并具有一定的自锁性能。常用的中间递力机构有

斜面、杠杆和螺旋机构等。图 7.34 为夹紧装置的组成示意图。

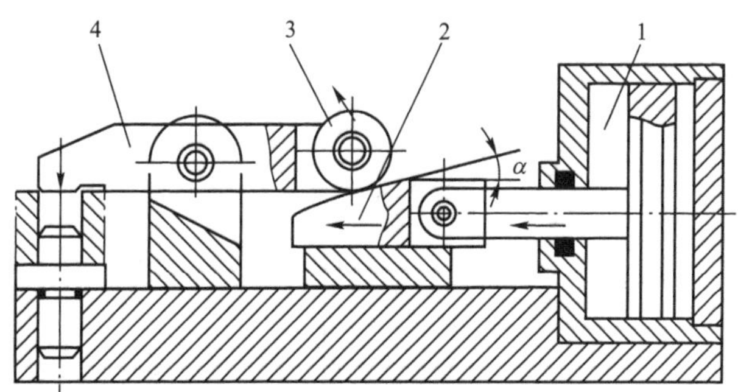

图 7.34 夹紧装置的组成示意图

1—气缸；2—斜楔；3—滚子；4—压板

2. 夹紧装置的基本要求

夹紧装置设计是否合理，对保证加工质量、提高劳动生产率和减轻工人劳动强度有很大的影响。对夹紧装置的基本要求如下：

(1) 在夹紧过程中，夹紧装置应有助于定位而不应破坏定位。

(2) 夹紧力的大小应适当，应能保证在加工过程中工件不发生移动和振动。

(3) 夹紧变形应尽量小，夹紧力不损伤工件表面。

(4) 夹紧装置的复杂程度应与工件的生产纲领相适应。

(5) 应有足够的夹紧行程，手动时要有一定的自锁性能。

(6) 结构紧凑，动作灵活，制造维修方便，工艺性好。

(7) 操作安全、省力、方便、可靠，有足够的强度和刚度。

7.4.2 夹紧力的确定

1. 夹紧力方向的确定

(1) 夹紧力的方向应垂直于主要定位基准。对工件只施加一个夹紧力，或施加几个方向相同的夹紧力时，夹紧力的方向应垂直于主定位基准。

【案例 7-13】 图 7.35 为在角形支座上镗与 A 面垂直的孔的示意图。

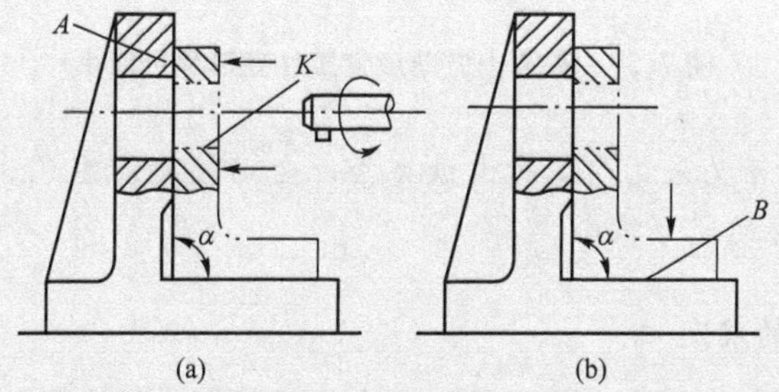

图 7.35 夹紧力方向应垂直于主定位基准

解： 图 7.35 中，A 面为主定位基准，故夹紧力的方向应垂直于 A 面而不是 B 面。如果要求镗孔平行于 B 面，则夹紧力的方向应该垂直于 B 面。

(2) 夹紧力的方向应有利于减小夹紧力。在保证夹紧可靠的情况下，减小夹紧力可以减轻工人的劳动强度，提高劳动生产率。

【案例 7-14】 根据图 7.36 中切削力 F、重力 G 和夹紧力 F_w 三力方向之间的关系，试确定夹紧力方向的合理性。

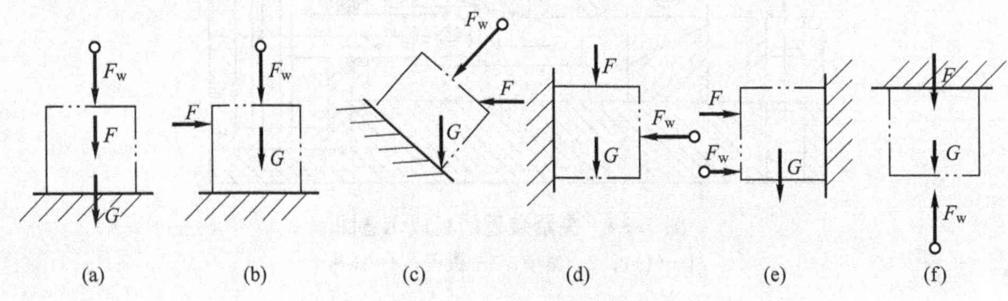

图 7.36　夹紧力方向应使夹紧力尽可能小

解： 为了使夹紧力尽可能小，夹紧力的方向应与重力、切削力等力的方向相同，这时的夹紧力最小。显然，图 7.36(a)最合理，图 7.36(f)最差。

(3) 夹紧力的方向应使工件变形尽可能小。由于工件在不同方向上刚度是不等的，不同的受力表面应接触面积大小不同而变形各异。因此在夹紧薄壁工件时，夹紧力的方向应使工件变形尽可能小。

【案例 7-15】 图 7.37 为套筒的两种夹紧方案，试确定夹紧力的方向。

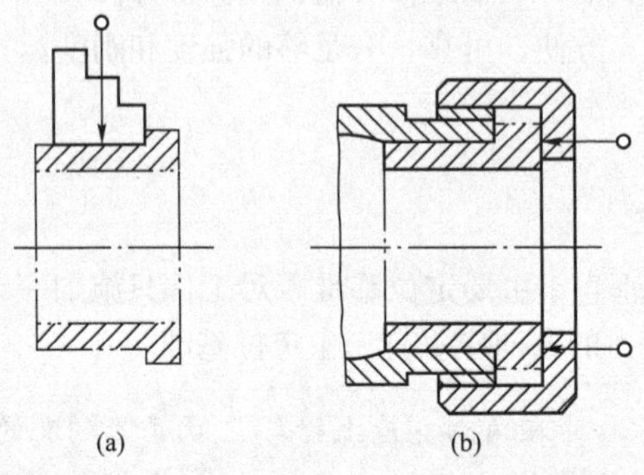

图 7.37　夹紧力方向应使工件变形尽可能小

解： 图 7.37(a)所示为采用自定心卡盘夹紧，变形较大；图 7.37(b)所示为采用特制螺母从轴向夹紧，工件的变形较小。

2. 夹紧力作用点的确定

(1) 夹紧力的作用点应落在定位元件上或定位元件形成的支承范围内。

【案例 7-16】 分析图 7.38 所示夹紧力作用点的合理性。

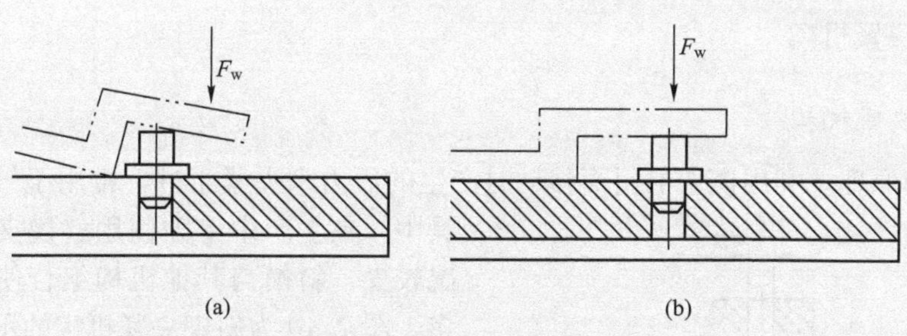

图 7.38 夹紧力作用点应在定位元件的支承范围内

解：图 7.38(a)所示夹紧力作用在支承范围之外，会使工件倾斜或移动，图 7.38(b)所示夹紧力作用是合理的。

(2) 夹紧力作用点应落在工件刚性较好的方向和部位。

【案例 7－17】 分析图 7.39 所示薄壁箱体夹紧力作用点的合理性。

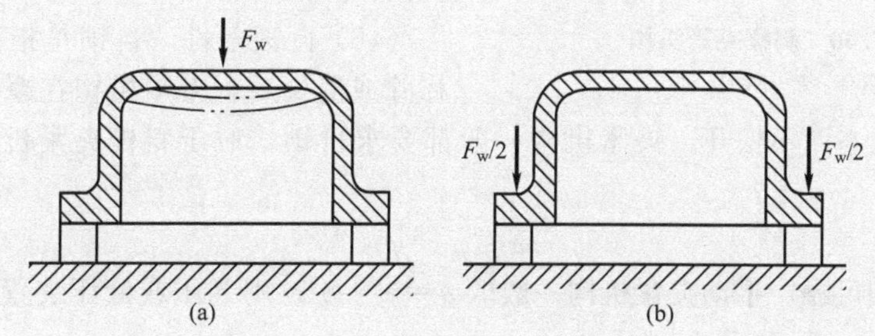

图 7.39 夹紧力作用点应落在工件刚性较好的方向和部位

解：图 7.39 所示的薄壁箱体，夹紧力应作用在箱体的凸边上［图 7.39(b)］，而不应作用在箱体的顶面上［图 7.39(a)］。

3. 夹紧力大小的确定

在夹紧力方向和作用点确定以后，还需合理确定夹紧力的大小。夹紧力的大小对确定夹紧装置的结构尺寸、保证工件定位的稳定和夹紧的可靠性等有很大的影响。夹紧力不足，会使工件在切削过程中产生位移并引起振动；夹紧力过大，又会造成工件变形或表面损伤。

夹紧力大小的计算比较复杂，一般只做粗略的估算。在确定夹紧力时，通常将夹具和工件看成一个刚性系统，并视工件在切削力、夹紧力、重力和惯性力等作用下，出现最不利情况时按静力平衡状态求出理论夹紧力 W。为安全起见，再乘以安全系数 K，即可得到实际夹紧力 W_0。粗加工时，$K=2.5\sim3.5$；精加工时，$K=1.5\sim2.0$。

在夹具设计中，并非所有情况都要计算夹紧力。设计手动夹紧装置时，常根据经验或类比的方法来确定夹紧力的大小；设计气动、液动、多件夹紧装置或设计低刚性工件的夹紧装置时，多数情况应对切削力进行试验测定后，再估算夹紧力的大小。

7.4.3 典型夹紧机构

1. 斜楔夹紧机构

(1) 工作原理。利用楔块的斜面移动时产生的压力来夹紧工件，常用于气动和液压夹具中。在生产中单独使用斜楔夹紧工件的情况较少，斜楔与其他机构组合使用的情况较多。图7.40为斜楔夹紧机构的示意图。

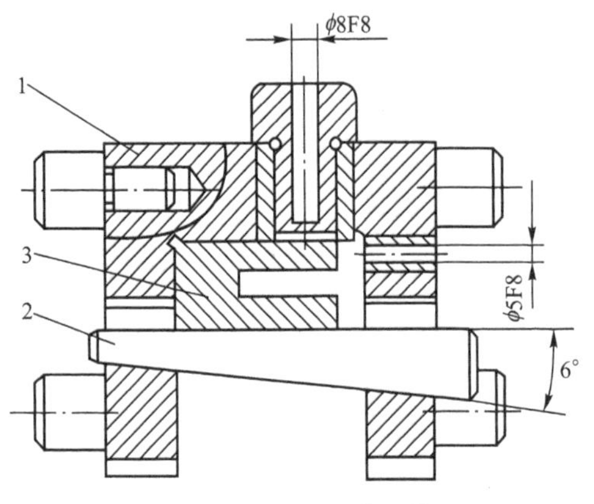

图7.40 斜楔夹紧机构

1—夹具体；2—斜楔；3—工件

(2) 夹紧力的计算

$$W=\frac{Q}{\tan\varphi_1+\tan(\alpha+\varphi_2)}$$

式中：W、Q 分别为理论夹紧力和作用在楔块上的原始力；φ_1、φ_2、α 分别为楔块与工件的摩擦角、楔块与夹具体的摩擦角及斜楔的夹角。

(3) 自锁条件。自锁是指当原始外力 Q 撤除或消失后，夹紧机构在摩擦力作用下仍能保持其夹紧状态而不松开。夹紧机构一般都要求自锁，对于斜楔夹紧机构，其自锁条件为

$$\alpha\leqslant\varphi_1+\varphi_2$$

为保证自锁可靠，手动夹紧机构一般取 $\alpha=6°\sim8°$；用气压或液压装置驱动的斜楔不需要自锁，取 $\alpha=15°\sim35°$。

(4) 斜楔夹紧机构的特点。斜楔夹紧机构具有结构简单、增力比大、自锁性好等特点，因此获得广泛应用。

2. 螺旋夹紧机构

(1) 工作原理。螺旋夹紧机构就像绕在圆柱体上的一个斜楔。转动螺旋夹紧机构，使绕在圆柱体上的斜楔高度发生变化从而达到夹紧或放松工件的目的。图7.41所示为常见的螺旋夹紧机构。

(2) 夹紧力的计算

$$W=\frac{QL}{\frac{d_0}{2}\tan(\alpha+\varphi_1')+r'\tan\varphi_2}$$

式中：L 为作用力臂；α 为螺纹升角；d_0 为螺纹中径；φ_1'为螺纹副的当量摩擦角；φ_2 为螺杆(或螺母)端部与工件(或压块)间的摩擦角；r'为螺杆(或螺母)端部与工件(或压块)间的当量摩擦半径。

(3) 螺旋夹紧机构的特点。螺旋夹紧机构具有结构简单、紧凑，增力效果突出，自锁性能好，夹紧行程大等优点，但每次夹紧和松开工件的时间较长，夹紧效率低。

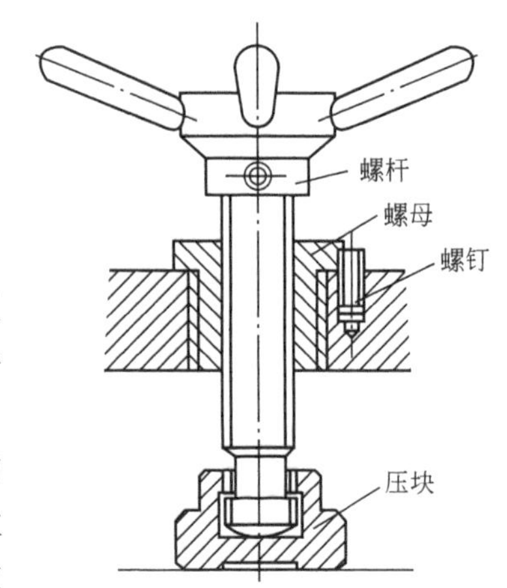

图7.41 螺旋夹紧机构

提高螺旋夹紧机构夹紧效率的措施是采用各种快速螺旋夹紧机构。如图 7.42(a)中，在螺母 2 的下方增加开口垫圈 3，螺母的外径小于工件内孔直径，只要稍微放松螺母，即可抽出垫圈，工件便可取出；图 7.42(b)所示为快卸螺母，螺母孔内钻有光孔，其孔径略大于螺纹的外径，螺母 2 斜向沿光孔套入螺杆 1，然后将螺母摆正，使螺母的螺纹与螺杆啮合，再拧动螺母，便可夹紧工件。但螺母的螺纹部分被切去一部分，因此啮合部分减小，夹紧力不能太大。

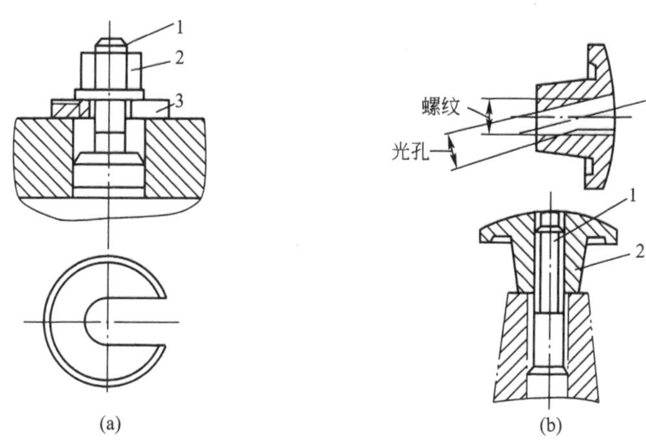

图 7.42 快速螺旋夹紧机构

1—螺杆；2—螺母；3—开口垫圈

3. 偏心夹紧机构

(1) 工作原理。偏心夹紧机构依靠偏心轮回转时回转半径变大而产生夹紧作用，其原理和斜楔工作时斜面高度由小变大产生的楔紧作用是一样的。实际上偏心轮可视为一楔角变化的斜楔。图 7.43 为圆偏心夹紧机构的示意图。

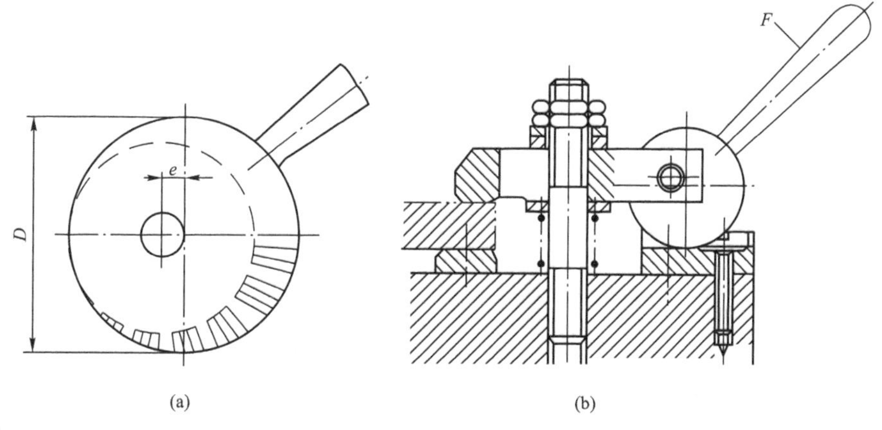

图 7.43 圆偏心夹紧机构

D—偏心轮直径；e—偏心距

(2) 夹紧力的计算

$$W=\frac{QL}{\rho[\tan\varphi_1+\tan(\alpha+\varphi_2)]}$$

式中：ρ 为偏心转动中心到作用点之间的距离；α 为偏心轮楔角；φ_1 为偏心轮与工件间的摩擦角；φ_2 为偏心轮与转轴间的摩擦角。

(3) 自锁条件。圆偏心的升角是随着转角的变化而变化的，如果夹紧点处的升角小于摩擦角就可以保证机构自锁。若升角最大的地方能够实现偏心夹紧机构自锁，则偏心轮工作部分其他各点一定能实现自锁，故圆偏心机构的自锁条件为

$$\alpha_{\max} \leqslant \varphi_1 + \varphi_2$$

根据上述自锁条件，可以推导出当 $D/e \geqslant 14 \sim 20$ 时，机构即能实现自锁。此比值称为偏心轮的偏心特性参数。根据偏心圆的特性参数，可决定偏心圆的基本尺寸。

(4) 偏心夹紧机构的特点。偏心夹紧机构操作方便，夹紧迅速，缺点是夹紧力和夹紧行程小，一般用于切削负荷不大、振动小的场合。

4. 定心夹紧机构

定心夹紧机构是一种同时对工件进行定心定位和夹紧的机构。定心夹紧机构中与工件定位基面相接触的元件，既是定位元件，又是夹紧元件。定心夹紧机构主要用于要求准确定心或对中的场合。定心夹紧机构根据其工作原理可分为以下两类。

1) 按等速移动原理工作的定心夹紧机构

图 7.44 所示为螺旋定心夹紧机构。螺杆 3 的两端分别有螺距相等的左、右旋螺纹，转动螺杆，通过左、右旋螺纹带动两个 V 形块 1 和 2 同步向中心移动，从而实现工件的定位和夹紧。叉形件 7 可用来调整对称中心的位置。

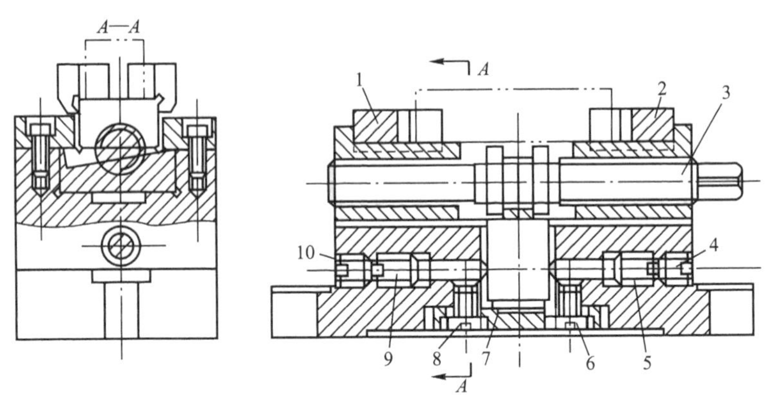

图 7.44　螺旋定心夹紧机构

1、2—V 形块；3—螺杆；4、5、6、8、9、10—螺钉；7—叉形件

2) 按均匀弹性变形原理工作的定心夹紧机构

图 7.45(a)所示为工件以外圆柱面定位的弹簧夹头，旋转螺母 4，其内螺孔端面推动弹性筒夹 2 向左移动，锥套 3 内锥面迫使弹性筒夹 2 上的簧瓣向里收缩，将工件定心夹紧。

图 7.45(b)所示为工件以内孔定位的弹簧心轴，旋转带肩螺母 8 时，其端面向左推动锥套 7，迫使弹性筒夹 6 上的簧瓣向外涨开，从而将工件定心夹紧。

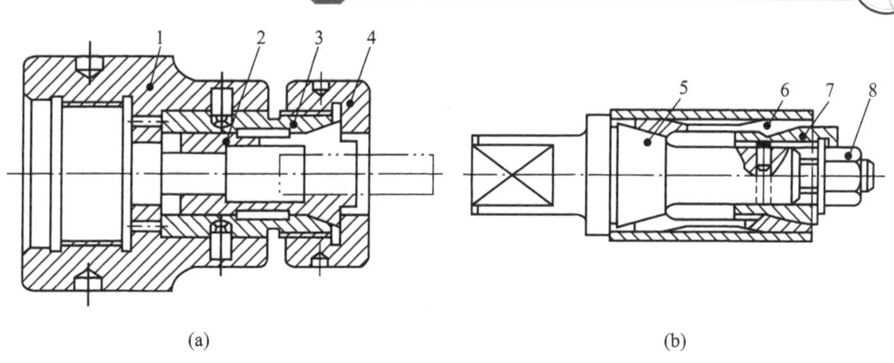

图 7.45　弹性定心夹紧机构

1—夹具体；2、6—弹性筒夹；3、7—锥套；4、8—螺母；5—心轴

5. 联动夹紧机构

利用一个原始作用力，实现单件或多件的多点、多向同时夹紧的机构称为联动夹紧机构。联动夹紧机构是一种高效夹紧机构，可以简化操作，减轻劳动强度和降低成本。常见的联动夹紧机构有单件多点夹紧机构(图 7.46)、多件平行夹紧机构(图 7.47)、多件对向夹紧机构(图 7.48)、多件连续夹紧机构(图 7.49)。

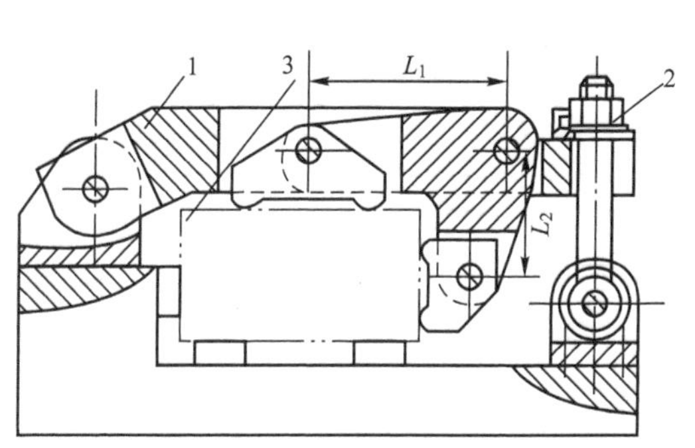

图 7.46　单件多点夹紧机构

1—压板；2—螺母；3—工件

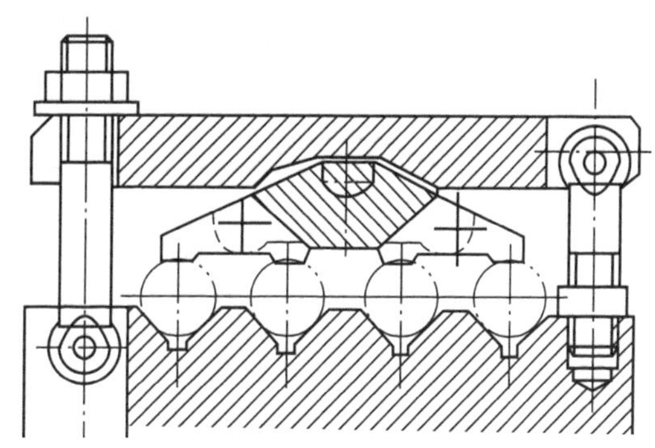

图 7.47　多件平行夹紧机构

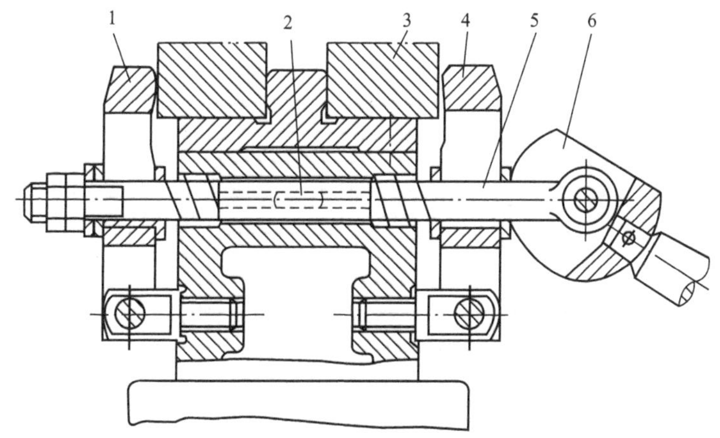

图 7.48　多件对向夹紧机构

1、4—压板；2—键；3—工件；5—拉杆；6—偏心轮

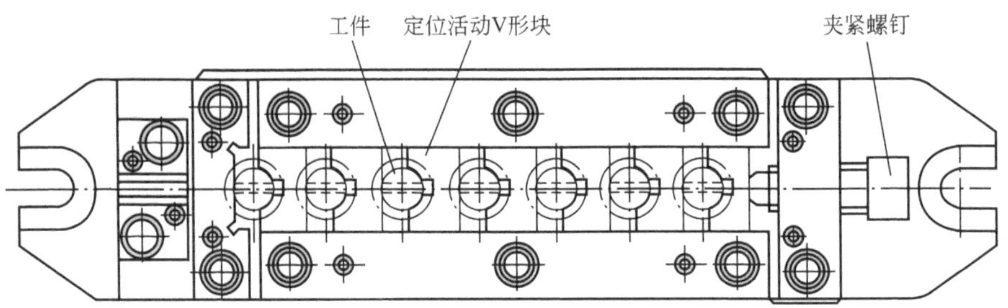

图 7.49　多件连续夹紧机构

7.4.4　夹紧机构的动力装置

1. 气动夹紧装置

气动夹紧装置的动力源是压缩空气，其工作压力通常为 0.4～0.6MPa。典型的气动传动系统如图 7.50 所示。图中的雾化器、减压阀、压力表、气缸等组成元件的结构尺寸都已标准化，设计时可参考相关资料和手册。

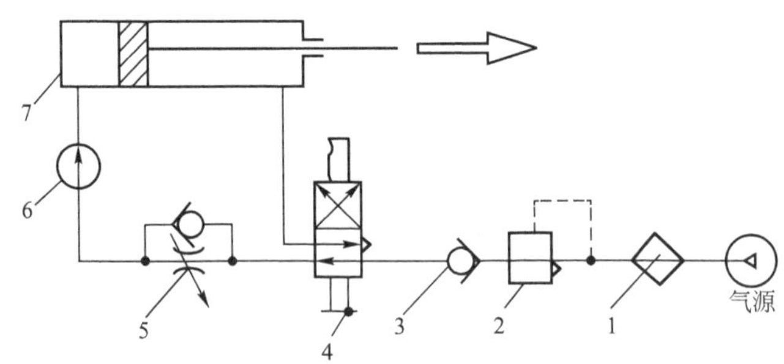

图 7.50　气动传动系统

1—雾化器；2—减压阀；3—单向阀；4—分配阀；5—调速阀；6—压力表；7—气缸

2. 液压夹紧装置

液压夹紧装置由高压油产生动力，工作原理类似于气动夹紧装置。液压夹紧装置一般多用在液压机床、组合机床及重型机床上，在机床夹具中不如气动夹紧装置应用广泛。液压传动装置的结构设计可参考有关教材或书籍。

3. 气-液联合夹紧装置

气-液联合夹紧装置的力源是压缩空气，但需要特殊的增压器。它比气动夹紧装置复杂，比液压夹紧装置简单，综合了气压传动和液压传动的优点。图 7.51 为气-液联合夹紧装置的工作原理图。

气-液联合夹紧装置的油缸体积小，安装在夹具中灵活方便，一般多用在压板夹紧机构中。关于增压器的更多内容，可参考设计手册。

4. 电磁夹紧装置

电磁夹紧装置也称电磁工作台或电磁吸盘，一般均作为机床附件提供。图 7.52 为车

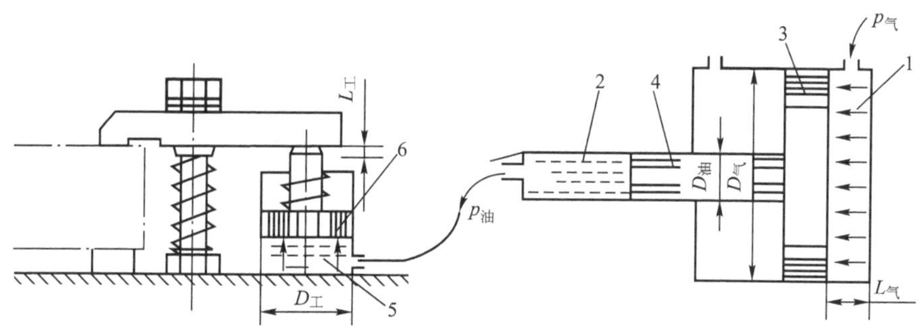

图 7.51　气-液联合夹紧装置工作原理

1—气缸；2、5—油缸；3、6—活塞；4—活塞杆

床用感应式电磁卡盘的结构示意图。当线圈 1 通上直流电后，在铁心 4 上产生磁力线，避开隔磁体 5 使磁力线通过工件和导磁体 6 形成闭合回路，工件被磁力吸在卡盘上。断电后，磁力消失，取下工件。

5. *真空夹紧装置*

真空夹紧装置的工作原理是利用大气压力和封闭腔内气压之差来吸紧工件的。图 7.53 所示为真空夹紧装置的工作原理。夹具体 1 上加工出密封槽并装有橡皮密封圈 2，工件放在密封圈 2 上则与夹具体之间形成封闭空腔，再通过孔道，由真空泵将空腔抽为真空，工件就在空腔内、外压力差作用下被均匀地吸在夹具体上。

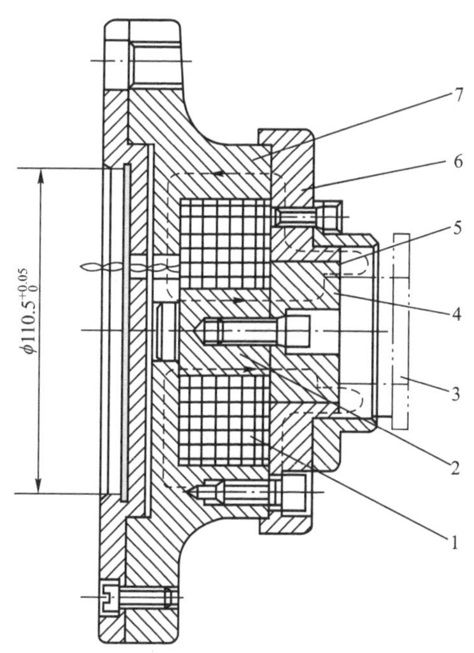

图 7.52　感应式电磁卡盘的结构

1—线圈；2—铁心；3—工件；
4、6—导磁体定位件；5—隔磁体；7—夹具体

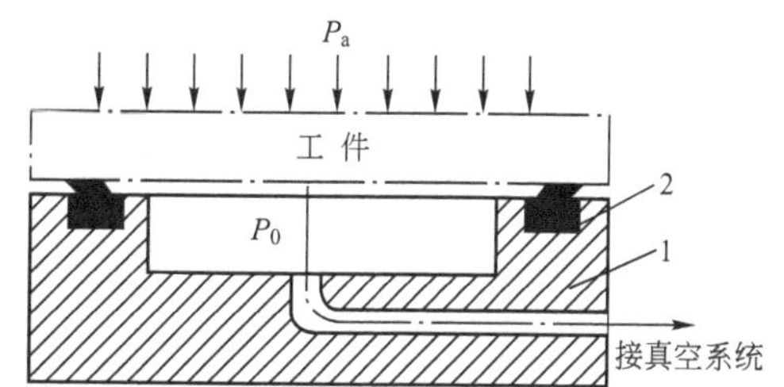

图 7.53　真空夹紧装置工作原理

1—夹具体；2—密封圈

任务 7.5　夹具在机床上的定位和其他装置

7.5.1　夹具在机床上的定位

1. 夹具的定位及其意义

工件的定位是指工件相对于夹具占有正确的位置，夹具的定位是指夹具在机床上占有正确的位置。夹具在机床上定位的实质是夹具定位元件对机床成形运动的定位，其定位精度取决于夹具定位元件与夹具定位面的位置精度和夹具定位面与机床的配合精度。

2. 夹具与机床的连接

夹具在机床上的定位是通过连接元件实现的。虽然用于各类机床的连接元件各不相同，但基本上可分为两种：一种用于安装在机床的平面工作台上，如铣床、刨床、钻床、镗床和平面磨床等；另一种用于安装在机床的回转主轴上，如车床和内、外圆磨床等。

1）夹具在平面工作台的连接定位

夹具在机床平面工作台上是用夹具体的底平面和定向键连接定位的。为了保证夹具安装面与机床工作台有良好的接触，夹具体底平面的结构形式及加工精度都应满足一定的要求。

对于铣床夹具，除底平面连接定位外，还要通过两个定向键与铣床工作台 T 形槽配合，以确定夹具机床工作台上的方向，并承受部分切削力矩，增强夹具在工作过程中的稳定性。图 7.54 为标准定向键的结构图。

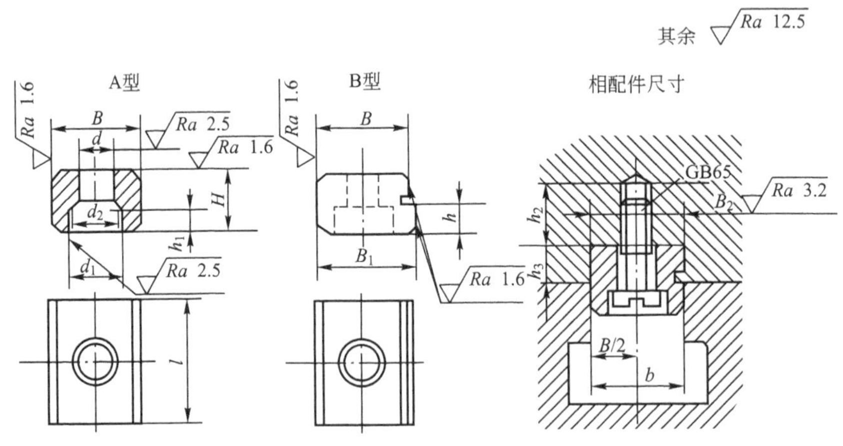

图 7.54　标准定向键的结构

为方便铣床夹具在工作台上的固定，通常在铣床夹具体纵向两端设计带 U 形槽的耳座，供 T 形槽用螺栓穿过。带 U 形槽耳座的常用结构形式如图 7.55(b)和图 7.55(c)所示。

2）夹具在机床主轴上的连接定位

夹具在机床主轴上的连接定位取决于主轴端部的结构形式。

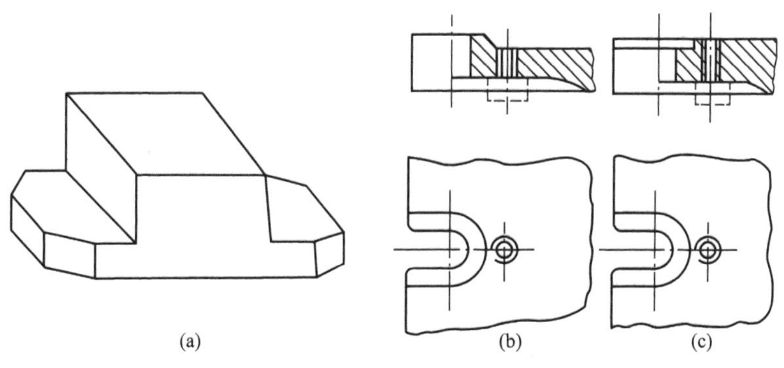

图 7.55　带 U 形槽耳座的常用结构形式

【案例 7-18】 图 7.56 为夹具在机床主轴上的连接定位方式。试分析其结构特点。

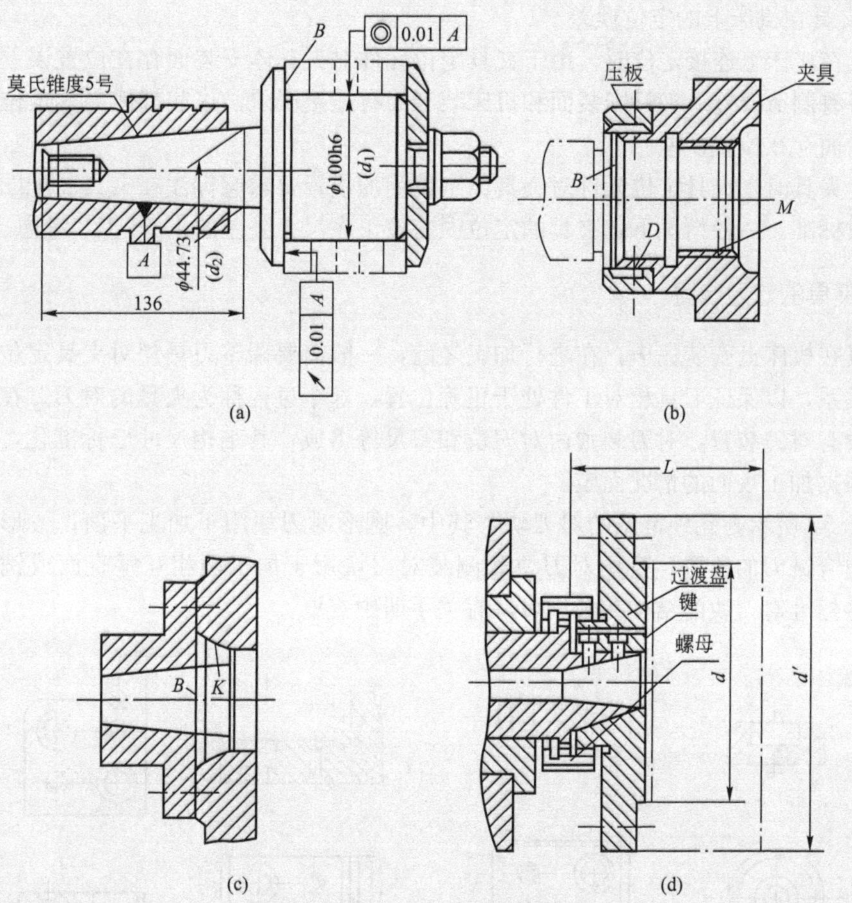

图 7.56　夹具在机床主轴上的连接定位

解： 图 7.56(a)中，夹具以长锥柄装夹在主轴锥孔中，锥柄一般为莫氏锥度。根据需要可用拉杆从主轴尾部将夹具拉紧。这种连接定位方法迅速方便，没有配合间隙，可以保证夹具的回转轴线与机床主轴轴心线有较高的同轴度，定位精度较高；缺点是刚度低，适用于轻切削的小型夹具，如刚性心轴和自动定心心轴等。

图 7.56(b)中，夹具以端面 B 和圆柱孔 D 在心轴上定位，依靠螺纹 M 紧固，并用压块防松，孔与轴的配合一般采用 H7/h6 或 H7/js6。这种结构制造容易，但定位精度较低，适用于精度要求较低的加工中。

图 7.56(c)中，夹具以端面 B 和短锥面 K 定位，另外用螺钉紧固。这种连接定位方式因没有间隙而具有较高的定心精度，并且连接刚度好，但要同时保证锥面和端面都能很好接触，制造精度要求较高。

图 7.56(d)中，对于径向尺寸较大的夹具，一般采用过渡盘与机床主轴连接。过渡盘一面与机床主轴连接，结构形式应满足所使用机床的主轴端部结构要求；另一面与夹具连接，通常设计成端面与短圆柱面定位的形式，并用螺钉紧固。

3) 夹具在机床上的定位误差

夹具在机床上连接定位时，由于夹具定位元件对夹具体安装面存在位置误差、夹具安装面本身有制造误差、夹具安装面和机床装卡面有连接误差，这些都使夹具定位元件相对机床装卡面存在位置误差。

设计夹具时，夹具定位元件对夹具体定位面的位置要求应标注在夹具装配图上，作为夹具验收标准。一般情况下，夹具的定位误差按工序尺寸公差的 1/6～1/3 考虑。

7.5.2 夹具的对刀装置

夹具在机床上安装完毕，在进行加工之前，一般需要调整刀具相对夹具定位元件的相互位置关系，以保证刀具相对工件处于正确位置，这个过程称为夹具的对刀。在铣床和刨床上常设有对刀装置，对刀装置由对刀块和塞尺等组成，其结构尺寸已标准化，对刀装置的形式根据加工表面的情况而定。

图 7.57 所示为几种常见的对刀块，其中，圆形对刀块用于加工平面；方形对刀块用于调整组合铣刀的位置；直角对刀块和侧装对刀块用于加工两相互垂直面或铣槽时的对刀。这些标准对刀块的结构参数均可从有关手册中查取。

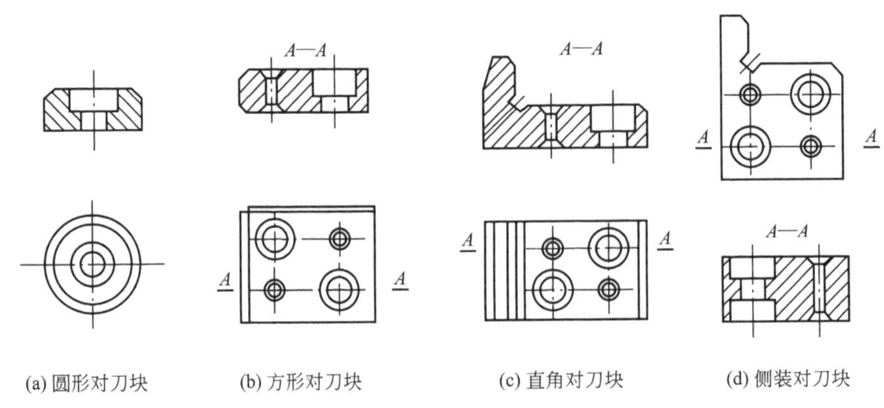

(a) 圆形对刀块　(b) 方形对刀块　(c) 直角对刀块　(d) 侧装对刀块

图 7.57　对刀装置结构图

1—对刀块；2—对刀平塞尺；3—对刀圆柱塞尺

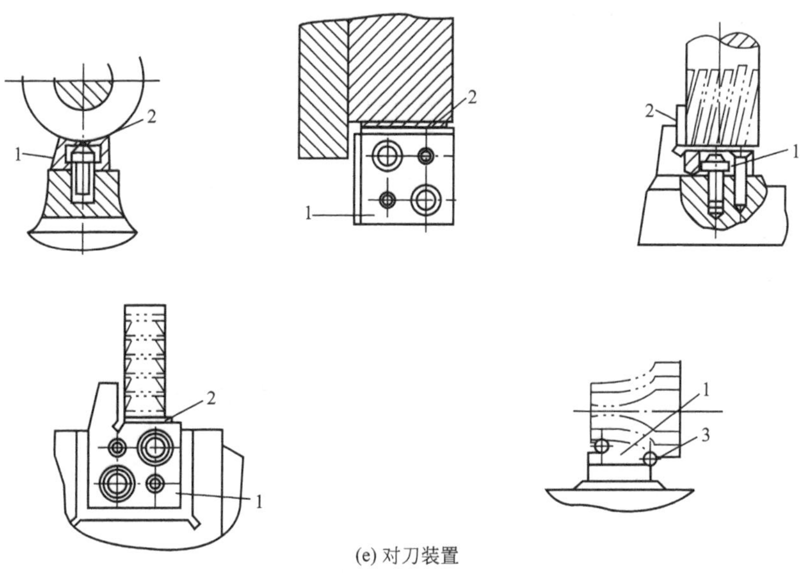

(e) 对刀装置

图 7.57　对刀装置结构图（续）

1—对刀块；2—对刀平塞尺；3—对刀圆柱塞尺

对刀调整工作通过塞尺进行，这样可以避免损坏刀具和对刀块的工作表面。塞尺的厚度或直径一般为 3～5mm，按国家标准 h6 的公差制造，在夹具总图上应注明塞尺的尺寸。采用标准对刀块和塞尺进行对刀调整时，加工精度不超过 IT8 级公差。

当对刀调整要求较高或不便设置对刀块时，可以采用试切法、标准件对刀法或用百分表来校正定位元件相对于刀具的位置，而不设置对刀装置。

图 7.58 所示为常用的两种标准塞尺结构，图 7.58(a)所示为对刀平塞尺，厚度 H 为 1～5mm，公差取 h8；图 7.58(b)所示为对刀圆塞尺，d＝3～5mm，公差取 h8。

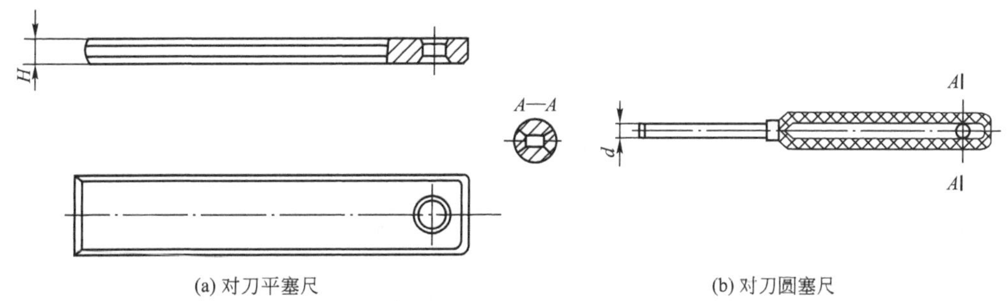

(a) 对刀平塞尺　　(b) 对刀圆塞尺

图 7.58　标准塞尺的结构图

7.5.3　夹具的导向装置

在孔和孔系的加工中，除要保证孔本身的精度外，还要保证被加工孔与定位基准之间及孔与孔之间的位置精度。因此，在钻孔、扩孔、铰孔和镗孔等孔加工的夹具中，应设置夹具的导向装置，用来确定刀具的位置和方向，并在加工过程中防止和减少由于切削力等因素引起的刀具偏移。

1. 钻套

钻套是钻床夹具所特有的元件。钻套用来引导钻头、扩孔钻、铰刀等孔加工刀具，增强刀具刚性，并保证被加工孔和其他表面之间的准确相对位置。钻套按其结构和使用特点可分为以下四种类型。

(1) 固定钻套。图 7.59 所示为固定钻套的结构，钻套安装在钻模板或夹具体中，其配合为 H7/n6 或 H7/r6。固定钻套结构简单，钻孔精度高，适用于单一钻孔工序和中小批量生产中。

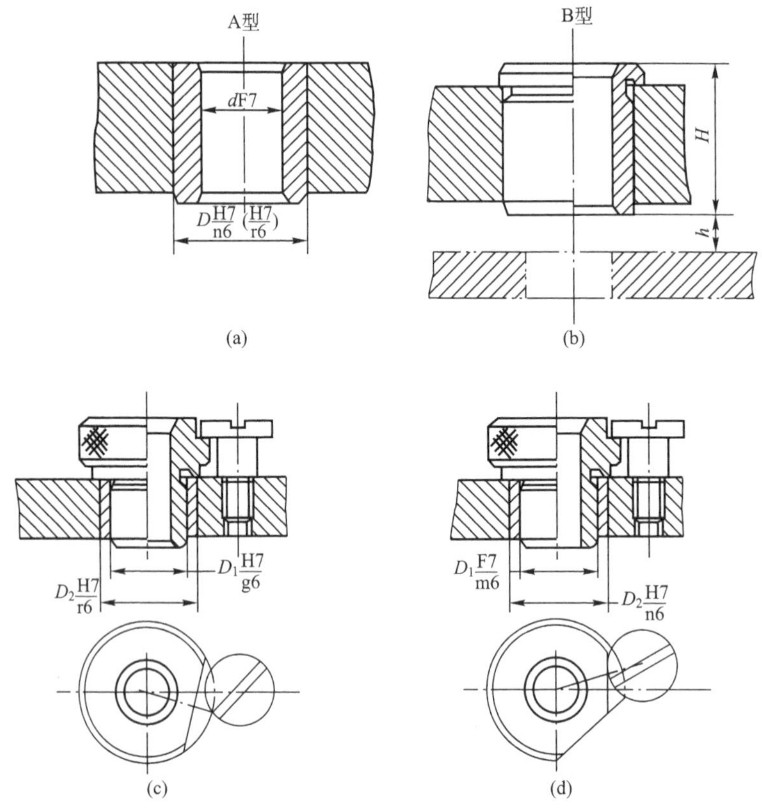

图 7.59　固定钻套的结构

(2) 可换钻套。图 7.60 所示为可换钻套的结构。为便于更换磨损的钻套，可选用可换钻套。钻套与衬套之间采用 H6/g5 或 H7/g6 配合，衬套与钻模板之间采用 H7/n6 或 H7/r6 配合。可换钻套一般用于单一钻孔工序和大批量生产中。

(3) 快换钻套。图 7.61 所示为快换钻套的结构，快换钻套用于完成一道工序需要连续更换刀具的场合。快换钻套除在其凸缘处铣有台肩以供防转螺钉压住外，还铣有一个削边平面，当削边平面转到钻套螺钉位置时，便可快速向上取出钻套。为防止直接磨损钻模板，钻套与钻模板之间也必须配有衬套，配合与可换钻套相同。

上述三种钻套都已标准化，其结构和尺寸可参考机床夹具设计手册。

(4) 特殊钻套。特殊钻套是根据具体加工情况自行设计的，以补充标准钻套的不足。图 7.62 所示为几种特殊钻套的结构。

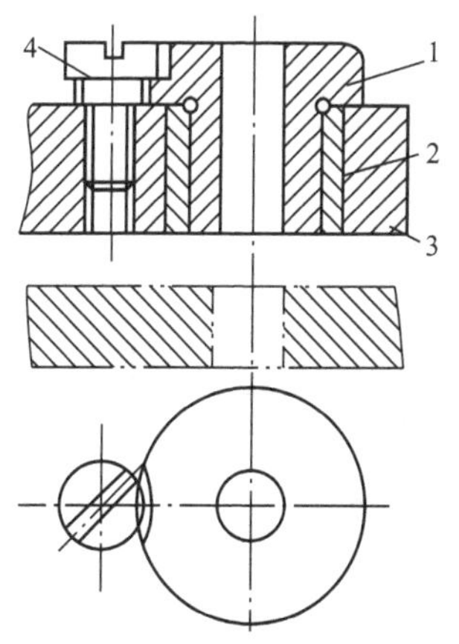

图 7.60　可换钻套的结构

1—可换钻套；2—衬套；3—工件；4—防转螺钉

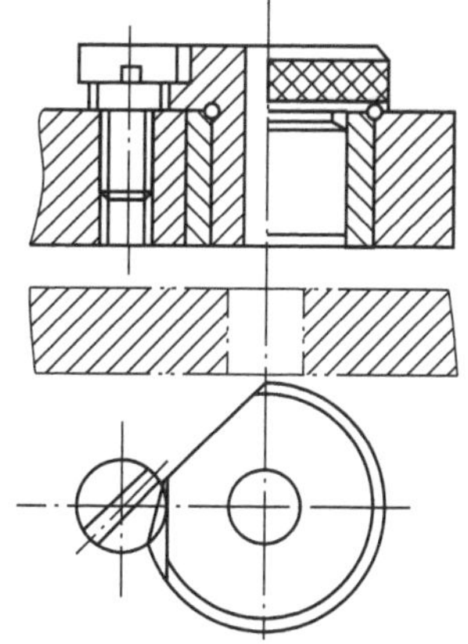

图 7.61　快换钻套的结构

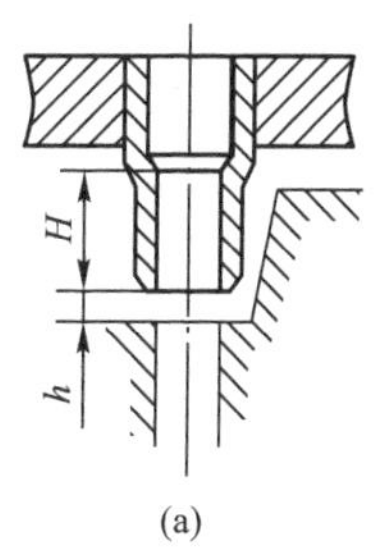

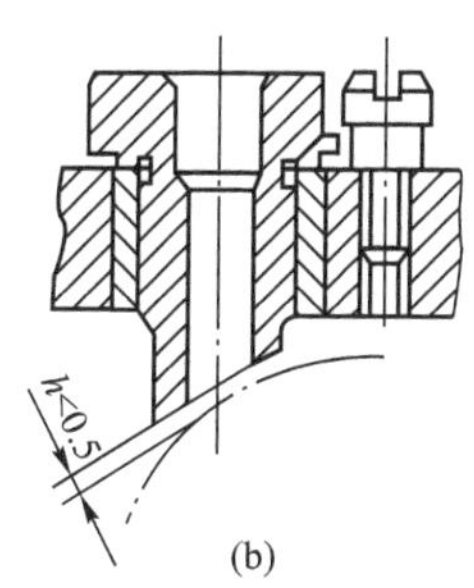

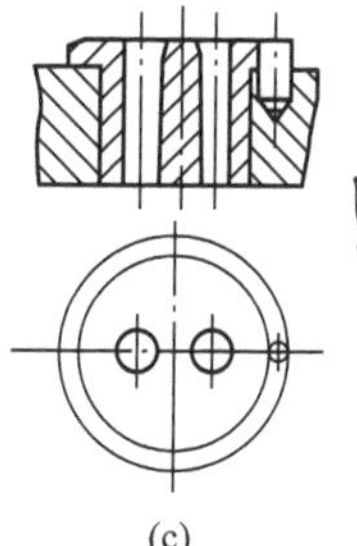

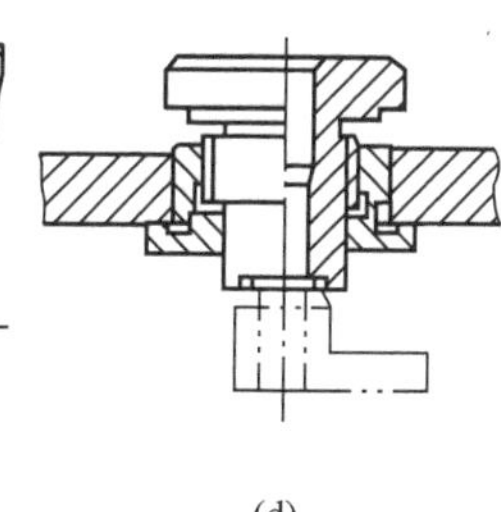

图 7.62　特殊钻套的结构

2. 镗套

镗床夹具常称为镗模，多用于加工箱体零件上的孔系。镗模和钻模一样，依靠镗套来引导镗杆，从而保证被加工孔的位置精度。镗孔的位置精度不受机床精度的影响，主要取决于镗套的位置精度和结构的合理性，同时镗套的结构对镗孔的形状精度、尺寸精度及表面粗糙度都有影响。

常用的镗套结构有固定式和回转式两种，设计时可根据工件的不同加工要求和加工条件合理选择使用。

(1) 固定式镗套。这种镗套固定在镗模支架上，不随镗杆转动和移动。镗套的外形尺寸小、结构紧凑、制造简单，易获得较高的位置精度，在扩孔、铰孔和镗孔中应用较多；由于镗套宜磨损，一般用于低速工作的情况。其结构尺寸都已标准化，设计时可参考机床夹具设计手册。图 7.63 所示为固定式镗套的结构。

(2) 回转式镗套。这种镗套随镗杆一起转动，镗杆和镗套之间只有相对移动而无相对转动，减少了镗套的磨损，因此，适用于高速镗孔。图 7.64 所示为回转式镗套的结构，其中，图 7.64(a)所示为滑动式回转镗套，这种镗套的径向尺寸小，适用于孔心距较小的孔系加工，其回转精度较高，减振性好，承载能力大，常用于精加工，但需要充分润滑，线速度不能大于 0.4m/s；图 7.64(b)所示为滚动式回转镗套，这种镗套采用了标准的滚动轴承，线速度大于 0.4m/s，但径向尺寸较大，回转精度受轴承精度影响；图 7.64(c)所示

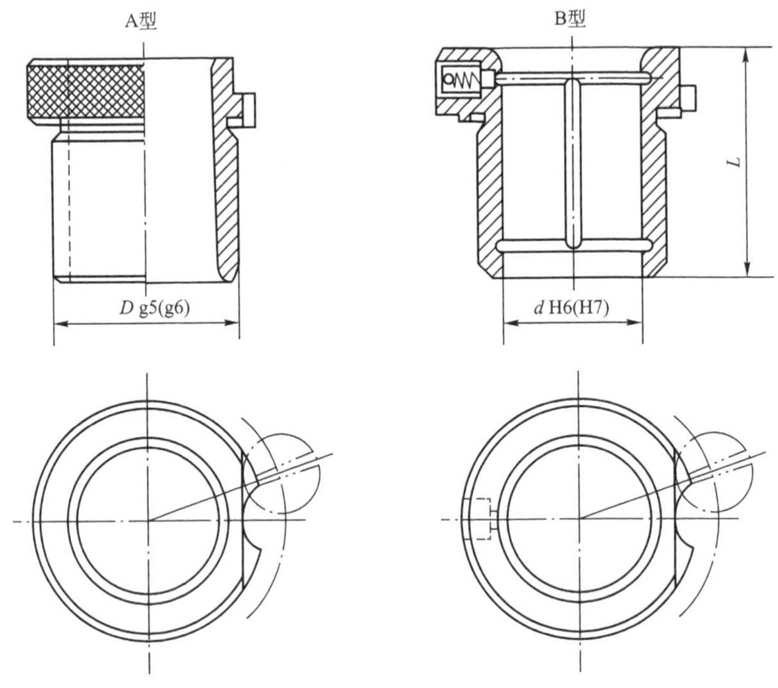

图 7.63 固定式镗套的结构

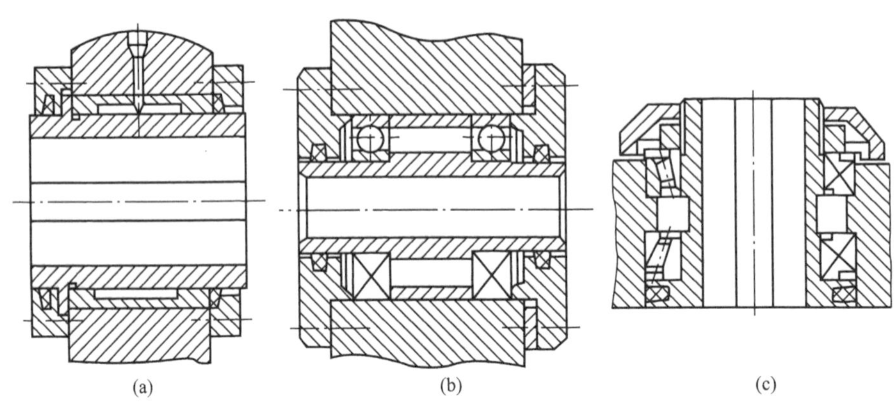

图 7.64 回转式镗套的结构

为立式镗孔用的回转镗套，它的工作条件较差。为承受进给力，一般采用圆锥滚子轴承。为避免切屑落入镗套，应设置防护罩。

7.5.4 夹具的分度装置

在机械加工中，一个工件上要求加工按一定角度或一定距离均匀分布且形状和尺寸完全相同的一组表面时，为了使工件在一次装夹中完成这一组表面的加工，就需要采用分度装置。分度装置能使工件每加工好一个表面后，连同夹具一起相对刀具及成形运动转过一定角度或移过一定距离，再加工新的表面。

分度装置能使加工工序集中，装夹次数减少，从而提高加工表面间的位置精度，减轻劳动强度和提高生产效率，因此广泛应用于钻削、铣削、镗削等加工中。

7.5.5　夹具体

夹具体是夹具的基础件，组成夹具的各种元件、机构、装置等都安装在夹具体上。夹具体的形状和尺寸主要取决于工件的形状、尺寸、安装数量及夹具各组成部分的结构。在加工过程中，夹具体要承受工件重力、夹紧力、切削力和惯性力等力的作用，所以夹具体的强度、刚度和抗振性对工件的加工精度影响较大。

1. 夹具体设计的基本要求

(1) 应有足够的强度和刚度。

(2) 应有适当的精度和尺寸稳定性。

(3) 夹具体的结构工艺性好。

(4) 夹具体上应考虑排屑问题。

(5) 在机床上安装稳定可靠。

2. 夹具体的类型

在选择夹具体毛坯的制造方法时，应考虑工艺性、制造周期、经济性及工厂的具体条件等因素。按夹具体毛坯的制造方法分类，夹具体分为以下四种。

(1) 铸造夹具体。如图 7.65(a)所示，其优点是工艺性好，可铸出各种复杂形状，具有较高的抗压强度、刚度和抗振性；缺点是生产周期长，需进行时效处理。目前，铸造夹具体应用较多。

(2) 焊接夹具体。如图 7.65(b)所示，与铸造夹具体相比，焊接夹具体的优点是易于制造，生产周期短，成本低；缺点是焊接夹具体的热应力较大，易变性，焊后需退火处理。

(3) 锻造夹具体。如图 7.65(c)所示，锻造夹具体适用于形状简单、尺寸不大、要求强度和刚度较大的场合，锻后需经退火处理。此类夹具体应用较少。

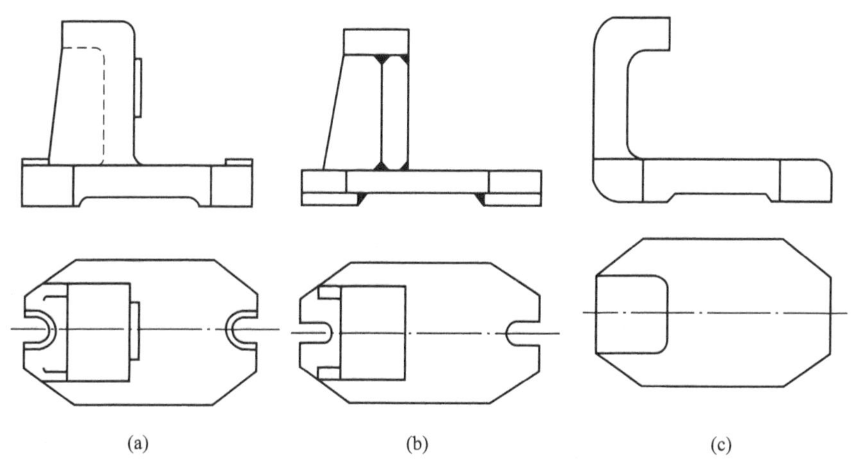

图 7.65　夹具体毛坯的类型

(4) 装配夹具体。装配夹具体由标准毛坯件、零件及非标准件根据使用要求组装而成。这种夹具体具有制造成本低、周期短、精度稳定等优点，有利于夹具的标准化和系列化，也便于计算机辅助设计，是一种很有发展前途的夹具体。

任务 7.6　机床专用夹具设计方法

7.6.1　机床专用夹具的设计要求

（1）保证工件的加工精度。这是专用夹具设计的基本要求，其关键是正确地确定定位和夹紧方案、刀具导向方式及合理制定夹具的技术要求。

（2）夹具总体方案应和生产纲领相适应。在大批量生产时，应尽量采用各种快速和高效结构，以缩短辅助时间，提高生产效率；在中小批量生产时，在满足加工要求的条件下，尽量使夹具结构简单、制造容易，降低夹具的制造成本。

（3）操作方便，工作安全，能减轻工人的劳动强度。采用机械化的夹紧装置，减轻劳动强度和便于控制夹紧力；夹紧装置的操作位置应符合人体工学原则，应有安全保护措施，确保使用安全。

（4）结构工艺性好。设计的夹具结构应便于制造、装配、检验、调整和维修，便于排屑。

7.6.2　机床专用夹具的设计步骤

1. 明确设计任务，收集原始资料

原始资料包括生产纲领、零件图及工序图、零件工艺规程、夹具的结构标准。

2. 拟定夹具的结构方案，绘制夹具结构草图

（1）确定正确的定位方案，选择定位元件。

（2）确定刀具的对刀及导向方式，选择对刀和导向元件。

（3）确定刀具的夹紧方式，选择合适的夹紧机构。

（4）确定其他元件或装置的结构形式。

（5）确定夹具的总体结构和尺寸。

3. 夹具的精度分析和经济性分析

当工件的加工精度较高时，应对夹具的方案进行精度分析和估算；当有多种夹具方案时，可进行夹具的技术经济分析，选用经济性好的夹具方案。

4. 绘制夹具装配总图

绘制夹具总图时应遵守国家制图标准，绘图比例尽量取 1∶1。工件尺寸过大时，夹具总图可按 1∶2 或 1∶5 的比例绘制；工件尺寸过小时，夹具总图可按 2∶1 或 5∶1 的比例绘制。夹具总图中的视图布置也应符合国家制图标准，在清楚表达夹具工作原理、整体结构和各种装置、元件之间相互位置关系的情况下，视图数量应少些。绘制夹具总图时，主视图应取操作者实际工作时的位置，其他视图的位置应合理布置，并留出标题栏、明细表和技术条件的标注位置。

夹具总图的绘制顺序如下：

（1）用双点画线（或红色细实线）绘出工件的外形轮廓、定位基面、夹紧表面及被加工表面。

(2) 将工件假想为透明体，即工件和夹具的轮廓线互不遮挡，然后按照工件的形状和位置，依次绘出定位装置、夹紧装置、对刀或导向装置、其他装置和夹具体。

(3) 标注夹具总体上的尺寸、公差及技术要求。

(4) 对零件进行编号，填写明细表和标题栏的内容。

5. 绘制夹具零件图

主要绘制夹具总图上非标准件的零件图，并按夹具总图的要求，确定零件的尺寸、公差和技术要求。

7.6.3　夹具总图上尺寸、 公差和技术要求的标注

1. 夹具总图上应标注的尺寸

(1) 夹具外形的最大轮廓尺寸。这类尺寸表示夹具在机床上所占空间的大小和活动范围，以便校核夹具是否和机床及刀具发生干涉。

(2) 工件与定位元件的配合尺寸。

(3) 夹具与刀具的联系尺寸。这类尺寸是用来确定夹具上对刀或导向元件对定位元件位置的尺寸，如铣床夹具上对刀元件与定位元件之间的位置尺寸、钻床夹具上钻套与定位元件间的位置尺寸。

(4) 夹具与机床的联系尺寸。这类尺寸是用来确定夹具在机床上正确位置的尺寸，如铣床夹具上的定向键与机床工作台上 T 形槽的配合尺寸、车床夹具上夹具与主轴端部的连接尺寸等。

(5) 夹具内部的配合尺寸。这类尺寸表示夹具内部各元件之间的相互位置关系，与工件、机床和刀具无关，如两定位元件之间的位置尺寸、两导向元件之间的孔距尺寸等。

2. 夹具总图上公差的标注

当夹具的尺寸公差直接影响工件上相应的尺寸公差时，应根据工件相应的尺寸公差确定，通常取工件相应尺寸公差的 1/5～1/3；当夹具的尺寸公差与工件上相应的尺寸公差没有直接关系时，应按其在夹具中的作用和装配要求选用。

3. 夹具总图上技术要求的标注

(1) 定位元件与定位元件和定位表面之间的相互位置精度要求。

(2) 定位表面与夹具安装表面之间的相互位置精度要求。

(3) 定位表面与引导元件工作表面之间的相互位置精度要求。

(4) 导引元件与导引元件工作表面之间的相互位置精度要求。

(5) 定位表面或导引元件工作面对夹具找正基准面的位置精度要求。

(6) 保证夹具装配精度或与检验有关的特殊技术要求。

上述技术要求是保证工件相应的加工要求所必需的，其数值应取工件相应技术要求所规定数值的 1/5～1/3。

7.6.4　夹具的精度分析

夹具的作用是保证零件加工的位置精度。使用夹具加工工件时，影响工件位置精度的因素很多，主要有以下几项：

(1) 定位误差 Δ_{DW}：定位误差的产生原因及计算方法在前面已介绍过，这里不再赘述。

(2) 对刀误差 Δ_T：因刀具相对于刀具或导向元件的位置不精确而造成的加工误差。

(3) 安装误差 Δ_A：因夹具在机床上的安装不精确而造成的加工误差。当安装基面为平面时，安装误差为零。

对刀误差和安装误差通常合并为调整安装误差 Δ_{TA}。

(4) 加工过程误差 Δ_{GC}：在加工过程中，由于工艺系统的几何误差、受力和受热变形、磨损等随机因素造成的加工误差。因该项误差的影响因素较多，而且不便于计算，通常取工件工序公差 δ_k 的 1/3 计算。

在上述误差中，除加工过程误差与夹具无关外，其余都和夹具有关。为了保证零件的加工精度，夹具的精度计算公式为

$$\Delta_{DW}+\Delta_{TA}+\Delta_{GC}\leqslant\delta_k$$

上述公式称为误差计算不等式。误差计算不等式在夹具设计中是很有用的，为我们提供了控制各项误差的途径。

任务 7.7　钻床夹具设计

钻床夹具是在钻床和部分镗床上用于钻孔、扩孔和铰孔时使用的夹具，也称钻模。钻床夹具上设置有钻套和钻模板，用来引导刀具，主要用于加工中等精度、尺寸较小的孔或孔系。

7.7.1　钻床夹具的类型

1. 固定式钻床夹具

图 7.66 所示为固定式钻床夹具的结构。这类钻床夹具固定在钻床工作台上，在夹具体上设有专供夹紧用的凸缘。固定式钻床夹具在立式钻床上一般用来加工单孔，在摇臂钻床上通常用来加工平行孔系。

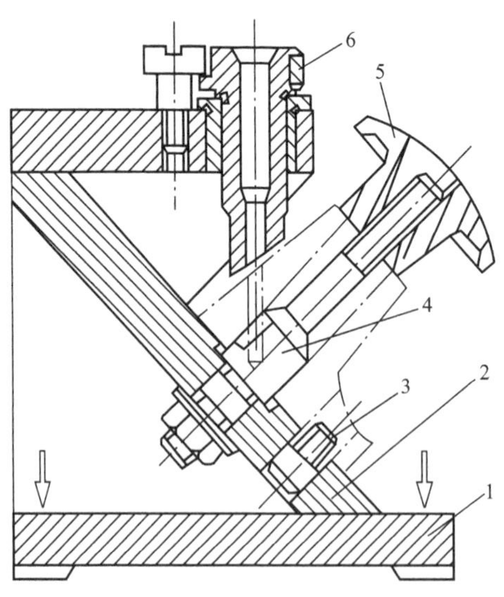

图 7.66　固定式的结构

1—夹具体；2—支承板；3—削边销；4—圆柱销；5—快夹螺母；6—快换钻套

2. 回转式钻床夹具

图 7.67 所示为回转式钻床夹具的结构。回转式钻床夹具使用较多，用来加工工件上同一圆周方向上的平行孔系。回转式钻床夹具的基本形式有立轴、卧轴和斜轴三种，钻套一般固定不动。

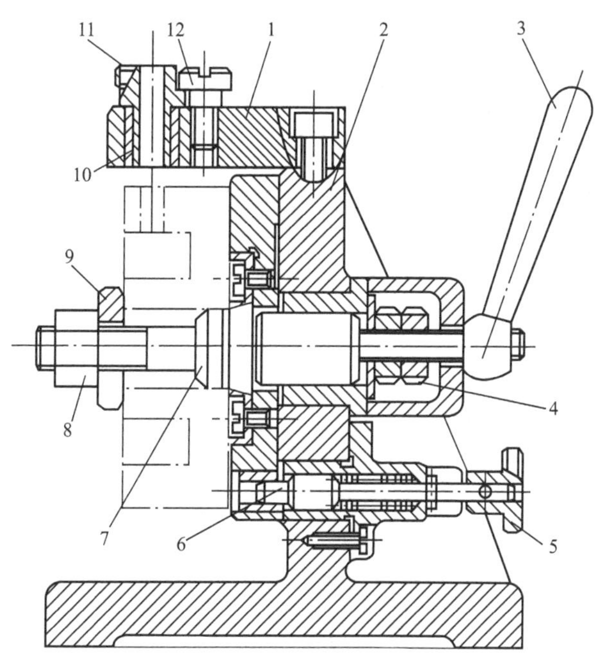

图 7.67　回转式钻床夹具的结构

1—钻模板；2—夹具体；3—锁紧手柄；4—锁紧螺母；5—手柄；6—对定销；7—定位心轴；8—螺母；9—开口垫圈；10—衬套；11—钻套；12—紧固螺钉

3. 翻转式钻床夹具

图 7.68 所示为翻转式钻床夹具的结构。翻转式钻床夹具没有转轴和分度装置，在使

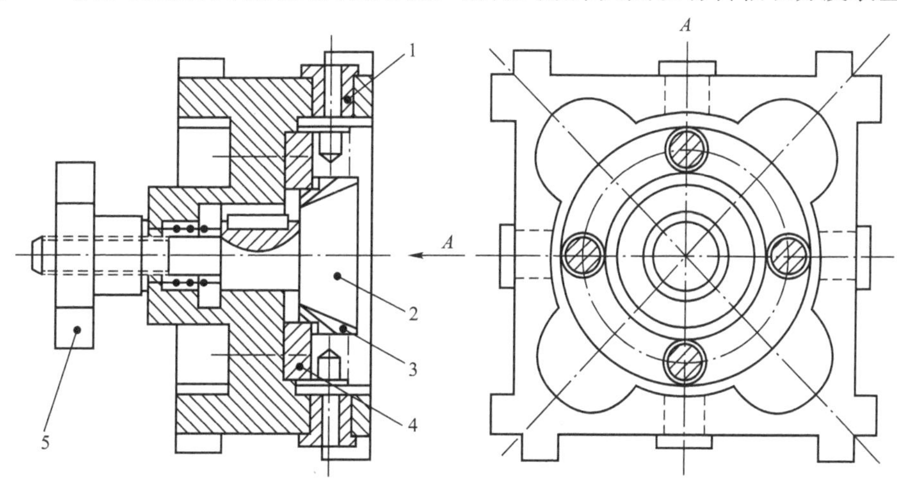

图 7.68　翻转式钻床夹具的结构

1—钻套；2—倒锥螺栓；3—弹簧涨套；4—支承板；5—螺母

用过程中需要手动翻转夹具，因此，钻床夹具连同工件的总质量不宜超过 10kg。翻转车钻床夹具主要用来加工小型工件上分布在不同表面上的孔。

4. 盖板式钻床夹具

图 7.69 所示为盖板式钻床夹具的结构。盖板式钻床夹具没有夹具体，是一块钻模板，其特点是定位元件、夹紧元件和钻套均设在钻模板上，钻模板在工件上装夹。盖板式钻床夹具主要用来加工床身、箱体等大型工件上的小孔，也用来钻中小工件上的孔。

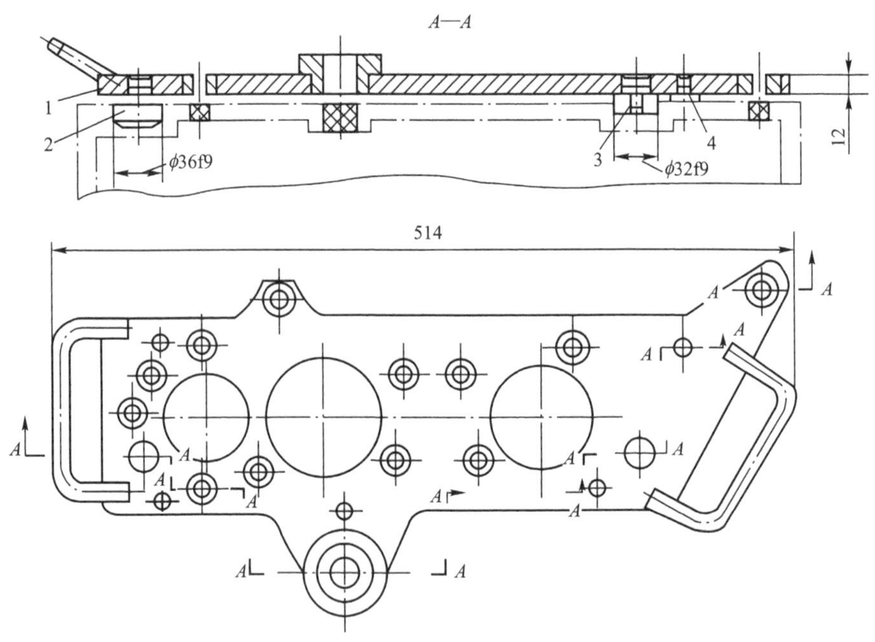

图 7.69　盖板式钻床夹具的结构

1—钻模板；2—圆柱销；3—圆锥销

盖板式钻床夹具结构简单，制造方便，加工孔的位置精度高，故应用广泛。

5. 滑柱式钻床夹具

滑柱式钻床夹具是一种带有升降钻模板的通用可调整夹具。它由夹具体、滑柱、钻模板和锁紧机构等组成，其结构已标准化。图 7.70 所示为滑柱式钻床夹具的结构。

滑柱式钻床夹具结构简单，制造容易，操作方便，通用性好，能简化设计和缩短制造周期，但精度不高，适用于钻、铰中等精度的孔或孔系。

7.7.2　钻床夹具的设计要点

1. 钻床夹具类型和钻套的选择

钻床夹具类型的选择应根据工件的生产纲领、尺寸、精度和孔的分布位置等确定。钻套的选择前面已介绍过，这里不再赘述。

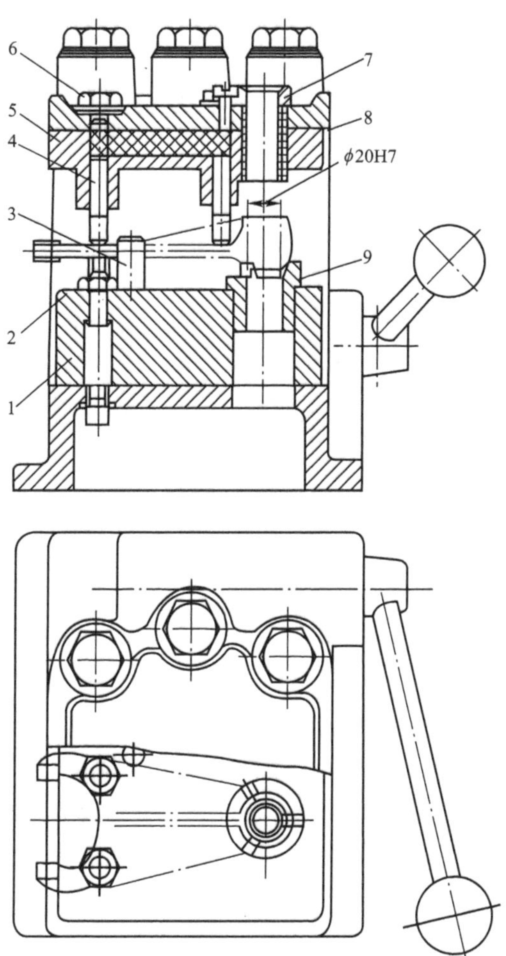

图 7.70　滑柱式钻床夹具的结构

1—底座；2—可调支承；3—挡销；4—压柱；5—压柱体

6—螺栓；7—钻套；8—衬套；9—定位锥套

2. 钻模板的设计

钻模板是用来安装钻套的，要有一定的强度和刚度，以防变形影响钻套的位置和导向精度。钻模板多设置在夹具体上或支架上。

【案例 7-19】 图 7.71 为托架的工序图，工件材料为铸铝，年产 1000 件，已加工面为 ϕ33H7 孔及其两端面 A、C 和距离为 44mm 的两侧面 B。设计钻 2×ϕ10.1mm 螺纹底孔的钻床夹具。

解：钻模的设计过程如下：

(1) 工艺分析。

工件的加工要求如下：

① ϕ10.1mm 孔轴线与 ϕ33H7 孔轴线的夹角为 25°±20′。

② ϕ10.1mm 孔轴线与 ϕ33H7 孔轴线的距离为 88.5mm±0.15mm。

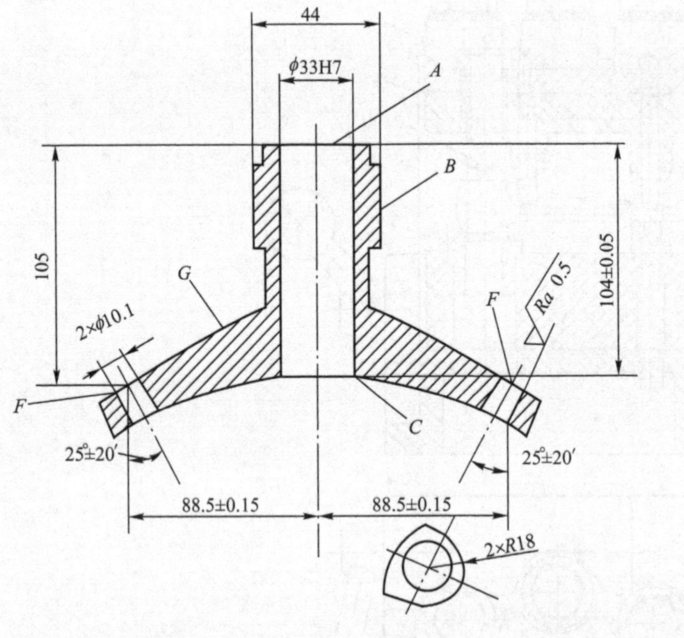

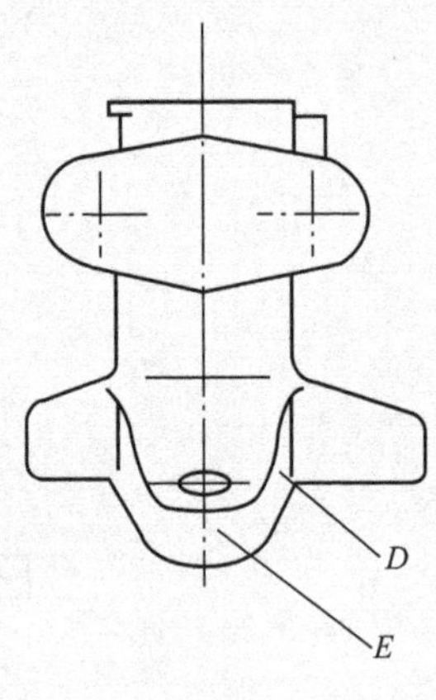

图 7.71 托架工序图

③ 两个加工孔关于两个 $R18$mm 轴线组成的中心面对称。

④ 尺寸 105mm 是为方便斜孔钻模设计和计算而标注的工艺尺寸。

工序基准：工序基准为 ϕ33H7 孔、A 面和两个 $R18$mm 的中间平面。

其他应考虑的问题：

① 为保证钻套及孔的轴线与钻床工作台垂直，主要限位基准必须倾斜。

② 两个 ϕ10.1mm 孔应在一次加工中完成，钻模需设置分度机构。

③ 设计斜孔钻模时，需设置工艺孔。

(2) 定位方案设计。图 7.72 所示为钻孔的两种定位方案。图 7.72(a)所示方案以工序基准 ϕ33H7 孔、A 面和 $R18$mm 作为定位基面，以心轴和端面 A 定位限制五个自由度，活动 V 形块 1 限制一个转动自由度，实现完全定位；支承钉 2 是提高工件刚度用的，不限制自由度。此方案基准重合，定位误差小，但夹紧装置和导向装置易相互干扰，结构尺寸较大。

图 7.72(b)所示方案以工序基准 ϕ33H7 孔、C 面和 $R18$mm 作为定位基面，以心轴和端面 C 定位限制五个自由度，活动 V 形块 1 限制一个转动自由度，实现完全定位；在加工孔下方用两个斜楔作为辅助支承。此方案存在基准不重合误差，精度不高，但能满足工序的要求，结构简单，工件装夹方便。

综合考虑，选择图 7.72(b)所示定位方案。

(3) 导向和夹紧装置设计。由于两个 ϕ10.1mm 孔是螺纹 M12 底孔，可直接钻出；又因工件的批量不大，所以选用固定式钻套，在工件装卸方便的情况下，选用固定式钻模板。

为便于快速装卸工件，采用螺钉及开口垫圈夹紧机构。托架的导向和夹紧方案如图 7.73所示。

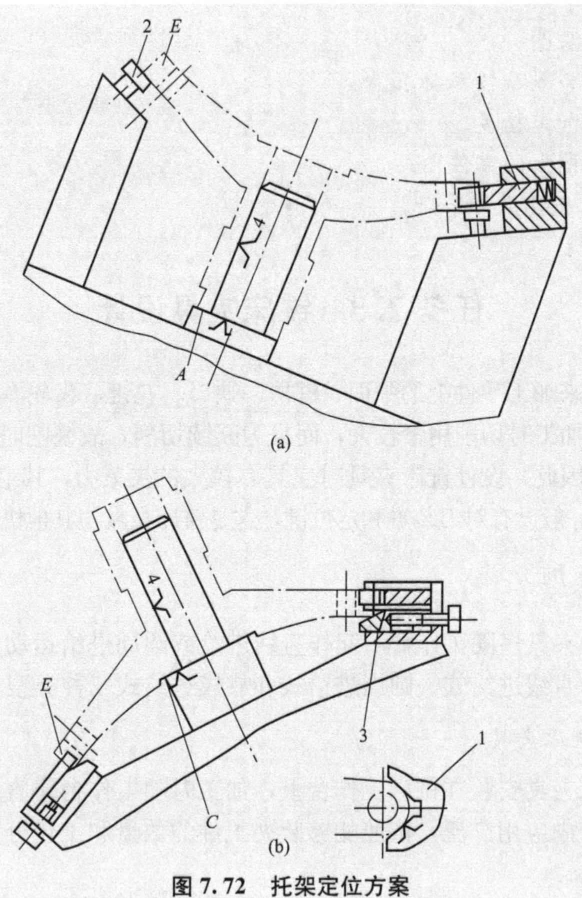

图 7.72　托架定位方案

1—V形块；2—支承钉；3—活动V形块；4—心轴

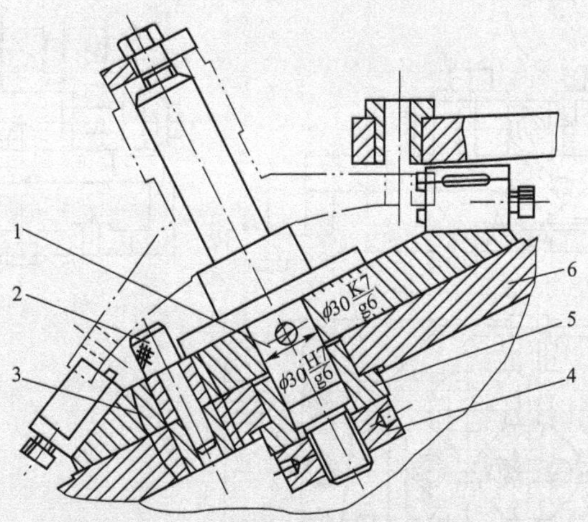

图 7.73　托架的导向、夹紧和分度装置

1—回转轴；2—圆柱对定销；3—分度盘；4—锁紧螺母；5—回转套；6—夹具体

(4) 分度装置设计。由于两个 $\phi10.1\text{mm}$ 孔对 $\phi33\text{H7}$ 孔的对称度要求不高，故设计一般精度的分度装置。如图 7.73 所示，回转轴 1 与定位心轴做成一体，用销钉与分度盘 3 连接，在夹具体 6 的回转套 5 中；用圆柱对定销 2 对定、锁紧螺母 4 锁紧。

(5) 绘制夹具总装图。
(6) 标注尺寸、公差及技术要求。
(7) 分析工件的加工精度。
(8) 绘制夹具总图上的零件图。
详情参看《机床夹具设计手册》。

任务 7.8 铣床夹具设计

铣床夹具主要用来加工零件上的平面、键槽、缺口、花键、齿轮及各种成形面，生产中应用比较广泛。铣削加工时切削用量较大，而且为断续切削，故铣削时切削力较大，引起的冲击和振动也较大，因此，设计铣床夹具时应具有较大的夹紧力，其组成部分应有较大的强度和刚度。铣床夹具一般设有对刀装置和定位键，这是铣床夹具与其他机床夹具不同的地方。

7.8.1 铣床夹具的类型

由于铣削过程中夹具多随工作台一起作直线进给或圆周进给运动，因此，铣床夹具按不同的进给方式分为直线进给式、圆周进给式和靠模进给式三种类型。

1. 直线进给式铣床夹具

直线进给式铣床夹具安装在铣床工作台上，加工时随工作台作直线进给运动。直线进给式铣床夹具在生产中应用广泛，按照能够装夹工件的数量和工位分为单件加工、多件加工和多工位加工夹具。

图 7.74 所示为铣削轴端方头的夹具，采用平行对向式多件联动夹紧机构，旋转夹紧

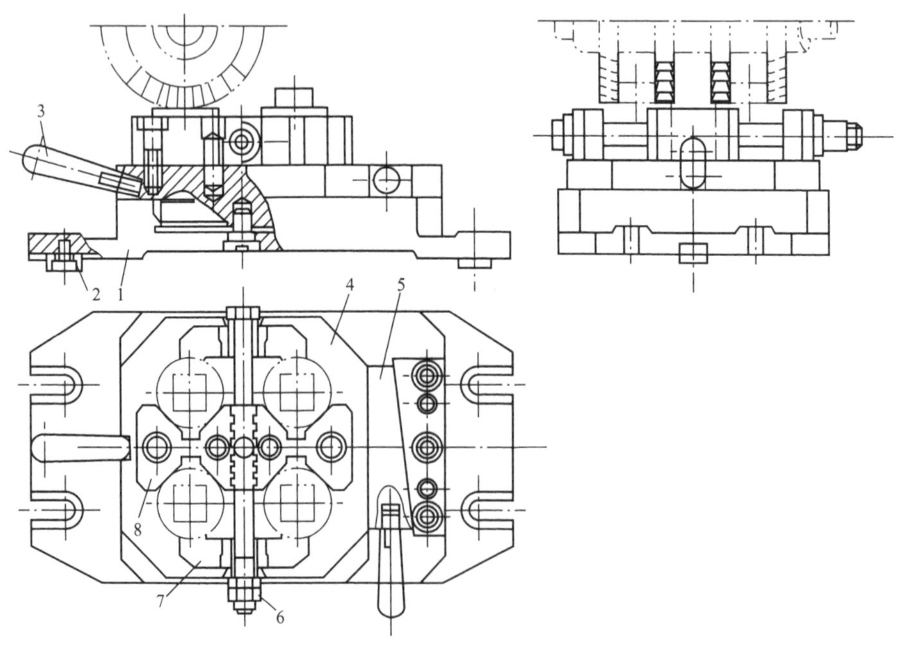

图 7.74　铣削轴端方头的夹具

1—夹具体；2—定向键；3—手柄；4—回转座；5—楔块；6—夹紧螺母；7—压板；8—V 形块

螺母 6，通过球面垫圈及压板 7 将工件压在 V 形块上。四把三面刃铣刀同时铣完两个侧面后，取下楔块 5，将回转座 4 转过 90°，再用楔块 5 将回转座定位并楔紧，即可铣削工件的另两个侧面。

2. 圆周进给式铣床夹具

圆周进给式铣床夹具通常用在具有回转工作台的铣床上，依靠回转工作台的旋转将工件顺序送入铣床的加工区域，实现连续铣削；在加工的同时，在装卸区域装卸工件，使辅助时间与机动时间重合，实现高效铣削加工。

图 7.75 所示为圆周进给式铣床夹具。通过电动机、蜗轮副传动机构带动回转工作台 6 回转，夹具上可同时装夹 12 个工件。工件以一端的孔、端面及侧面在夹具的定位板、定位销 2 及挡销 4 上定位。由液压缸 5 驱动拉杆 1，通过开口垫圈 3 夹紧工件。图中 *AB* 是加工区段，*CD* 是装卸区段，可在不停车情况下装卸工件。

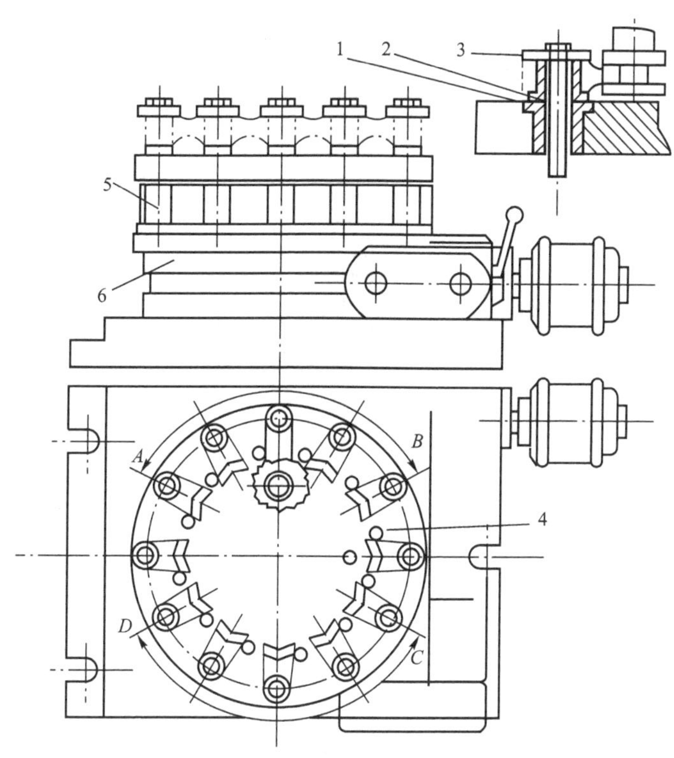

图 7.75　圆周进给式铣床夹具

1—拉杆；2—定位销；3—开口垫圈；4—挡销；5—液压缸；6—回转工作台

3. 靠模进给式铣床夹具

带有靠模的铣床夹具称为靠模进给式铣床夹具，在一般万能铣床上，利用靠模夹具用于加工各种成形表面，可以扩大机床的工艺范围。

7.8.2　铣床夹具的设计要求

(1) 由于铣削是断续切削，因此铣床夹具的受力元件应有足够的强度和刚度；夹紧机构提供的夹紧力应足够大，而且应有较好的自锁性。

(2) 为了提高夹具的工作效率，应尽可能采用机动夹紧机构和联动夹紧机构，并尽可能采用多件夹紧和多件加工。

(3) 当需要用对刀块确定刀具和夹具间的正确位置时，可按工作要求来选用对刀块。对刀时，对刀块和刀具间要放入塞尺，对刀精度由塞尺的松紧程度来控制。

(4) 铣床夹具在机床工作台上的定位一般是通过夹具体底面和定向键来实现的。

(5) 铣床夹具的夹具体应具有足够的强度、刚度和稳定性。

铣床夹具的设计要求也适用于刨床夹具和平面磨床夹具。

【案例 7-20】 图 7.76 所示为铣顶尖套双槽的工序图，已知其余表面已加工完毕，试设计大批生产时的铣槽夹具。

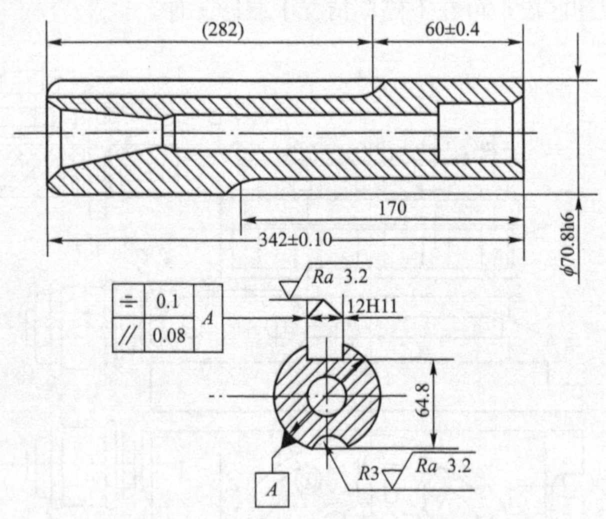

图 7.76　铣顶尖套双槽的工序图

解：铣双槽专用夹具设计过程如下：

(1) 工艺分析

工件的加工要求如下：

① 键槽宽 12H11；槽侧面对 ϕ70.8h6 的对称度为 0.10mm，平行度为 0.08mm；槽深尺寸为 64.8mm；键槽长度为 60mm±0.4mm。

② 油槽半径为 3mm，圆心在轴的圆柱面上；油槽长度为 170mm。

③ 键槽和油槽的对称面在同一平面内。

工序基准：铣双槽的工序基准为 ϕ70.8h6 外圆轴线和顶尖套两端面。

(2) 定位方案设计。根据工序图和技术要求，铣键槽时应限制五个自由度，铣油槽时应限制六个自由度。由于是大批生产，为提高生产率，可在铣床主轴上安装两把直径相等的铣刀，同时对两个工件铣键槽和油槽。图 7.77 所示为铣键槽和油槽的两种定位方案。

工件以 ϕ70.8h6 外圆在两个互相垂直的平面上定位，端面加止推销 [图 7.77(a)]。

工件以 ϕ70.8h6 外圆在 V 形块上定位，端面加止推销 [图 7.77(b)]。

分析两种定位方案，图7.77(a)所示方案使加工尺寸64.8mm的定位误差为零；图7.77(b)所示方案使对称度的定位误差为零；从技术要求和承受铣削力综合考虑，图7.77(b)所示方案较好。

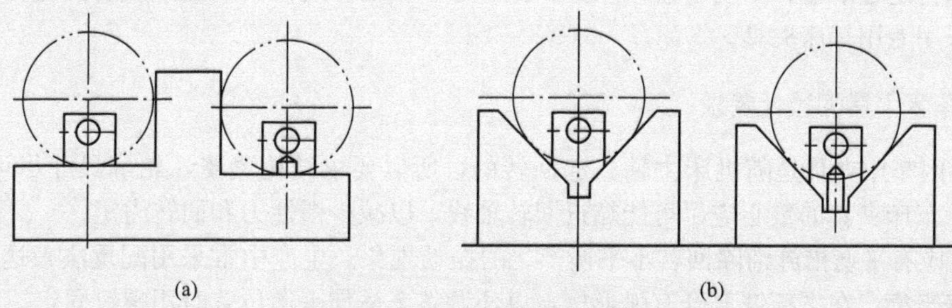

图7.77 铣顶尖套双槽的定位方案

(3) 夹紧装置设计。根据夹紧力的确定原则，采用铰链压板机构将工件夹紧；为保证夹紧力可靠和提高夹紧效率，采用液压缸驱动的联动夹紧机构使压板同时均匀地将工件夹紧。

(4) 对刀装置设计。键槽铣刀需要两个方向对刀，故选择侧装直角对刀块；由于两把铣刀的直径相等，油槽深度由两工位V形块定位高度差保证；两把铣刀的距离由两把铣刀间的轴套长度确定。所以，设置一个对刀块就能满足铣键槽和油槽的加工要求。

(5) 夹具体和定向键。为了在夹具体上安装液压缸和联动夹紧机构，夹具体应具有适当的高度和宽度；为保证夹具安装的稳定性，夹具体的高宽比不大于1.25，并在两端设耳座，便于固定。

为保证键槽和油槽的对称度，夹具体底面应设置定向键。两个定向键的侧面应与V形块的对称面平行。

(6) 绘制夹具总装图。

(7) 标注尺寸、公差及技术要求。

(8) 分析工件的加工精度。

(9) 绘制夹具总图上的零件图。

任务7.9 车床夹具设计

在车床上用来加工零件的内外圆柱面、圆锥面、回转成形面、螺纹及端面的夹具称为车床夹具。

7.9.1 车床夹具的类型

根据工件的定位基准和夹具体本身的结构特点，车床夹具可分为以下几类：

(1) 以工件外圆定位的车床夹具，如各类夹盘和夹头。

(2) 以工件内孔定位的车床夹具，如各种心轴。

(3) 以工件顶尖孔定位的车床夹具，如顶尖和拨盘等。

(4) 用于加工非回转体的车床夹具，如各种弯板式、花盘式车床夹具。

(5) 当工件定位表面为单一圆柱表面或与被加工面相垂直的平面时，可采用车床通用夹具，如自定心卡盘、单动卡盘、顶尖和花盘等；当工件定位面较复杂或有其他特殊要求时，应采用专用车床夹具。

7.9.2 车床夹具的设计要求

(1) 因车床夹具是随机床主轴一起回转的，所以要求结构紧凑，轮廓尺寸尽可能小，质量轻；车床夹具的重心应尽可能靠近回转轴线，以减少惯性力和回转力矩。

(2) 应有平衡措施消除回转不平衡产生的振动现象。生产中常采用配重法来达到车床夹具的静平衡。在平衡铁上开有弧形槽，以便调整至最佳平衡位置时用螺钉固定。

(3) 为使夹具使用安全，夹具上应避免带有尖角或凸出部分，必要时在回转部分外面加防护罩。

(4) 注意夹具在车床主轴上的定位与连接。夹具与主轴的定位表面之间必须有良好的配合和可靠的连接，特别是夹紧装置的自锁应可靠。

(5) 与主轴端连接部分有较准确的圆柱孔或圆锥孔，其结构形式和尺寸规格因具体使用的机床而异。

任务 7.10 镗床夹具设计

镗床夹具又称镗模，主要用于箱体、支架类零件的精密孔系加工，位置精度一般可达±(0.02～0.05)mm。它不仅可在各类镗床上使用，也可在组合机床、车床和摇臂钻床上使用。镗床夹具的结构与钻床夹具相似，一般用镗套作为导向元件引导镗孔刀具或镗杆进行镗孔。

7.10.1 镗床夹具的类型

根据镗套的布置形式，镗床夹具可分为单支承导向和双支承导向两类。

1. 单支承导向镗床夹具

只用一个镗套做导向元件的镗床夹具称为单支承导向镗床夹具，镗杆与主轴采用固定连接。导向方式根据镗孔直径 D 和孔的长度 L 又可分为单支承前导向和单支承后导向两种。

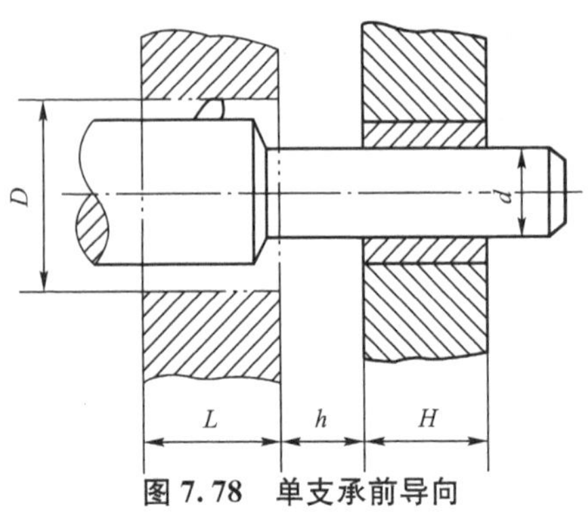

图 7.78 单支承前导向

h—镗套与工件间距；H—镗套宽度

1) 单支承前导向

如图 7.78 所示，镗床夹具支承设置在刀具的前方，主要用于加工孔径 $D>60$mm、长度 $L<D$ 的通孔。其优点是在加工过程中便于观察和测量，这对于需要更换刀具进行多工位或多工步的加工是很方便的。立镗时，切屑会落入镗套，应设置防屑罩。

2）单支承后导向

如图7.79所示，镗套设置在刀具的后方，介于工件和机床主轴之间，主要用于镗削$D<60mm$的通孔和盲孔，镗杆与机床主轴为刚性连接。用于立镗时，切屑不会影响镗套。

当镗削$D<60mm$、$L<D$的通孔或盲孔时，镗杆引导部分直径d可大于孔径D，如图7.79(a)所示。此时镗杆刚性好，加工精度易保证，装卸工件和更换刀具方便，多工步加工时可不更换镗杆。

当被加工孔的长径比$L/D>1$时，镗杆直径d应制成同一尺寸，并应小于孔径D，如图7.79(b)所示，以便镗杆导向部分进入被加工孔，从而缩短镗套与工件之间的距离h及镗杆的悬伸长度。

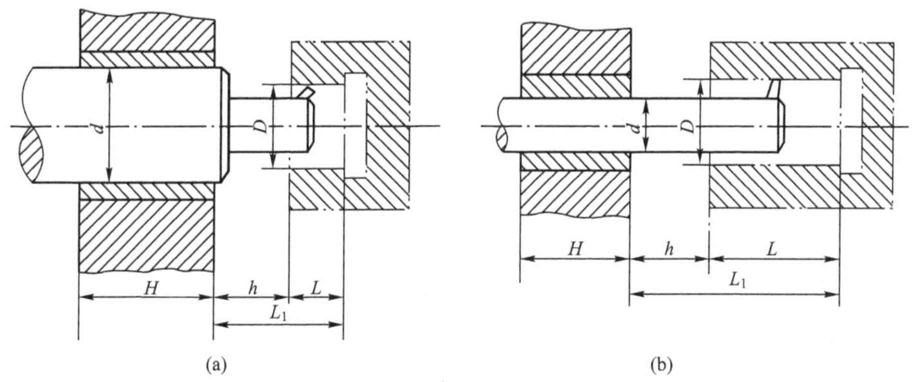

图7.79　单支承后导向

H—镗套宽度；L_1—镗杆的悬伸长度

2. 双支承导向镗床夹具

双支承导向镗床夹具有两个引导镗刀杆的支承，镗杆与机床主轴采用浮动连接，镗孔的位置精度完全由镗床夹具保证，与机床精度无关，故能用低精度的机床加工出高精度的孔系。

1）前、后引导的双支承导向

这种引导方式应用较普遍，如图7.80(a)所示，一般用于镗削孔径较大，或被加工孔长径比$L/D>1.5$的通孔或孔系，加工精度较高，但更换刀具不便。当工件上同一轴线上孔数较多且两支承间距离$L>10d$时，镗模上应增加中间支承，以提高镗杆的刚度（d为镗杆直径）。

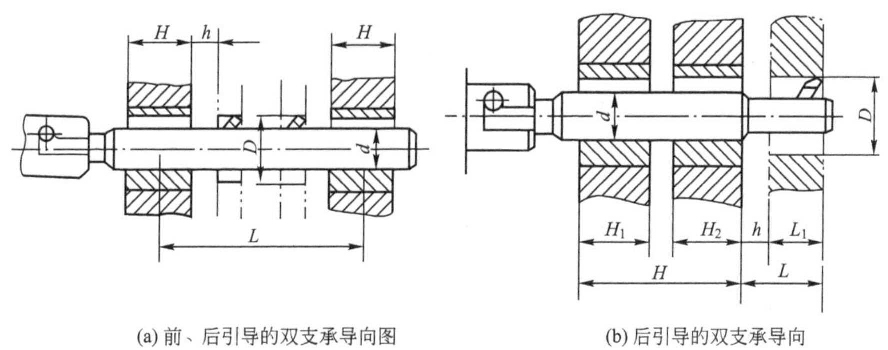

(a) 前、后引导的双支承导向图　　(b) 后引导的双支承导向

图7.80　双支承导向镗床夹具

2）后引导的双支承导向

在某些情况下，因条件件限制不能采用前、后引导的双支承导向时，可采用后引导的双支承导向方式，如图 7.80(b)所示。其优点是装卸工件和更换刀具方便，加工过程中易观察和测量。为了提高镗杆刚度和保证导向精度，应取导向长度 $L>(1.25\sim1.5)L_1$。为避免镗杆悬伸长度过长，应使 $L_1<5d$ 且 $H_1=H_2=(1\sim2)d$。

7.10.2　镗床夹具的设计要求

1. 镗套的选择和设计

常用的镗套结构有固定式和回转式两种，设计时可根据工件的不同加工要求和条件合理选择。

2. 镗杆的设计

在设计镗套时，必须同时考虑镗杆的结构，镗杆的结构有整体式和镶条式两种。当镗杆导向部分直径 $d<50$mm 时，常采用整体式结构，并在外圆柱表面上开车直槽或螺旋槽；当镗杆导向部分直径 $d>50$mm 时，常采用镶条式结构。

确定镗杆直径时，应考虑到镗杆的刚度及镗孔时镗杆和工件孔之间的容屑空间。一般按经验公式［$d=(0.7\sim0.8)D$，D 为被加工孔的直径］选取。

镗杆的表面硬度比镗套要求高，内部要有较好的韧性。镗杆与机床主轴采用浮动连接，即要求浮动接头能自动调节、补偿镗杆轴线和机床主轴轴线的角度偏差及位移量。

3. 镗床夹具支架和底座的设计

镗床夹具支架和底座是镗床夹具上的关键零件。镗床夹具支架用于安装镗套和承受切削力，不允许安装夹紧机构。镗床夹具底座上要安装各种装置和工件，并承受所有元件的质量和加工过程中的切削力，因此要有足够的强度、刚度、精度及稳定性。镗床夹具支架和底座的材料通常采用 HT200，毛坯应进行时效处理。

任务 7.11　其他机床夹具设计

1. 可调夹具

可调夹具分为通用可调夹具和专用可调夹具(成组夹具)两类。这两类夹具都是根据加工对象在工艺上和尺寸上的相似性对零件进行分类编组进行设计的。它们的结构一般由两部分组成：一是基本部分，包括夹具体、夹紧传动装置和操纵机构等，基本部分约占整个夹具的 80%；二是可更换调整部分，包括某些定位、夹紧和导向元件等，它随加工对象不同而调整更换。

由于可调夹具有很强的适应性和良好的继承性，因此使用可调夹具可以大大减少专用夹具的数量，缩短生产准备时间和降低成本。

1）通用可调夹具

通用可调夹具的加工对象较广且不确定，其基本部分通常采用标准部件，可更换调整部分的结构设计应有较大的适应性，以满足一定类别形状和尺寸范围的零件加工。例如，台虎钳和滑柱式钻床夹具等都属于通用可调夹具。

2）专用可调夹具

专用可调夹具是为执行成组工艺专为一组零件的某道工序而设计的可调夹具。专用可调夹具要适应零件组内所有零件在某道工序的加工。

图 7.81(a)所示为专用可调夹具，图 7.81(b)为专用可调零件的工序简图。

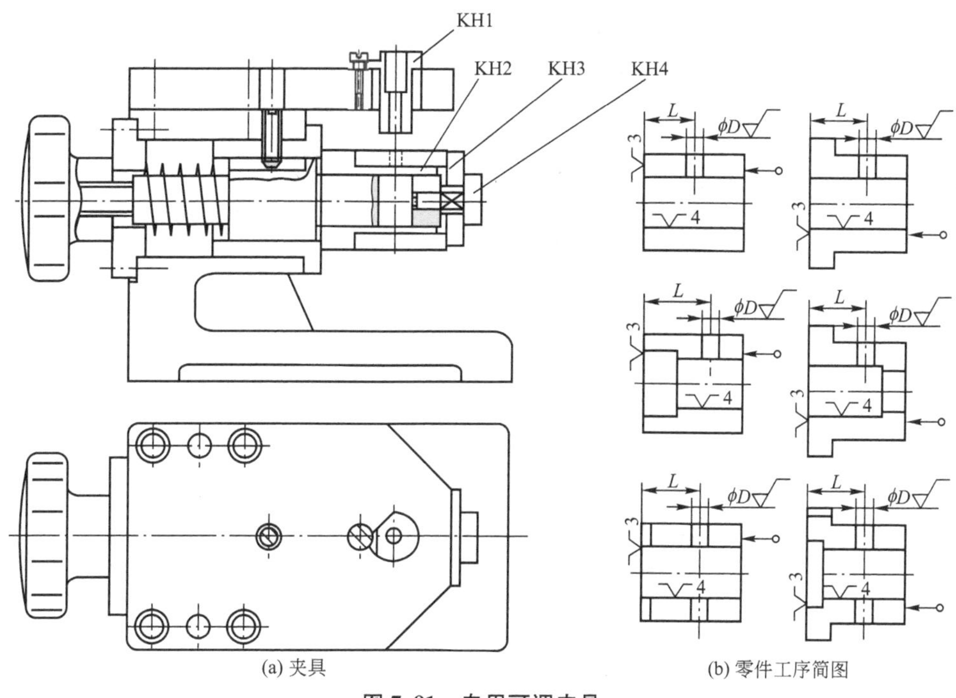

(a) 夹具　　(b) 零件工序简图

图 7.81　专用可调夹具

2. 组合夹具

组合夹具是根据被加工零件的工艺要求，利用标准化元件组合而成的夹具。组合夹具一般是为某一工件的某道工序组装的专用夹具，也可以组装成通用可调夹具或专用可调夹具。组合夹具适用于各类机床，尤以钻床和车床夹具居多。

1）组合夹具的特点

(1) 灵活性和万能性强，可组装成各种不同用途的专用夹具。

(2) 大大缩短生产准备周期，组装一套中等复杂程度的组合夹具只需几个小时。

(3) 减少专用夹具设计和制造的工作量，减少材料消耗。

(4) 减少专业夹具的库存面积，改善夹具的管理工作。

(5) 组合夹具体积大、笨重，一次性投资大。

2）组合夹具的类型

目前使用的组合夹具有两种基本类型：槽系组合夹具和孔系组合夹具。槽系组合夹具元件依靠键和T形槽定位，孔系组合夹具元件通过孔和销实现定位。

(1) 槽系组合夹具。我国采用槽系组合夹具，槽系组合夹具分大、中、小三种规格，其主要参数可参考相关资料和手册。图 7.82 为槽系组合夹具元件分解图。

(2) 孔系组合夹具。德国、美国、英国和俄罗斯等国采用孔系组合夹具。图 7.83 为孔系组合夹具元件分解图。

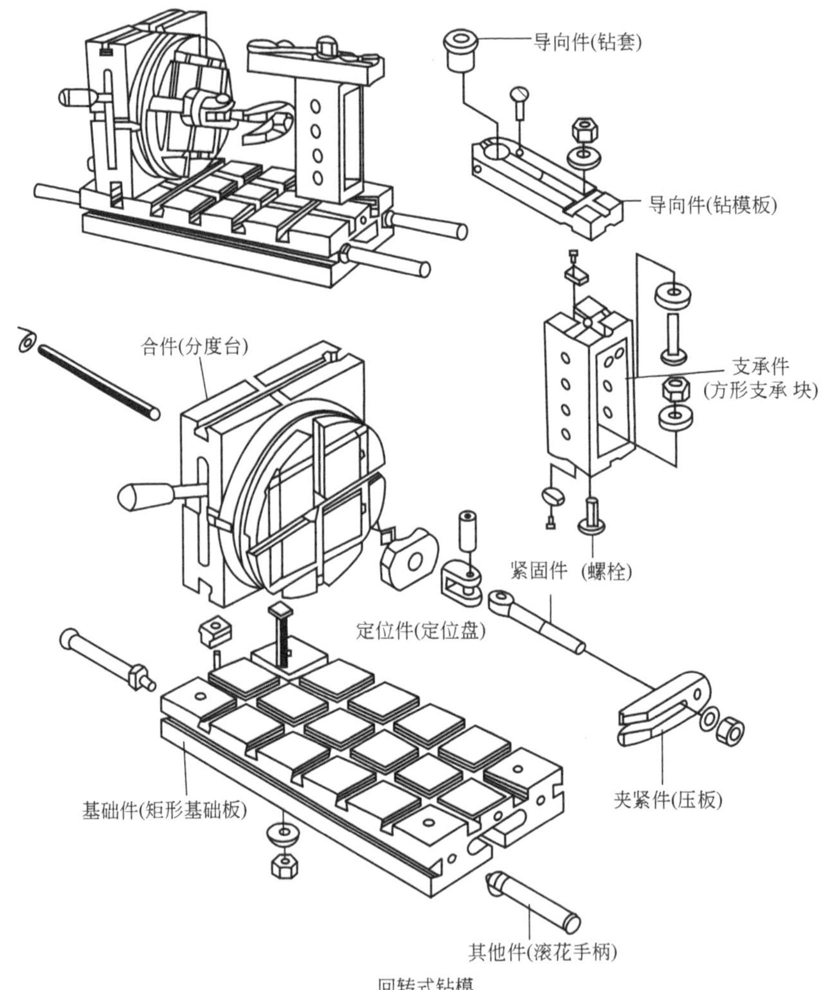

图 7.82 槽系组合夹具元件分解图

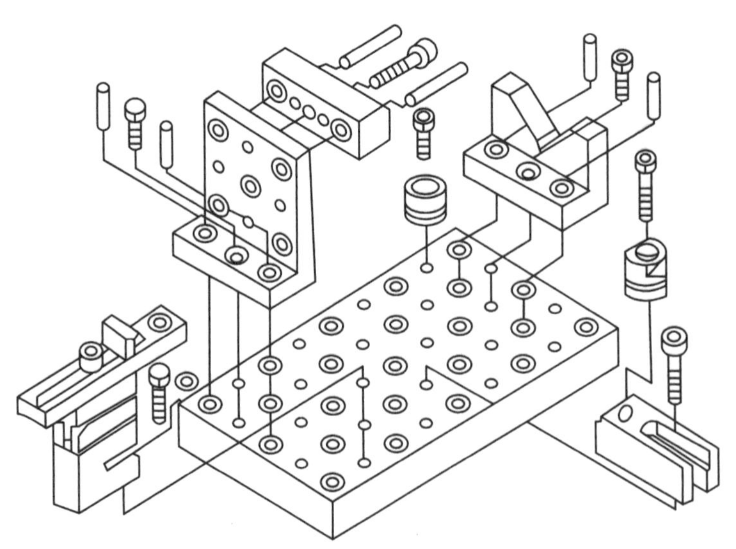

图 7.83 孔系组合夹具元件分解图

3. 随行夹具

随行夹具是在自动线或柔性制造系统中使用的一种移动式夹具。工件安装在随行夹具上，通过自动线上的输送机构被运送到自动线的各台机床上，随行夹具以统一的安装基面在各台机床的夹具上定位、夹紧，并进行各工序的加工，直至工件加工完毕，随行夹具回到工件装卸工位，进行工件的装卸。

4. 数控机床夹具

随着数控机床的应用越来越广，数控机床夹具必须适应数控机床的高精度、高效率、多方向同时加工、数字程序控制及单件小批量生产等特点。数控机床夹具主要采用可调夹具、组合夹具、拼装夹具和数控夹具。

拼装夹具是在成组工艺的基础上，用标准化和系列化的夹具零部件拼装而成的夹具，它有组合夹具的优点，比组合夹具具有更好的精度和刚性、更小的体积和更高的效率，较适合柔性加工的要求，常用作数控机床夹具。

参 考 文 献

[1] 于骏一，邹青. 机械制造技术基础 [M]. 2 版. 北京：机械工业出版社，2009.
[2] 张世昌，李旦. 机械制造技术基础 [M]. 北京：高等教育出版社，2001.
[3] 张鹏，孙有亮. 机械制造技术基础 [M]. 北京：北京大学出版社，2009.
[4] 徐勇. 机械加工方法与设备 [M]. 北京：化学工业出版社，2014.
[5] 王杰，李方信，肖素梅. 机械制造工程学 [M]. 北京：北京邮电大学出版社，2004.
[6] 韩荣第，周明，孙玉洁. 金属切削原理与刀具 [M]. 哈尔滨：哈尔滨工业大学出版社，2004.
[7] 陆剑中，孙家宁. 金属切削原理与刀具 [M]. 北京：机械工业出版社，2005.
[8] 牛荣华. 机械加工方法与设备 [M]. 北京：人民邮电出版社，2009.
[9] 孙庆群，周宗明. 金属切削加工原理及设备 [M]. 北京：科学出版社，2008.
[10] 王靖东. 金属切削加工方法与设备 [M]. 北京：高等教育出版社，2006.
[11] 陈根琴. 金属切削加工方法与设备 [M]. 北京：人民邮电出版社，2008.
[12] 周泽华. 金属切削理论 [M]. 北京：机械工业出版社，1992.
[13] 袁哲俊. 金属切削刀具 [M]. 上海：上海科学技术出版社，1993.
[14] 艾兴，肖诗钢. 切削用量简明手册 [M]. 北京：机械工业出版社，1994.
[15] 冯之敬. 机械制造工程原理 [M]. 北京：清华大学出版社，1998.
[16] 魏康民. 机械加工工艺方案设计与实施 [M]. 北京：机械工业出版社，2010.
[17] 杨叔子. 机械加工工艺师手册 [M]. 北京：机械工业出版社，2003.
[18] 王先逵. 机械制造工艺学 [M]. 北京：机械工业出版社，2007.
[19] 卢秉恒. 机械制造技术基础 [M]. 北京：机械工业出版社，2005.
[20] 郑焕文. 机械制造工艺学 [M]. 北京：高等教育出版社，1994.
[21] 郑修本. 机械制造工艺学 [M]. 北京：机械工业出版社，1999.
[22] 刘守勇. 机械制造工艺与机床夹具 [M]. 北京：机械工业出版社，2000.
[23] 陆培文. 阀门制造工艺入门与精通 [M]. 北京：机械工业出版社，2010.
[24] 郑广花. 机械制造基础 [M]. 西安：西安电子科技大学出版社，2006.
[25] 陈宏钧，方向明，马素敏. 典型零件机械加工生产实例 [M]. 北京：机械工业出版社，2004.
[26] 崔长华，左会峰，崔雷. 机械加工工艺规程设计 [M]. 北京：机械工业出版社，2009.
[27] 徐勇，吴百中. 机械制造工艺及夹具设计 [M]. 北京：北京大学出版社，2011.
[28] 吴慧媛，韩邦华. 零件制造工艺与装备 [M]. 北京：电子工业出版社，2010.
[29] 陆龙福. 机械制造技术 [M]. 哈尔滨：哈尔滨工业大学出版社，2012.
[30] 王茂元. 机械制造技术 [M]. 北京：机械工业出版社，2013.
[31] 陈明. 机械制造工艺学 [M]. 北京：机械工业出版社，2005.
[32] 王启平. 机械制造工艺学 [M]. 哈尔滨：哈尔滨工业大学出版社，2005.
[33] 王力. 机械制造工艺学 [M]. 北京：中国人民大学出版社，2010.
[34] 李益民. 机械制造工艺学习题集 [M]. 北京：机械工业出版社，1987.
[35] 陈旭东. 机床夹具设计 [M]. 北京：清华大学出版社，2010.
[36] 肖继德，陈宁平. 机床夹具设计 [M]. 北京：机械工业出版社，1998.
[37] 王启平. 机床夹具设计 [M]. 哈尔滨：哈尔滨工业大学出版社，2005.
[38] 薛源顺. 机床夹具图册 [M]. 北京：机械工业出版社，1998.
[39] 李庆寿. 机床夹具设计 [M]. 北京：机械工业出版社，1984.

北京大学出版社高职高专机电系列规划教材

序号	书号	书名	编著者	定价	印次	出版日期	配套情况
"十二五"职业教育国家规划教材							
1	978-7-301-24455-5	电力系统自动装置(第 2 版)	王　伟	26.00	1	2014.8	ppt/pdf
2	978-7-301-24506-4	电子技术项目教程(第 2 版)	徐超明	42.00	1	2014.7	ppt/pdf
3	978-7-301-24475-3	零件加工信息分析(第 2 版)	谢　蕾	52.00	2	2015.1	ppt/pdf
4	978-7-301-24227-8	汽车电气系统检修(第 2 版)	宋作军	30.00	1	2014.8	ppt/pdf
5	978-7-301-24507-1	电工技术与技能	王　平	42.00	1	2014.8	ppt/pdf
6	978-7-301-17398-5	数控加工技术项目教程	李东君	48.00	1	2010.8	ppt/pdf
7	978-7-301-25341-0	汽车构造(上册)——发动机构造(第 2 版)	罗灯明	35.00	1	2015.5	ppt/pdf
8	978-7-301-25529-2	汽车构造(下册)——底盘构造(第 2 版)	鲍远通	36.00	1	2015.5	ppt/pdf
9	978-7-301-25650-3	光伏发电技术简明教程	静国梁	29.00	1	2015.6	ppt/pdf
10	978-7-301-24589-7	光伏发电系统的运行与维护	付新春	33.00	1	2015.7	ppt/pdf
11	978-7-301-18322-9	电子 EDA 技术(Multisim)	刘训非	30.00	2	2012.7	ppt/pdf
机械类基础课							
1	978-7-301-13653-9	工程力学	武昭晖	25.00	3	2011.2	ppt/pdf
2	978-7-301-13574-7	机械制造基础	徐从清	32.00	3	2012.7	ppt/pdf
3	978-7-301-13656-0	机械设计基础	时忠明	25.00	3	2012.7	ppt/pdf
4	978-7-301-13662-1	机械制造技术	宁广庆	42.00	2	2010.11	ppt/pdf
5	978-7-301-27082-0	机械制造技术	徐　勇	48.00	1	2016.5	ppt/pdf
6	978-7-301-19848-3	机械制造综合设计及实训	裘俊彦	37.00	1	2013.4	ppt/pdf
7	978-7-301-19297-9	机械制造工艺及夹具设计	徐　勇	28.00	1	2011.8	ppt/pdf
8	978-7-301-25479-0	机械制图——基于工作过程(第 2 版)	徐连孝	62.00	1	2015.5	ppt/pdf
9	978-7-301-18143-0	机械制图习题集	徐连孝	20.00	2	2013.4	ppt/pdf
10	978-7-301-15692-6	机械制图	吴百中	26.00	2	2012.7	ppt/pdf
11	978-7-301-27234-3	机械制图	陈世芳	42.00	1	2016.8	ppt/pdf/素材
12	978-7-301-27233-6	机械制图习题集	陈世芳	38.00	1	2016.8	pdf
13	978-7-301-22916-3	机械图样的识读与绘制	刘永强	36.00	1	2013.8	ppt/pdf
14	978-7-301-23354-2	AutoCAD 应用项目化实训教程	王利华	42.00	1	2014.1	ppt/pdf
15	978-7-301-27906-9	AutoCAD 机械绘图项目教程(第 2 版)	张海鹏	46.00	1	2017.1	ppt/pdf
16	978-7-301-17573-6	AutoCAD 机械绘图基础教程	王长忠	32.00	2	2013.8	ppt/pdf
17	978-7-301-19010-4	AutoCAD 机械绘图基础教程与实训(第 2 版)	欧阳全会	36.00	3	2014.1	ppt/pdf
18	978-7-301-22185-3	AutoCAD 2014 机械应用项目教程	陈善岭	32.00	1	2016.1	ppt/pdf
19	978-7-301-26591-8	AutoCAD 2014 机械绘图项目教程	朱　昱	40.00	1	2016.2	ppt/pdf
20	978-7-301-24536-1	三维机械设计项目教程(UG 版)	龚肖新	45.00	1	2014.9	ppt/pdf
21	978-7-301-20752-9	液压传动与气动技术(第 2 版)	曹建东	40.00	2	2014.1	ppt/pdf/素材
22	978-7-301-13582-2	液压与气压传动技术	袁　广	24.00	5	2013.8	ppt/pdf
23	978-7-301-24381-7	液压与气动技术项目教程	武　威	30.00	1	2014.8	ppt/pdf
24	978-7-301-19436-2	公差与测量技术	余　键	25.00	1	2011.9	ppt/pdf
25	978-7-5038-4861-2	公差配合与测量技术	南秀蓉	23.00	4	2011.12	ppt/pdf
26	978-7-301-19374-7	公差配合与技术测量	庄佃霞	26.00	2	2013.8	ppt/pdf
27	978-7-301-25614-5	公差配合与测量技术项目教程	王丽丽	26.00	1	2015.4	ppt/pdf
28	978-7-301-25953-5	金工实训(第 2 版)	柴增田	38.00	1	2015.6	ppt/pdf
29	978-7-301-13651-5	金属工艺学	柴增田	27.00	2	2011.6	ppt/pdf
30	978-7-301-23868-4	机械加工工艺编制与实施(上册)	于爱武	42.00	1	2014.3	ppt/pdf/素材
31	978-7-301-24546-0	机械加工工艺编制与实施(下册)	于爱武	42.00	1	2014.7	ppt/pdf/素材

序号	书号	书名	编著者	定价	印次	出版日期	配套情况
32	978-7-301-21988-1	普通机床的检修与维护	宋亚林	33.00	1	2013.1	ppt/pdf
33	978-7-5038-4869-8	设备状态监测与故障诊断技术	林英志	22.00	3	2011.8	ppt/pdf
34	978-7-301-22116-7	机械工程专业英语图解教程(第 2 版)	朱派龙	48.00	2	2015.5	ppt/pdf
35	978-7-301-23198-2	生产现场管理	金建华	38.00	1	2013.9	ppt/pdf
36	978-7-301-24788-4	机械 CAD 绘图基础及实训	杜　洁	30.00	1	2014.9	ppt/pdf
数控技术类							
1	978-7-301-17148-6	普通机床零件加工	杨雪青	26.00	2	2013.8	ppt/pdf/素材
2	978-7-301-17679-5	机械零件数控加工	李　文	38.00	1	2010.8	ppt/pdf
3	978-7-301-13659-1	CAD/CAM 实体造型教程与实训(Pro/ENGINEER 版)	诸小丽	38.00	4	2014.7	ppt/pdf
4	978-7-301-24647-6	CAD/CAM 数控编程项目教程(UG 版)(第 2 版)	慕　灿	48.00	1	2014.8	ppt/pdf
5	978-7-301-21873-0	CAD/CAM 数控编程项目教程(CAXA 版)	刘玉春	42.00	1	2013.3	ppt/pdf
6	978-7-5038-4866-7	数控技术应用基础	宋建武	22.00	2	2010.7	ppt/pdf
7	978-7-301-13262-3	实用数控编程与操作	钱东东	32.00	4	2013.8	ppt/pdf
8	978-7-301-14470-1	数控编程与操作	刘瑞已	29.00	2	2011.2	ppt/pdf
9	978-7-301-20312-5	数控编程与加工项目教程	周晓宏	42.00	1	2012.3	ppt/pdf
10	978-7-301-23898-1	数控加工编程与操作实训教程(数控车分册)	王忠斌	36.00	1	2014.6	ppt/pdf
11	978-7-301-20945-5	数控铣削技术	陈晓罗	42.00	1	2012.7	ppt/pdf
12	978-7-301-21053-6	数控车削技术	王军红	28.00	1	2012.8	ppt/pdf
13	978-7-301-25927-6	数控车削编程与操作项目教程	肖国涛	26.00	1	2015.7	ppt/pdf
14	978-7-301-17398-5	数控加工技术项目教程	李东君	48.00	1	2010.8	ppt/pdf
15	978-7-301-21119-9	数控机床及其维护	黄应勇	38.00	1	2012.8	ppt/pdf
16	978-7-301-20002-5	数控机床故障诊断与维修	陈学军	38.00	1	2012.1	ppt/pdf
模具设计与制造类							
1	978-7-301-23892-9	注射模设计方法与技巧实例精讲	邹继强	54.00	1	2014.2	ppt/pdf
2	978-7-301-24432-6	注射模典型结构设计实例图集	邹继强	54.00	1	2014.6	ppt/pdf
3	978-7-301-18471-4	冲压工艺与模具设计	张　芳	39.00	1	2011.3	ppt/pdf
4	978-7-301-19933-6	冷冲压工艺与模具设计	刘洪贤	32.00	1	2012.1	ppt/pdf
5	978-7-301-20414-6	Pro/ENGINEER Wildfire 产品设计项目教程	罗　武	31.00	1	2012.5	ppt/pdf
6	978-7-301-16448-8	Pro/ENGINEER Wildfire 设计实训教程	吴志清	38.00	1	2012.8	ppt/pdf
7	978-7-301-22678-0	模具专业英语图解教程	李东君	22.00	1	2013.7	ppt/pdf
电气自动化类							
1	978-7-301-18519-3	电工技术应用	孙建领	26.00	1	2011.3	ppt/pdf
2	978-7-301-25670-1	电工电子技术项目教程(第 2 版)	杨德明	49.00	1	2016.2	ppt/pdf
3	978-7-301-22546-2	电工技能实训教程	韩亚军	22.00	1	2013.6	ppt/pdf
4	978-7-301-22923-1	电工技术项目教程	徐超明	38.00	1	2013.8	ppt/pdf
5	978-7-301-12390-4	电力电子技术	梁南丁	29.00	3	2013.5	ppt/pdf
6	978-7-301-17730-3	电力电子技术	崔　红	23.00	1	2010.9	ppt/pdf
7	978-7-301-19525-3	电工电子技术	倪　涛	38.00	1	2011.9	ppt/pdf
8	978-7-301-24765-5	电子电路分析与调试	毛玉青	35.00	1	2015.3	ppt/pdf
9	978-7-301-16830-1	维修电工技能与实训	陈学平	37.00	1	2010.7	ppt/pdf
10	978-7-301-12180-1	单片机开发应用技术	李国兴	21.00	2	2010.9	ppt/pdf
11	978-7-301-20000-1	单片机应用技术教程	罗国荣	40.00	1	2012.2	ppt/pdf
12	978-7-301-21055-0	单片机应用项目化教程	顾亚文	32.00	1	2012.8	ppt/pdf
13	978-7-301-17489-0	单片机原理及应用	陈高锋	32.00	1	2012.9	ppt/pdf
14	978-7-301-24281-0	单片机技术及应用	黄贻培	30.00	1	2014.7	ppt/pdf
15	978-7-301-22390-1	单片机开发与实践教程	宋玲玲	24.00	1	2013.6	ppt/pdf

序号	书号	书名	编著者	定价	印次	出版日期	配套情况
16	978-7-301-17958-1	单片机开发入门及应用实例	熊华波	30.00	1	2011.1	ppt/pdf
17	978-7-301-16898-1	单片机设计应用与仿真	陆旭明	26.00	2	2012.4	ppt/pdf
18	978-7-301-19302-0	基于汇编语言的单片机仿真教程与实训	张秀国	32.00	1	2011.8	ppt/pdf
19	978-7-301-12181-8	自动控制原理与应用	梁南丁	23.00	3	2012.1	ppt/pdf
20	978-7-301-19638-0	电气控制与 PLC 应用技术	郭　燕	24.00	1	2012.1	ppt/pdf
21	978-7-301-18622-0	PLC 与变频器控制系统设计与调试	姜永华	34.00	1	2011.6	ppt/pdf
22	978-7-301-19272-6	电气控制与 PLC 程序设计(松下系列)	姜秀玲	36.00	1	2011.8	ppt/pdf
23	978-7-301-12383-6	电气控制与 PLC(西门子系列)	李　伟	26.00	2	2012.3	ppt/pdf
24	978-7-301-18188-1	可编程控制器应用技术项目教程(西门子)	崔维群	38.00	2	2013.6	ppt/pdf
25	978-7-301-23432-7	机电传动控制项目教程	杨德明	40.00	1	2014.1	ppt/pdf
26	978-7-301-12382-9	电气控制及 PLC 应用(三菱系列)	华满香	24.00	2	2012.5	ppt/pdf
27	978-7-301-22315-4	低压电气控制安装与调试实训教程	张　郭	24.00	1	2013.4	ppt/pdf
28	978-7-301-24433-3	低压电器控制技术	肖朋生	34.00	1	2014.7	ppt/pdf
29	978-7-301-22672-8	机电设备控制基础	王本轶	32.00	1	2013.7	ppt/pdf
30	978-7-301-18770-8	电机应用技术	郭宝宁	33.00	1	2011.5	ppt/pdf
31	978-7-301-23822-6	电机与电气控制	郭夕琴	34.00	1	2014.8	ppt/pdf
32	978-7-301-17324-4	电机控制与应用	魏润仙	34.00	1	2010.8	ppt/pdf
33	978-7-301-21269-1	电机控制与实践	徐　锋	34.00	1	2012.9	ppt/pdf
34	978-7-301-12389-8	电机与拖动	梁南丁	32.00	2	2011.12	ppt/pdf
35	978-7-301-18630-5	电机与电力拖动	孙英伟	33.00	1	2011.3	ppt/pdf
36	978-7-301-16770-0	电机拖动与应用实训教程	任娟平	36.00	1	2012.11	ppt/pdf
37	978-7-301-22632-2	机床电气控制与维修	崔兴艳	28.00	1	2013.7	ppt/pdf
38	978-7-301-22917-0	机床电气控制与 PLC 技术	林盛昌	36.00	1	2013.8	ppt/pdf
39	978-7-301-26499-7	传感器检测技术及应用(第 2 版)	王晓敏	45.00	1	2015.11	ppt/pdf
40	978-7-301-20654-6	自动生产线调试与维护	吴有明	28.00	1	2013.1	ppt/pdf
41	978-7-301-21239-4	自动生产线安装与调试实训教程	周　洋	30.00	1	2012.9	ppt/pdf
42	978-7-301-18852-1	机电专业英语	戴正阳	28.00	2	2013.8	ppt/pdf
43	978-7-301-24764-8	FPGA 应用技术教程(VHDL 版)	王真富	38.00	1	2015.2	ppt/pdf
44	978-7-301-26201-6	电气安装与调试技术	卢　艳	38.00	1	2015.8	ppt/pdf
45	978-7-301-26215-3	可编程控制器编程及应用(欧姆龙机型)	姜凤武	27.00	1	2015.8	ppt/pdf
46	978-7-301-26481-2	PLC 与变频器控制系统设计与高度(第 2 版)	姜永华	44.00	1	2016.9	ppt/pdf
		汽车类					
1	978-7-301-17694-8	汽车电工电子技术	郑广军	33.00	1	2011.1	ppt/pdf
2	978-7-301-26724-0	汽车机械基础(第 2 版)	张本升	45.00	1	2016.1	ppt/pdf/素材
3	978-7-301-26500-0	汽车机械基础教程(第 3 版)	吴笑伟	35.00	1	2015.12	ppt/pdf/素材
4	978-7-301-17821-8	汽车机械基础项目化教学标准教程	傅华娟	40.00	2	2014.8	ppt/pdf
5	978-7-301-19646-5	汽车构造	刘智婷	42.00	1	2012.1	ppt/pdf
6	978-7-301-25341-0	汽车构造(上册)——发动机构造(第 2 版)	罗灯明	35.00	1	2015.5	ppt/pdf
7	978-7-301-25529-2	汽车构造(下册)——底盘构造(第 2 版)	鲍远通	36.00	1	2015.5	ppt/pdf
8	978-7-301-13661-4	汽车电控技术	祁翠琴	39.00	6	2015.2	ppt/pdf
9	978-7-301-19147-7	电控发动机原理与维修实务	杨洪庆	27.00	1	2011.7	ppt/pdf
10	978-7-301-13658-4	汽车发动机电控系统原理与维修	张吉国	25.00	2	2012.4	ppt/pdf
11	978-7-301-18494-3	汽车发动机电控技术	张　俊	46.00	2	2013.8	ppt/pdf/素材
12	978-7-301-21989-8	汽车发动机构造与维修(第 2 版)	蔡兴旺	40.00	1	2013.1	ppt/pdf/素材
14	978-7-301-18948-1	汽车底盘电控原理与维修实务	刘映凯	26.00	1	2012.1	ppt/pdf
15	978-7-301-24227-8	汽车电气系统检修(第 2 版)	宋作军	30.00	1	2014.8	ppt/pdf
16	978-7-301-23512-6	汽车车身电控系统检修	温立全	30.00	1	2014.1	ppt/pdf
17	978-7-301-18850-7	汽车电器设备原理与维修实务	明光星	38.00	2	2013.9	ppt/pdf

序号	书号	书名	编著者	定价	印次	出版日期	配套情况
18	978-7-301-20011-7	汽车电器实训	高照亮	38.00	1	2012.1	ppt/pdf
19	978-7-301-22363-5	汽车车载网络技术与检修	闫炳强	30.00	1	2013.6	ppt/pdf
20	978-7-301-14139-7	汽车空调原理及维修	林　钢	26.00	3	2013.8	ppt/pdf
21	978-7-301-16919-3	汽车检测与诊断技术	娄　云	35.00	2	2011.7	ppt/pdf
22	978-7-301-22988-0	汽车拆装实训	詹远武	44.00	1	2013.8	ppt/pdf
23	978-7-301-18477-6	汽车维修管理实务	毛　峰	23.00	1	2011.3	ppt/pdf
24	978-7-301-19027-2	汽车故障诊断技术	明光星	25.00	1	2011.6	ppt/pdf
25	978-7-301-17894-2	汽车养护技术	隋礼辉	24.00	1	2011.3	ppt/pdf
26	978-7-301-22746-6	汽车装饰与美容	金守玲	34.00	1	2013.7	ppt/pdf
27	978-7-301-25833-0	汽车营销实务(第 2 版)	夏志华	32.00	1	2015.6	ppt/pdf
28	978-7-301-15578-3	汽车文化	刘　锐	28.00	4	2013.2	ppt/pdf
29	978-7-301-20753-6	二手车鉴定与评估	李玉柱	28.00	1	2012.6	ppt/pdf
30	978-7-301-26595-6	汽车专业英语图解教程(第 2 版)	侯锁军	29.00	1	2016.4	ppt/pdf/素材
31	978-7-301-27089-9	汽车营销服务礼仪(第 2 版)	夏志华	36.00	1	2016.6	ppt/pdf
电子信息、应用电子类							
1	978-7-301-19639-7	电路分析基础(第 2 版)	张丽萍	25.00	1	2012.9	ppt/pdf
2	978-7-301-19310-5	PCB 板的设计与制作	夏淑丽	33.00	1	2011.8	ppt/pdf
3	978-7-301-21147-2	Protel 99 SE 印制电路板设计案例教程	王　静	35.00	1	2012.8	ppt/pdf
4	978-7-301-18520-9	电子线路分析与应用	梁玉国	34.00	1	2011.7	ppt/pdf
5	978-7-301-12387-4	电子线路 CAD	殷庆纵	28.00	4	2012.7	ppt/pdf
6	978-7-301-12390-4	电力电子技术	梁南丁	29.00	2	2010.7	ppt/pdf
7	978-7-301-17730-3	电力电子技术	崔　红	23.00	1	2010.9	ppt/pdf
8	978-7-301-19525-3	电工电子技术	倪　涛	38.00	1	2011.9	ppt/pdf
9	978-7-301-18519-3	电工技术应用	孙建领	26.00	1	2011.3	ppt/pdf
10	978-7-301-22546-2	电工技能实训教程	韩亚军	22.00	1	2013.6	ppt/pdf
11	978-7-301-22923-1	电工技术项目教程	徐超明	38.00	1	2013.8	ppt/pdf
12	978-7-301-25670-1	电工电子技术项目教程（第 2 版）	杨德明	49.00	1	2016.2	ppt/pdf
14	978-7-301-26076-0	电子技术应用项目式教程(第 2 版)	王志伟	40.00	1	2015.9	ppt/pdf/素材
15	978-7-301-22959-0	电子焊接技术实训教程	梅琼珍	24.00	1	2013.8	ppt/pdf
16	978-7-301-17696-2	模拟电子技术	蒋　然	35.00	1	2010.8	ppt/pdf
17	978-7-301-13572-3	模拟电子技术及应用	刁修睦	28.00	3	2012.8	ppt/pdf
18	978-7-301-18144-7	数字电子技术项目教程	冯泽虎	28.00	1	2011.1	ppt/pdf
19	978-7-301-19153-8	数字电子技术与应用	宋雪臣	33.00	1	2011.9	ppt/pdf
20	978-7-301-20009-4	数字逻辑与微机原理	宋振辉	49.00	1	2012.1	ppt/pdf
21	978-7-301-12386-7	高频电子线路	李福勤	20.00	3	2013.8	ppt/pdf
22	978-7-301-20706-2	高频电子技术	朱小祥	32.00	1	2012.6	ppt/pdf
23	978-7-301-18322-9	电子 EDA 技术(Multisim)	刘训非	30.00	2	2012.7	ppt/pdf
24	978-7-301-14453-4	EDA 技术与 VHDL	宋振辉	28.00	2	2013.8	ppt/pdf
25	978-7-301-22362-8	电子产品组装与调试实训教程	何　杰	28.00	1	2013.6	ppt/pdf
26	978-7-301-19326-6	综合电子设计与实践	钱卫钧	25.00	2	2013.8	ppt/pdf
27	978-7-301-17877-5	电子信息专业英语	高金玉	26.00	2	2011.11	ppt/pdf
28	978-7-301-23895-0	电子电路工程训练与设计、仿真	孙晓艳	39.00	1	2014.3	ppt/pdf
29	978-7-301-24624-5	可编程逻辑器件应用技术	魏　欣	26.00	1	2014.8	ppt/pdf
30	978-7-301-26156-9	电子产品生产工艺与管理	徐中贵	38.00	1	2015.8	ppt/pdf

如您需要更多教学资源如电子课件、电子样章、习题答案等，请登录北京大学出版社第六事业部官网 www.pup6.cn 搜索下载。

如您需要浏览更多专业教材，请扫下面的二维码，关注北京大学出版社第六事业部官方微信(微信号：pup6book)，随时查询专业教材、浏览教材目录、内容简介等信息，并可在线申请纸质样书用于教学。

感谢您使用我们的教材，欢迎您随时与我们联系，我们将及时做好全方位的服务。联系方式：010-62750667，329056787@qq.com，pup_6@163.com，lihu80@163.com，欢迎来电来信。客户服务 QQ 号：1292552107，欢迎随时咨询。